MECHANIK DER KONTINUA

Von

Prof. Dr. G. HAMEL †

Herausgegeben von

Dr.-Ing. ISTVÁN SZABÓ

o. Professor an der Technischen Universität Berlin-Charlottenburg

Mit 65 Bildern · 1956

B. G. TEUBNER VERLAGSGESELLSCHAFT · STUTTGART

ISBN 978-3-519-02025-7   ISBN 978-3-663-01402-7 (eBook)
DOI 10.1007/978-3-663-01402-7

VORWORT

Dem großen Lehrmeister der Mechanik, Georg Hamel, war es vergönnt, vor seinem Tode auch noch den letzten, handgeschriebenen Teil seiner „Mechanik der Kontinua" durchzusehen. Der weitaus größte Teil lag schon in Maschinenschrift vor, die dazugehörigen Abbildungen waren gezeichnet. Ich darf vorausschicken, daß die Bitte und Anregung an Hamel, diesen, von allen seinen Schülern so sehr geschätzten und von ihm selbst wohl am meisten geliebten Teil seiner Vorlesungen in Buchform erscheinen zu lassen, von mir ausgegangen ist. Er griff diesen Gedanken freudig auf, und in Landshut, wo Hamel seine letzten Lebensjahre verbrachte, wurde von Herrn Studienrat Käufl aus Vorlesungsaufzeichnungen und nach Diktaten ein handgeschriebenes Manuskript fertiggestellt, von Hamel durchgelesen und mir — wie er schrieb — „aktiv Lehrendem" übergeben, um „kritisch gelesen zu werden". Bei der Durchsicht und den anschließenden Änderungen unterstützte mich Herr Dipl.-Math. André mit großer Gewissenhaftigkeit und mit vorzüglichen und kritischen Sachkenntnissen; er hat auch sämtliche Ableitungen und Beispiele noch einmal durchgerechnet und schließlich das maschinengeschriebene Manuskript fertiggestellt.

In persönlichen Unterhaltungen und in der Korrespondenz war es mit Hamel vereinbart, daß wir das maschinengeschriebene Exemplar des Werkes noch einmal einer „Generaldurchsicht" unterziehen sollten, um eventuelle Änderungen und insbesondere Kürzungen zu erwägen; wegen Hamels Tod wurde diese gemeinsam geplante Arbeit nicht mehr durchgeführt. Als ich auf Aufforderung des Verlages die Herausgabe übernahm, verbot nicht allein die Pietät, sondern auch die eigene Überzeugung es mir, größere Änderungen oder Kürzungen vorzunehmen. Über Inhalt und Stoffeinteilung findet der Leser das Notwendige in dem Inhaltsverzeichnis. Die Art der Darstellung ist nicht anders, wie wir sie in Hamels anderen zusammenfassenden Werken — wie „Grundbegriffe der Mechanik", „Theoretische Mechanik" — in unübertrefflicher Weise finden: Klarheit und Sauberkeit in den Grundlagen; souveräne Beherrschung des Stoffes; Weiterförderung bekannter Ergebnisse durch neue, originelle Ideen; Anregungen zum Weiterforschen; Literaturhinweise auf älteste und modernste Arbeiten.

Hamel war ein Schüler der Universität und wurde ein großer Lehrer der Technischen Hochschulen. Bei der Erwähnung dieser Tatsache sei mir erlaubt, auf eine andere hinzuweisen: Die Vorlesungen der Mechanik an den Universitäten unter-

schieden sich wesentlich von denen an den Technischen Hochschulen, und ich
meine, daß hier schon mit Rücksicht auf die Probleme der Praxis, denen die Hörer
später gegenüberstehen werden, eine Annäherung der beiden Standpunkte ange-
strebt werden müßte. Für das große und in der Praxis immer bedeutungsvoller
werdende Gebiet der Mechanik der Kontinua ist das vorliegende Werk von Hamel
eine ideale Brücke!

Zum Schluß möchte ich noch einmal auf die wesentlichen Beiträge zum Gelingen
des Werkes hinweisen, die von den Herren Käufl und André geleistet wurden;
ihnen und der Deutschen Forschungsgemeinschaft, die die Mittel zur Beschäftigung
von Herrn André und später für Herrn cand. math. Morgenstern, dessen Hilfe bei
den Korrekturen mir sehr nützlich war, zur Verfügung gestellt hat, gilt mein
besonderer Dank. Die Zusammenarbeit mit dem Teubner Verlag war in jeder
Hinsicht eine dankenswert erfreuliche.

Bad Neuenahr, im Herbst 1955   István Szabó

INHALTSVERZEICHNIS

I. Theorie der idealen Flüssigkeiten

§ 1. Die Grundlagen

1. Der Energiesatz der Mechanik und der Hauptsatz der Thermodynamik. Der Energiesatz der Mechanik der Systeme von endlich vielen Freiheitsgraden besagt bekanntlich, daß die Änderung dE der kinetischen Energie eines solchen Systems in einem Zeitintervall dt gleich ist der in dieser Zeit geleisteten Arbeit dA. Dabei wird vorausgesetzt, daß kein Energieverlust durch Reibung eintritt. Wenn wir dabei dA zerlegen in die Arbeit dA_a der äußeren Kräfte und in einen Rest dA_i, die Arbeit der inneren Kräfte, so können wir den Energiesatz schreiben in der Form

$$(1, 1) \qquad dE = dA_a + dA_i$$

(wir erinnern daran, daß beim starren Körper $dA_i = 0$ ist).

Die Thermodynamik, die wir hinfort stark heranziehen müssen, kennt einen analogen Satz, ihren sogenannten ersten Hauptsatz; der Gedanke dieses Satzes ist, daß die von außen in Form von Wärme und äußerer Arbeit zugeführte Energie aufgespeichert wird in Form von kinetischer Energie und einer „inneren Energie" Ψ des Systems:

$$(1, 2) \qquad dA_a + Q\,dt = dE + d\Psi ,$$

wobei Q die in der Zeiteinheit zugeführte Wärmemenge ist[1]). Statt Ψ verwendet man häufig die „spezifische innere Energie" ψ, mit der Ψ durch die Beziehung

$$\Psi = \int \psi \, dm$$

zusammenhängt, worin m die Masse bedeutet. Subtrahieren wir nun $(1, 1)$ und $(1, 2)$ voneinander, so erhalten wir die Gleichung

$$(1, 3) \qquad Q\,dt = dA_i + d\Psi .$$

2. Kinematik. Es sei für eine materielle Bewegung der Ortsvektor

$$(1, 4) \qquad \mathfrak{r} = \mathfrak{r}(\mathfrak{a}, t) ,$$

wobei das zeitlich unveränderliche $\mathfrak{a}$ für den materiellen Punkt charakteristisch ist. Für $\mathfrak{a}$ kann man etwa den Ortsvektor des materiellen Punktes zu einer bestimmten Zeit $t = t_0$ nehmen. In diesem Fall ist also $\mathfrak{a} = \mathfrak{r}\,(\mathfrak{a}, t_0)$.

Behält man konsequent, auch bei der Darstellung von $\mathfrak{v} = \dfrac{d\mathfrak{r}}{dt}$ und $\mathfrak{w} = \dfrac{d^2\mathfrak{r}}{dt^2}$, $\mathfrak{a}$ und t als Unabhängige bei, so spricht man vom Lagrangeschen Standpunkt: man verfolgt den einzelnen materiellen Punkt im Verlauf seiner „Geschichte". Häufig,

---

[1]) Statt $Q\,dt$ verwendet man üblicherweise dQ, die in der Zeit dt zugeführte Wärmemenge (Q hat dann natürlich eine andere Dimension). Wir benötigen im folgenden jedoch die Wärmemenge pro Zeiteinheit.

ja in der Hydrodynamik mit Vorliebe, nimmt man $\mathfrak{r}$ und t als Unabhängige, denkt sich also (1, 4) nach $\mathfrak{a}$ aufgelöst:

$$(1, 5) \qquad\qquad \mathfrak{a} = \mathfrak{a}(\mathfrak{r}, t)\,.$$

Man fragt also: Was geschieht an einer bestimmten Stelle zu einer bestimmten Zeit t; insbesondere: welches Teilchen befindet sich gerade dort ? Man nennt diesen Standpunkt den **Eulerschen**.

Nun gilt für jede physikalische Größe (Skalar, Vektorkomponente oder Tensorkomponente) $U = U(\mathfrak{r}, t) = U(x, y, z, t)$:

$$dU = \frac{\partial U}{\partial t}\,dt + \frac{\partial U}{\partial x}\,dx + \frac{\partial U}{\partial y}\,dy + \frac{\partial U}{\partial z}\,dz$$

$$= \frac{\partial U}{\partial t}\,dt + \frac{\partial U}{\partial \mathfrak{r}}\,d\mathfrak{r} = \frac{\partial U}{\partial t}\,dt + \operatorname{grad} U\,d\mathfrak{r},$$

wobei das Symbol $\dfrac{\partial}{\partial \mathfrak{r}} = \nabla$ den „Nabla“-Operator bedeutet, d. h. den symbolischen Vektor $\dfrac{\partial}{\partial x}\,\mathfrak{i} + \dfrac{\partial}{\partial y}\,\mathfrak{j} + \dfrac{\partial}{\partial z}\,\mathfrak{k}$, und daher

$$(1, 6) \qquad\qquad \frac{dU}{dt} = \frac{\partial U}{\partial t} + \frac{\partial U}{\partial \mathfrak{r}}\,\mathfrak{v} = \frac{\partial U}{\partial t} + \mathfrak{v}\operatorname{grad} U\,,$$

falls $\mathfrak{r} = \mathfrak{r}(\mathfrak{a}, t)$ gilt. Man nennt $\dfrac{\partial U}{\partial t}$ die **lokale Fluxion**, d. h. die Änderungsgeschwindigkeit an Ort und Stelle; dagegen $\dfrac{dU}{dt}$ die **materielle Fluxion**, d. h. die Änderungsgeschwindigkeit am bestimmten materiellen Punkt. $\mathfrak{v}\operatorname{grad} U$ beschreibt denjenigen sog. konvektiven Anteil der materiellen Fluxion, der von der Bewegung des Punktes herrührt.

Ist für alle in Betracht kommenden Größen die lokale Fluxion Null, so heißt die Bewegung „**stationär**“. Es herrscht dann an einem Ort stets derselbe Zustand.

Wir wollen von (1, 6) gleich eine wichtige Anwendung machen. Für $v_x = \dot{x}$ ist

$$\frac{dv_x}{dt} = \frac{\partial v_x}{\partial t} + \frac{\partial v_x}{\partial x}\,v_x + \frac{\partial v_x}{\partial y}\,v_y + \frac{\partial v_x}{\partial z}\,v_z$$

$$= \frac{\partial v_x}{\partial t} + \frac{1}{2}\frac{\partial}{\partial x}\left(v_x^2 + v_y^2 + v_z^2\right) - v_y\left(\frac{\partial v_y}{\partial x} - \frac{\partial v_x}{\partial y}\right) + v_z\left(\frac{\partial v_x}{\partial z} - \frac{\partial v_z}{\partial x}\right).$$

Mit

$$\operatorname{rot}\mathfrak{v} = \frac{\partial}{\partial \mathfrak{r}}\times\mathfrak{v} = \mathfrak{i}\left(\frac{\partial v_z}{\partial y} - \frac{\partial v_y}{\partial z}\right) + \mathfrak{j}\left(\frac{\partial v_x}{\partial z} - \frac{\partial v_z}{\partial x}\right) + \mathfrak{k}\left(\frac{\partial v_y}{\partial x} - \frac{\partial v_x}{\partial y}\right)$$

ist also

$$\frac{dv_x}{dt} = \frac{\partial v_x}{\partial t} + \frac{1}{2}\frac{\partial}{\partial x}\,\mathfrak{v}^2 - v_y(\operatorname{rot}\mathfrak{v})_z + v_z(\operatorname{rot}\mathfrak{v})_y$$

$$= \frac{\partial v_x}{\partial t} + \frac{1}{2}\frac{\partial}{\partial x}\,\mathfrak{v}^2 - (\mathfrak{v}\times\operatorname{rot}\mathfrak{v})_x\,.$$

Entsprechendes gilt für $\dfrac{dv_y}{dt}$ und $\dfrac{dv_z}{dt}$. Durch vektorielle Zusammenfassung erhalten wir das wichtige Ergebnis (Umformung von **Euler** und **Clebsch**)

$$(1, 7) \qquad\qquad \frac{d\mathfrak{v}}{dt} = \frac{\partial\mathfrak{v}}{\partial t} + \frac{1}{2}\operatorname{grad}\mathfrak{v}^2 - \mathfrak{v}\times\operatorname{rot}\mathfrak{v}\,.$$

Wir notieren noch die folgenden Sätze:

1) Bei rotorfreier Bewegung gilt für die Beschleunigung

$$\frac{d\mathfrak{v}}{dt} = \frac{\partial\mathfrak{v}}{\partial t} + \frac{1}{2}\,\mathrm{grad}\,\mathfrak{v}^2.$$

2) Bei rotorfreier Bewegung existiert ein Geschwindigkeitspotential φ

$$\mathfrak{v} = \frac{\partial\varphi}{\partial\mathfrak{r}}$$

und umgekehrt: Ist $\mathfrak{v}$ der Gradient einer skalaren Funktion, so ist die Bewegung rotorfrei. Der Beweis der Umkehrung ist klar; denn

$$\mathrm{rot}\,\mathfrak{v} = \mathrm{rot}\,\frac{\partial\varphi}{\partial\mathfrak{r}} = \frac{\partial}{\partial\mathfrak{r}} \times \left(\frac{\partial}{\partial\mathfrak{r}}\,\varphi\right) = 0\,.$$

Der Satz selbst folgt aus der allgemeinen Tatsache, daß ein Vektorfeld mit verschwindender Rotation das Gradientenfeld einer geeigneten skalaren Funktion ist (s. die Lehrbücher der Differential- und Integralrechnung).

3) Bei rotorfreier Bewegung ist die Beschleunigung

$$\mathfrak{w} = \frac{d\mathfrak{v}}{dt} = \frac{\partial}{\partial\mathfrak{r}}\left(\frac{\partial\varphi}{\partial t} + \frac{1}{2}\,\mathfrak{v}^2\right)$$

also ein Gradient, d. h. aus $\mathrm{rot}\,\mathfrak{v}=0$ folgt $\mathrm{rot}\,\mathfrak{w}=0$; aber die Umkehrung gilt nicht.

3. Die sogenannte Kontinuitätsgleichung; die Erhaltung der Masse. Durch $\mathfrak{v}$ muß die Änderung des Volumens bestimmt sein, da durch $\mathfrak{v}$ bestimmt ist, wohin jeder Punkt im Lauf der Zeit gelangt. Das ist eine rein kinematische Tatsache. Ist V ein Volumen, durch das Flüssigkeit oder irgendein anderes Medium strömt, so gilt

$$\frac{dV}{dt} = \oint \mathfrak{v}\mathfrak{n}\,dF = \oint v_n\,dF,$$

wo $\mathfrak{n}$ einen Einheitsvektor in Richtung der äußeren Normalen von V bedeutet und v_n die Geschwindigkeitskomponente nach dieser Richtung. Denn in der Zeit dt verschiebt sich ein Element der Oberfläche F um $\mathfrak{v}\,dt$, was zu der Volumenvergrößerung $\mathfrak{n}\mathfrak{v}\,dt\,dF$ führt. Nach dem Gaußschen Integralsatz ist aber

$$\oint v_n\,dF = \int\int\int \left(\frac{\partial v_x}{\partial x} + \frac{\partial v_y}{\partial y} + \frac{\partial v_z}{\partial z}\right)dx\,dy\,dz = \int \mathrm{div}\,\mathfrak{v}\,dV.$$

Also gilt

$$\frac{1}{V}\frac{dV}{dt} = \frac{1}{V}\int \mathrm{div}\,\mathfrak{v}\,dV = (\mathrm{div}\,\mathfrak{v})_{\mathrm{Mittel}},$$

und somit für ein hinreichend kleines Volumenelement δV

$$(1,8) \qquad\qquad \frac{d\log\delta V}{dt} = \mathrm{div}\,\mathfrak{v} = \frac{\partial}{\partial\mathfrak{r}}\,\mathfrak{v}\,.$$

Das ist, wie gesagt, ein rein mathematischer Satz, der nur gewisse Stetigkeitsbedingungen voraussetzt, aber nichts Physikalisches.

Nun führen wir die Masse ein. Jedem Stück Materie komme eine positive, zeitlich unveränderliche Masse m zu, also der das Volumenelement δV erfüllenden Materie eine Masse δm.

Weiterhin stellen wir uns auf den Boden der Kontinuitätshypothese: Es existiere die Dichte

$$\varrho = \frac{\delta m}{\delta V}$$

in der Grenze $\delta V \to 0$.

Die zeitliche Unveränderlichkeit der Masse (Erhaltung der Masse) verlangt $\dfrac{\mathrm{d}m}{\mathrm{d}t} = 0$, also auch $\dfrac{\mathrm{d}\delta m}{\mathrm{d}t} = 0$, und somit folgt aus $\log \delta V = \log \delta m - \log \varrho$

$$\frac{\mathrm{d}}{\mathrm{d}t} \log \delta V = -\frac{\mathrm{d}}{\mathrm{d}t} \log \varrho \, .$$

Das gibt mit (1, 8) die Kontinuitätsgleichung in der Form

$$(1, 9) \qquad\qquad \frac{\mathrm{d} \log \varrho}{\mathrm{d}t} = -\operatorname{div} \mathfrak{v} \, .$$

Diese erste physikalische Gleichung sagt die Erhaltung der Masse aus, bei Annahme der Kontinuitätshypothese. Man kann in der Eulerschen Auffassung entsprechend wegen (1, 6) auch schreiben

$$\frac{\partial \log \varrho}{\partial t} + \frac{\partial \log \varrho}{\partial \mathfrak{r}} \, \mathfrak{v} = -\frac{\partial}{\partial \mathfrak{r}} \mathfrak{v}$$

oder

$$(1, 9a) \qquad\qquad \frac{\partial \varrho}{\partial t} + \frac{\partial}{\partial \mathfrak{r}} (\varrho \mathfrak{v}) = 0 \, .$$

Man kann diese Gleichung auch so gewinnen: Wir zeichnen dieselbe Masse, die sich insgesamt nicht ändert, in zwei benachbarten Lagen (Abb. 1). In dem gemeinsamen Teil I ist die Änderung in der Zeit $\mathrm{d}t$

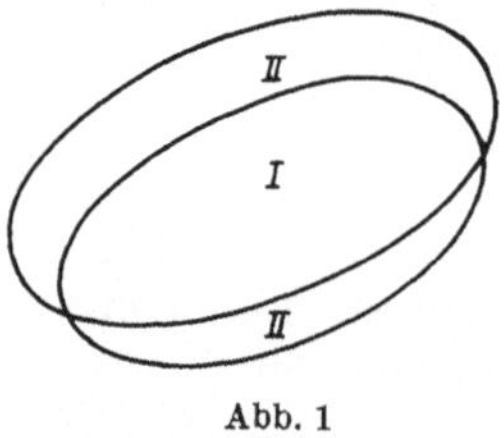

$$\mathrm{d}t \int \frac{\partial \varrho}{\partial t} \, \mathrm{d}V.$$

Dazu kommt in dem Teil II hinzu

$$\mathrm{d}t \oint \mathfrak{n} \mathfrak{v} \varrho \, \mathrm{d}F = \mathrm{d}t \int \operatorname{div} (\varrho \mathfrak{v}) \, \mathrm{d}V.$$

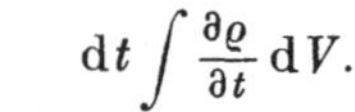

Abb. 1

Also gilt

$$\int \left[\operatorname{div} (\varrho \mathfrak{v}) + \frac{\partial \varrho}{\partial t} \right] \mathrm{d}V = 0 \, ,$$

und da das für jeden Teil gilt, folgt (1, 9a).

Ein wichtiger Sonderfall ist der Fall der Inkompressibilität (Volumenbeständigkeit), d. h. der Fall $\dfrac{\mathrm{d}\varrho}{\mathrm{d}t} = 0$.

Aus (1, 9) folgt dann

$$\operatorname{div} \mathfrak{v} = 0.$$

Umgekehrt bedingt $\operatorname{div} \mathfrak{v} = 0$ auch Inkompressibilität. Wir haben also den Satz: Für Inkompressibilität ist $\operatorname{div} \mathfrak{v} = 0$ charakteristisch.

Ferner gilt der Satz: Gilt sowohl Inkompressibilität als auch Rotorfreiheit, so ist

$$\mathfrak{v} = \operatorname{grad} \varphi = \frac{\partial}{\partial \mathfrak{r}} \varphi \qquad \text{(vgl. Nr. 2)}$$

und

$$\operatorname{div} \mathfrak{v} = \operatorname{div} \operatorname{grad} \varphi = \frac{\partial^2}{\partial \mathfrak{r}^2} \varphi = 0 \,,$$

was oft auch

$$\nabla^2 \varphi = 0 \quad \text{oder} \quad \Delta \varphi = 0$$

geschrieben wird.

Dabei ist $\Delta = \nabla^2 = \dfrac{\partial^2}{\partial \mathfrak{r}^2} = \dfrac{\partial^2}{\partial x^2} + \dfrac{\partial^2}{\partial y^2} + \dfrac{\partial^2}{\partial z^2}$ der **Laplacesche** Operator. Allgemein gilt bei Rotorfreiheit

$$(1,9\,\text{b}) \qquad \Delta \varphi + \frac{\mathrm{d} \log \varrho}{\mathrm{d} t} = 0 \,.$$

Wir bemerken noch: $\dfrac{\mathrm{d}\varrho}{\mathrm{d}t} = 0$ heißt, daß das einzelne materielle Teilchen seine Dichte beibehält, d. h. $\varrho = \varrho(\mathfrak{a})$. ϱ kann aber noch von Teilchen zu Teilchen verschieden sein. Ist das nicht der Fall, sondern ϱ schlechthin konstant, so heißt das Medium „homogen".

4. Die Grundgleichung der Mechanik. Nach **Newton** ist für jedes Massenelement „Masse mal Beschleunigung gleich der Summe der Kräfte".
Also steht links

$$\delta m \, \mathfrak{w} = \varrho \, \frac{\mathrm{d}\mathfrak{v}}{\mathrm{d}t} \, \delta V .$$

Die Kräfte aber zerfallen wie immer in zwei Klassen:

a) die räumlich verteilten Kräfte, d. h. Kräfte, die mit δm klein werden. Wir schreiben $\mathfrak{g}\delta m$, uns an den wichtigsten Fall, die Schwere, erinnernd; doch braucht es nicht immer die Schwere zu sein.

b) die flächenhaft verteilten Kräfte; das Element δm unterliegt an seiner Oberfläche Druck- oder Zug- und Schubspannungen. Nun gilt als **dynamisches Charakteristikum der idealen Flüssigkeit**, daß sie nur Drucke $- p\mathfrak{n}\mathrm{d}F$ aushalte ($p \geq 0$), aber gegen Gleiten keinen Widerstand besitze, reibungsfrei sei. Da nun nach dem **Gaußschen** Satz

$$- \oint p\mathfrak{n} \, \mathrm{d}F = - \int \operatorname{grad} p \, \mathrm{d}V$$

ist, so bekommen wir das **Newtonsche** Grundgesetz in der Gestalt

$$\delta m \, \mathfrak{w} = \mathfrak{g} \, \delta m - \int \operatorname{grad} p \, \mathrm{d}V$$

oder

$$\varrho \, \mathfrak{w} = \varrho \, \mathfrak{g} - \lim_{\delta V \to 0} \frac{1}{\delta V} \int \operatorname{grad} p \, \mathrm{d}V ,$$

also

$$(1,10) \qquad \varrho \, \mathfrak{w} = \varrho \, \mathfrak{g} - \operatorname{grad} p .$$

Das ist die Bewegungsgleichung für ideale Flüssigkeiten, wie sie aus dem Newtonschen Grundgesetz folgt.

Bemerkung: Das Boltzmannsche Grundgesetz[1]) (Symmetrie des Spannungstensors) ist von selbst erfüllt, da der Spannungstensor

$$\begin{pmatrix} -p & 0 & 0 \\ 0 & -p & 0 \\ 0 & 0 & -p \end{pmatrix}$$

symmetrisch ist. Daher gilt auch der Momentensatz, der bekanntlich zum Boltzmannschen Grundgesetz äquivalent ist. Über den Druck ist noch folgendes zu sagen:

Die Dimension von p ist $[p] = [\text{Dyn cm}^{-2}] = [\text{kp cm}^{-2}] = [\text{g cm}^{-1}\,\text{s}^{-2}]$ (kp das Zeichen für Kilopond, die Krafteinheit im technischen Maßsystem). Die technische Atmosphäre entspricht dem Druck von 10 m Wassersäule, das ist $1\ \text{kp/cm}^2 = 1000$ Millibar.

Im allgemeinen sehen wir den Druck als stetig an. Wohl kann an der Grenze zweier Medien ein Sprung eintreten. Wenigstens kann man die Kapillarität so auffassen, daß man an der Grenze den Druckunterschied

$$p_\mathrm{I} - p_\mathrm{II} = S_{\mathrm{I,\,II}}\left(\frac{1}{R_\mathrm{I}} - \frac{1}{R_\mathrm{II}}\right)$$

ansetzt, wo in der Klammer die mittlere Krümmung der Trennungsfläche steht und $S_{\mathrm{I,\,II}}$ eine Materialkonstante ist. Wir sehen hinfort von Kapillarität ab, nehmen also den Druck stets als stetig an und verweisen auf die Vorlesungen von Sommerfeld[2]) als eine erste Einführung und weiterhin auf einen Enzyklopädieartikel von Minkowski[3]).

Natürlich ist der Druck gleich dem Gegendruck (lex tertia). Daß der Druck von $\mathfrak{n}$ unabhängig ist, daß es also an jeder Stelle nur einen Druck gibt, erkannte schon Pascal (1623—1662). Für uns folgt das aus dem Umstand, daß keine Schubkräfte da sein sollen, daß daher das Spannungsellipsoid eine Kugel sein muß.

— grad p heißt das „Druckgefälle". Unter Benutzung der Ergebnisse aus Nr. 2 kann man die Grundgleichung auch schreiben

$$(1,10\,\mathrm{a}) \qquad \frac{\partial \mathfrak{v}}{\partial t} + \tfrac{1}{2}\,\mathrm{grad}\,\mathfrak{v}^2 - \mathfrak{v} \times \mathrm{rot}\,\mathfrak{v} = \mathfrak{g} - \frac{1}{\varrho}\,\mathrm{grad}\,p\,.$$

5. Die Zustandsgleichung.

Wir haben bis jetzt vier Gleichungen für fünf Variable: p, ϱ und die drei Komponenten von $\mathfrak{v}$. Wir brauchen noch eine fünfte, die wir folgendermaßen bekommen:

Stets hängen die inneren Spannungen von den Deformationen ab, also auch p, der Druck. Als Deformation bietet sich nun bei Flüssigkeiten von selbst die Änderung des Volumens dar, also nach Nr. 3 die Änderung der Dichte. p wird also eine Funktion von ϱ sein. Tatsächlich besteht erfahrungsgemäß die sogenannte Zu-

---

[1]) Hierzu s. etwa Szabó, I.: Einführung in die Technische Mechanik. Berlin 1954. S. 219.
[2]) Sommerfeld, A.: Vorlesungen über theoretische Physik. Bd. II. Mechanik der deformierbaren Medien. Wiesbaden 1949.
[3]) Enzyklopädie der mathematischen Wissenschaften. Bd. V, 1, Heft 4. Leipzig 1907.

standsgleichung für Flüssigkeiten und Gase:

$$(1, 11) \qquad p = p(\varrho, \Theta).$$

Es kommt in ihr noch die Temperatur Θ vor; wir nehmen die absolute Temperatur, $\Theta \geq 0$. Beispielsweise ist für sogenannte ideale Gase

$$(1, 11\,a) \qquad p = \frac{R}{\mu}\,\varrho\Theta\,.$$

Darin ist R die universelle Gaskonstante $8,31 \cdot 10^7$ erg/grad, μ das Molgewicht, z. B. für Sauerstoff 32 g (bzw. ein Kilomol $= 32$ kg).

Wir haben nun zwar eine fünfte Gleichung gewonnen, aber auch eine neue Variable dazubekommen: die absolute Temperatur Θ. Damit käme an sich die ganze Thermodynamik herein. Um das zu vermeiden — die Untersuchungen würden uferlos — beschränken wir uns auf die sogenannten „barotropen" Fälle:

$$p = p(\varrho)\,.$$

Nur ganz am Schluß dieses Teiles des Buches wollen wir den allgemeinen Fall wenigstens in der Grundlage darstellen; alles weitere müssen wir dann dem Selbststudium überlassen und verweisen auf die Untersuchungen der Meteorologen (Bjerknes, Exner, Ertel, Raethjen u. a.), die mit Barotropie nicht auskommen.

Zur Barotropie gehören besonders folgende Einzelfälle:

a) Inkompressibilität, verbunden mit Homogenität; ϱ ist hier schlechthin konstant; das ist so zu verstehen, daß wir von der tatsächlichen Änderung von ϱ absehen. p wird eine Reaktionsgröße, bedingt durch die Bewegungsbeschränkung

$$\operatorname{div} \mathfrak{v} = 0\,.$$

Angenähert trifft das bei Wasser zu, aber auch sonst bei geringen Druckschwankungen. In diesem Fall können selbst Gase oft als inkompressibel angesehen werden. Es bedarf dazu natürlich einer speziellen Untersuchung. Umgekehrt gibt es Fälle, bei denen die Kompressibilität des Wassers von Bedeutung ist und daher beachtet werden muß, z. B. beim sogenannten Wasserschloß.

b) Isotherme Prozesse: $\Theta = $ const. Bei vollkommenen Gasen ist dann $p = C\varrho$.

c) Adiabatische Prozesse, bei denen keine Wärmezufuhr stattfindet. Die Thermodynamik lehrt, daß dann bei vollkommenen Gasen

$$p = C\varrho^{k}$$

ist, wobei $k \approx 1{,}41$ bei zweiatomigen Gasen, $k \approx 1{,}6$ bei einatomigen Gasen ist. Auch Fälle mit allgemeinem k werden zur angenäherten Erfassung der Verhältnisse angenommen (Polytropie).

6. Barotropie. Nimmt man Barotropie an, und das wollen wir ja hinfort tun, ist also

$$p = p(\varrho)\,,$$

so empfiehlt sich die Einführung des Integrals

$$P = \int \frac{\mathrm{d}p}{\varrho}\,.$$

Dann nämlich nimmt (1, 10) die Form an

$$\mathfrak{w} = \mathfrak{g} - \operatorname{grad} P,$$

da $\operatorname{grad} P = \operatorname{grad} \int \dfrac{\mathrm{d}p}{\varrho} = \dfrac{\partial}{\partial \mathfrak{r}} \int \dfrac{\mathrm{d}p}{\varrho} = \dfrac{1}{\varrho} \dfrac{\partial p}{\partial \mathfrak{r}}$ ist.

Aus (1, 10a) aber wird

$$(1, 10\,\mathrm{b}) \qquad \frac{\partial \mathfrak{v}}{\partial t} - \mathfrak{v} \times \operatorname{rot} \mathfrak{v} = \mathfrak{g} - \operatorname{grad}\left(P + \tfrac{1}{2} v^2\right).$$

Im Sonderfall der Schwere ist auch $\mathfrak{g}$ ein Gradient, nämlich $\mathfrak{g} = -\operatorname{grad}(gh)$, wenn h die Höhe ist. Allgemeiner möge $\mathfrak{g} = -\operatorname{grad} u$ sein. Dann lautet (1, 10b)

$$\frac{\partial \mathfrak{v}}{\partial t} - \mathfrak{v} \times \operatorname{rot} \mathfrak{v} = -\operatorname{grad}\left(P + \tfrac{1}{2}v^2 + u\right).$$

P und $\tfrac{1}{2} v^2$ haben natürlich die Dimension von u und also auch die von gh. Man schreibt deshalb gerne

$$P + \tfrac{1}{2} v^2 + u = gH$$

und nennt H die „Energiehöhe". Denn gh ist eine Energie je Masseneinheit, $\tfrac{1}{2} v^2$ ebenfalls (potentielle und kinetische Energie). Inwiefern auch P eine Energie je Masseneinheit ist, werden wir noch ausführen.

Bei inkompressiblen Medien ist, falls $u = gh$,

$$H = h + \frac{1}{2g} v^2 + \frac{p}{\gamma},$$

wobei $\gamma = \varrho g$ die „Wichte" (spezifisches Gewicht ist). Bei $p = C \varrho^k$ ist

$$P = \int \frac{\mathrm{d}p}{\varrho} = Ck \int \varrho^{k-2}\, \mathrm{d}\varrho = C \frac{k}{k-1} \varrho^{k-1} = \frac{k}{k-1} \frac{p}{\varrho},$$

falls $k \neq 1$. Ist aber $k = 1$ (Isothermie), so ist

$$P = C \int \frac{\mathrm{d}\varrho}{\varrho} = C \log \frac{\varrho}{\varrho_0}.$$

Im Fall der Statik ist $\mathfrak{v} = 0$. Also gilt nach (1, 10) allgemein

$$\varrho\, \mathfrak{g} = \operatorname{grad} p.$$

Es muß also $\operatorname{grad} p$ die Richtung von $\mathfrak{g}$ haben. Ist $\mathfrak{g}$ die Erdbeschleunigung, also konstant nach unten gerichtet, so muß auch $\operatorname{grad} p$ nach unten gerichtet sein; also muß p konstant in horizontalen Flächen, d. h. eine bloße Funktion der Höhe z sein. Dann ist aber auch $|\operatorname{grad} p|$ eine bloße Funktion von z, und deshalb muß es auch ϱ sein.

Gleichgewicht kann also in der Atmosphäre nur bestehen, wenn Druck p und Dichte ϱ in horizontalen Schichten konstant sind.

Damit ist von selbst Barotropie gegeben. Weiter muß dann sein

$$\mathfrak{g} = \operatorname{grad} P,$$

also

$$g = -\frac{\partial P}{\partial z}, \quad P = g(z_0 - z),$$

im Falle adiabatischer Verteilung also

$$\frac{k}{k-1}\left(\frac{p}{\varrho}-\frac{p_0}{\varrho_0}\right)=g(z_0-z)\,.$$

Das ist die sogenannte barometrische Höhenformel, die aber hier nur für einen Idealfall aufgestellt ist. In Wirklichkeit ist sie wegen des Wassergehalts der Luft komplizierter; wir haben die Atmosphäre als vollkommenes Gas behandelt, was sie in Wirklichkeit nicht ist.

7. Stationäre Prozesse. Stationär heißen Prozesse, für die bei allen physikalischen Größen $(\mathfrak{v}, p, \varrho)$ die lokale Fluxion $\left(\dfrac{\partial \mathfrak{v}}{\partial t}\text{ usw.}\right)$ Null ist. Es gibt also an Ort und Stelle eine feste Richtung von $\mathfrak{v}$ und daher auch „Stromlinien", die diese feste Richtung berühren und in denen sich die materiellen Punkte bewegen.

Es gilt jetzt bei Barotropie und Annahme eines Potentials u von $\mathfrak{g}$

$$-\mathfrak{v}\times\operatorname{rot}\mathfrak{v}=-\operatorname{grad}(gH)\,.$$

Durch innere Multiplikation mit $\mathfrak{v}$ folgt daraus

$$\mathfrak{v}\operatorname{grad}(gH)=0\,,$$

d. h. *längs der Stromlinien ist*

$$d\mathfrak{r}\,\frac{d}{d\mathfrak{r}}\,(gH)=0$$

und daher nach Integration:

$$gH=\text{const }\textit{längs der Stromlinien}$$

(Daniel Bernoulli 1700—1782). Die Konstante kann von Stromlinie zu Stromlinie verschieden sein.

Im stationären Fall sind Stromlinien und Bahnlinien identisch. Sonst aber sind sie wohl zu unterscheiden:

Bahnlinien sind, wie immer, die Bahnen der materiellen Punkte.

Stromlinien sollen die Linien sein, die die augenblickliche Richtung von $\mathfrak{v}$ besitzen; d. h. sie genügen der Differentialgleichung

$$d\mathfrak{r}=\mathfrak{v}(\mathfrak{r}, t)\,d\tau\,,$$

wo τ ein Parameter ist; das in $\mathfrak{v}(\mathfrak{r}, t)$ enthaltene t wird bei der Integration konstant gehalten. Dagegen genügen die Bahnlinien der Differentialgleichung

$$d\mathfrak{r}=\mathfrak{v}(\mathfrak{r}, t)\,dt\,.$$

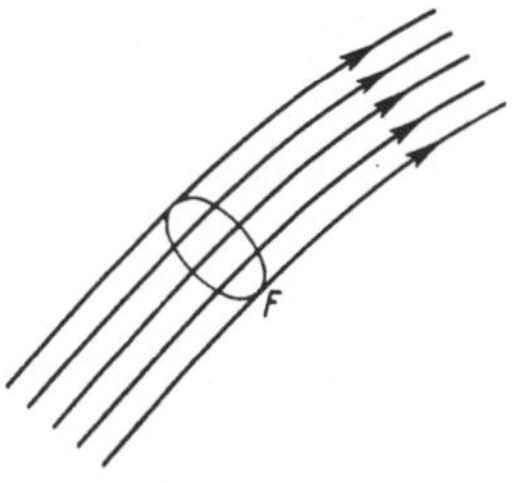

Bemerkung: Die Hydraulik (technische Hydromechanik) arbeitet mit Vorliebe mit dem Begriff Stromfaden, d. h. einem dünnen Bündel von Stromlinien mit dem Querschnitt F (Abb. 2). Die Bewegung sei stationär. Aus der Erhaltung der Masse folgt

Abb. 2

$$(1, 12)\qquad\qquad\qquad Fv=\text{const}\,,$$

wobei v die im Querschnitt als konstant angenommene Geschwindigkeit ist. Dieses an sich klare Ergebnis (1, 12) folgt auch leicht aus

$$\oint \mathfrak{v}\mathfrak{n}\,\mathrm{d}F = 0 \,.$$

Dazu kommt dann nach der Bernoullischen Gleichung $gH = \text{const}$ im Falle der Schwere als einziger räumlich verteilter Kraft

$$(1, 13) \qquad\qquad H = h + \frac{v^2}{2g} + \frac{p}{\gamma} = \text{const}\,.$$

Aus (1, 12) und (1, 13) kann man z. B. v und p bei gegebenem F und h berechnen. Widerstände infolge Abweichung vom idealen Fall können durch einen empirisch festzustellenden Verlust an H berücksichtigt werden.

8. Die Lagrangeschen Bewegungsgleichungen. Statt nach Euler $\mathfrak{r}$ und t als Unabhängige zu nehmen, wollen wir nun mit Lagrange $\mathfrak{a} = a\mathfrak{i} + b\mathfrak{j} + c\mathfrak{k}$ und t als solche betrachten, d. h. fragen: Was geschieht mit einem bestimmten Teilchen a, b, c ?

Dann bleibt die linke Seite der Grundgleichung (1, 10), d. h.

$$\mathfrak{w} = \frac{\mathrm{d}^2\mathfrak{r}}{\mathrm{d}t^2}$$

stehen; denn es handelt sich um eine zweite Ableitung nach t bei festgehaltenem $\mathfrak{a}$. Rechts aber steht

$$-\operatorname{grad}(P + u)\,,$$

d. h. eine Ableitung nach $\mathfrak{r}$. Um das umzurechnen, multiplizieren wir im Sinne des inneren Produktes der Reihe nach mit $\dfrac{\partial \mathfrak{r}}{\partial a}$, $\dfrac{\partial \mathfrak{r}}{\partial b}$ und $\dfrac{\partial \mathfrak{r}}{\partial c}$. Dann erhalten wir

$$\frac{\mathrm{d}^2\mathfrak{r}}{\mathrm{d}t^2}\frac{\partial \mathfrak{r}}{\partial a} = -\frac{\partial(P + u)}{\partial \mathfrak{r}}\frac{\partial \mathfrak{r}}{\partial a} = -\frac{\partial(P + u)}{\partial a}$$

und zwei analoge Gleichungen.

Nun aber gibt die Lagrangesche Umformung

$$\frac{\mathrm{d}^2\mathfrak{r}}{\mathrm{d}t^2}\frac{\partial \mathfrak{r}}{\partial a} = \frac{\mathrm{d}}{\mathrm{d}t}\left(\frac{\mathrm{d}\mathfrak{r}}{\mathrm{d}t}\frac{\partial \mathfrak{r}}{\partial a}\right) - \frac{\mathrm{d}\mathfrak{r}}{\mathrm{d}t}\frac{\mathrm{d}}{\mathrm{d}t}\frac{\partial \mathfrak{r}}{\partial a}$$

$$= \frac{\mathrm{d}}{\mathrm{d}t}\left(\frac{\mathrm{d}\mathfrak{r}}{\mathrm{d}t}\frac{\partial \mathfrak{r}}{\partial a}\right) - \frac{\mathrm{d}\mathfrak{r}}{\mathrm{d}t}\frac{\partial}{\partial a}\frac{\mathrm{d}\mathfrak{r}}{\mathrm{d}t}$$

$$= \frac{\mathrm{d}}{\mathrm{d}t}\left(\frac{\mathrm{d}\mathfrak{r}}{\mathrm{d}t}\frac{\partial \mathfrak{r}}{\partial a}\right) - \frac{\partial}{\partial a}\left(\tfrac{1}{2}\mathfrak{v}^2\right).$$

Also bekommen wir an Stelle von (1, 10) die Bewegungsgleichung

$$\frac{\mathrm{d}}{\mathrm{d}t}\left(\mathfrak{v}\,\frac{\partial \mathfrak{r}}{\partial a}\right) = -\frac{\partial}{\partial a}\left(P + u - \tfrac{1}{2}v^2\right)$$

und zwei analoge. (Man beachte das Zeichen von $\tfrac{1}{2}v^2$ rechts.) Links stehen hinter $\dfrac{\mathrm{d}}{\mathrm{d}t}$ die drei Zeilen

$$\frac{\mathrm{d}x}{\mathrm{d}t}\frac{\partial x}{\partial a} + \frac{\mathrm{d}y}{\mathrm{d}t}\frac{\partial y}{\partial a} + \frac{\mathrm{d}z}{\mathrm{d}t}\frac{\partial z}{\partial a}$$

$$\frac{\mathrm{d}x}{\mathrm{d}t}\frac{\partial x}{\partial b} + \frac{\mathrm{d}y}{\mathrm{d}t}\frac{\partial y}{\partial b} + \frac{\mathrm{d}z}{\mathrm{d}t}\frac{\partial z}{\partial b}$$

$$\frac{\mathrm{d}x}{\mathrm{d}t}\frac{\partial x}{\partial c} + \frac{\mathrm{d}y}{\mathrm{d}t}\frac{\partial y}{\partial c} + \frac{\mathrm{d}z}{\mathrm{d}t}\frac{\partial z}{\partial c}$$

Das ist mathematisch gesprochen die Transformation des Vektors $\mathfrak{v}$ mit der Matrix

$$\begin{pmatrix} \dfrac{\partial x}{\partial a} & \dfrac{\partial y}{\partial a} & \dfrac{\partial z}{\partial a} \\[2mm] \dfrac{\partial x}{\partial b} & \dfrac{\partial y}{\partial b} & \dfrac{\partial z}{\partial b} \\[2mm] \dfrac{\partial x}{\partial c} & \dfrac{\partial y}{\partial c} & \dfrac{\partial z}{\partial c} \end{pmatrix}.$$

Setzt man

$$\frac{\mathrm{d}}{\mathrm{d}\mathfrak{a}} = \left(\frac{\partial}{\partial a}, \frac{\partial}{\partial b}, \frac{\partial}{\partial c} \right), \quad \mathfrak{r} = \begin{pmatrix} x \\ y \\ z \end{pmatrix},$$

so kann man diese Matrix auch in der Form

$$\left(\frac{\mathrm{d}}{\mathrm{d}\mathfrak{a}} \right)' \mathfrak{r}' = \left(\mathfrak{r} \leftarrow \frac{\mathrm{d}}{\mathrm{d}\mathfrak{a}} \right)'$$

darstellen. Der Pfeil in dem rechtsstehenden Ausdruck soll andeuten, daß sich die Differentiationen auf $\mathfrak{r}$ beziehen sollen (üblicherweise werden ja nur die rechts von einem Differentationssymbol stehenden Funktionen differenziert).

Also können wir jetzt der Gleichung (1, 10) die Form geben

$$\frac{\mathrm{d}}{\mathrm{d}t} \left[\left(\left(\frac{\mathrm{d}}{\mathrm{d}\mathfrak{a}} \right)' \mathfrak{r}' \right) \mathfrak{v} \right] = - \frac{\mathrm{d}}{\mathrm{d}\mathfrak{a}} \left(u + P - \tfrac{1}{2} v^2 \right).$$

Auch die Kontinuitätsgleichung, die die Erhaltung der Masse ausdrückt, wollen wir umschreiben. Am besten leiten wir sie direkt aus der Grundidee ab.

Die Masse eines Volumenteils ist

$$\int_V \varrho \, \mathrm{d}V = \iiint \varrho \, \mathrm{d}x \, \mathrm{d}y \, \mathrm{d}z.$$

Das rechnet man bekanntlich so in die Koordinaten a, b, c um[1]:

$$\iiint \varrho \, \frac{\partial (x, y, z)}{\partial (a, b, c)} \, \mathrm{d}a \, \mathrm{d}b \, \mathrm{d}c.$$

Soll das für alle Teile der Materie konstant sein, so muß der Integrand von t unabhängig, d. h.

$$(1, 9 \mathrm{c}) \qquad \frac{\mathrm{d}}{\mathrm{d}t} \left[\varrho \, \frac{\partial (x, y, z)}{\partial (a, b, c)} \right] = 0$$

sein.

Bei Inkompressibilität ist $\frac{\mathrm{d}\varrho}{\mathrm{d}t} = 0$, also muß dann dasselbe von der Funktional-Determinante gelten. Mithin wandelt sich div $\mathfrak{v} = 0$ in

$$(1, 14) \qquad \frac{\mathrm{d}}{\mathrm{d}t} \frac{\partial (x, y, z)}{\partial (a, b, c)} = 0$$

um. Wählt man für a, b, c insbesondere die Werte, die x, y, z zur Zeit t_0 annehmen, so kann man (1, 14) ersetzen durch

$$(1, 14 \mathrm{a}) \qquad \frac{\partial (x, y, z)}{\partial (a, b, c)} = 1.$$

---

[1] S. etwa Rothe, R.: Höhere Mathematik. Teil III. 6. Aufl. Stuttgart 1953. § 12.

Allgemein kann dann die Kontinuitätsgleichung (1, 9 c)

$$\varrho \, \frac{\partial(x, y, z)}{\partial(a, b, c)} = \varrho_0$$

geschrieben werden, wo ϱ_0 der Wert von ϱ zur Zeit t_0 ist. (Bemerkung: Diese Zeit t_0 kann irgendeine bloß gedachte Variable von der Dimension einer Zeit sein.)

9. Die drei Fundamentalsätze der Mechanik in der Hydromechanik.

a) Der Satz vom Massenmittelpunkt oder der Impulssatz. Aus

(1, 10)
$$\varrho \, \frac{\mathrm{d}\mathfrak{v}}{\mathrm{d}t} = \varrho \, \mathfrak{g} - \frac{\mathrm{d}p}{\mathrm{d}\mathfrak{r}}$$

folgt durch Integration über ein Volumen V

$$\int \frac{\mathrm{d}\mathfrak{v}}{\mathrm{d}t} \, \mathrm{d}m = \int \mathfrak{g} \, \mathrm{d}m - \int \frac{\mathrm{d}p}{\mathrm{d}\mathfrak{r}} \, \mathrm{d}V$$

oder mit $\int \mathfrak{r} \, \mathrm{d}m = \mathfrak{r}^* \int \mathrm{d}m = \mathfrak{r}^* m$ nach dem Gaußschen Satz

(1, 15)
$$m \, \mathfrak{w}^* = m \, \mathfrak{g} - \oint p \mathfrak{n} \, \mathrm{d}F ,$$

d. h. *die Massenbeschleunigung des Schwerpunkts ist gleich der Summe der äußeren Kräfte.* (Dabei bedeutet die Schreibweise $m\mathfrak{g}$ für die räumlich verteilten Kräfte — vgl. Nr. 4 — keine Beschränkung auf die Schwere.)
Fragt man nach der Wirkung der Flüssigkeit auf die Umgebung durch den ausgeübten Druck, so wird man die Gleichung (1, 15) schreiben

$$\oint p \mathfrak{n} \, \mathrm{d}F = m \, \mathfrak{g} - m \, \mathfrak{w}^* .$$

b) Der Satz vom Drehimpuls oder vom Drall (Momentensatz). Nach äußerer Multiplikation mit $\mathfrak{r}$ ergibt eine der vorigen analoge Betrachtung

$$\int \mathrm{d}m \, \mathfrak{r} \times \frac{\mathrm{d}\mathfrak{v}}{\mathrm{d}t} = \int \mathrm{d}m \, \mathfrak{r} \times \mathfrak{g} - \int \mathfrak{r} \times \frac{\mathrm{d}p}{\mathrm{d}\mathfrak{r}} \, \mathrm{d}V .$$

$\mathfrak{D} = \int \mathrm{d}m \, \mathfrak{r} \times \mathfrak{v}$ heißt Drehimpuls oder Drall. Links steht also $\dfrac{\mathrm{d}\mathfrak{D}}{\mathrm{d}t}$, rechts ist
$\int \mathrm{d}m \, \mathfrak{r} \times \mathfrak{g} = m\mathfrak{r}^* \times \mathfrak{g} = \mathfrak{r}^* \times (m\mathfrak{g})$ das Moment der räumlich verteilten äußeren Kraft. Weiter ist nach dem Gaußschen Satz in Verbindung mit partieller Integration

$$\int \mathfrak{r} \times \frac{\mathrm{d}p}{\mathrm{d}\mathfrak{r}} \, \mathrm{d}V = \oint (\mathfrak{r} \times \mathfrak{n}) \, p \, \mathrm{d}F - \int \left(\mathfrak{r} \times \leftarrow \frac{\mathrm{d}}{\mathrm{d}\mathfrak{r}} \right) \mathrm{d}V$$
$$= \oint (\mathfrak{r} \times \mathfrak{n}) \, p \, \mathrm{d}F ,$$

da $\mathfrak{r} \times \leftarrow \dfrac{\mathrm{d}}{\mathrm{d}\mathfrak{r}} = - \dfrac{\mathrm{d}}{\mathrm{d}\mathfrak{r}} \times \mathfrak{r} = 0$ ist. Also bleibt

(1, 16)
$$\frac{\mathrm{d}\mathfrak{D}}{\mathrm{d}t} = \mathfrak{r}^* \times (m\mathfrak{g}) - \oint (\mathfrak{r} \times \mathfrak{n}) \, p \, \mathrm{d}F = \mathfrak{M}_a ,$$

d. h. das Moment der äußeren Kräfte. Die Wirkung auf die Umgebung ist dann

$$\oint (\mathfrak{r} \times \mathfrak{n}) \, p \, \mathrm{d}F = \mathfrak{r}^* \times m \, \mathfrak{g} - \frac{\mathrm{d}\mathfrak{D}}{\mathrm{d}t} .$$

Das Ergebnis war zu erwarten, da, wie schon in Nr. 4 festgestellt wurde, der zu p gehörige Spannungstensor symmetrisch ist.

c) **Der Energiesatz.** Nach skalarer Multiplikation mit der virtuellen Verschiebung $\delta \mathfrak{r} = \vec{\eta}\,\mathrm{d}\tau$ ergibt sich analog

$$\int \mathrm{d}m\, \mathfrak{w}\,\delta\mathfrak{r} = \int \mathrm{d}m\, \mathfrak{g}\,\delta\mathfrak{r} - \int \frac{\partial p}{\partial \mathfrak{r}}\,\delta\mathfrak{r}\,\mathrm{d}V$$

$$= \delta \int \mathrm{d}m\, \mathfrak{g}\,\mathfrak{r} - \oint p\mathfrak{n}\,\delta\mathfrak{r}\,\mathrm{d}F + \int p\,\mathrm{div}\,\delta\mathfrak{r}\,\mathrm{d}V$$

$$= -\,\delta U_a - \oint p\mathfrak{n}\,\delta\mathfrak{r}\,\mathrm{d}F + \int p\,\mathrm{div}\,\delta\mathfrak{r}\,\mathrm{d}V,$$

wobei U_a das Potential der räumlich verteilten eingeprägten Kräfte ist, im Fall der Schwere mgh^* (div $\delta\mathfrak{r}$ ist natürlich div $\vec{\eta}\,\mathrm{d}\tau$). Man kann abkürzend schreiben

$$\int \mathrm{d}m\, \mathfrak{w}\,\delta\mathfrak{r} = \delta A_a + \delta A_i,$$

wo

$$\delta A_a = -\,\delta U_a - \oint p\mathfrak{n}\,\delta\mathfrak{r}\,\mathrm{d}F$$

die Arbeit der äußeren Kräfte ist (genauer: die der räumlich verteilten Kräfte und des äußeren Druckes). Den Rest der rechten Seite nennen wir definitionsgemäß die „innere Arbeit" δA_i:

$$\delta A_i = \int p\,\mathrm{div}\,\delta\mathfrak{r}\,\mathrm{d}V.$$

Sie ist Null, wenn div $\delta\mathfrak{r} = 0$ ist, also im Fall der Inkompressibilität (auch beim starren Körper ist div $\delta\mathfrak{r} = 0$), denn div $\delta\mathfrak{r} = 0$ ist äquivalent mit dem in Nr. 3 erhaltenen Ergebnis div $\mathfrak{v} = 0$, wenn die virtuelle Verschiebung $\delta\mathfrak{r}$ die auferlegte kinematische Bindung, hier die der Inkompressibilität, beachtet.

Die linke Seite kann man noch umformen in

$$\frac{\mathrm{d}}{\mathrm{d}t}\int \mathrm{d}m\, \mathfrak{v}\,\delta\mathfrak{r} - \int \mathrm{d}m\, \mathfrak{v}\,\delta\mathfrak{v},$$

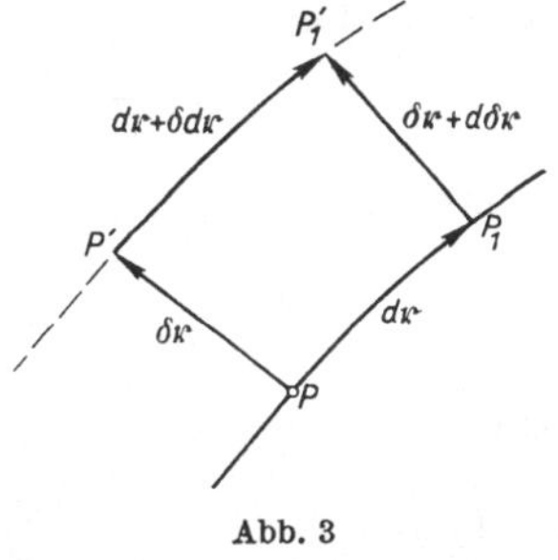

Abb. 3

wenn wir die Vertauschungsformel $\mathrm{d}\,\delta\mathfrak{r} = \delta\,\mathrm{d}\mathfrak{r}$ anwenden, die wir uns in folgender Weise anschaulich klar machen können: Durch die virtuelle Verschiebung geht die Bahnkurve in eine benachbarte Kurve über. Wir setzen nun willkürlich[1]) fest: Wird dem Punkt P der Nachbarpunkt P' zugeordnet und dem Punkt P_1 — der aus P dadurch entstehen möge, daß wir längs der Bahnkurve um das Stück $\mathrm{d}\mathfrak{r}$ fortschreiten — der Punkt P_1', so möge dem Bogenelement $\mathrm{d}\mathfrak{r} = \overrightarrow{PP_1}$ das Bogenelement $\overrightarrow{P'P_1'}$ zugeordnet werden. Dieses ist also definitionsgemäß mit $\mathrm{d}\mathfrak{r} + \delta\,\mathrm{d}\mathfrak{r}$ zu bezeichnen. Dann folgt aus Abb. 3:

$$\delta\mathfrak{r} + \mathrm{d}\mathfrak{r} + \delta\,\mathrm{d}\mathfrak{r} = \mathrm{d}\mathfrak{r} + \delta\mathfrak{r} + \mathrm{d}\,\delta\mathfrak{r},$$

also

$$\delta\,\mathrm{d}\mathfrak{r} = \mathrm{d}\,\delta\mathfrak{r}.$$

---

[1]) Daß diese Festsetzung tatsächlich willkürlich und also streng genommen unnötig ist, ist bewiesen in Hamel, G.: Über die virtuellen Verschiebungen in der Mechanik. Math. Ann. **59** (1904), S. 416. S. auch die Darstellung in Heun: Lehrbuch der Mechanik. 1. Teil. Kinematik. Leipzig 1906. S. 94 ff.

Da $\int \mathrm{d}m\, \mathfrak{v}\, \delta\mathfrak{v} = \delta \int \mathrm{d}m\, \tfrac{1}{2}\, \mathfrak{v}^2 = \delta E$ ist (E die kinetische Energie), läßt sich das Ergebnis auch schreiben

$$(1,17)\qquad\qquad \frac{\mathrm{d}}{\mathrm{d}t}\int \mathrm{d}m\, \mathfrak{v}\, \delta\mathfrak{r} - \delta E = \delta A_a + \delta A_i\,.$$

$\int \mathrm{d}m\, \mathfrak{v}\, \delta\mathfrak{r}$ ist die virtuelle Arbeit des Impulses. Nehmen wir nun als virtuelle Verschiebung die wirkliche, was wir hier tun dürfen, also

$$\delta\mathfrak{r} = \mathfrak{v}\, \mathrm{d}t,$$

so ist

$$\int \mathrm{d}m\, \mathfrak{w}\, \delta\mathfrak{r} = \int \mathrm{d}m\, \frac{\mathrm{d}\mathfrak{v}}{\mathrm{d}t}\, \mathfrak{v}\, \mathrm{d}t = \mathrm{d}t\, \frac{\mathrm{d}}{\mathrm{d}t}\, E\,,$$

so daß wir erhalten

$$\frac{\mathrm{d}}{\mathrm{d}t}\, E = -\frac{\mathrm{d}}{\mathrm{d}t}\, U_a - \oint p\,\mathfrak{n}\mathfrak{v}\, \mathrm{d}F + \int p\, \operatorname{div}\mathfrak{v}\, \mathrm{d}V$$

oder

$$(1,17\mathrm{a})\qquad\qquad \frac{\mathrm{d}}{\mathrm{d}t}\, (E + U_a) = -\oint p\,\mathfrak{n}\mathfrak{v}\, \mathrm{d}F + L_i$$

mit $L_i = \int p\, \operatorname{div}\mathfrak{v}\, \mathrm{d}V$ als **innerer Leistung des Druckes**. Es gilt der Satz: Bei volumenbeständiger Bewegung ist die innere Leistung des Druckes Null.

Verbindet man $(1,17\mathrm{a})$ mit $(1,9)$, so wird die innere Leistung des Druckes

$$L_i = \int p\, \operatorname{div}\mathfrak{v}\, \mathrm{d}V = -\int \frac{p}{\varrho}\, \frac{\mathrm{d}\varrho}{\mathrm{d}t}\, \mathrm{d}V = -\int \frac{p}{\varrho^2}\, \frac{\mathrm{d}\varrho}{\mathrm{d}t}\, \mathrm{d}m\,.$$

Nun ist aber

$$-\frac{p}{\varrho^2}\, \frac{\mathrm{d}\varrho}{\mathrm{d}t} = \frac{\mathrm{d}}{\mathrm{d}t}\, \frac{p}{\varrho} - \frac{1}{\varrho}\, \frac{\mathrm{d}p}{\mathrm{d}t} = \frac{\mathrm{d}}{\mathrm{d}t}\left(\frac{p}{\varrho} - P\right),$$

wenn wir, wie stets, Barotropie voraussetzen. Damit wird

$$L_i = \frac{\mathrm{d}}{\mathrm{d}t}\int \left(\frac{p}{\varrho} - P\right)\mathrm{d}m = -\frac{\mathrm{d}U_i}{\mathrm{d}t}\,.$$

Die **Energiegleichung** aber nimmt die Form an

$$(1,17\mathrm{b})\qquad\qquad \frac{\mathrm{d}}{\mathrm{d}t}\, (E + U_a + U_i) = -\oint p\,\mathfrak{n}\mathfrak{v}\, \mathrm{d}F$$

mit $U_i = \int \left(P - \frac{p}{\varrho}\right)\mathrm{d}m$ als Ausdruck der „inneren Energie" im Sinne der Mechanik.

Bei adiabatischen Prozessen war $P = \dfrac{k}{k-1}\, \dfrac{p}{\varrho}$, also ist dann

$$P - \frac{p}{\varrho} = \frac{1}{k-1}\, \frac{p}{\varrho} = \frac{1}{k-1}\, \frac{R}{\mu}\, \Theta$$

bei vollkommenen Gasen, also

$$U_i = \frac{R}{\mu(k-1)}\int \Theta\, \mathrm{d}m\,,$$

d. h. $\dfrac{\mathrm{d}U_i}{\mathrm{d}m}$ ist proportional Θ, der absoluten Temperatur.

10. Verhältnis zur Thermodynamik. Unser Energiesatz (1, 17 a) kann kurz geschrieben werden

$$\frac{\mathrm{d}E}{\mathrm{d}t} = L_a + L_i \,.$$

Andererseits gilt nach Nr. 1 der Energiesatz der Thermodynamik

$$L_a + Q = \frac{\mathrm{d}E}{\mathrm{d}t} + \frac{\mathrm{d}\Psi}{\mathrm{d}t} \,,$$

wobei Q die zugeführte Wärmemenge je Zeiteinheit und Ψ die innere Energie bedeutet. Vergleich der beiden Sätze gibt

$$Q = L_i + \frac{\mathrm{d}\Psi}{\mathrm{d}t} \,.$$

Es war aber

$$L_i = -\frac{\mathrm{d}U_i}{\mathrm{d}t} \,,$$

so daß

$$Q = \frac{\mathrm{d}}{\mathrm{d}t}\,(\Psi - U_i) \,,$$

also $\Psi = U_i + \int Q\,\mathrm{d}t$ sein muß.

Man kann somit (1, 17 b) auch schreiben

$$(1, 17\,\mathrm{c}) \qquad \frac{\mathrm{d}}{\mathrm{d}t}\,(E + U_a + \Psi) = -\oint p\mathfrak{n}\mathfrak{v}\,\mathrm{d}F + Q \,.$$

Bezeichnen wir nun mit s die **spezifische Entropie** (d. h. die Entropie pro Masseneinheit, die also mit der **Entropie** S verknüpft ist durch $S = \int s\,\mathrm{d}m$), und schreiben wir die spezifische innere Energie ψ als Funktion von ϱ und s, so gilt bekanntlich[1])

$$\Theta = \frac{\partial\psi}{\partial s}\,, \qquad p = \varrho^2\,\frac{\partial\psi}{\partial\varrho}\,.$$

Eine **Zustandsgleichung** der Form $f(p, \varrho, \Theta) = 0$ gibt dann für ψ die partielle Differentialgleichung

$$f\!\left(\varrho^2\,\frac{\partial\psi}{\partial\varrho}\,, \varrho\,, \frac{\partial\psi}{\partial s}\right) = 0 \,.$$

Bei idealen Gasen heißt sie

$$\varrho^2\,\frac{\partial\psi}{\partial\varrho} = \frac{R}{\mu}\,\varrho\,\frac{\partial\psi}{\partial s}$$

oder

$$\frac{\partial\psi}{\partial s} = \frac{\mu}{R}\,\varrho\,\frac{\partial\psi}{\partial\varrho} \,,$$

die durch

$$\psi = W\left(s + \frac{R}{\mu}\log\frac{\varrho}{\varrho_0}\right)$$

---

[1]) S. hierzu die Lehrbücher der Wärmelehre. An Stelle von ϱ wird häufig das spezifische Volumen $v = \dfrac{1}{\varrho}$ als Variable eingeführt; dann schreibt sich die zweite Relation offenbar $p = -\dfrac{\partial\psi}{\partial v}\,.$

mit willkürlichem W allgemein integriert ist. Demnach ist dann

$$p = \frac{R}{\mu}\,\varrho\,W', \quad \Theta = W'.$$

Ist σ die Umkehrfunktion von W', so folgt

$$s = -\frac{R}{\mu}\log\frac{\varrho}{\varrho_0} + \sigma(\Theta).$$

Es bestätigt sich, daß ψ nur von der absoluten Temperatur abhängt: $\psi = W(\sigma(\Theta))$. Definiert man diese genauer (bei idealen Gasen) direkt durch ψ, setzt also

$$\psi = W\left(s + \frac{R}{\mu}\log\frac{\varrho}{\varrho_0}\right) = \frac{c_v}{\mu}\,\Theta = \frac{c_v}{\mu}\,W',$$

so erhält man durch Integration

$$W = \frac{\Theta_0\,c_v}{\mu}\,\mathrm{e}^{\frac{\mu}{c_v}\left(s + \frac{R}{\mu}\log\frac{\varrho}{\varrho_0}\right)},$$

$$\Theta = W' = \Theta_0\,\mathrm{e}^{\frac{\mu}{c_v}\left(s + \frac{R}{\mu}\log\frac{\varrho}{\varrho_0}\right)}$$

und daher

$$(1,18) \qquad s = -\frac{R}{\mu}\log\frac{\varrho}{\varrho_0} + \frac{c_v}{\mu}\log\frac{\Theta}{\Theta_0}$$

(ϱ_0 und Θ_0 sind Integrationskonstanten, c_v die spezifische Wärme bei konstantem Volumen).

Benutzt man die Zustandsgleichung $p = \frac{R}{\mu}\,\varrho\,\Theta$ zur Elimination von ϱ, setzt also

$$\log\frac{\varrho}{\varrho_0} = -\log\frac{\Theta}{\Theta_0} + \log\frac{p}{p_0},$$

so wird

$$s = \frac{c_p}{\mu}\log\frac{\Theta}{\Theta_0} - \frac{R}{\mu}\log\frac{p}{p_0},$$

wobei $c_p = R + c_v$ die spezifische Wärme bei konstantem Druck ist (darüber Genaueres in den Lehrbüchern der Thermodynamik).

Man kann natürlich auch Θ eliminieren, also $\log\frac{\Theta}{\Theta_0} = \log\frac{p}{p_0} - \log\frac{\varrho}{\varrho_0}$ in (1, 18) einsetzen und erhält

$$(1,19) \qquad s = \frac{c_v}{\mu}\log\frac{p}{p_0} - \frac{c_p}{\mu}\log\frac{\varrho}{\varrho_0}.$$

Noch eine Bemerkung zur Bernoullischen Gleichung sei in diesem Zusammenhang gemacht. Diese heißt im stationären Fall (vgl. Nr. 7)

$$\frac{v^2}{2} + gh + P = \text{const}.$$

Nun war

$$\Psi = U_i + \int Q\,\mathrm{d}t$$

oder (je Masseneinheit mit $Q = \int q\,\mathrm{d}m$)

$$\psi = P - \frac{p}{\varrho} + \int q\,\mathrm{d}t\,,$$

also

$$P = \frac{p}{\varrho} + \psi - \int q\,\mathrm{d}t\,.$$

Daher nimmt die Bernoullische Gleichung die Form an

$$\frac{v^2}{2} + gh + \frac{p}{\varrho} + \psi - \int q\,\mathrm{d}t = \text{const}\,.$$

Diese Gleichung kann natürlich auch direkt eingesehen werden[1]). Die hier vorkommende Größe $\frac{p}{\varrho} + \psi = i$ wird auch „Wärmeinhalt" oder „Enthalpie" genannt.

Bei adiabatischen Prozessen ist $q = 0$, also $s = \text{const}$ und $P = \psi + \frac{p}{\varrho} = i$. Infolgedessen ist nach (1, 19)

$$\log\left(\frac{p}{p_0}\right)^{c_v} - \log\left(\frac{\varrho}{\varrho_0}\right)^{c_p} = \text{const}$$

oder

$$p = C\,\varrho^k\,, \quad k = \frac{c_p}{c_v}\,,$$

ein Ergebnis, das wir in Nr. 5 schon verwendet haben.

11. Eine Umformung der Fundamentalsätze. Für jede Größe q, Skalar oder Vektor, gilt

$$\frac{\mathrm{d}}{\mathrm{d}t}\int q\,\mathrm{d}V = \int \frac{\partial q}{\partial t}\,\mathrm{d}V + \oint q\,(\mathfrak{n}\mathfrak{v})\,\mathrm{d}F\,,$$

denn die Änderung in der Zeit besteht aus der lokalen Änderung und aus dem Ausfluß nach außen. Bei stationären Prozessen ist $\frac{\partial q}{\partial t} = 0$ und somit

$$\frac{\mathrm{d}}{\mathrm{d}t}\int q\,\mathrm{d}V = \oint q\,(\mathfrak{n}\mathfrak{v})\,\mathrm{d}F\,.$$

a) Der **Impulssatz** nimmt durch diese Umformung die Gestalt an

$$\int \frac{\partial}{\partial t}(\varrho\mathfrak{v})\,\mathrm{d}V + \oint \varrho\mathfrak{v}(\mathfrak{n}\mathfrak{v})\,\mathrm{d}F = \int \mathfrak{g}\,\mathrm{d}m - \oint p\mathfrak{n}\,\mathrm{d}F\,,$$

im stationären Fall also

$$\int \mathfrak{g}\,\mathrm{d}m = \oint \varrho\mathfrak{v}(\mathfrak{n}\mathfrak{v})\,\mathrm{d}F + \oint p\mathfrak{n}\,\mathrm{d}F\,.$$

Die Schwere bewirkt teils Impulsfluß, teils Drucksteigerung. Analog

b) Der **Drallsatz:**

$$\int \frac{\partial}{\partial t}\left[\varrho(\mathfrak{r}\times\mathfrak{v})\right]\mathrm{d}V + \oint \varrho(\mathfrak{r}\times\mathfrak{v})(\mathfrak{n}\mathfrak{v})\,\mathrm{d}F = \mathfrak{r}^*\times m\mathfrak{g} - \int p(\mathfrak{r}\times\mathfrak{n})\,\mathrm{d}F\,.$$

---

[1]) S. etwa Prandtl, L.: Führer durch die Strömungslehre. 4. Aufl. Braunschweig 1956. S. 255.

c) Der Energiesatz: Aus (1, 17b)

$$\frac{\mathrm{d}}{\mathrm{d}t}\,(E + U_a + U_i) = -\oint p\,(\mathfrak{n}\mathfrak{v})\,\mathrm{d}F$$

mit $U_i = \int (\varrho P - p)\,\mathrm{d}V$ wird

$$\int \frac{\partial}{\partial t}\,(\tfrac{1}{2}\varrho v^2 + \varrho g h + \varrho P - p)\,\mathrm{d}V + \oint (\tfrac{1}{2}\varrho v^2 + \varrho g h + \varrho P - p)\,(\mathfrak{v}\mathfrak{n})\,\mathrm{d}F$$

$$+ \oint p\,(\mathfrak{n}\mathfrak{v})\,\mathrm{d}F = 0\,,$$

so daß im stationären Fall der Energiesatz die Form annimmt

$$\oint (\tfrac{1}{2}\varrho v^2 + \varrho g h + \varrho P)\,(\mathfrak{v}\mathfrak{n})\,\mathrm{d}F = 0\,.$$

Nun war (s. Nr. 6)

$$\tfrac{1}{2}\varrho v^2 + \varrho g h + \varrho P = \gamma \left(\frac{v^2}{2g} + h + \frac{P}{g}\right) = \gamma H\,.$$

Also gilt im stationären Fall

$$\oint \gamma H\,(\mathfrak{v}\mathfrak{n})\,\mathrm{d}F = 0\,,$$

d. h. es strömt soviel Energie ein wie aus.

12. Anwendungen. a) Beim Stromfaden kommt man auf die Bernoullische Gleichung und die Erhaltung von $\varrho v F$, da durch den Mantel nichts ein- oder ausströmt.

b) Das Paradoxon von D'Alembert. Nimmt man an, daß bei einem umströmten Körper in unendlich ausgedehnter Flüssigkeit im Unendlichen überall dieselben Zustände (v, p, ϱ)

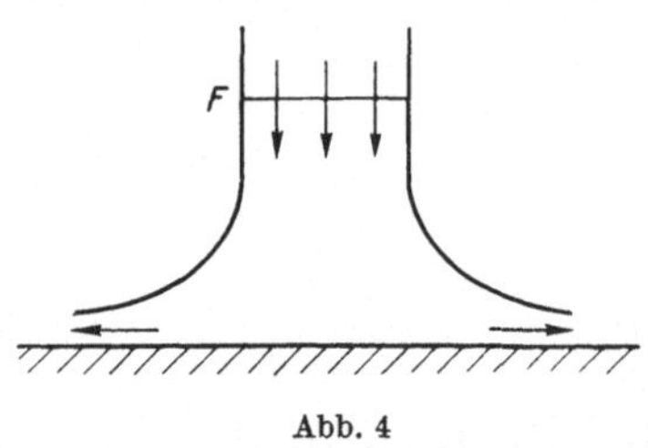

Abb. 4

herrschen, so kann der Körper keinen Widerstand erfahren, da kein Impuls verlorengeht. Aber die ungefähre Anwendung des Impulssatzes ist gefährlich. Es kommt darauf an, wie genau $\mathfrak{v}, \varrho, p$ für $\mathfrak{r} \to \infty$ gegen dieselben Werte gehen, da sonst bei der Größe von F, das gegen ∞ geht, auch kleine Abweichungen im einzelnen große Abweichungen im ganzen ergeben können.

c) Die Newtonsche Widerstandsformel. Ein Luft- oder Wasserstrahl ströme stationär gegen eine feste Wand und fließe seitlich ab (Abb. 4). (Angenommen, das sei möglich.) Dann geht in der Ausströmrichtung der gesamte Impuls verloren, d. h. $\varrho v \cdot v F = \varrho v^2 F$. Dieser Impuls muß also als zusätzlicher Druck (zu der Schwere) auf die Wand erscheinen, der also dem Quadrat der Geschwindigkeit v, der Dichte ϱ und dem Querschnitt F proportional ist. F ist aber der Querschnitt des Strahles. Die Anwendung auf den Widerstand eines Körpers in einer ihn umströmenden Flüssigkeit ist damit nicht ohne weiteres gegeben; weder ist das obige F der Querschnitt des Körpers, noch wird die Flüssigkeit seitlich abfließen. Das Newtonsche Widerstandsgesetz hat auch nur den Wert einer Faustformel, die für viele praktische Fälle einen Anhalt gibt.

§ 2. Eindimensionale Luftbewegung: Schall und Knall

13. Der Schall. Wir betrachten eine eindimensionale Luftbewegung in Richtung der x-Achse, d. h. alle Größen sollen nur von x und t abhängen, außerdem sei die materielle Geschwindigkeit $\mathfrak{v} = v\,\mathfrak{i}$. Von der Schwere und anderen räumlich verteilten Kräften werde abgesehen. Die Gleichungen (1, 9) und (1, 10) heißen dann

$$(2, 1) \qquad \frac{d\varrho}{dt} = \frac{\partial\varrho}{\partial t} + \frac{\partial\varrho}{\partial x}\,v = -\,\varrho\,\frac{\partial v}{\partial x}$$

$$(2, 2) \qquad \frac{dv}{dt} = \frac{\partial v}{\partial t} + \frac{\partial v}{\partial x}\,v = -\,\frac{1}{\varrho}\,\frac{\partial p}{\partial x}\,.$$

Nun nehmen wir für den Schall an, daß nur kleine Werte aller Ableitungen von ϱ, v, p in Betracht kommen und daß v selbst sehr klein sei. Die Glieder zweiten Grades auf der linken Seite werden dann wie üblich vernachlässigt; das ϱ auf der rechten Seite wird durch den statischen Wert ϱ_0 ersetzt, indem auch $(\varrho - \varrho_0)\frac{\partial v}{\partial x}$ bzw. $\left(\frac{1}{\varrho} - \frac{1}{\varrho_0}\right)\frac{\partial p}{\partial x}$ als klein zweiter Ordnung angesehen werden. So entstehen die Gleichungen

$$(2, 1\,\text{a}) \qquad \frac{\partial\varrho}{\partial t} = -\,\varrho_0\,\frac{\partial v}{\partial x}\,,$$

$$(2, 2\,\text{a}) \qquad \frac{\partial v}{\partial t} = -\,\frac{1}{\varrho_0}\,\frac{\partial p}{\partial x}\,.$$

Hierzu kommt noch eine Zustandsgleichung, die wir als barotrop von der Form

$$(2, 3) \qquad \varrho = \varphi(p)$$

annehmen. Es ist dann

$$\frac{\partial\varrho}{\partial t} = \varphi'(p)\,\frac{\partial p}{\partial t} \approx \varphi'(p_0)\,\frac{\partial p}{\partial t}\,.$$

Man kann nun entweder v oder p (resp. ϱ) eliminieren. Das erste Verfahren ergibt

$$\frac{\partial^2 v}{\partial x\,\partial t} = -\,\frac{1}{\varrho_0}\,\varphi'(p_0)\,\frac{\partial^2 p}{\partial t^2} = -\,\frac{1}{\varrho_0}\,\frac{\partial^2 p}{\partial x^2}\,,$$

also mit $c^2 = \left(\frac{dp}{d\varrho}\right)_0 = \frac{1}{\varphi'(p_0)}$

$$(2, 4\,\text{a}) \qquad \frac{\partial^2 p}{\partial t^2} = c^2\,\frac{\partial^2 p}{\partial x^2}\,.$$

Danach ist klar, daß c die Dimension einer Geschwindigkeit hat. Ist diese **partielle Differentialgleichung des Schalles** integriert, so ergibt sich v aus

$$v = \int\!\left(\frac{\partial v}{\partial t}\,dt + \frac{\partial v}{\partial x}\,dx\right) = -\,\frac{1}{\varrho_0}\int\!\left(\frac{\partial p}{\partial x}\,dt + \frac{1}{c^2}\,\frac{\partial p}{\partial t}\,dx\right)$$

eindeutig bis auf eine unwesentliche Konstante.

Elimination von p gibt für v

$$(2, 4\,\text{b}) \qquad \frac{\partial^2 v}{\partial t^2} = -\,\frac{1}{\varrho_0}\,\frac{\partial^2 p}{\partial x\,\partial t} = \frac{1}{\varphi'}\,\frac{\partial^2 v}{\partial x^2} = c^2\,\frac{\partial^2 v}{\partial x^2}\,,$$

also dieselbe Differentialgleichung. Ist sie integriert, so findet man p aus

$$p = \int\!\left(\frac{\partial p}{\partial t}\,dt + \frac{\partial p}{\partial x}\,dx\right) = -\,\varrho_0\int\!\left(c^2\,\frac{\partial v}{\partial x}\,dt + \frac{\partial v}{\partial t}\,dx\right).$$

Nun ist uns die Schallgleichung bekannt. Zu ihrer Integration gibt es wesentlich zwei Methoden.

14. Die exakte Methode nach D'Alembert. Sie liefert als Lösung von (2, 4 b)

$$(2, 5) \qquad v = f(x - ct) + g(x + ct),$$

was sich unmittelbar verifiziert. Daß sie die allgemeine Lösung ist, erkennt man sofort, wenn man als neue unabhängige Veränderliche die sogenannten charakteristischen Variablen

$$x - ct = r \quad \text{und} \quad x + ct = s$$

einführt, d. h. $x = \frac{1}{2}(r + s)$, $t = \frac{1}{2c}(r - s)$ setzt, wodurch sich die Schallgleichung in

$$(2, 4\,c) \qquad \frac{\partial^2 v}{\partial r\,\partial s} = 0$$

umrechnet, die sich dann durch $v = f(r) + g(s)$ integriert mit willkürlichen, doch zweimal differenzierbaren f und g. Die Lösung bedeutet eine Überlagerung zweier Wellen, von denen die eine mit der Geschwindigkeit c fortschreitet, die andere mit der gleichen Geschwindigkeit zurückschreitet. Denn die Werte von f bleiben dieselben, wenn man $x - ct = \text{const}$ setzt, die von g bei $x + ct = \text{const}$. c heißt Schallgeschwindigkeit.

Aus (2, 5) folgen

$$\frac{\partial v}{\partial x} = f'(x - ct) + g'(x + ct),$$

$$\frac{\partial v}{\partial t} = c[-f'(x - ct) + g'(x + ct)],$$

daher

$$p = -\varrho_0 \int [(c^2 f' + c^2 g')\,\mathrm{d}t + c(-f' + g')\,\mathrm{d}x]$$

$$= \varrho_0 c[f(x - ct) - g(x + ct)] + p_0.$$

f und g sind nun aus den Rand- und Anfangswerten zu bestimmen. Wir behandeln dafür zwei Beispiele:

Die geschlossene Luftsäule: $v = 0$ für $x = 0$ und $x = l$; $0 \leq x \leq l$. Aus der ersten Randbedingung folgt

$$f(-ct) + g(ct) = 0.$$

Da das für alle t gelten soll und jedes $x + ct$ gleich einem t' gesetzt werden kann, folgt weiter $g(x + ct) = -f(-x - ct)$, also

$$v = f(x - ct) - f(-x - ct)$$

und

$$p = \varrho_0 c[f(x - ct) + f(-x - ct)] + p_0.$$

Aus der zweiten Randbedingung folgt dann

$$f(l - ct) = f(-l - ct),$$

d. h. f hat die Periode $2l$.

Zur weiteren Bestimmung bedarf es noch der Anfangswerte von v und p im Intervall $0 \leq x \leq l$.

$$\begin{array}{lll} \text{Sei} \quad (v)_{t=0} = \varphi(x) & \text{für} \quad 0 \leq x \leq l, & \text{so ist} \\[4pt] (\alpha) \qquad f(x) - f(-x) = \varphi(x) & \text{für} \quad 0 \leq x \leq l. \\[4pt] \text{Sei} \quad (p)_{t=0} = \psi(x) + p_0 & \text{für} \quad 0 \leq x \leq l, & \text{so ist} \\[4pt] (\beta) \qquad \varrho_0 c(f(x) + f(-x)) = \psi(x) & \text{für} \quad 0 \leq x \leq l. \end{array}$$

Aus (α) und (β) folgen dann

$$f(x) = \frac{1}{2}\left[\varphi(x) + \frac{1}{\varrho_0 c}\,\psi(x)\right]$$

$$f(-x) = \frac{1}{2}\left[-\varphi(x) + \frac{1}{\varrho_0 c}\,\psi(x)\right] \quad \text{für} \quad 0 \le x \le l.$$

Natürlich muß $\varphi(0) = 0$ sein, weil ja $(v)_{x=0} = 0$ sein sollte, aber auch, damit jetzt $f(0)$ identisch aus beiden Bedingungen sich zu $\dfrac{1}{2\varrho_0 c}\,\psi(0)$ berechnet. Sonst hüte man sich, in einer bekannten

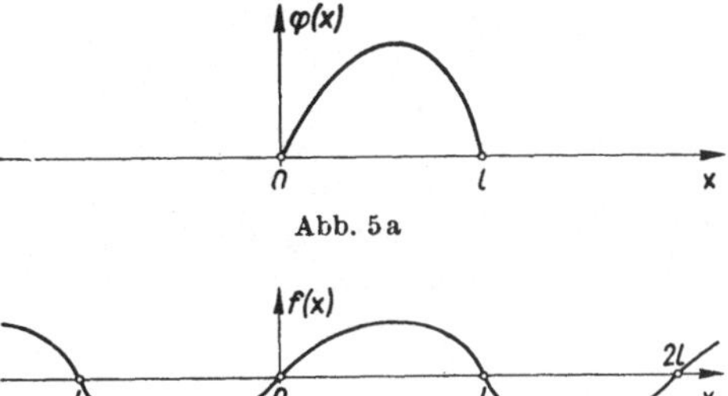

Abb. 5a

Abb. 5b

Formel für $f(x)$, die in $0 \le x \le l$ gilt, das x durch $-x$ zu ersetzen, um $f(-x)$ zu erhalten.

Somit ist $f(x)$ für das ganze Intervall $-l \le x \le l$ gefunden. Weiterhin bestimmt es sich durch seine periodische Wiederholung. $\varphi(l) = 0$ sorgt dafür, daß $f(l) = = f(-l) = \dfrac{1}{2\varrho_0 c}\,\psi(l)$ wird.

Ist beispielsweise $\psi(x) = 0$, $\varphi(x)$ etwa durch die in Abb. 5a dargestellte Kurve gegeben, so ist $f(x) = \frac{1}{2}\varphi(x)$ und $f(-x) = -\frac{1}{2}\varphi(x)$, so daß also $f(x)$ durch Abb. 5b dargestellt wird.

Bemerkung: Soll $f'(x)$ bei $x = 0$ stetig sein, also $f'(+0) = f'(-0)$ sein, so muß $\psi'(0) = 0$ sein. Anderenfalls bekommt die Kurve für $f(x)$ im Nullpunkt einen Knick. Das schadet nichts: die Voraussetzung zweimaliger Differenzierbarkeit braucht nur abteilungsweise angenommen zu werden.

Die offene Luftsäule. Von einer solchen sprechen wir, wenn wir nur $v = 0$ für $x = 0$ als Randbedingung haben. Aus dieser folgt wieder

$$v = f(x - ct) - f(-x - ct)$$

und

$$p = p_0 + \varrho_0 c\,[f(x - ct) + f(-x - ct)].$$

Soll nun am Ende, d. h. für $x = 0$, der Druck dem normalen Wert p_0 gleich sein, so muß

$$f(l - ct) + f(-l - ct) = 0$$

sein, oder mit $z = -l - ct$

$$f(z + 2l) = -f(z),$$

d. h. f hat eine Antiperiode $2l$ und damit die Periode $4l$. Sind für $0 \le x \le l$ die Anfangsbedingungen

$$(v)_{t=0} = \varphi(x), \quad (p)_{t=0} = p_0 + \psi(x),$$

so gelten

$$(\alpha) \quad f(x) - f(-x) = \varphi(x),$$

$$(\beta) \quad f(x) + f(-x) = \frac{1}{c\varrho_0}\,\psi(x),$$

und somit wieder

$$f(x) = \frac{1}{2}\left[\varphi(x) + \frac{1}{c\varrho_0}\,\psi(x)\right]$$

$$f(-x) = \frac{1}{2}\left[-\varphi(x) + \frac{1}{c\varrho_0}\,\psi(x)\right] \quad \text{für} \quad 0 \le x \le l.$$

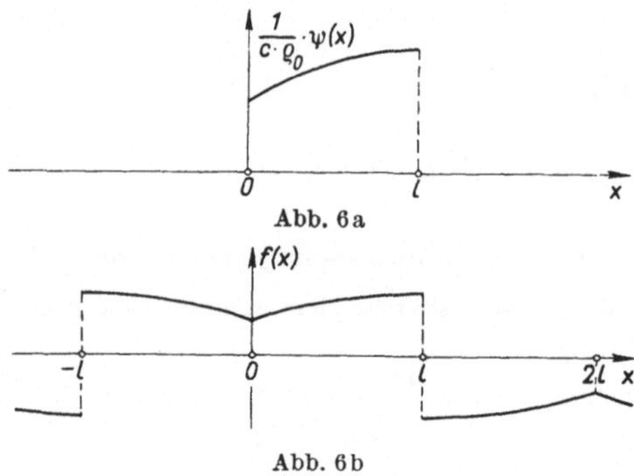

Damit ist $f(x)$ für $-l \leq x \leq +l$ bestimmt und dann antiperiodisch fortzusetzen.

Ist beispielsweise $\varphi(x) = 0$ und $\dfrac{1}{c\varrho_0}\,\psi(x)$ durch die Kurve der Abb. 6a gegeben, so ist $f(x)$ durch die Kurve der Abb. 6b gegeben.

$\psi(l)$ ist in Abb. 6a nicht Null angenommen. Da aber für $x = l$ $p = p_0$ sein muß, ist die Annahme unzulässig; das zeigt sich in dem Auftreten einer Unstetigkeit bei $f(x)$.

15. Die Methode der Partikularlösungen von Daniel Bernoulli. Da die partielle Differentialgleichung (2, 4b) Koeffizienten hat, die nicht von t abhängen, und sie außerdem linear und homogen ist, kann man in Übereinstimmung damit, daß man eine Wellenbewegung erwartet, den Ansatz einer harmonischen Schwingung machen, also

$$v = P \cos \omega t + Q \sin \omega t,$$

wo P und Q noch Funktionen von x sein können, ω aber eine Konstante ist. Einsetzen in die Differentialgleichung ergibt

$$(-P \cos \omega t - Q \sin \omega t)\,\omega^2 = c^2(P'' \cos \omega t + Q'' \sin \omega t)$$

und daher für P und Q die gewöhnliche Differentialgleichung

$$P'' + \frac{\omega^2}{c^2} P = 0 \quad \text{bzw.} \quad Q'' + \frac{\omega^2}{c^2} P = 0,$$

die leicht gelöst werden kann:

$$P = A_1 \cos \frac{\omega}{c} x + A_2 \sin \frac{\omega}{c} x, \quad Q = B_1 \cos \frac{\omega}{c} x + B_2 \sin \frac{\omega}{c} x.$$

Soll nun wieder $v = 0$ für $x = 0$ sein, so müssen A_1 und B_1 Null sein, und es ist also (mit Unterdrückung des Index 2)

$$v = \sin \frac{\omega}{c} x(A \cos \omega t + B \sin \omega t).$$

Ist weiter $v = 0$ für $x = l$ vorgeschrieben, so muß

$$\sin \frac{\omega}{c} l = 0$$

sein, d. h. die Frequenz

$$\omega = n \frac{\pi c}{l} \quad (n = 1, 2, \cdots).$$

Damit haben wir die Partikularlösungen

$$(2, 6) \qquad v = \sin \frac{n\pi}{l} x \left[A_n \cos \frac{n\pi c}{l} t + B_n \sin \frac{n\pi c}{l} t \right].$$

Für jedes ganzzahlige n gibt es eine harmonische Schwingung mit der Periode

$$\frac{2\pi}{\omega} = \frac{2l}{nc} \text{ in } t, \quad \frac{2l}{n} \text{ in } x.$$

Das sind die jeweils kleinsten Perioden (jede ganzzahlige Vielfache einer Periode ist ja wieder eine Periode); allen gemeinsam ist die Periode $2l/c$ bzw. $2l$. Die Schwingung zu $n = 1$ heißt bekanntlich die Grundschwingung, die anderen (zu $n > 1$) heißen Oberschwingungen.

Da

$$\frac{\partial v}{\partial x} = \frac{n\pi}{l}\cos\frac{n\pi x}{l}\left[A_n\cos\frac{n\pi c}{l}t + B_n\sin\frac{n\pi c}{l}t\right] = -\frac{1}{\varrho_0 c^2}\frac{\partial p}{\partial t},$$

$$\frac{\partial v}{\partial t} = \frac{n\pi c}{l}\sin\frac{n\pi x}{l}\left[-A_n\sin\frac{n\pi c}{l}t + B_n\cos\frac{n\pi c}{l}t\right] = -\frac{1}{\varrho_0}\frac{\partial p}{\partial x}$$

ist, folgt

$$(2,6\,\mathrm{a}) \qquad p = p_0 + c\,\varrho_0\cos\frac{n\pi x}{l}\left[-A_n\sin\frac{n\pi c}{l}t + B_n\cos\frac{n\pi c}{l}t\right].$$

Da die partielle Differentialgleichung $(2,4\,\mathrm{a})$ bzw. $(2,4\,\mathrm{b})$ linear und homogen ist, kann man Partikularlösungen superponieren und erhält die allgemeine Lösung

$$(2,7) \qquad v = \sum_{n=1}^{\infty}\sin\frac{n\pi x}{l}\left[A_n\cos\frac{n\pi c}{l}t + B_n\sin\frac{n\pi c}{l}t\right]$$

und den analogen Ausdruck für p, vorausgesetzt, daß die Reihe nicht nur selber konvergiert, sondern auch die zweimal gliedweise differenzierte Reihe, und zwar gleichmäßig, wenigstens abteilungsweise.
Ist das nun die allgemeine Lösung?

Da wir diese nach D'Alembert kennen, müssen wir nachprüfen, ob die Anfangsbedingungen erfüllt werden können. Nun ist für $t = 0$

$$(v)_{t=0} = \sum A_n\sin\frac{n\pi x}{l}, \quad (p)_{t=0} = p_0 + c\varrho_0\sum B_n\cos\frac{n\pi x}{l}.$$

Die Reihe für $(v)_{t=0}$ stellt eine ungerade, die für $(p)_{t=0}$ eine gerade Funktion dar. Ist also $(v)_{t=0} = \varphi(x)$ für $0 \leq x \leq l$ gegeben, so hat man diese Funktion ungerade fortzusetzen und dann nach Euler-Fourier zu entwickeln. Daß das möglich ist, ist eine Mindestforderung. Man erhält so

$$A_n = \frac{2}{l}\int_0^l \varphi(x)\sin\frac{n\pi x}{l}\,\mathrm{d}x.$$

Hingegen ist $(p)_{t=0} = p_0 + \psi(x)$, $0 \leq x \leq l$ gerade zu ergänzen und dann in eine Cosinusreihe zu entwickeln. Man erhält so

$$c\varrho_0 B_n = \frac{2}{c}\int_0^l \psi(x)\cos\frac{n\pi x}{l}\,\mathrm{d}x.$$

Um sicher zu sein, daß man die richtige Lösung erhält, müssen aber, wie gesagt, nicht nur die Reihen selbst, sondern auch ihre zweimal gliedweise differenzierten wenigstens abteilungsweise gleichmäßig konvergieren. Feinere Untersuchungen sollen hier nicht angestellt werden. An dem Problem hat sich historisch die Theorie der Fourierreihen entwickelt.

16. Eine exakte Sonderlösung. Wir wenden uns noch der Frage zu, ob die exakten Gleichungen (2, 1) und (2, 2) und die barotrope Zustandsgleichung (2, 3), von denen wir in Nr. 13 ausgegangen sind, eine Lösung der Form $v = f(p)$ gestatten. Mit diesem Ansatz bekommen wir

$$f'(p)\left[\frac{\partial p}{\partial t} + f(p)\frac{\partial p}{\partial x}\right] = -\frac{1}{\varphi(p)}\frac{\partial p}{\partial x},$$

$$\varphi'(p)\left[\frac{\partial p}{\partial t} + f(p)\frac{\partial p}{\partial x}\right] = -\varphi(p)f'(p)\frac{\partial p}{\partial x}$$

oder

$$f'(p)\frac{\partial p}{\partial t} + \left[f'f + \frac{1}{\varphi}\right]\frac{\partial p}{\partial x} = 0,$$

$$\varphi'(p)\frac{\partial p}{\partial t} + \left[\varphi'f + \varphi f'\right]\frac{\partial p}{\partial x} = 0.$$

Sollen nun nicht die Ableitungen von p verschwinden, d. h. p nicht konstant sein, so muß die Determinante

$$\begin{vmatrix} f' & f'f + \dfrac{1}{\varphi} \\[2mm] \varphi' & \varphi'f + \varphi f' \end{vmatrix} = 0,$$

d. h. $f'^2 = \dfrac{\varphi'}{\varphi^2}$ sein oder

$$f(p) = \int\sqrt{\frac{\varphi'}{\varphi^2}}\,\mathrm{d}p = \int\frac{1}{\varrho}\sqrt{\frac{\mathrm{d}\varrho}{\mathrm{d}p}}\,\mathrm{d}p = \int\frac{1}{\varrho}\sqrt{\frac{\mathrm{d}p}{\mathrm{d}\varrho}}\,\mathrm{d}\varrho = \int\frac{c\,\mathrm{d}\varrho}{\varrho},$$

wo aber

$$c = \sqrt{\frac{1}{\varphi'}} = \sqrt{\frac{\mathrm{d}p}{\mathrm{d}\varrho}}$$

jetzt variabel ist.

Die gestellte Frage ist also formal mathematisch mit ja zu beantworten.

Mit diesem $f(p)$ besteht dann nur noch eine partielle Differentialgleichung, nämlich

$$\frac{\partial p}{\partial t} + \frac{\partial p}{\partial x}\left[f + \frac{\varphi}{\varphi'}f'\right] = 0.$$

Sie hat die Form

$$(2, 8) \qquad\qquad \frac{\partial p}{\partial t} + F(p)\frac{\partial p}{\partial x} = 0$$

mit

$$F(p) = f + \frac{\varphi}{\varphi'}f' = f + \frac{1}{\sqrt{\varphi'}} = f + c.$$

Bei adiabatischem Verhalten eines vollkommenen Gases ist

$$p = C\varrho^k, \quad \frac{\mathrm{d}p}{\mathrm{d}\varrho} = kC\varrho^{k-1} = \frac{kp}{\varrho}, \quad c = \sqrt{\frac{kp}{\varrho}} = \sqrt{kC}\,\varrho^{\frac{k-1}{2}}$$

$$f = \sqrt{kC}\int\varrho^{\frac{k}{2}-\frac{3}{2}}\,\mathrm{d}\varrho = \frac{2\sqrt{kC}}{k-1}\varrho^{\frac{k-1}{2}} = 2\frac{\sqrt{k}}{k-1}\sqrt{\frac{p}{\varrho}}$$

$$F(p) = \frac{2\sqrt{k}}{k-1}\sqrt{\frac{p}{\varrho}} + \sqrt{k}\sqrt{\frac{p}{\varrho}} = \frac{k+1}{k-1}c.$$

Alle Differentialgleichungen der Form (2, 8) lassen sich nun formal integrieren. Man nehme x als Abhängige, p und t als Unabhängige.

Aus

$$\mathrm{d}p = \frac{\partial p}{\partial x}\,\mathrm{d}x + \frac{\partial p}{\partial t}\,\mathrm{d}t$$

folgt

$$\mathrm{d}x = \frac{1}{\dfrac{\partial p}{\partial x}}\,\mathrm{d}p - \frac{\dfrac{\partial p}{\partial t}}{\dfrac{\partial p}{\partial x}}\,\mathrm{d}t,$$

so daß $\dfrac{1}{\dfrac{\partial p}{\partial x}} = \dfrac{\partial x}{\partial p}$ und $-\dfrac{\dfrac{\partial p}{\partial t}}{\dfrac{\partial p}{\partial x}} = \dfrac{\partial x}{\partial t}$ ist, weshalb nach Division mit $\dfrac{\partial p}{\partial x}$ die

Differentialgleichung in

$$-\frac{\partial x}{\partial t} + F(p) = 0$$

übergeht, was durch

$$x = F(p)t + G(p)$$

mit willkürlichem $G(p)$ integriert wird. Man

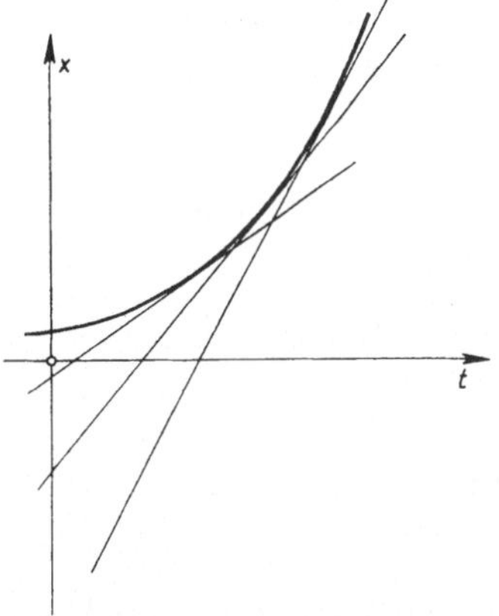

Abb. 7

erhält allerdings so nicht p explizit als Funktion von x und t, sondern nur eine Gleichung zwischen x, p und t.

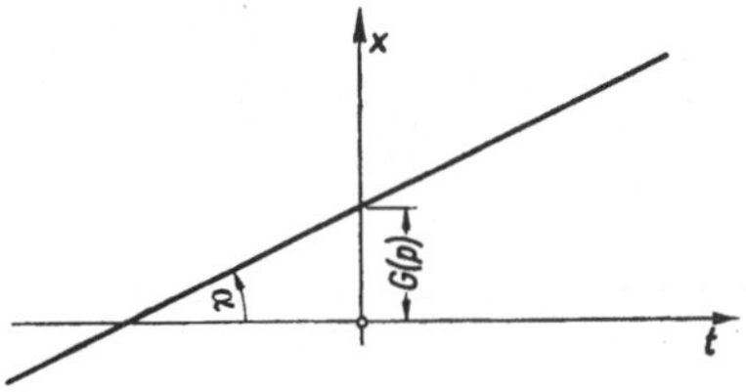

Sie läßt sich aber sehr wohl diskutieren, wenn man in einer t, x-Ebene die Kurven $p = $ const zeichnet (Abb. 7). Es sind Geraden mit der Neigung $\operatorname{tg}\alpha = F(p)$ gegen die t-Achse und dem Schnittpunkt $x = G(p)$ mit der x-Achse. Aus $x = G(p)$ berechnen sich die Anfangswerte von p.

Eindeutigkeit verlangt eindeutige Auflösbarkeit dieser Gleichung. Der so bestimmte Wert von p pflanzt sich also ungeändert längs der durch F und G bestimmten Geraden fort. Wenn F nicht konstant ist (diesen Fall können wir ausschließen), werden sich die Geraden schneiden. Geschieht das in der Halbebene $t < 0$, so ist das nicht weiter schlimm. In der Halbebene $t > 0$ dürften sie sich aber nicht schneiden; denn das würde heißen, daß in dem Schnittpunkt P zwei Werte von p existieren, so daß die Eindeutigkeit verletzt wäre.

Aber noch mehr. Tritt dieses Schneiden ein, so umhüllen die Geraden eine Kurve, die in einen

Abb. 8

Punkt entarten kann, und bestimmen so entweder einen Punkt mit unendlicher Vieldeutigkeit oder im allgemeinen ein Gebiet, in das keine Geraden eintreten. Es gäbe aber dann Werte für x und t, für die überhaupt kein p existierte.

Wann tritt das ein? Offenbar immer dann, wenn mit wachsendem $G(p)$ das $F(p)$ abnimmt (s. Abb. 8) oder, was dasselbe ist, wenn mit wachsendem p (was wenigstens im adiabatischen Fall wachsendes $F(p)$ bedeutet) $G(p)$ abnimmt, wenn also für $t = 0$ die Punkte mit kleinerem x ein größeres p haben (s. Abb. 9).

Die elementare Theorie des Schalles aus Nr. 13—15 macht das auch plausibel: Denn die Schallgeschwindigkeit c wächst in Wahrheit mit p [s. (2, 6a)]; also

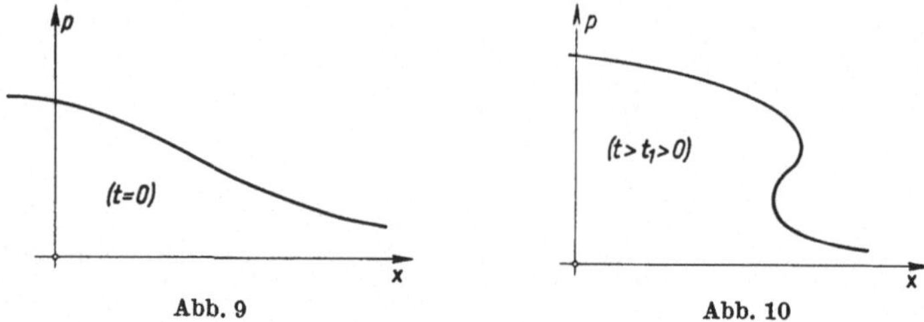

müssen sich die größeren p-Werte schneller fortpflanzen als die kleineren und so nach einer gewissen Zeit t_1 die $p(x)$-Kurve eine Vieldeutigkeit bekommen (s. Abb. 10).

In einem gewissen Zeitpunkt $t = t_1$ wird die Kurve eine senkrechte Tangente bekommen müssen. Dies entspricht dem Berührungspunkt mit der Einhüllenden. Die Voraussetzung, daß die Ableitung $\frac{\partial p}{\partial x}$ endlich sei, ist dann verletzt.

Die Unmöglichkeit der vieldeutigen Lösung kann nun durch Annahme eines Sprunges in allen abhängigen Variablen, in p, ϱ, v vermieden werden. Die senkrechte Tangente läßt den Eintritt solcher Stöße, und zwar von Verdichtungsstößen vermuten. Wir werden davon in Nr. 21 sprechen.

Wir wenden uns noch der Frage zu, wie man die in Rede stehende Einhüllende berechnet. Bekanntlich hat man die Gleichung

$$x = F(p)\, t + G(p)$$

nach dem Parameter p partiell zu differenzieren und erhält dann aus

$$0 = F'(p)\, t + G'(p)$$

den Grenzwert

$$t_1 = -\frac{G'(p)}{F'(p)}\,.$$

Er ist positiv, wenn bei positivem F' das G' negativ ist. Ehe wir aber Stoßprozesse studieren, wollen wir die allgemeine exakte Lösung nach Riemann kennenlernen.

17. Die allgemeine strenge Lösung nach Riemann. Wenn die Sonderlösung von Nr. 16 ausgeschaltet wird, kann man ϱ und v als Unabhängige, x und t als Abhängige ansehen vermöge der bekannten Umrechnungsformeln

$$\frac{\partial \varrho}{\partial x} = D\,\frac{\partial t}{\partial v}\,, \qquad \frac{\partial \varrho}{\partial t} = -D\,\frac{\partial x}{\partial v}$$

$$\frac{\partial v}{\partial x} = -D\,\frac{\partial t}{\partial \varrho}\,, \qquad \frac{\partial v}{\partial t} = D\,\frac{\partial x}{\partial \varrho}\,.$$

Darin ist D die Jacobische Funktionaldeterminante

$$D = \frac{\partial(\varrho, v)}{\partial(x, t)} = \frac{\partial\varrho}{\partial x}\frac{\partial v}{\partial t} - \frac{\partial\varrho}{\partial t}\frac{\partial v}{\partial x},$$

die nach der Grundannahme nicht identisch Null ist; denn $D=0$ würde bedeuten, daß sich v als Funktion von ϱ und daher auch als Funktion von p schreiben ließe. Das war jedoch gerade der in Nr. 16 behandelte Fall.

Der Beweis für die Umrechnung ergibt sich aus

$$d\varrho = \frac{\partial\varrho}{\partial x}\,dx + \frac{\partial\varrho}{\partial t}\,dt, \quad dv = \frac{\partial v}{\partial x}\,dx + \frac{\partial v}{\partial t}\,dt,$$

die aufgelöst

$$dx = \frac{1}{D}\left(-\frac{\partial\varrho}{\partial t}\,dv + \frac{\partial v}{\partial t}\,d\varrho\right), \quad dt = \frac{1}{D}\left(\frac{\partial\varrho}{\partial x}\,dv - \frac{\partial v}{\partial x}\,d\varrho\right)$$

ergeben. Der Vergleich mit

$$dx = \frac{\partial x}{\partial v}\,dv + \frac{\partial x}{\partial\varrho}\,d\varrho, \quad dt = \frac{\partial t}{\partial v}\,dv + \frac{\partial t}{\partial\varrho}\,d\varrho$$

liefert das Ergebnis.

Geht man mit den Umrechnungsformeln in die Bewegungsgleichungen (2, 1) und (2, 2), so hebt sich D heraus und man erhält

$$(2, 9) \qquad -\frac{\partial x}{\partial v} + v\frac{\partial t}{\partial v} - \varrho\frac{\partial t}{\partial\varrho} = 0$$

$$(2, 10) \qquad \frac{\partial x}{\partial\varrho} - v\frac{\partial t}{\partial\varrho} + \frac{1}{\varrho}\frac{dp}{d\varrho}\frac{\partial t}{\partial v} = 0.$$

Das sind zwei lineare, homogene Gleichungen für x und t als Funktionen von ϱ und v. Man kann nun in verschiedener Weise vorgehen. Man kann x eliminieren und erhält eine Differentialgleichung 2. Ordnung für t; man kann umgekehrt t eliminieren und erhält eine analoge Gleichung für x. Etwas symmetrischer ist folgender Vorgang.

Die erste Gleichung läßt sich schreiben

$$(2, 9a) \qquad \frac{\partial}{\partial v}(x - vt) = -\frac{\partial}{\partial\varrho}(\varrho t),$$

die zweite

$$(2, 10a) \qquad \frac{\partial}{\partial\varrho}(x - vt) = -\frac{c^2}{\varrho}\frac{dt}{dv}, \quad c^2 = \frac{dp}{d\varrho}.$$

Die erste Gleichung wird durch

$$(2, 11) \qquad x - vt = \frac{\partial W}{\partial\varrho}, \quad \varrho t = -\frac{\partial W}{\partial v}$$

genau befriedigt. Setzt man dies in (2, 10a) ein, so erhält man für W die Gleichung

$$(2, 12) \qquad \frac{\partial^2 W}{\partial\varrho^2} - \frac{c^2}{\varrho^2}\frac{\partial^2 W}{\partial v^2} = 0.$$

Die Charakteristiken[1] dieser partiellen Differentialgleichung sind durch

$$dv^2 = \frac{c^2}{\varrho^2}\,d\varrho^2$$

____

[1] S. etwa Rothe-Szabó: Höhere Mathematik. Teil VI. Stuttgart 1953. § 13.

gegeben, d. h. durch

$$\mathrm{d}v = \pm \frac{c}{\varrho}\,\mathrm{d}\varrho = \pm\,\mathrm{d}\sigma,$$

wenn man anstatt ϱ die Variable

$$\sigma = \int \frac{c}{\varrho}\,\mathrm{d}\varrho$$

einführt. Dieses σ ist das $f(p)$ von Nr. 16.

Also sind die Charakteristiken

$$v + \sigma = 2r \quad \text{und} \quad v - \sigma = 2s,$$

wo r und s konstant sind. Die Sonderlösungen von Nr. 16 sind also dadurch gekennzeichnet, daß sie den Charakteristiken entsprechen. Sie werden erhalten, indem man r oder s konstant setzt. Darum können eben bei ihnen r und s nicht als Unabhängige gewählt werden. Man bezeichnet oft die Sonderlösungen im engeren Sinn als Wellen. Es ist eine auf eine Charakteristik konzentrierte Bewegung.

Setzt man entsprechend mit neuen Variablen r und s

$$\sigma = r + s, \quad v = r - s, \quad W = W(r, s) = W\left(\frac{\sigma + v}{2}, \frac{\sigma - v}{2}\right),$$

so werden

$$\frac{\partial W}{\partial v} = \frac{1}{2}\left(\frac{\partial W}{\partial r} - \frac{\partial W}{\partial s}\right), \quad \frac{\partial W}{\partial \sigma} = \frac{1}{2}\left(\frac{\partial W}{\partial r} + \frac{\partial W}{\partial s}\right)$$

$$\frac{\partial W}{\partial \varrho} = \frac{\partial W}{\partial \sigma}\frac{c}{\varrho} = \frac{1}{2}\frac{c}{\varrho}\left(\frac{\partial W}{\partial r} + \frac{\partial W}{\partial s}\right)$$

$$\frac{\partial^2 W}{\partial v^2} = \frac{1}{4}\left(\frac{\partial}{\partial r} - \frac{\partial}{\partial s}\right)^2 W = \frac{1}{4}\left(\frac{\partial^2 W}{\partial r^2} - 2\frac{\partial^2 W}{\partial r \partial s} + \frac{\partial^2 W}{\partial s^2}\right)$$

$$\frac{\partial^2 W}{\partial \varrho^2} = \frac{\partial}{\partial \varrho}\frac{1}{2}\frac{c}{\varrho}\left(\frac{\partial W}{\partial r} + \frac{\partial W}{\partial s}\right)$$

$$= \frac{1}{2}\left(\frac{\partial W}{\partial r} + \frac{\partial W}{\partial s}\right)\frac{\mathrm{d}}{\mathrm{d}\varrho}\left(\frac{c}{\varrho}\right) + \frac{1}{4}\frac{c^2}{\varrho^2}\left(\frac{\partial^2 W}{\partial r^2} + 2\frac{\partial^2 W}{\partial r \partial s} + \frac{\partial^2 W}{\partial s^2}\right).$$

Einsetzen in (2, 12) ergibt nach Division mit $\dfrac{c^2}{\varrho^2}$

$$\frac{\partial^2 W}{\partial r \partial s} + \frac{1}{2}\frac{\mathrm{d}}{\mathrm{d}\varrho}\left(\frac{c}{\varrho}\right)\frac{\varrho^2}{c^2}\left(\frac{\partial W}{\partial r} + \frac{\partial W}{\partial s}\right) = 0,$$

wo der Faktor

$$\frac{1}{2}\frac{\mathrm{d}}{\mathrm{d}\varrho}\left(\frac{c}{\varrho}\right)\frac{\varrho^2}{c^2} = -\frac{1}{2}\frac{\mathrm{d}}{\mathrm{d}\varrho}\left(\frac{\varrho}{c}\right) = m(\sigma) = m(r + s)$$

eine bekannte Funktion von $\sigma = r + s$ ist.

Da $\dfrac{c^2}{\varrho}\dfrac{\partial t}{\partial v} = \dfrac{\partial}{\partial v}\left(\dfrac{c^2}{\varrho}t\right)$ ist, kann man auch (2, 10a) durch

$$(2, 13) \qquad x - vt = \frac{\partial V}{\partial v}, \quad \frac{c^2}{\varrho}t = -\frac{\partial V}{\partial \varrho}$$

befriedigen und erhält durch Einsetzen in (2, 9a) die Gleichung

$$(2, 14) \qquad \frac{\partial^2 V}{\partial v^2} - \frac{\partial}{\partial \varrho}\left(\frac{\varrho^2}{c^2}\frac{\partial V}{\partial \varrho}\right) = 0.$$

Sie hat dieselben Charakteristiken wie (2, 12).

Ähnlich wie oben erhält man durch Umrechnen auf r und s aus (2, 14)

$$\frac{\partial^2 V}{\partial r\, \partial s} - m\,(r+s)\left(\frac{\partial V}{\partial r} + \frac{\partial V}{\partial s}\right) = 0,$$

d. h. dieselbe Gleichung wie für W, bis auf das Vorzeichen von m. Im adiabatischen Fall des vollkommenen Gases war

$$p = C\varrho^k, \quad c^2 = \frac{\mathrm{d}p}{\mathrm{d}\varrho} = Ck\varrho^{k-1}, \quad \frac{\varrho}{c} = \frac{1}{\sqrt{Ck}}\,\varrho^{\frac{3-k}{2}},$$

$$m = -\frac{1}{2}\frac{\mathrm{d}}{\mathrm{d}\varrho}\left(\frac{\varrho}{c}\right) = \frac{k-3}{4}\frac{1}{\sqrt{Ck}}\,\varrho^{\frac{1-k}{2}},$$

$$\sigma = \int \frac{c}{\varrho}\,\mathrm{d}\varrho = \frac{2}{k-1}\sqrt{Ck}\,\varrho^{\frac{k-1}{2}}.$$

Also ist

$$\frac{1}{\sqrt{Ck}}\,\varrho^{\frac{1-k}{2}} = \frac{2}{k-1}\frac{1}{\sigma}$$

und

$$m = \frac{k-3}{4}\frac{2}{k-1}\frac{1}{\sigma} = \frac{k-3}{2(k-1)}\frac{1}{\sigma} = \frac{k-3}{2(k-1)}\frac{1}{r+s}.$$

Die Gleichung für V heißt demnach in diesem Sonderfall

$$\frac{\partial^2 V}{\partial r\, \partial s} + \frac{3-k}{2(k-1)}\frac{1}{r+s}\left(\frac{\partial V}{\partial r} + \frac{\partial V}{\partial s}\right) = 0,$$

die für W entsprechend.

18. Die Bedeutung von r und s. Es liegt nahe, r und s in die ursprünglichen Gleichungen einzuführen; es ergibt sich unter Benutzung von (2, 1) und (2, 2)

$$2\frac{\partial r}{\partial t} = \frac{\partial v}{\partial t} + \frac{\partial \sigma}{\partial t} = -v\frac{\partial v}{\partial x} - \frac{1}{\varrho}\frac{\mathrm{d}p}{\mathrm{d}\varrho}\frac{\partial \varrho}{\partial x} + \frac{c}{\varrho}\frac{\partial \varrho}{\partial t}$$

$$= -v\frac{\partial v}{\partial x} - \frac{c^2}{\varrho}\frac{\partial \varrho}{\partial x} + \frac{c}{\varrho}\left(-v\frac{\partial \varrho}{\partial x} - \varrho\frac{\partial v}{\partial x}\right)$$

$$= -(v+c)\left(\frac{\partial v}{\partial x} + \frac{c}{\varrho}\frac{\partial \varrho}{\partial x}\right) = -2\,(v+c)\frac{\partial r}{\partial x}.$$

Folglich ist

$$\frac{\mathrm{d}r}{\mathrm{d}t} = \frac{\partial r}{\partial t} + \frac{\partial r}{\partial x}\frac{\mathrm{d}x}{\mathrm{d}t} = \frac{\partial r}{\partial x}\left(\frac{\mathrm{d}x}{\mathrm{d}t} - v - c\right).$$

Analog findet man

$$\frac{\mathrm{d}s}{\mathrm{d}t} = \frac{\partial s}{\partial x}\left(\frac{\mathrm{d}x}{\mathrm{d}t} - v + c\right),$$

d. h. *ein Zustand $r =$ const pflanzt sich mit der Geschwindigkeit $v + c$, ein Zustand $s =$ const pflanzt sich mit der Geschwindigkeit $v - c$ fort.* Ist $v \ll c$, so haben wir das Ergebnis aus Nr. 14.

19. Zur Integration der partiellen Differentialgleichung. a) Bechert[1]) hat gezeigt, daß in den physikalisch wichtigsten Fällen eine elementare Integration möglich ist.

Es sei, im adiabatischen Fall, $m = \dfrac{k-3}{2(k-1)}\dfrac{1}{r+s}$.

Ist $k = 3$, so heißt die Differentialgleichung für V

$$\frac{\partial^2 V}{\partial r\,\partial s} = 0\,;$$

sie wird durch

$$V = f(r) + g(s) = f\left(\frac{\sigma+v}{2}\right) + g\left(\frac{\sigma-v}{2}\right)$$

vollständig gelöst. Es ist dann

$$x - vt = \frac{\partial V}{\partial v} = \tfrac{1}{2}(f' - g')$$

oder wegen $v = r - s$

$$f'(r) + 2rt - g'(s) - 2st = 2x$$

und

$$ct = -\frac{\varrho}{c}\frac{\partial V}{\partial \varrho} = -\frac{\partial V}{\partial \sigma} = -\tfrac{1}{2}(f' + g')$$

oder

$$f'(r) + 2ct + g'(s) = 0.$$

Diese Gleichungen lassen sich nach r und s und damit auch nach v und σ auflösen, solange die Determinante

$$\begin{vmatrix} f''(r) + 2t, & -g''(s) - 2t \\ f''(r) + 2c't, & g''(s) + 2c't \end{vmatrix}$$

nicht Null ist. (c' die Ableitung von $c = c(\sigma)$ nach $\sigma = r + s$.) Das gibt die Bedingung

$$f''g'' + t(g'' + c'f'' + f'' + c'g'') + 4c't^2 \,\neq\, 0 \ \text{für}\ t \geq 0.$$

Da $c' > 0$ ist[2]), ist die linke Seite für große t sicher positiv. Damit sie nicht Null werden kann, muß sie auch für $t = 0$ positiv sein, also $f''g'' > 0$.

Sind überdies f'' und g'' positiv, so ist es die linke Seite für $t > 0$. Anderenfalls kann es vorkommen, daß sie negativ wird und dann die Auflösung nicht mehr eindeutig möglich ist. Das führt dann auf die Schwierigkeit der Nr. 16.

Setzen wir $\dfrac{3-k}{1-k} = l$, so lautet die Differentialgleichung

$$\frac{\partial^2 V}{\partial r\,\partial s} + \frac{1}{2}l\,\frac{1}{r+s}\left(\frac{\partial V}{\partial r} + \frac{\partial V}{\partial s}\right) = 0$$

oder

(2, 14 a)
$$\frac{\partial^2 V}{\partial \sigma^2} + \frac{l}{\sigma}\frac{\partial V}{\partial \sigma} - \frac{\partial^2 V}{\partial v^2} = 0.$$

Es gilt nun folgender Satz von Bechert.
Kennt man die Lösung V_1 für ein l, so ist

$$V = \frac{1}{\sigma}\frac{\partial V_1}{\partial \sigma}$$

die Lösung für $l + 2$.
Beweis. Nach Voraussetzung ist

$$\frac{\partial^2 V_1}{\partial \sigma^2} + \frac{l}{\sigma}\frac{\partial V_1}{\partial \sigma} - \frac{\partial^2 V_1}{\partial v^2} = 0.$$

---

[1]) Ann. Phys. **37** (1940), S. 89, insbes. § 5; sowie **38** (1940), S. 1.

[2]) Wegen $\dfrac{d\sigma}{d\varrho} = \dfrac{c}{\varrho} > 0$ wächst σ mit wachsendem ϱ!

Differentiation nach σ ergibt nach kurzer Rechnung

$$\frac{\partial^2 V}{\partial \sigma^2} + (l + 2) \frac{1}{\sigma} \frac{\partial V}{\partial \sigma} - \frac{\partial^2 V}{\partial v^2} = 0,$$

womit der Satz bewiesen ist.

Ist nun $l = 0$, so ist $l + 2 = 2 = \dfrac{3 - k}{k - 1}$, d. h. $k = \dfrac{5}{3}$, was dem Wert für einatomige Gase ent-

spricht. Wiederholung gibt $\dfrac{3 - k}{k - 1} = 4$, d. h. $k = \dfrac{7}{5}$, was dem Wert für zweiatomige Gase entspricht.

Allgemein ist die Lösung für $\dfrac{3 - k}{k - 1} = 2n$, d. h. $k = \dfrac{2n + 3}{2n + 1}$ möglich.

Da man auch Ableitungen gebrochener Ordnung mit Hilfe eines Cauchyschen Integrals bilden kann, gestattet der Satz von Bechert die Lösung für alle k (Bemerkung von Sommerfeld).

b) Riemann hat in anderer Weise gezeigt, daß die Differentialgleichung für V streng gelöst werden kann. Seine Methode, die für die Theorie der partiellen Differentialgleichungen grundlegend geworden ist, kann hier nicht dargestellt werden, muß vielmehr der Mathematik überlassen bleiben.

c) Die Methode der Partikularlösungen. Da die Koeffizienten der Differentialgleichung (2, 14a) v nicht enthalten, sondern nur von σ abhängen, kann man Lösungen der Form

(2, 15) $$V = e^{\lambda v} U(\sigma)$$

finden, wo λ eine im allgemeinen komplexe Konstante, U eine komplexe Funktion von σ sein soll. Setzen wir (2, 15) in die Gleichung (2, 14a) ein, so erhalten wir

$$\frac{d^2 U}{d \sigma^2} + \frac{l}{\sigma} \frac{dU}{d\sigma} - \lambda^2 U = 0$$

oder mit $i\lambda\sigma = z$

(2, 16) $$\frac{d^2 U}{dz^2} + \frac{l}{z} \frac{dU}{dz} + U = 0.$$

Diese Gleichung ist von einem bekannten Typus. Setzt man noch $l = 2n + 1$, wo n keineswegs ganz zu sein braucht, und $U = z^{-n} y$, so rechnet man (2, 16) leicht in

$$\frac{d^2 y}{dz^2} + \frac{1}{z} \frac{dy}{dz} + \left(1 - \frac{n^2}{z^2}\right) y = 0$$

um. Das ist eine Besselsche Differentialgleichung[1]. Sie hat die Lösungen J_n und J_{-n}, die linear unabhängig sind, falls n nicht ganz ist. Und zwar ist

$$J_n(z) = \left(\frac{z}{2}\right)^n \sum_{\nu=0}^{\infty} \frac{(-1)^\nu \left(\frac{z}{2}\right)^{2\nu}}{\Gamma(\nu + 1)\, \Gamma(n + \nu + 1)},$$

eine beständig konvergente Reihe, wobei $\Gamma(\nu + 1) = \nu!$ die Eulersche Gammafunktion ist. Es ist also jedenfalls

$$U_1 = z^{-n} J_n(z) = \frac{1}{2^n} \left\{ 1 - \frac{\left(\frac{z}{2}\right)^2}{\Gamma(n + 2)} + \frac{\left(\frac{z}{2}\right)^4}{2!\,\Gamma(n + 3)} - + \cdots \right\}$$

eine überall reguläre Lösung von (2, 16). Ist n nicht ganz, so ist

$$U_2 = z^{-n} J_{-n}(z)$$

die zweite Lösung, die für $z = 0$ nicht mehr regulär ist. Ist aber n ganz, so bekommt man als zweite Lösung

$$U_2 = z^{-n} N_n(z).$$

---

[1] Hierzu s. etwa Rothe-Szabó: Höhere Mathematik. Teil VI. Stuttgart 1953. § 10.

Hierin ist N_n die sog. Neumannsche Funktion, die für $z = 0$ ebenfalls singulär ist. Es ist also auf jeden Fall

$$V_1 = C\,\mathrm{e}^{\lambda v}\,U_1(\mathrm{i}\lambda\sigma) \quad (C = \text{const})$$

und damit auch der Realteil $V = \Re\,[V_1]$ eine für alle σ reguläre Lösung. Zu ihr gehört nach (2, 13)

$$x - vt = \frac{\partial V}{\partial v} = \Re\,[\lambda C\,\mathrm{e}^{\lambda v}U_1(\mathrm{i}\lambda\sigma)]$$

$$\frac{c^2}{\varrho}\,t = -\frac{\partial V}{\partial \varrho} = -\frac{\partial V}{\partial \sigma}\frac{c}{\varrho}, \text{ d. h. } ct = -\frac{\partial V}{\partial \sigma}$$

oder

$$ct = -\Re\left[\mathrm{i}\lambda C\,\mathrm{e}^{\lambda v}\frac{\mathrm{d}\,U_1}{\mathrm{d}z}\right].$$

Allgemeinere Lösungen kann man durch Superposition (d. h. durch Addition diskreter oder Integration kontinuierlicher Lösungen zu verschiedenen λ) erreichen.

Die eigentlichen Schwierigkeiten des Problems beginnen aber erst mit der Frage nach der Auflösung der Gleichungen nach v und σ. Soll z. B. bei der geschlossenen Luftsäule $v = 0$ sein für $x = 0$ und $x = l$, so folgen bei der obigen Partikularlösung

$$0 = \Re\,[\lambda C\,U_1(\mathrm{i}\lambda\sigma)], \quad l = \Re\,[\lambda C\,U_1(\mathrm{i}\lambda\sigma)],$$

wobei $ct = -\Re\left[\mathrm{i}\lambda C\,\dfrac{\partial U_1}{\partial z}\right]$ sein muß.

Der scheinbare Widerspruch der beiden ersten Gleichungen weist auf die Vieldeutigkeit der Funktion V hin, die aber durch unseren Ansatz nicht erfaßt werden kann, da $\mathrm{e}^{\lambda v}U_1$ eindeutig ist. Diese Schwierigkeit beeinträchtigt die ganze Methode der Umkehr der Variablenpaare. Denn ist

$$x - vt = \frac{\partial V}{\partial v}$$

und soll $v = 0$ sein für $x = 0$ und $x = l$ und alle t, so folgt der scheinbare Widerspruch

$$0 = \left(\frac{\partial V}{\partial v}\right)_{v=0} \text{ und } l = \left(\frac{\partial V}{\partial v}\right)_{v=0},$$

der anzeigt, daß $\dfrac{\partial V}{\partial v}$ mehrdeutig sein muß. Es wird deutlich, wenn wir das in einem Beispiel in der rohesten Näherung durchrechnen.

Nach Nr. 15 ist mit $B = 0$ im Beispiel der geschlossenen Luftsäule für die Grundschwingung

$$v = A\sin\frac{\pi x}{l}\cos\frac{\pi c}{l}\,t = \tfrac{1}{2}A\left[\sin\frac{\pi}{l}\,(x + ct) + \sin\frac{\pi}{l}\,(x - ct)\right]$$

und

$$\frac{p - p_0}{c\varrho_0} = \tfrac{1}{2}A\left[-\sin\frac{\pi}{l}\,(x + ct) + \sin\frac{\pi}{l}\,(x - ct)\right],$$

daher

$$x - ct = \frac{l}{\pi}\,\text{arc}\sin\left[\frac{1}{A}\left(v + \frac{p - p_0}{c\varrho_0}\right)\right],$$

$$x + ct = \frac{l}{\pi}\,\text{arc}\sin\left[\frac{1}{A}\left(v - \frac{p - p_0}{c\varrho_0}\right)\right].$$

Soll $v = 0$ sein für $x = 0$ und $x = l$, so ist also

$$-ct = \frac{l}{\pi}\,\text{arc}\sin\frac{1}{A}\frac{p - p_0}{c\varrho_0},$$

aber auch

$$l - ct = \frac{l}{\pi} \, \text{arc sin} \, \frac{1}{A} \, \frac{p - p_0}{c \varrho_0},$$

was mit der Vieldeutigkeit des arc sin übereinstimmt.

Wir geben daher noch eine andere Methode, die wenigstens eine bessere Annäherung liefert als die erste Approximation dieses Paragraphen (Nr. 13—15).

20. Die Methode nach Lagrange. Seien a und t die Lagrangeschen Koordinaten des eindimensionalen Problems, $0 \leq a \leq l$, so heißt die Bewegungsgleichung

$$(2,17) \qquad \varrho \frac{\mathrm{d}^2 x}{\mathrm{d} t^2} = - \frac{\partial p}{\partial x}.$$

Zu ihr tritt die Kontinuitätsgleichung $(1,9)$

$$\varrho \frac{\partial (x,y,z)}{\partial (a,b,c)} = \text{const.}$$

Da aber $y = b$, $z = c$ angenommen werden darf, nimmt sie die Gestalt an

$$(2,18) \qquad \varrho \frac{\partial x}{\partial a} = \varrho_0 = \text{const.}$$

Multipliziert man $(2,17)$ mit $\frac{\partial x}{\partial a}$, so folgt mit $(2,18)$

$$\varrho_0 \frac{\mathrm{d}^2 x}{\mathrm{d} t^2} = - \frac{\partial p}{\partial x} \frac{\partial x}{\partial a} = - \frac{\partial p}{\partial a}.$$

Nun ist weiter $p = p(\varrho) = p \left(\dfrac{\varrho_0}{\frac{\partial x}{\partial a}} \right)$, also

$$\frac{\partial p}{\partial a} = \frac{\mathrm{d} p}{\mathrm{d} \varrho} \frac{- \varrho_0}{\left(\frac{\partial x}{\partial a} \right)^2} \frac{\partial^2 x}{\partial a^2}.$$

Daher wird die Bewegungsgleichung

$$(2,17\,\mathrm{a}) \qquad \frac{\mathrm{d}^2 x}{\mathrm{d} t^2} = \frac{\mathrm{d} p}{\mathrm{d} \varrho} \frac{1}{\left(\frac{\partial x}{\partial a} \right)^2} \frac{\partial^2 x}{\partial a^2},$$

wobei $\dfrac{\mathrm{d} p}{\mathrm{d} \varrho} = c^2$ eine Funktion von $\varrho = \dfrac{\varrho_0}{\frac{\partial x}{\partial a}}$ ist.

$(2,17\,\mathrm{a})$ hat also die Form

$$\frac{\mathrm{d}^2 x}{\mathrm{d} t^2} = \varphi \left(\frac{\partial x}{\partial a} \right) \frac{\partial^2 x}{\partial a^2}.$$

Liegt speziell der adiabatische Fall vor, ist also

$$p = C \varrho^k, \qquad \frac{\mathrm{d} p}{\mathrm{d} \varrho} = C k \varrho^{k-1},$$

so ist

$$\varphi = C k \varrho^{k-1} \frac{1}{\left(\frac{\partial x}{\partial a} \right)^2} = C k \varrho_0^{k-1} \frac{1}{\left(\frac{\partial x}{\partial a} \right)^{k+1}} = c_0^2 \frac{1}{\left(\frac{\partial x}{\partial a} \right)^{k+1}},$$

wo c_0 die Schallgeschwindigkeit für $\varrho = \varrho_0$ ist.

Wir haben also im adiabatischen Fall die partielle Differentialgleichung für x mit den Unabhängigen a und t

$$(2,19) \qquad \frac{\mathrm{d}^2 x}{\mathrm{d} t^2} = \frac{c_0^2}{\left(\dfrac{\partial x}{\partial a}\right)^{k+1}} \frac{\partial^2 x}{\partial a^2} \, .$$

Wir können für den ungestörten statischen Zustand $x = a$, $\dfrac{\partial x}{\partial a} = 1$ annehmen. Bei kleinen Schwingungen wird dann $\dfrac{\partial x}{\partial a}$ annähernd 1 sein, und man erhält als roheste Annäherung

$$\frac{\mathrm{d}^2 x}{\mathrm{d} t^2} = c_0^2 \frac{\partial^2 x}{\partial a^2} \, ,$$

was durch

$$x = a + f(a - c_0 t) + g(a + c_0 t)$$

integriert wird. f und g sowie ihre Ableitungen sollen als klein angenommen werden. Es ist

$$\frac{\partial x}{\partial a} = 1 + f'(a - c_0 t) + g'(a + c_0 t) \, ,$$

$$f'^2 + g'^2 \ll 1 \, .$$

Um genauer zu rechnen, setzen wir

$$a - c_0 t = r \, , \quad a + c_0 t = s \, ; \quad a = \tfrac{1}{2}(r + s) \, , \quad c_0 t = \tfrac{1}{2}(r - s) \, .$$

Es ist dann in bekannter Weise

$$\frac{\mathrm{d}^2 x}{\mathrm{d} t^2} = c_0 \left(\frac{\partial^2 x}{\partial r^2} - 2 \frac{\partial^2 x}{\partial r \, \partial s} + \frac{\partial^2 x}{\partial s^2} \right)$$

$$\frac{\partial^2 x}{\partial a^2} = \frac{\partial^2 x}{\partial r^2} + 2 \frac{\partial^2 x}{\partial r \, \partial s} + \frac{\partial^2 x}{\partial s^2} \, .$$

Einsetzen in (2, 19) gibt

$$(2,20) \qquad 2 \frac{\partial^2 x}{\partial r \, \partial s} \left(1 + \frac{1}{\left(\dfrac{\partial x}{\partial a}\right)^{k+1}} \right) = \left(\frac{\partial^2 x}{\partial r^2} + \frac{\partial^2 x}{\partial s^2} \right) \left(1 - \frac{1}{\left(\dfrac{\partial x}{\partial a}\right)^{k+1}} \right) \, .$$

Nun kann schrittweise Verbesserung erfolgen. In der Ruhelage wird die rechte Seite Null, und man erhält als roheste Näherung das nach (2, 4c) zu erwartende und mit obigem übereinstimmende

$$\frac{\partial^2 x}{\partial r \, \partial s} = 0 \, ,$$

d. h.

$$x = a + f(r) + g(s) = \tfrac{1}{2}(r + s) + f(r) + g(s)$$

und

$$\frac{\partial x}{\partial a} = 1 + f'(r) + g'(s) \, .$$

Bei kleinen f' und g' ist näherungsweise

$$1 - \frac{1}{\left(\dfrac{\partial x}{\partial a}\right)^{k+1}} = 1 - \frac{1}{(1 + f' + g')^{k+1}} \approx (k + 1)(f'(r) + g'(s))$$

und

$$1 + \frac{1}{\left(\dfrac{\partial x}{\partial a}\right)^{k+1}} \approx 2$$

sowie

$$\frac{\partial^2 x}{\partial r^2} \approx f'', \quad \frac{\partial^2 x}{\partial s^2} \approx g'',$$

so daß nach Einsetzen in die durch $1 + \dfrac{1}{\left(\dfrac{\partial x}{\partial a}\right)^{k+1}}$ dividierte Gleichung (2, 20) in

zweiter Näherung die folgende Gleichung entsteht

$$2 \frac{\partial^2 x}{\partial r \partial s} = \frac{k+1}{2}(f'' + g'')(f' + g')$$

$$= \frac{k+1}{2}\left(f''(r)f'(r) + f''(r)g'(s) + f'(r)g''(s) + g''(s)g'(s)\right).$$

Sie läßt sich elementar integrieren und liefert als zweite Näherung

$$x = a + f(r) + g(s) + \frac{k+1}{4}\left[\frac{s}{2}(f'(r))^2 + f'(r)g(s) + f(r)g'(s) + \frac{r}{2}(g'(s))^2\right].$$

Ist z. B. $g = 0$, haben wir also in erster Näherung eine fortschreitende Welle, so ist in zweiter Näherung

$$x = a + f(r) + \frac{k+1}{8}s(f'(r))^2$$

$$= a + f(a - c_0 t) + \frac{k+1}{8}(a + c_0 t)(f'(a - c_0 t))^2$$

und

$$\frac{\partial x}{\partial a} = 1 + f' + \frac{k+1}{8}(f')^2 + \frac{k+1}{4}(a + c_0 t)f'f''.$$

Obwohl $|f'| \ll 1$, so daß zwar in erster Näherung $\dfrac{\partial x}{\partial a}$ nicht Null werden kann, so kann es jetzt in zweiter Näherung doch Null werden, wenn $a + c_0 t$ hinreichend groß sein wird und $f'f'' < 0$ ist, d. h. $(f')^2$ abnimmt. Das entspricht der in Nr. 16 bemerkten Erscheinung. Denn wenn $\dfrac{\partial x}{\partial a}$ das Zeichen wechselt, hört die eindeutige Zuordnung des x zu a auf. Die Konvergenz des Verfahrens ist nicht gesichert; sie wird von den Funktionen f und g abhängen. Wir gehen auf diese rein mathematische Frage nicht ein.

Bemerkung: Die Gleichung (2, 18) $\varrho \dfrac{\partial x}{\partial a} = \varrho_0$ ist ein Integral der Kontinuitätsgleichung

$$\frac{d\varrho}{dt} + \varrho \operatorname{div} \mathfrak{v} = 0,$$

d. h. von

$$\frac{d\varrho}{dt} + \varrho \frac{\partial}{\partial x}\frac{dx}{dt} = 0;$$

denn sie gibt, nach t differenziert,

$$\frac{d\varrho}{dt}\frac{\partial x}{\partial a} + \varrho\,\frac{\partial^2 x}{\partial t\,\partial a} = 0 \quad \text{oder} \quad \frac{d\varrho}{dt}\frac{\partial x}{\partial a} + \varrho\,\frac{\partial}{\partial a}\frac{dx}{dt} = 0$$

oder

$$\frac{d\varrho}{dt} + \varrho\,\frac{\partial}{\partial a}\frac{dx}{dt}\frac{\partial a}{\partial x} = 0,$$

d. h.

$$\frac{d\varrho}{dt} + \varrho\,\frac{\partial}{\partial x}\frac{dx}{dt} = 0.$$

Analog kann man, allerdings mit größerem Rechenaufwand,

$$\varrho\,\frac{\partial(x, y, z)}{\partial(a, b, c)} = \varrho_0$$

zu $\dfrac{d\varrho}{dt} + \varrho\operatorname{div}\mathfrak{v} = 0$ ableiten.

Dies möge dem Leser als Aufgabe überlassen werden.

21. Verdichtungsstöße[1]**).** Die Überlegungen in Nr. 16 lassen das Eintreten von Unstetigkeiten erwarten, d. h. von Sprüngen in den Variablen v, ϱ, p, einen Vorgang, den man als Stoß bezeichnet. Es zeigt sich, daß nur Verdichtungsstöße möglich sind. So sind die knallartigen akustischen Erscheinungen zu erklären. Auch diese Erkenntnis verdankt man Riemann.

Ein solcher Sprung trete an der Stelle $z(t)$ auf der x-Achse ein. ϱ_1, v_1, p_1 seien die linksseitigen Grenzwerte, d. h. die Grenzwerte für $x \to z$, $x < z$; entsprechend seien ϱ_2, v_2, p_2 die rechtsseitigen Grenzwerte. Man kann dann sofort aus der Anschauung heraus folgende Gleichungen anschreiben

1) aus der **Erhaltung der Masse**

$$(2, 21) \qquad\qquad \varrho_1(v_1 - \dot{z}) = \varrho_2(v_2 - \dot{z}) = m.$$

2) aus der **Erhaltung des Impulses** $\varrho_1 v_1(v_1 - \dot{z}) - \varrho_2 v_2(v_2 - \dot{z}) = p_2 - p_1$ oder wegen (2, 21)

$$(2, 22) \qquad\qquad m(v_1 - v_2) = p_2 - p_1.$$

Riemann nahm noch $p_1 = C\varrho_1^k$, $p_2 = C\varrho_2^k$ an; doch zeigte sich, daß diese Annahme nicht zulässig ist; auch C erleidet einen Sprung, d. h. man hat wohl $p_1 = C_1\varrho_1^k$, $p_2 = C_2\varrho_2^k$, aber $C_1 \neq C_2$, was auf einen Temperatursprung hinauskommt.

3) Statt $C_1 = C_2$ nahm **Hugoniot** die **Energiegleichheit** bei z an, die unter der Annahme, daß an der Sprungstelle keine Wärme zu- oder abgeführt wird, die Form

$$(2, 23) \qquad\qquad \tfrac{1}{2}(v_1 - \dot{z})^2 + P_1 = \tfrac{1}{2}(v_2 - \dot{z})^2 + P_2$$

annimmt. Dabei ist bei vollkommenen Gasen nach Nr. 6

$$P = \int \frac{dp}{\varrho} = \frac{k}{k-1}\frac{p}{\varrho}.$$

Man kann diese drei Gleichungen in strenger Weise aus den Gleichungen (2, 1) und (2, 2) in Nr. 13 herleiten.

---

[1]) S. auch Szabó, I.: Höhere Technische Mechanik. Berlin 1956. §§ 21, 23.

Wir setzen

$$x = z + \xi; \quad v(x,t) = v(z + \xi, t) = w(\xi, t); \quad \varrho(x,t) = \varrho(z + \xi, t) = \sigma(\xi, t).$$

Dann ist

$$\mathrm{d}v = \frac{\partial v}{\partial x}\,\mathrm{d}x + \frac{\partial v}{\partial t}\,\mathrm{d}t = \frac{\partial w}{\partial \xi}\,\mathrm{d}\xi + \frac{\partial w}{\partial t}\,\mathrm{d}t,$$

also, da $\mathrm{d}x = \mathrm{d}z + \mathrm{d}\xi = \dot{z}\,\mathrm{d}t + \mathrm{d}\xi$,

$$\frac{\partial v}{\partial x} = \frac{\partial w}{\partial \xi}, \quad \frac{\partial v}{\partial x}\dot{z} + \frac{\partial v}{\partial t} = \frac{\partial w}{\partial t}.$$

Analog

$$\frac{\partial \varrho}{\partial x} = \frac{\partial \sigma}{\partial \xi}, \quad \frac{\partial \varrho}{\partial x}\dot{z} + \frac{\partial \varrho}{\partial t} = \frac{\partial \sigma}{\partial t}.$$

Die Gleichungen (2, 1) und (2, 2) in Nr. 13 werden damit

$$(2, 24) \qquad \frac{\partial \sigma}{\partial t} - \frac{\partial \sigma}{\partial \xi}\dot{z} + \frac{\partial \sigma}{\partial \xi}w + \sigma\frac{\partial w}{\partial \xi} = 0,$$

$$(2, 25) \qquad \frac{\partial w}{\partial t} - \frac{\partial w}{\partial \xi}\dot{z} + \frac{\partial w}{\partial \xi}w + \frac{1}{\sigma}\frac{\mathrm{d}p}{\mathrm{d}\sigma}\frac{\partial \sigma}{\partial \xi} = 0.$$

Integration von (2, 24) nach ξ ergibt

$$\int_{\xi_1}^{\xi_2}\frac{\partial \sigma}{\partial t}\,\mathrm{d}\xi - \dot{z}\sigma\Big|_{\xi_1}^{\xi_2} + \sigma w\Big|_{\xi_1}^{\xi_2} = 0.$$

Es sei $\xi_1 < 0$, $\xi_2 > 0$. Nun machen wir den Grenzübergang $\xi_2 - \xi_1 \to 0$. Unter der Annahme, daß $\dfrac{\partial \sigma}{\partial t}$ endlich bleibt, was anzunehmen ist, da diese Ableitung bei $\xi = \mathrm{const}$, also in relativ konstanter Entfernung von der Sprungstelle, zu nehmen ist, folgt sofort

$$-\dot{z}(\sigma_2 - \sigma_1) + \sigma_2 w_2 - \sigma_1 w_1 = 0,$$

d. h. (2, 21). Aus (2, 25) wird analog

$$\int_{\xi_1}^{\xi_2}\sigma\frac{\partial w}{\partial t}\,\mathrm{d}\xi + \int_{\xi_1}^{\xi_2}\sigma(w - \dot{z})\frac{\partial w}{\partial \xi}\,\mathrm{d}\xi + p\Big|_{\xi_1}^{\xi_2} = 0.$$

Da aber bei dem Grenzübergang $\xi_2 - \xi_1 \to 0$, σ und $\dfrac{\partial w}{\partial t}$ endlich bleiben, ferner $\sigma(w - \dot{z}) \to m$ konvergiert, folgt

$$m(w_2 - w_1) + p_2 - p_1 = 0,$$

d. h. (2, 22). Man kann aber aus (2, 25) noch ein anderes Ergebnis ableiten. Wir schreiben (2, 25)

$$\frac{\partial w}{\partial t} - \dot{z}\frac{\partial w}{\partial \xi} + \frac{\partial}{\partial \xi}\frac{1}{2}w^2 + \frac{\partial P}{\partial \xi} = 0$$

und integrieren; das ergibt

$$-\dot{z}(w_2 - w_1) + \tfrac{1}{2}(w_2^2 - w_1^2) + P_2 - P_1 = 0,$$

d. h. (2, 23).

Diskussion: Man hat also drei Gleichungen für v_1, p_1, ϱ_1; v_2, p_2, ϱ_2. Denkt man sich die relativ durchströmende Masse m gegeben, so bekommt man aus (2, 21)

$$v_1 - \dot{z} = \frac{m}{\varrho_1}, \quad v_2 - \dot{z} = \frac{m}{\varrho_2}, \quad v_2 - v_1 = m\left(\frac{1}{\varrho_2} - \frac{1}{\varrho_1}\right).$$

Setzen wir das in (2, 22) und (2, 23) ein, so erhalten wir

$$m^2\left(\frac{1}{\varrho_2} - \frac{1}{\varrho_1}\right) + p_2 - p_1 = 0$$

und

$$\frac{m^2}{2}\left(\frac{1}{\varrho_2^2} - \frac{1}{\varrho_1^2}\right) + \frac{k}{k-1}\left(\frac{p_2}{\varrho_2} - \frac{p_1}{\varrho_1}\right) = 0.$$

Entweder kann man daraus, wenn m, p_1, ϱ_1 gegeben sind, p_2 und ϱ_2 berechnen, oder man kann m^2 eliminieren und erhält so

$$-\tfrac{1}{2}(\varrho_1 + \varrho_2)(p_2 - p_1) + \frac{k}{k-1}(p_2\varrho_1 - p_1\varrho_2) = 0.$$

Trägt man daraus p_2 als Funktion von ϱ_2 auf, so erhält man die sogenannte Hugoniot-Kurve. Durchsichtiger wird das Ergebnis, wenn man

$$p_1 = C_1\varrho_1^k, \quad p_2 = C_2\varrho_2^k$$

einsetzt. Man erhält dann mit $\tau = \dfrac{\varrho_2}{\varrho_1}$

$$\frac{C_2}{C_1} = \frac{1}{\tau^k}\frac{(k+1)\tau - (k-1)}{(k+1) - (k-1)\tau}.$$

Wegen $\dfrac{C_2}{C_1} > 0$ müssen Zähler und Nenner beide positiv sein — die gegenteilige Annahme führt leicht auf einen Widerspruch —, woraus sich

$$\frac{k-1}{k+1} < \tau < \frac{k+1}{k-1}$$

ergibt. Es kommt aber nur $\tau \geq 1$ in Frage, also ein Verdichtungsstoß. Denn das ist identisch mit

$$C_2 \geq C_1$$

und das sagt, daß die Entropie nach dem Stoß mindestens ebenso groß ist wie vorher, was der zweite Hauptsatz der Thermodynamik verlangt. Aus (1, 18) folgt ja (mit $c_p = k c_v$, $c_p - c_v = R$)

$$s = \frac{R}{\mu(k-1)}\log\frac{p}{\varrho^k} + \text{const} = \frac{R}{\mu(k-1)}\log C + \text{const}.$$

Also wächst s mit C.

§ 3. Potentialströmungen ohne freie Oberflächen

22. Allgemeines. Wir hatten in der Eulerschen Formulierung in Nr. 3 und Nr. 4 die Gleichung

$$(1, 9\,\text{a}) \qquad\qquad \frac{\partial\varrho}{\partial t} + \frac{\partial}{\partial\mathfrak{r}}(\varrho\mathfrak{v}) = 0$$

bzw.

(1, 9)
$$\frac{d}{dt} \log \frac{\varrho}{\varrho_0} = - \operatorname{div} \mathfrak{v}$$

sowie

(1, 10 b)
$$\frac{\partial \mathfrak{v}}{\partial t} - \mathfrak{v} \times \operatorname{rot} \mathfrak{v} = - \operatorname{grad}(P + \tfrac{1}{2} v^2) + \mathfrak{g}$$
$$= - \operatorname{grad}(u + P + \tfrac{1}{2} v^2) \,,$$

mit $u = gh$ bei Wirkung der Schwere als einziger räumlich verteilter Kraft.

In Nr. 2 haben wir bereits festgestellt, daß im Falle einer rotorfreien Bewegung, also wenn rot $\mathfrak{v} = 0$ ist, ein Geschwindigkeitspotential existiert:

$$\mathfrak{v} = \frac{\partial \varphi}{\partial \mathfrak{r}} = \operatorname{grad} \varphi \,.$$

Eine solche Bewegung heißt eine **Potentialströmung**. Mit dieser Annahme nimmt (1, 10 b) die Form an

$$\operatorname{grad} \left[\frac{\partial \varphi}{\partial t} + u + P + \tfrac{1}{2} v^2\right] = 0$$

(denn $\operatorname{grad} = \dfrac{\partial}{\partial \mathfrak{r}}$ und $\dfrac{\partial}{\partial t}$ sind bei Annahme gewisser Existenz- und Stetigkeitsbedingungen miteinander vertauschbar), was sich sofort zu

(3, 1)
$$\frac{\partial \varphi}{\partial t} + u + P + \tfrac{1}{2} v^2 = C(t)$$

integrieren läßt. Das $C(t)$ ist im allgemeinen belanglos, da man $- \int C(t) dt$ in φ einbeziehen kann, was die Bildung des Gradienten nicht beeinflußt. Man kann also schreiben

(3, 1 a)
$$\frac{\partial \varphi}{\partial t} + gH = 0 \,.$$

Aus Gleichung (1, 9) aber wird

(3, 2)
$$\frac{d}{dt} \log \frac{\varrho}{\varrho_0} + \Delta \varphi = 0 \,,$$

ein Ergebnis, das wir schon in (1, 9b) erhalten haben. Da $P = P(\varrho)$ und $\mathfrak{v}^2 = \left(\dfrac{\partial \varphi}{\partial \mathfrak{r}}\right)^2$ ist, haben wir jetzt zwei skalare Gleichungen für ϱ und φ als Funktionen von $\mathfrak{r}$ und t. Wir erinnern an [vgl. (1, 6)]

$$\frac{d}{dt} \log \frac{\varrho}{\varrho_0} = \frac{\partial}{\partial t} \log \frac{\varrho}{\varrho_0} + \frac{\partial \varphi}{\partial \mathfrak{r}} \cdot \frac{\partial}{\partial \mathfrak{r}} \log \frac{\varrho}{\varrho_0} \,.$$

23. Ein besonders wichtiger Spezialfall: Die Inkompressibilität. Es ist dann $\dfrac{d}{dt} \log \dfrac{\varrho}{\varrho_0} = 0$ und aus (3, 2) wird die ebenfalls schon in Nr. 3 erhaltene Laplacesche Gleichung

(3, 3)
$$\Delta \varphi = 0 \,.$$

Dann aber, wenn wir ϱ schlechthin konstant annehmen, also die Flüssigkeit als homogen, wird $P = \dfrac{p}{\varrho}$ und aus (3, 1)

$$(3, 4) \qquad \frac{\partial \varphi}{\partial t} + u + \frac{p}{\varrho} + \tfrac{1}{2} v^2 = 0 \,,$$

also bei Annahme der Schwere als einziger räumlich verteilter äußerer Kraft

$$(3, 5) \qquad \frac{\partial \varphi}{\partial t} + gh + \frac{p}{\varrho} + \tfrac{1}{2} v^2 = 0 \,.$$

Im Inneren beherrscht die Laplacesche Gleichung das Feld als sogenannte „Feldgleichung". Die Gleichung (3, 5) dient uns zu folgendem: Erstens zur Berechnung des Druckes p, der jetzt eine zunächst unbekannte Reaktionsgröße ist:

$$p = - \varrho \left[\frac{\partial \varphi}{\partial t} + gh + \tfrac{1}{2} v^2 \right]$$

(man muß nur noch $p \geq 0$ kontrollieren), und zweitens zur Behandlung von Problemen mit freier Oberfläche, an denen p gegeben ist, etwa konstant. Dann ergibt sich für φ eine Randbedingung

$$\frac{\partial \varphi}{\partial t} + \frac{1}{2} \left(\frac{\partial \varphi}{\partial \mathfrak{r}} \right)^2 = - gh - \frac{p}{\varrho} \,;$$

sie ist nicht linear, was diese Probleme schwieriger macht.

Bemerkung: Da wir $C(t)$ in $\dfrac{\partial \varphi}{\partial t}$ einbezogen haben, ist im stationären Fall $\dfrac{\partial \varphi}{\partial t}$ nicht Null, sondern konstant anzusetzen.

24. Ebene Bewegungen. Eine noch stärkere Beschränkung tritt durch die Annahme ebener Bewegung ein; d. h. es sei

$$\varphi = \varphi(x, y) \,.$$

Nun gibt es bekanntlich zu jeder harmonischen Funktion φ, d. h. Lösung der Laplaceschen Gleichung, eine konjugierte ψ, so daß

$$\varphi + i \psi = f(x + i y) = f(z)$$

eine analytische Funktion[1]) von z ist. Die Variable t kann noch in f vorkommen.

Was bedeutet nun ψ? Bekanntlich ist wegen der Cauchy-Riemannschen Differentialgleichungen

$$(3, 6) \qquad v_x = \frac{\partial \varphi}{\partial x} = \frac{\partial \psi}{\partial y} \,; \quad v_y = \frac{\partial \varphi}{\partial y} = - \frac{\partial \psi}{\partial x} \,.$$

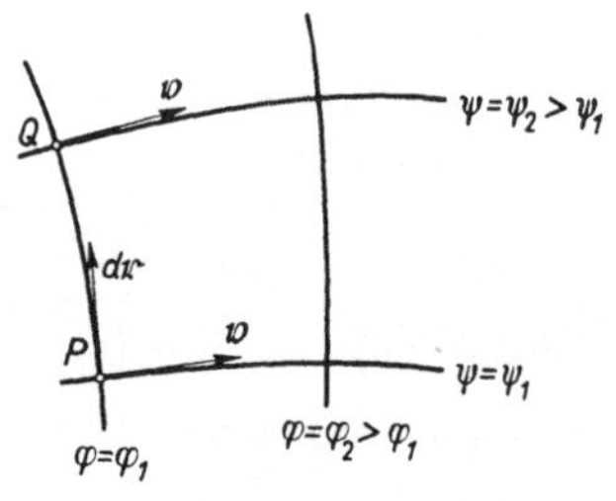

Abb. 11

Nun bilden die Kurven $\varphi =$ const, $\psi =$ const ein orthogonales Kurvennetz. Die auf den Kurven $\varphi =$ const senkrecht stehenden Kurven $\psi =$ const geben also die momentane Strömungsrichtung $\mathfrak{v}$ an. (Alles zu einer festen Zeit t betrachtet.) Wachsendes ψ hat von $\mathfrak{v}$ aus gesehen die Richtung nach links. Gehöre P zu $\psi = \psi_1, Q$ zu $\psi = \psi_2 > \psi_1$, und es sei $d\mathfrak{r}$ von P nach Q gerichtet (Abb. 11). Dann ist die in der Zeiteinheit

[1]) Hierzu s. etwa Bieberbach, L.: Einführung in die Funktionentheorie. 2. Aufl. Bielefeld 1952.

durch PQ strömende Menge je Einheit senkrecht zur Grundebene

$$\int_P^Q v\,\mathrm{d}s = \int (\mathfrak{v} \times \mathrm{d}\mathfrak{r})_{\mathfrak{k}} = \int (v_x\,\mathrm{d}y - v_y\,\mathrm{d}x) = \int \left(\frac{\partial \psi}{\partial y}\,\mathrm{d}y + \frac{\partial \psi}{\partial x}\,\mathrm{d}x\right) = \psi_2 - \psi_1$$

($\mathfrak{k}$ sei der Einheitsvektor senkrecht zur Strömungsebene), d.h. die Differenz der ψ gibt die momentan durchströmende Menge. Daher heißt ψ die „Stromfunktion", eine Bezeichnung, die bei stationären Prozessen noch deutlicher wird. In diesem Fall geben die Kurven $\psi = $ const geradezu die Stromlinien. Das Bild ist dann zeitlich konstant. Im stationären Fall ist ferner $\frac{\partial \varphi}{\partial t} = $ const und somit

$$p = \varrho\,(C - \tfrac{1}{2}\,v^2 - gh)\,.$$

Ist die z-Ebene eine Ebene $h = $ const oder wird von der Schwere abgesehen, so gilt

$$p = \varrho\,(C - \tfrac{1}{2}\,v^2)$$

oder

$$(3,7) \qquad\qquad p + \tfrac{1}{2}\,\varrho v^2 = \text{const} = p_0 + \tfrac{1}{2}\,\varrho v_0^2\,.$$

Staut sich irgendwo die Flüssigkeit ($v = 0$), so ist

$$(3,7\,\mathrm{a}) \qquad\qquad p - p_0 = \tfrac{1}{2}\,\varrho v_0^2\,.$$

Dieser Wert von $p - p_0$ heißt Staudruck.

Im stationären Fall ist

$$\frac{\mathrm{d}y}{\mathrm{d}x} = \frac{v_y}{v_x} = \frac{\varphi y}{\varphi x} = -\frac{\psi x}{\psi y}\,,$$

d. h.

$$(3,8) \qquad\qquad \psi_x\,\mathrm{d}x + \psi_y\,\mathrm{d}y = 0$$

die Differentialgleichung der Stromlinien, die, wie wir schon wissen, durch $\psi = $ const integriert wird. Im nichtstationären Fall sind

$$(3,9) \qquad \frac{\mathrm{d}x}{\mathrm{d}t} = \varphi_x = \psi_y\,(x, y, t)\,, \qquad \frac{\mathrm{d}y}{\mathrm{d}t} = \varphi_y = -\psi_x\,(x, y, t)$$

die simultanen Differentialgleichungen der Bahnlinien. Das Hauptergebnis ist: *Zu jeder analytischen Funktion $f(z, t)$ gehört eine ebene Potentialströmung einer idealen inkompressiblen Flüssigkeit.* Nur die Frage der Eindeutigkeit von f ist noch zu klären.

Für die Ableitung nach z erhält man

$$(3,10) \qquad \left\{ \begin{aligned} f'(z, t) &= \frac{\partial}{\partial x}\,(\varphi + i\psi) = \frac{\partial \varphi}{\partial x} + i\,\frac{\partial \psi}{\partial x} \\ &= \frac{\partial}{i\,\partial y}\,(\varphi + i\psi) = \frac{\partial \psi}{\partial y} - i\,\frac{\partial \varphi}{\partial y} = v_x - i v_y \end{aligned} \right.$$

(Man beachte das Vorzeichen von iv_y!). *$f(z, t)$ heißt das „komplexe Potential" der Geschwindigkeit, die Ableitung nach z gibt den gespiegelten Geschwindigkeitsvektor.* Die besondere Bedeutung dieses Ergebnisses liegt darin, daß man durch konforme Abbildung aus einer Strömung andere gewinnen kann, nach dem Riemannschen Abbildungssatz sogar jede.

Sei $f(z(\zeta, t), t) = g(\zeta, t)$ und damit in der $\zeta = \xi + i\eta$-Ebene eine neue Strömung dargestellt, so ist dort die Geschwindigkeit

$$(3, 11) \qquad v_\xi - iv_\eta = \frac{dg}{d\zeta} = f' \frac{dz}{d\zeta} = (v_x - iv_y) \frac{dz}{d\zeta}.$$

Nun hat jede analytische Funktion singuläre Stellen, eventuell im Unendlichen. Ihre machtvolle Wirkung gilt es nun kennenzulernen.

25. Singuläre Stellen. 1) Es sei

$$f(z) = C \log z = C(\log r + i\vartheta) \qquad (z = re^{i\vartheta}),$$

also

$$f'(z) = \frac{C}{z} = C \frac{1}{r} (\cos \vartheta - i \sin \vartheta)$$

$(r, \vartheta$ Polarkoordinaten$)$.

a) Es sei C reell, also $\varphi = C \log r$, $\psi = C\vartheta$,

$$f'(z) = C \frac{\cos \vartheta}{r} - iC \frac{\sin \vartheta}{r}$$

und somit nach (3, 10)

$$(3, 12) \qquad v_x = C \frac{\cos \vartheta}{r}, \qquad v_y = C \frac{\sin \vartheta}{r}.$$

Das bedeutet bei $C > 0$ eine Radialströmung nach außen. φ, v_x, v_y sind eindeutig, ψ aber vieldeutig. Bei einem Umlauf vermehrt es sich um $2\pi C$; das ist die gesamte ausströmende Menge (bei $C > 0$). $C > 0$ gibt somit eine „Quelle", $C < 0$ eine „Senke". $v = \dfrac{C}{r}$ wird unendlich in $r = 0$.

b) Es sei $C = \dfrac{\Gamma}{2\pi i}$ rein imaginär;

$$\psi = -\frac{\Gamma}{2\pi} \log r, \qquad \varphi = \frac{\Gamma}{2\pi} \vartheta, \qquad f'(z) = \frac{\Gamma}{2\pi i} \frac{\cos \vartheta - i \sin \vartheta}{r},$$

also

$$(3, 13) \qquad v_x = -\frac{\Gamma}{2\pi} \frac{\sin \vartheta}{r}, \qquad v_y = \frac{\Gamma}{2\pi} \frac{\cos \vartheta}{r}.$$

Es handelt sich um eine Strömung in konzentrischen Kreisen, und zwar links herum, wenn $\Gamma > 0$. Unter der „Zirkulation" längs einer geschlossenen Kurve $\mathfrak{C}$ versteht man allgemein das Linienintegral

$$\oint_{\mathfrak{C}} \mathfrak{v} \, d\mathfrak{r}.$$

In unserem Falle wird die Zirkulation längs eines Kreises um den Nullpunkt

$$\oint \mathfrak{v} \, d\mathfrak{r} = \oint (v_x \, dx + v_y \, dy) = \frac{\Gamma}{2\pi r} \int_0^{2\pi} r \, d\vartheta = \Gamma.$$

Γ heißt deswegen auch „Zirkulationskonstante". Schließlich ist

$$|v| = \frac{\Gamma}{2\pi r}.$$

Also

$$|v| \to \infty \quad \text{für } r \to 0\,.$$

Das ist anschaulich ein Wirbel, obwohl $\operatorname{rot} \mathfrak{v} = 0$ ist. Man spricht von einem **Potentialwirbel**. Natürlich bedeutet komplexes C eine Kombination von Quelle (bzw. Senke) und Wirbel.

2) Es sei

$$f(z) = \frac{C}{z}\,, \quad f'(z) = -\frac{C}{z^2} = -\frac{C\bar{z}^2}{r^4} = -\frac{C(x^2 - 2\,\mathrm{i}\,xy - y^2)}{r^4}\,.$$

Bei reellem C ist demnach

$$v_x = -\frac{C}{r^4}(x^2 - y^2) = -\frac{C}{r^2}(\cos^2\vartheta - \sin^2\vartheta) = -\frac{C}{r^2}\cos 2\vartheta\,,$$

$$v_y = -\frac{C}{r^4}\cdot 2xy = -\frac{C}{r^2}\cdot 2\cos\vartheta\sin\vartheta = -\frac{C}{r^2}\sin 2\vartheta\,,$$

$$\varphi = \frac{Cx}{x^2+y^2}\,, \quad \psi = -\frac{Cy}{x^2+y^2}\,.$$

Die Stromlinien $\psi = c$ sind somit die Kreise

$$c\,x^2 + c\left(y + \frac{1}{2}\frac{C}{c}\right)^2 = \frac{C^2}{4c}\,;$$

$\varphi = c'$ bilden die dazu orthogonale Kreisschar

$$c'\left(x - \frac{1}{2}\frac{C}{c'}\right)^2 + c'y^2 = \frac{C^2}{4c'}\,.$$

Abb. 12 gibt die Stromlinien bei $C > 0$ an. Oberhalb der x-Achse ist $c < 0$. Man rechnet leicht nach, daß bei imaginärem C die Figur um $90°$ gedreht ist, bei komplexem C um irgendeinen Winkel.

Deutung als Quellsenke. Wenn

$$f(z) = C \log (z + a) - C \log (z - a) = C \log\left(1 + \frac{2a}{z - a}\right)$$

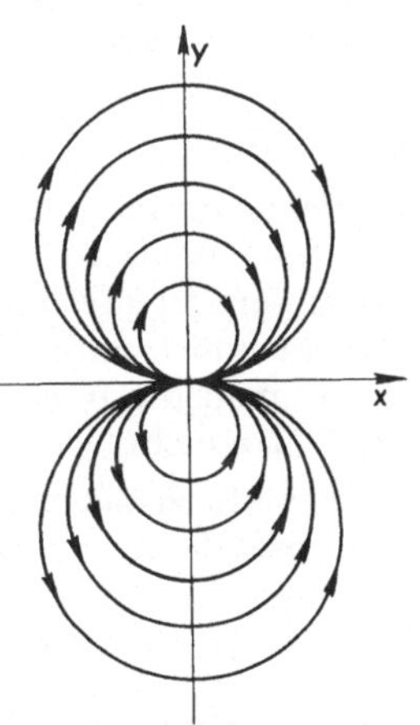

Abb. 12

ist, dann haben wir es bei $C > 0$ offenbar mit einer Quelle in $z = -a$ und einer gleichstarken Senke in $z = a$ zu tun. Wenn nun $|z|$ so groß ist, daß $\left|\dfrac{2a}{z-a}\right| < 1$, so kann man zu

$$f(z) = C\left[\frac{2a}{z-a} - \frac{1}{2}\left(\frac{2a}{z-a}\right)^2 + \cdots\right]$$

entwickeln. Nun lassen wir Quelle und Senke zusammenrücken, machen also den Grenzübergang $a \to 0$, lassen jedoch C derart gegen ∞ wachsen, daß $2aC = C_1$ konstant bleibt. Es wird dann für jedes $z \neq 0$ $\;f(z)$ gegen

$$f(z) = \frac{C_1}{z}$$

gehen. Man nennt deshalb die hier behandelte Strömung eine „Quellsenke". Ein Doppelwirbel mit imaginärem C liefert wesentlich dasselbe.

Man kann nun kompliziertere Strömungen aus mehreren Quellen, Senken, Wirbeln und Quellsenken zusammensetzen. Von besonderer Bedeutung ist das „Wirbelband", d. h. ein auf einem Kurvenstück kontinuierlich erzeugtes Band von Wirbeln, z. B.

$$f(z) = \frac{1}{2\pi i} \int\limits_{-a}^{+a} \Gamma(\zeta) \log (z - \zeta) \, d\zeta,$$

$$f'(z) = \frac{1}{2\pi i} \int\limits_{-a}^{+a} \frac{\Gamma(\zeta)}{z-\zeta} \, d\zeta.$$

Die aus der Funktionentheorie bekannte Cauchysche Formel

$$f(z) = \frac{1}{2\pi i} \int\limits_{\Re} \frac{f(\zeta)}{z-\zeta} \, d\zeta,$$

gültig im Innern der im Regularitätsbereich von $f(z)$ liegenden geschlossenen Kurve $\Re$, kann als Darstellung von $f(z)$ durch ein Band von Quellsenken aufgefaßt werden. ($\Gamma(\zeta)$ bzw. $f(\zeta)$ ist hier nicht wie vorhin die Wirbelstärke, sondern ihre Dichte.)

26. Der umströmte Kreiszylinder. Erste Methode. Eine Parallelströmung $v_x - i v_y = U$ hat das Potential $f(z) = U z$, $f'(z) = U$. Wir nehmen U reell an, so daß die Strömung parallel zur x-Achse erfolgt ($v_x = U$, $v_y = 0$). Setzt man dazu genau parallel eine unendlich dünne Platte ein, die sich von $x = -2R$ bis $x = +2R$ erstreckt, so hat man die umströmte Platte; denn bei Freiheit von jeglicher Reibung stört die Platte nicht.

Mathematisch hat man jetzt eine von $-2R$ bis $+2R$ „geschlitzte" z-Ebene. Diese kann man konform auf das Äußere eines Kreises in einer ζ-Ebene abbilden durch

$$z = \zeta + \frac{R^2}{\zeta} = \varrho e^{i\vartheta} + \frac{R^2}{\varrho} e^{-i\vartheta} \quad \left(\zeta = \varrho e^{i\vartheta}\right).$$

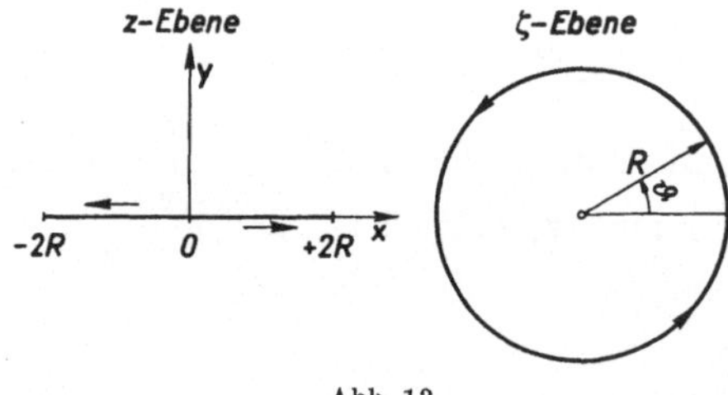

Abb. 13

In Koordinaten lautet die Abbildung

$$x = \left(\varrho + \frac{R^2}{\varrho}\right) \cos \vartheta, \quad y = \left(\varrho - \frac{R^2}{\varrho}\right) \sin \vartheta.$$

Für den Kreis $\varrho = R$ sind in der Tat $y = 0$, $x = 2R \cos \vartheta$, so daß dem Kreis sichtlich der genannte Schlitz entspricht. Wird der Kreis gemäß $0 \leq \vartheta \leq 2\pi$ durchlaufen, so läuft x von $2R$ über Null $\left(\text{für } \vartheta = \frac{\pi}{2}\right)$ nach $-2R$ (für $\vartheta = \pi$) und weiter nach $2R$ zurück. Dem Kreisumfang entspricht der Rand des Schlitzes (Abb. 13). Ist $\varrho \neq R$, aber konstant, so gehört zu diesem Kreis in der z-Ebene die Ellipse

$$\frac{x^2}{a^2} + \frac{y^2}{b^2} = 1$$

mit

$$a = \varrho + \frac{R^2}{\varrho}, \quad b = \varrho - \frac{R^2}{\varrho}.$$

Das Äußere des Kreises $\varrho = R$ wird somit auf die ganze geschlitzte Vollebene abgebildet; das Innere ebenso. Uns interessiert die Abbildung des Äußeren; daher kommen wir mit der Umkehrformel

$$\zeta = \tfrac{1}{2} z + \tfrac{1}{2} \sqrt{z^2 - 4R^2}$$

aus. Das Vorzeichen der Wurzel ist so zu wählen, daß für $z \to \infty$ auch $\zeta \to \infty$ geht, nicht gegen Null. Dieses Vorzeichen schreiben wir als $+$. Zur Ergänzung bemerken wir noch, daß die zu den konzentrischen Kreisen $\varrho = $ const orthogonalen Strahlen $\vartheta = $ const in die zu den Ellipsen orthogonalen Hyperbeln

$$\frac{x^2}{\cos^2 \vartheta} - \frac{y^2}{\sin^2 \vartheta} = 4R^2$$

übergehen. Die Verzweigungspunkte $z = \pm 2R$ sind die Brennpunkte der beiden Kegelschnittscharen.

Durch die konforme Abbildung bekommt man nun aus der gegebenen Strömung $f(z) = Uz$ die neue Strömung

$$g(\zeta) = U\zeta + U\frac{R^2}{\zeta}, \quad g'(\zeta) = v_\xi - iv_\eta = U - U\frac{R^2}{\zeta^2}.$$

Es ist das die Strömung um den Kreiszylinder mit

$$\lim_{\zeta \to \infty} (v_\xi - iv_\eta) = U.$$

Staupunkte sind natürlich die Punkte $\zeta = \pm R$. In Koordinaten ist

$$v_\xi = U - U\frac{R^2}{\varrho^2}\cos 2\vartheta, \quad v_\eta = U\frac{R^2}{\varrho^2}\sin 2\vartheta.$$

Man kann diese Strömung im Sinne der vorigen Nummer als Überlagerung der Parallelströmung $U\zeta$ mit der Quellsenke $\dfrac{UR^2}{\zeta}$ auffassen. Diese würde natürlich auch im Inneren des Kreises vorhanden sein, so daß im ganzen die in Abb. 14 dargestellte Strömung entsteht.

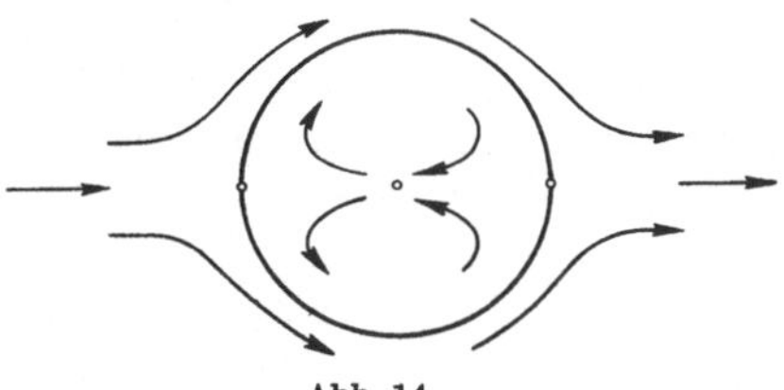

Abb. 14

Wir wollen hier schon folgende kleine Verallgemeinerung vornehmen. Setzt man $\zeta e^{-i\alpha}$ an Stelle von ζ, so wird das Ganze gedreht. Es wird jetzt

$$(3,14) \qquad g(\zeta) = U\zeta e^{-i\alpha} + \frac{UR^2}{\zeta}e^{i\alpha}, \quad g'(\zeta) = Ue^{-i\alpha} - \frac{UR^2}{\zeta^2}e^{i\alpha},$$

so daß die Geschwindigkeit im Unendlichen $Ue^{i\alpha}$ beträgt. Denn wegen $Ue^{-i\alpha} = (v_\xi - iv_\eta)_\infty$ ist $v_{\eta\infty} = U \sin \alpha$. Das bedeutet, daß der Zylinder $\varrho = R$ in der Richtung α angeströmt wird.

27. Weiterbildung durch Joukowski und Kutta. Man kann nun nach der zuletzt vorgenommenen Erweiterung zurücktransformieren in die z-Ebene und so die Strömung um die **schräg angeströmte Platte** erhalten. Wir setzen also

$$\zeta = \tfrac{1}{2} z + \tfrac{1}{2} \sqrt{z^2 - 4R^2}$$

in (3, 14) ein und erhalten wegen $\dfrac{R^2}{\zeta} = \tfrac{1}{2} z - \tfrac{1}{2} \sqrt{z^2 - 4 R^2}$

$$f(z) = U \left\{ \frac{z}{2} \left(e^{-i\alpha} + e^{i\alpha} \right) + \tfrac{1}{2} \sqrt{z^2 - 4 R^2} \left(e^{-i\alpha} - e^{i\alpha} \right) \right\}$$

$$= U \left\{ z \cos \alpha - i \sqrt{z^2 - 4 R^2} \sin \alpha \right\},$$

$$f'(z) = v_x - i v_y = U \left(\cos \alpha - i \frac{z \sin \alpha}{\sqrt{z^2 - 4 R^2}} \right).$$

Für $z \to \infty$ erhält man daraus

$$v_{x\infty} - i v_{y\infty} = U (\cos \alpha - i \sin \alpha);$$

die Platte wird aber tatsächlich unter dem Winkel α mit der Geschwindigkeit U angeströmt. Die Staupunkte berechnen sich aus

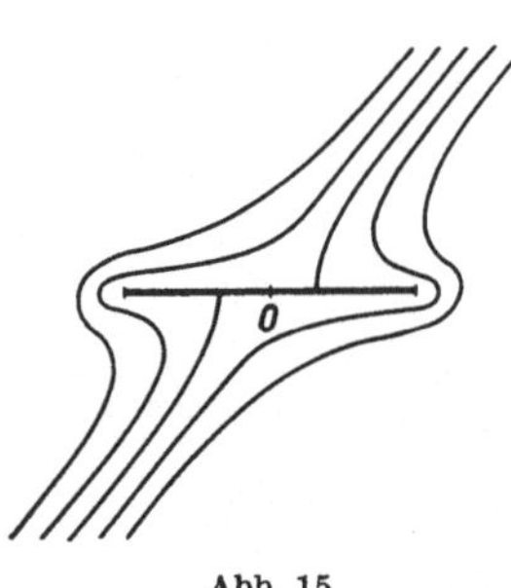

$$v_x - i v_y = U \left(\cos \alpha - i \frac{z \sin \alpha}{\sqrt{z^2 - 4 R^2}} \right) = 0$$

zu

$$z = \pm 2 R \cos \alpha.$$

Natürlich sind sie reell, denn sie sind die Bilder der Staupunkte am Kreis. Das Bild der Strömung wird durch Abb. 15 ungefähr wiedergegeben.

Aber diese mathematische Lösung ist physikalisch unmöglich. Denn in $z = \pm 2 R$ wird die Geschwindigkeit unendlich und daher der Druck negativ unendlich.

Abb. 15

Die Behebung dieser Unstimmigkeit geht auf Joukowski zurück: Unsere Lösung des Strömungsproblems um den Kreiszylinder ist nicht die allgemeine. Man kann noch eine Wirbelbewegung überlagern, d. h. allgemein annehmen

$$g(\zeta) = U \zeta e^{-i\alpha} + U \frac{R^2}{\zeta} e^{i\alpha} + \frac{\Gamma}{2\pi i} \log \frac{\zeta}{R},$$

$$g'(\zeta) = U e^{-i\alpha} - U \frac{R^2}{\zeta^2} e^{i\alpha} + \frac{\Gamma}{2\pi i} \frac{1}{\zeta}.$$

Die Staupunkte liegen jetzt beim Kreis bei den aus $g'(\zeta) = 0$ zu berechnenden Werten

$$\zeta = e^{i\alpha} \left[-\frac{\Gamma}{4\pi i U} \pm \frac{1}{4\pi U} \sqrt{16 \pi^2 U^2 R^2 - \Gamma^2} \right].$$

Rücktransformiert in die z-Ebene ergibt sich dort

$$f'(z) = g'(\zeta) \frac{d\zeta}{dz} = g'(\zeta) \left(\frac{1}{2} + \frac{z}{2\sqrt{z^2 - 4 R^2}} \right).$$

Die singulären Punkte sind durch $\dfrac{d\zeta}{dz} = \infty$ bedingt, d. h. die Winkeltreue wird in den Verzweigungspunkten $z = \pm 2 R$ unterbrochen. Wenn man nun aber über Γ geeignet verfügt, dann kann man wenigstens einen singulären Punkt beseitigen, indem man einen Staupunkt in ihn legt. Da $z = 2R$ dem $\zeta = R$ entspricht, hat man hierzu $g'(R) = 0$ zu machen, d. h. Γ aus

$$U\,\mathrm{e}^{-\mathrm{i}\alpha} - U\,\mathrm{e}^{\mathrm{i}\alpha} + \frac{1}{2\pi\mathrm{i}}\frac{\Gamma}{R} = 0$$

zu bestimmen. Man erhält $\Gamma = -4\pi U R \sin\alpha$. Wir haben $+R$ gewählt und so ein negatives Γ gefunden, d. h. eine **Zirkulation rechts herum**. Wir haben so, wie sich zeigen wird, glattes Abströmen erreicht. Hätten wir $-R$ gewählt, so wäre $\Gamma > 0$ geworden und glattes Anströmen erreicht worden.

Da jetzt

$$g'(\zeta) = U\,\mathrm{e}^{-\mathrm{i}\alpha} - U\,\frac{R^2}{\zeta^2}\,\mathrm{e}^{\mathrm{i}\alpha} + 2\mathrm{i}\,U R \sin\alpha\,\frac{1}{\zeta}$$

$$= \frac{U}{\zeta^2}\left(\zeta\,\mathrm{e}^{-\mathrm{i}\alpha} + R\,\mathrm{e}^{\mathrm{i}\alpha}\right)(\zeta - R)$$

ist, so wird wegen $\zeta^2 - z\zeta + R^2 = 0$ und $2\zeta\,\dfrac{\mathrm{d}\zeta}{\mathrm{d}z} - \zeta - z\,\dfrac{\mathrm{d}\zeta}{\mathrm{d}z} = 0$

$$\frac{\mathrm{d}\zeta}{\mathrm{d}z} = \frac{\zeta}{2\zeta - z} = \frac{\zeta^2}{\zeta^2 - R^2}$$

und somit

$$f'(z) = g'(\zeta)\,\frac{\mathrm{d}\zeta}{\mathrm{d}z} = \frac{U}{\zeta + R}\left(\zeta\,\mathrm{e}^{-\mathrm{i}\alpha} + R\,\mathrm{e}^{\mathrm{i}\alpha}\right),$$

was sich nun auch leicht durch z ausdrücken ließe. Es gibt nun nur noch einen Staupunkt, nämlich bei

$$\zeta = -R\,\mathrm{e}^{2\mathrm{i}\alpha}$$

und somit bei $z = -R\,\mathrm{e}^{2\mathrm{i}\alpha} - R\,\mathrm{e}^{-2\mathrm{i}\alpha} = -2R\cos 2\alpha$.

Der Punkt $\zeta = -R$, d. h. $z = -2R$ bleibt singulär. Das Bild der Strömung ist etwa das in Abb. 16 dargestellte. Bei $z = 2R$, d. h. $\zeta = R$ ist $f'(z) = U\cos\alpha$, d. h. $v_x = U\cos\alpha$, $v_y = 0$; es findet also in der Tat ein glattes Abströmen statt.

Mathematisch können wir also die Schwierigkeit an dem Ende $z = +2R$ beheben, indem wir Γ geeignet wählen. Aber tut die Natur das wirklich? Wie kommt die Zirkulation Γ zustande? Der Erfolg hat gezeigt, daß scharfe Hinterkanten in der Tat glattes Abströmen ergeben. Aber den wahren Grund könnte nur eine mathematische Untersuchung des nicht-stationären Anfangswertproblems unter Berücksichtigung der Luftreibung geben, ein Problem, das die Hydrodynamik noch nicht ganz beherrscht.

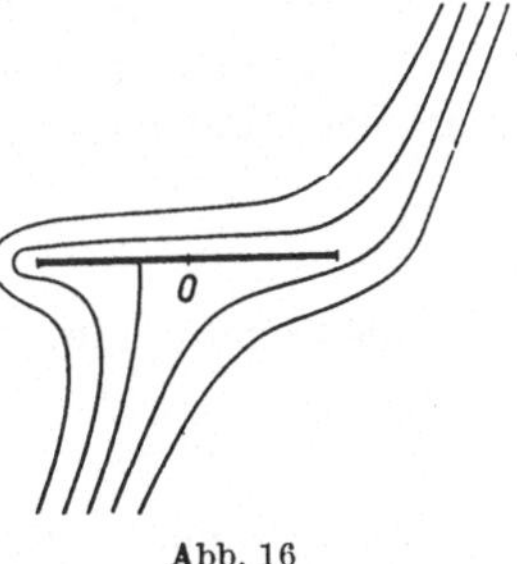

Abb. 16

Eine Möglichkeit, auch noch die Singularität vorne, also für $z = -2R$, zu beseitigen, gab kurz darauf Kutta an. In der Funktionentheorie zeigt man, daß die Abbildung

$$z = \zeta + \frac{R}{\zeta}$$

einen Kreis K' durch die Punkte $\zeta = \pm R$, der nicht der Kreis K mit $|\zeta| = R$ ist, in einen doppelt durchlaufenen Kreisbogen durch $z = \pm 2R$ in der z-Ebene abbildet (Abb. 17). (Wir beweisen das nicht.)

Indem man nun die Strömung um K', die ja ohne weiteres hinzuschreiben ist, rücktransformiert, erhält man in der z-Ebene die Strömung um den Kreisbogen B mit wesentlich gleichem Ergebnis. Nun nimmt Kutta einen dritten Kreis K'' in der ζ-Ebene, der K' in $\zeta = + R$ berührt, aber etwas größer als K' ist. Auch die Strömung um ihn läßt sich sofort hinschreiben. Transformiert man nun rückwärts in die z-Ebene, so erhält man die Strömung um das Bild von K''; dieses wird eine geschlossene Kurve sein, die den Kreisbogen B in $z = + 2R$ berührt, im übrigen aber den

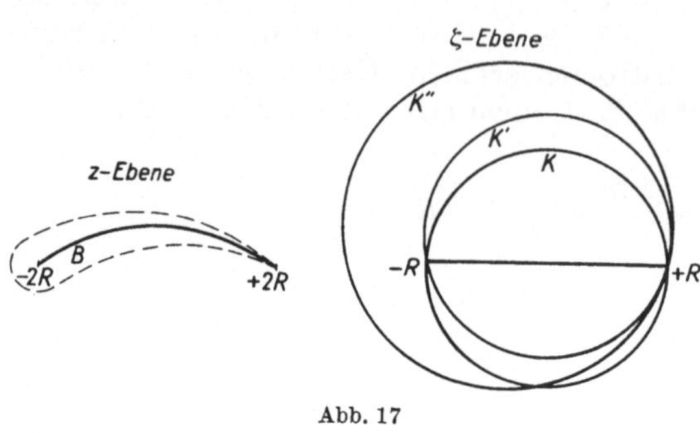

Abb. 17

Bogen B nahe umschließt, um so näher, je weniger sich K' und K'' unterscheiden. So hatte man die elementar vollständig berechenbare Strömung um ein Profil, das dem Profil eines Tragflügels sehr nahe kam. Das war um 1911 eine große Sache. Heute ist sie überholt, weshalb wir die Rechnung nicht weiter durchführen. Aber es bleibt das Verdienst von Joukowski und Kutta, die Idee geliefert zu haben, daß man durch konforme Abbildung der bekannten Strömung um einen Kreiszylinder die Strömung um jeden anderen Zylinder berechnen kann. Und die Methode ist immer wichtiger als das Ergebnis.

28. Eine zweite Methode: Die Singularitätenmethode. Die ursprüngliche Lösung für den Kreis war

$$g(\zeta) = U\zeta + U\frac{R}{\zeta},$$

also die Überlagerung einer Parallelströmung mit einer Quellsenke. Man geht nun oft so vor, daß man Parallelströmung mit Quellen, Senken, Wirbeln überlagert und dann zusieht, was herauskommt, gewissermaßen mit Singularitäten experimentiert. Man hätte also auch ansetzen können:

$$g(\zeta) = U\zeta + \frac{C}{\zeta}$$

und hätte gefunden, daß es eine Strömung um den Kreis

$$|\zeta|^2 = R^2 = \frac{C}{U}$$

ist. Was ist nun z. B. $f(z) = Uz + C \log z$?

Es sei $C > 0$. Dann ist

$$\varphi + i\psi = f(z) = U(x + iy) + C(\log r + i\vartheta),$$

also

$$\varphi = Ux + C \log r, \quad \psi = Uy + C\vartheta, \quad f'(z) = U + \frac{C}{z}.$$

Es gibt dann einen Staupunkt, nämlich bei $z = -\dfrac{C}{U} < 0$, da hierfür $f'(z) = 0$. Links von ihm ist auf der negativen x-Achse $y = 0$, $\vartheta = \pi$ (oder auch $\vartheta = -\pi$); dieses Stück der x-Achse $\left(-\infty < x \leq -\dfrac{C}{U}\right)$ ist also Stromlinie mit

$$\psi = \pm\, C\pi\,.$$

Wie setzt sie sich nun rechts vom Staupunkt fort? Hier ist

$$Uy + C\vartheta = \pm\, C\pi\,.$$

Das ist eine transzendente Kurve mit zwei Zweigen; auf dem oberen ist

$$\vartheta = \pi - \frac{U}{C}\, y\,,$$

d. h. ϑ nimmt bei wachsendem y von π an ab und geht gegen Null, wenn y gegen $\dfrac{C\pi}{U}$ geht. Da in Polarkoordinaten $y = r \sin\vartheta$ ist, muß dabei $r \to \infty$ gehen. Analog gilt für den unteren Zweig

$$\vartheta = -\pi - \frac{U}{C}\, y \to 0 \quad \text{für} \quad y \to -\frac{C\pi}{U} \quad \text{und} \quad r \to \infty\,.$$

Die Kurve wird durch Abb. 18 dargestellt.

Man kann sich nun, wie jede Stromlinie, die obere, soeben bestimmte Stromlinie als feste Grenze denken und hat so eine Strömung, die beim Studium von Aufwinden an Steilküsten tatsächlich als Modell gedient hat.

Als Aufgabe stellen wir das Studium einer Strömung mit einer Quelle und einer gleichstarken Senke, etwa

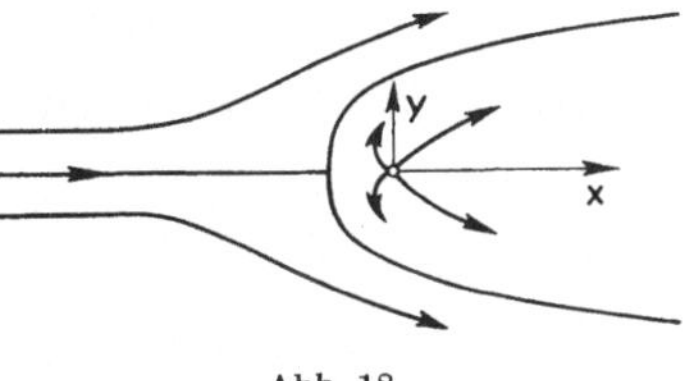

Abb. 18

$$f(z) = Uz + C \log(z + a) - C \log(z - a)\,,$$

die für $a \to \infty$, $Ca = C_1 =$ const in die Strömung um den Kreis übergehen muß.

29. Eine dritte Methode. Wir betrachten eine ebene Strömung, die im Innern eines Kreisringes regulär ist. Innerhalb und außerhalb können singuläre Stellen liegen, ja, braucht die Strömung gar nicht zu existieren. Dann ist in dem Ring $f'(z) = v_x - iv_y$ eine eindeutige, reguläre, analytische Funktion und läßt sich nach dem Satz von Laurent in eine nach positiven und negativen Potenzen von z fortschreitende Reihe entwickeln, die wir so schreiben wollen:

$$f'(z) = \frac{C_0}{z} + \sum_1^\infty n C_n z^{n-1} - \sum_1^\infty n C_{-n} z^{-n-1}\,.$$

Folglich ist

$$f(z) = C_0 \log z + \sum_1^\infty C_n z^n + \sum_1^\infty C_{-n} z^{-n}$$

oder in Koordinaten

$$\varphi + i\psi = (a_0 + ib_0)(\log r + i\vartheta) + \sum (a_n + ib_n) r^n e^{in\vartheta} + \sum (a_{-n} + ib_{-n}) r^{-n} e^{-in\vartheta}\,.$$

Folglich ist die Stromfunktion

$$\psi = b_0 \log r + a_0 \vartheta + \sum r^n \left(b_n \cos n\vartheta + a_n \sin n\vartheta\right)$$
$$+ \sum r^{-n}\left(b_{-n} \cos n\vartheta - a_{-n} \sin n\vartheta\right).$$

Wenn wir nun weiter annehmen, daß im Innern insgesamt keine Quelle liegt (s. Nr. 25), also ψ eindeutig ist, muß $a_0 = 0$ sein.

Nun spezialisieren wir. Die Strömung möge um einen Kreiszylinder vom Radius R erfolgen. Dann muß auf diesem ψ konstant sein, d. h.

$$\text{const} = b_0 \log R + \sum \cos n\vartheta\left(b_n R^n + b_{-n} R^{-n}\right) + \sum \sin n\vartheta\left(a_n R^n - a_{-n} R^{-n}\right).$$

Das ist eine Fourier-Reihe. Ihre Konstanz verlangt, daß

$$b_n R^n + b_{-n} R^{-n} = 0, \quad a_n R^n - a_{-n} R^{-n} = 0$$

sind, also

$$b_{-n} = - b_n R^{2n}, \quad a_{-n} = a_n R^{2n}$$

oder

$$C_{-n} = \overline{C}_n R^{2n},$$

wo $\overline{C}_n$ den konjugiert komplexen Wert von C_n bedeutet. Das Ergebnis läßt sich also schreiben:

Für eine Strömung um einen Kreiszylinder muß

$$f(z) = i b_0 \log z + \sum C_n z^n + \sum \overline{C}_n \frac{R^{2n}}{z^n}$$

sein. Setzen wir $\sum C_n z^n = F(z)$, *so gibt*

$$(3,15) \qquad\qquad f(z) = i b_0 \log z + F(z) + \overline{F}\left(\frac{R^2}{z}\right)$$

die allgemeinste Strömung um den Kreiszylinder.

Nun spezialisieren wir weiter: Die Strömung soll im ganzen Außenraum regulär sein. Dann muß $F(z)$ dort regulär sein, also überhaupt regulär sein, d. h. eine ganze Funktion (d. i. eine beständig konvergente Potenzreihe). Es wäre also z. B.

$$(3,16) \qquad\qquad f(z) = i b_0 \log z + C e^{cz} + \overline{C} e^{\overline{c}\,\frac{R^2}{z}}$$

(C und c komplexe Konstante) eine im ganzen Außenraum reguläre Strömung um den Kreiszylinder $|z| = R$.

Eine andere Spezialisierung wäre die, daß $f'(z)$ im Unendlichen beschränkt bleibt. Da $\frac{i b_0}{z} - \sum n C_{-n} z^{-n-1}$ sicher beschränkt bleibt, muß es auch

$$\sum n C_n z^{n-1}$$

sein, d. h. alle C_n außer C_1 müssen Null sein. Sonach ist bei dieser Spezialisierung

$$(3,17) \qquad\qquad f(z) = i b_0 \log z + C_1 z + \sum_1^\infty C_{-n} z^{-n}.$$

Beide Spezialisierungen zusammen, also *Strömung um einen Kreiszylinder, die im Unendlichen beschränkt bleibt, verlangen somit*

$$f(z) = \mathrm{i}b_0 \log z + C_1 z + \overline{C}_1 \frac{R^2}{z},$$

und das ist mit

$$C_1 = U\mathrm{e}^{-\mathrm{i}\alpha}, \quad \mathrm{i}b_0 = \frac{\Gamma}{2\pi\mathrm{i}}$$

unser altes Resultat aus Nr. 27, das so neu gewonnen ist. Da es ganze Funktionen $F(z)$ gibt, die sich von $C_1 z$ beliebig wenig unterscheiden bis auf einen beliebig schmalen Streifen um die positive Halbachse, hier allerdings erheblich, kann man Strömungen mit einer Art Totwasser hinter dem Kreiszylinder herstellen, was für eine Widerstandsberechnung von Bedeutung sein kann. Man vergleiche: Hamel, G.: Das Paradoxon von D'Alembert. ZAMM **15** (1935), S. 52.

30. Berechnung des Widerstandes. Es sei in einem ringförmigen Bereich um eine Kontur eine reguläre Strömung durch das komplexe Potential $f(z)$ gegeben. Sie sei stationär, so daß t nicht explizit vorkommt. Von der Schwere werde abgesehen. Dann gilt für den Druck (vgl. (3, 7))

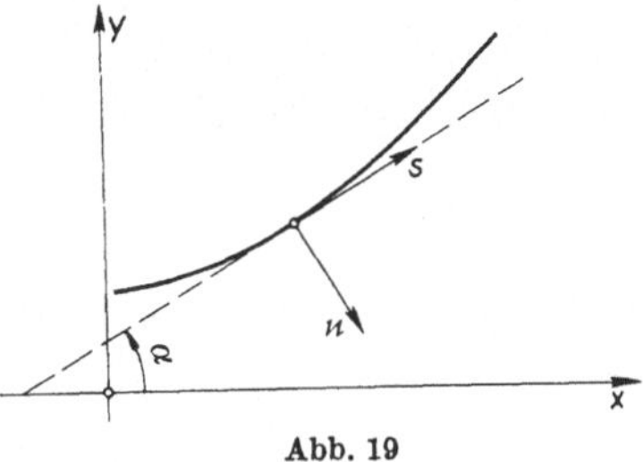

$$\frac{v^2}{2} + \frac{p}{\varrho} = C, \quad \text{d. h.} \quad p = \varrho\left(C - \frac{v^2}{2}\right).$$

Abb. 19

Die Kraftwirkung auf den umströmten geschlossenen Umriß ist

$$-\oint p\mathfrak{n}\,\mathrm{d}s,$$

also in der x-Richtung

$$X = -\oint p \cos(\mathfrak{n}, x)\,\mathrm{d}s,$$

in der y-Richtung

$$Y = -\oint p \cos(\mathfrak{n}, y)\,\mathrm{d}s.$$

Mit $\alpha = \sphericalangle(s, x) = \frac{\pi}{2} - \sphericalangle(\mathfrak{n}, x)$, $\sphericalangle(\mathfrak{n}, y) = \sphericalangle(s, -x) = \pi - \alpha$ (Abb. 19) ist

$$X = -\oint p \sin\alpha\,\mathrm{d}s = -\oint p\,\mathrm{d}y, \quad Y = \oint p \cos\alpha\,\mathrm{d}s = \oint p\,\mathrm{d}x$$

oder komplex zusammengefaßt

$$Y - \mathrm{i}X = \oint p\,\mathrm{d}z = \varrho\oint\left(C - \frac{v^2}{2}\right)\mathrm{d}z = -\frac{\varrho}{2}\oint v^2\,\mathrm{d}z = -\frac{\varrho}{2}\oint f'\overline{f'}\,\mathrm{d}z$$

oder

(3, 18) $$Y + \mathrm{i}X = -\frac{\varrho}{2}\oint f'\overline{f'}\,\mathrm{d}\bar{z} = -\frac{\varrho}{2}\oint f'\,\mathrm{d}\bar{f}.$$

Wenn nun der Umriß materiell, d. h. die Grenze eines Körpers ist, ist auf ihm $\psi = \text{const}$, also $\mathrm{d}\psi = 0$ und somit

$$\mathrm{d}\bar{f} = \mathrm{d}\varphi = \mathrm{d}f$$

und daher

(3, 18a) $$Y + \mathrm{i}X = -\frac{\varrho}{2}\oint f'^2\,\mathrm{d}z \qquad \text{(Blasius).}$$

Es gibt eine entsprechende Formel für das Moment.

$$M = \oint (x\,\mathrm{d}Y - y\,\mathrm{d}X) = \oint (xp\,\mathrm{d}x + yp\,\mathrm{d}y) = \tfrac{1}{2}\oint p\,\mathrm{d}(x^2 + y^2)$$

$$= -\frac{\varrho}{4}\oint f'\overline{f}'\,\mathrm{d}(z\bar{z}) = -\frac{\varrho}{4}\oint (f'\overline{f}'z\,\mathrm{d}\bar{z} + f'\overline{f}'\bar{z}\,\mathrm{d}z)$$

$$= -\frac{\varrho}{4}\oint (zf'\,\mathrm{d}\overline{f} + \bar{z}\overline{f}'\,\mathrm{d}f)\,,$$

somit

(3, 19)
$$M = -\frac{\varrho}{2}\,\Re\oint zf'\,\mathrm{d}\overline{f} = -\frac{\varrho}{2}\,\Re\oint z|f'|^2\,\mathrm{d}\bar{z}\,.$$

Ist insbesondere nach (3, 17)

$$f(z) = ib_0 \log z + C_1 z + \sum_1^\infty C_{-n} z^{-n}$$

(also: beliebige Gestalt des Körpers, jedoch $\lim\limits_{z\to\infty} f'(z) = C_1$)

(3, 20)
$$f'(z) = \frac{ib_0}{z} + C_1 - \sum n C_{-n} z^{-n-1}\,,$$

so besteht f'^2 aus lauter Potenzen von z, die i. a. ringsum integriert Null ergeben, bis auf

$$\oint \frac{\mathrm{d}z}{z} = 2\pi i\,.$$

Um $Y + iX$ zu berechnen, haben wir also in f'^2 nur die Glieder mit $\dfrac{1}{z}$ zu suchen; das ist aber allein $\dfrac{2ib_0}{z}C_1$. Daher ist nach (3, 18a)

(3, 21)
$$Y + iX = 2\pi\varrho b_0 C_1\,.$$

Ist C_1, wie wir annehmen können, positiv reell, so ist es auch $Y + iX$, also $X = 0$, $Y = 2\pi\varrho b_0 C_1$.

Darin ist das **D'Alembertsche Paradoxon** enthalten: *In der Strömungsrichtung (der x-Achse) gibt es keinen Widerstand, wohl aber senkrecht dazu eine Kraft Y, wenn eine Zirkulation vorhanden ist.* Beim Kreiszylinder war

$$b_0 = -\frac{\Gamma}{2\pi}\,,$$

also in diesem Fall, $\alpha = 0$ angenommen,

$$Y = -\varrho\,\Gamma U$$

ein **Auftrieb** bei negativer Zirkulation Γ. Darauf beruht die Möglichkeit des Schwebens eines Flugzeuges. Ebenso sind die charakteristischen Bewegungen eines Bumerangs oder eines „geschnittenen" Tennisballes in dieser Weise zu erklären. Auch **Flettners** „Rotorschiff" gehört hierher.

Das **Moment** berechnet sich analog. Da das Integral noch den Faktor z enthält, sind jetzt die Glieder mit $\dfrac{1}{z^2}$ zu nehmen. Sie sind

$$-\frac{b_0^2}{z^2} - \frac{2C_{-1}C_1}{z^2}\,.$$

Somit ist (man beachte, daß b_0^2 reell ist!)

$$M = \tfrac{1}{2}\varrho\,\Re\left[2\pi i(b_0^2 + 2C_{-1}C_1)\right] = -\,2\pi\varrho\,\Im(C_1 C_{-1})\,.$$

Ist $C_1 = U$ reell, so ist $M = -\,2\pi\varrho\,U\,\Im(C_{-1})$.

Ist jedoch $f(z)$ nicht von der speziellen Gestalt (3, 17), so ist die Anzahl der Glieder mit $\dfrac{1}{z}$ bzw. $\dfrac{1}{z^2}$ im allgemeinen unendlich, und es braucht kein Paradoxon zu geben. Ist z. B. beim Kreiszylinder

$$f'(z) = \frac{ib_0}{z} + \sum_1^\infty n\,C_n z^{n-1} - \sum_1^\infty n\,\overline{C}_{-n} z^{-n-1}\,,$$

so enthält $f'^2(z)$ an Gliedern mit $\dfrac{1}{z}$

$$2ib_0 C_1 + 4C_1 C_2 - \sum_2^\infty 2n(n-1)\,C_n\overline{C}_{n-1}\,.$$

Aufgabe: Man zeichne die Strömungen und berechne den Widerstand für $F(z) = C\,e^{cz}$ bei reellem c.

31. Widerstand einer bewegten Kugel in ruhender Flüssigkeit. Wir haben hier ein Beispiel für ein räumliches, nichtstationäres Problem.

Es sei (Abb. 20) $\xi,\,\eta,\,\zeta$ das ruhende Koordinatensystem, $x,\,y,\,z$ ein paralleles Koordinatensystem durch den Mittelpunkt 0 der Kugel; es sei

$$\xi = a(t) + x,\quad \eta = y,\quad \zeta = z\,.$$

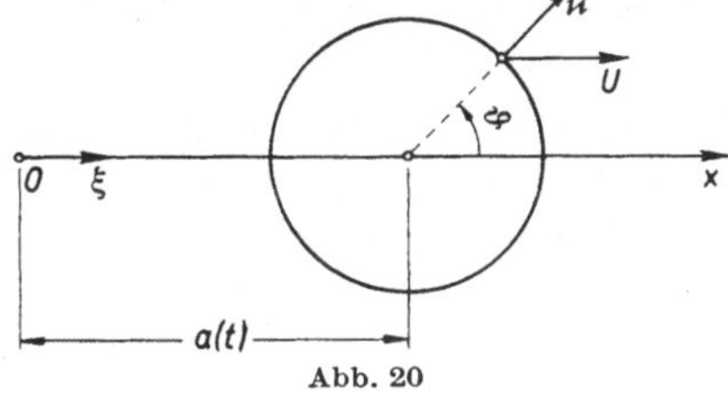

Abb. 20

$U = \dot a(t)$ ist die Geschwindigkeit der Kugel in Richtung der x-Achse. Die Geschwindigkeit der Flüssigkeit in bezug auf das ruhende System $\xi,\,\eta,\,\zeta$ sei $\mathfrak{v}$; im Unendlichen gehe $\mathfrak{v}\to 0$. Da bei $t = $ const $d\xi = dx$, $d\eta = dy$, $d\zeta = dz$ ist, ist

$$\operatorname{div}\mathfrak{v} = \frac{\partial v_x}{\partial\xi} + \frac{\partial v_y}{\partial\eta} + \frac{\partial v_z}{\partial\zeta} = \frac{\partial v_x}{\partial x} + \frac{\partial v_y}{\partial y} + \frac{\partial v_z}{\partial z} = 0$$

und ebenso

$$\operatorname{rot}\mathfrak{v} = 0$$

für $\xi,\,\eta,\,\zeta$ wie für $x,\,y,\,z$.

Die Annahme einer Potentialströmung führt also zu

$$\mathfrak{v} = \frac{d\varphi}{d\mathfrak{r}}\ \text{mit}\ \varDelta\varphi = \frac{d^2\varphi}{d\mathfrak{r}^2} = 0$$

in den Koordinaten $x,\,y,\,z$. Doch sei $\mathfrak{v}$ die absolute Geschwindigkeit, d. h. die Geschwindigkeit bezüglich $\xi,\,\eta,\,\zeta$. Außer $\mathfrak{v}\to 0$ für $\mathfrak{r}\to\infty$ haben wir dann an der Oberfläche der Kugel noch

$$\mathfrak{v}\mathfrak{n} = U\cos\vartheta = \dot a\cos\vartheta\,,$$

wo ϑ der Winkel von $\mathfrak{n}$ gegen die x-Achse ist. So wie wir nun in der Ebene für $\varDelta\varphi = 0$ als sogenannte Grundlösung $\log r$ und weiterhin $r^n(a_n\cos n\vartheta + b_n\sin n\vartheta)$

haben, so haben wir im Raum $\frac{1}{r}$ als Grundlösung und seine sämtlichen Ableitungen nach x, y, z. Sie sind homogene Funktionen von r von einem gewissen Grad $- n$.

Die durch Multiplikation mit r^n entstehenden Funktionen der sog. Polarwinkel ϑ und χ sind die Kugelfunktionen[1]). Man könnte dementsprechend einen allgemeinen Ansatz machen, wie in der vorigen Nummer für die Ebene. Es zeigt sich aber, daß wir mit dem einen Glied

$$\varphi = q \frac{\partial}{\partial x} \frac{1}{r} = - q \frac{x}{r^3} = - q \frac{\cos \vartheta}{r^2}$$

auskommen. Zunächst wird schon φ im Unendlichen von zweiter Ordnung klein, die Geschwindigkeit geht also in der dritten Ordnung gegen Null. Ferner ist auf der Kugeloberfläche

$$\mathfrak{v}\mathfrak{n} = \frac{\partial \varphi}{\partial n} = \frac{\partial \varphi}{\partial r} = 2q \frac{\cos \vartheta}{r^3}.$$

Für $r = R$ soll dies gleich $U \cos \vartheta$ sein, also brauchen wir nur

$$q = \tfrac{1}{2} U R^3$$

zu wählen und erhalten die **gesuchte Lösung** durch

$$\varphi = - \frac{U R^3}{2} \frac{x}{r^3} = - \frac{U R^3}{2} \frac{\cos \vartheta}{r^2}.$$

Die tangentiale Geschwindigkeit an der Kugel ist

$$\left(\frac{1}{r} \frac{\partial \varphi}{\partial \vartheta} \right)_{r=R} = \tfrac{1}{2} U \sin \vartheta.$$

$\vartheta = 0$ und $\vartheta = \pi$ sind Staupunkte.

Somit gilt für die absolute Geschwindigkeit $\mathfrak{v}_0$ an der Kugeloberfläche

$$\mathfrak{v}_0^2 = U^2 (\tfrac{1}{4} \sin^2 \vartheta + \cos^2 \vartheta) = \frac{U^2}{4} (1 + 3 \cos^2 \vartheta).$$

Unter Beachtung von

$$r = \sqrt{x^2 + y^2 + z^2}$$

und

$$\frac{\partial}{\partial t} x = \frac{\partial}{\partial t} (\xi - a) = - \dot{a} = - U$$

erhält man ferner

$$\frac{\partial \varphi}{\partial t} = - \frac{\dot{U}}{2} R^3 \frac{x}{r^3} + \frac{U^2}{2} R^3 \left(\frac{1}{r^3} - \frac{3 x^2}{r^5} \right).$$

An der Kugeloberfläche ist das $- \dfrac{\dot{U}}{2} R \cos \vartheta + \dfrac{U^2}{2} (1 - 3 \cos^2 \vartheta)$.

Jetzt können wir den Druck an der Kugeloberfläche berechnen. Wenn wir auch hier von der Schwere absehen, ist gemäß

$$\frac{\partial \varphi}{\partial t} + \tfrac{1}{2} v^2 + \frac{p}{\varrho} = C(t) \qquad\qquad \text{(s. Nr. 22)}$$

$$p = \varrho \left[C - \frac{\partial \varphi}{\partial t} - \tfrac{1}{2} v^2 \right].$$

---

[1]) S. etwa Rothe-Szabó: Höhere Mathematik. Teil VI. Stuttgart 1953. § 8.

Die Kraftwirkung auf die Kugel fällt natürlich aus Symmetriegründen ganz in die x-Achse und ist

$$-\oint p\,\cos\vartheta\,\mathrm dF = -\varrho\oint\left(C-\frac{\partial\varphi}{\partial t}-\frac{v^2}{2}\right)\cos\vartheta\,\mathrm dF.$$

Darin sind die Werte für v_0^2 und $\dfrac{\partial\varphi}{\partial t}$ an der Kugeloberfläche einzusetzen. Da $\oint\cos\vartheta\,\mathrm dF$ und $\oint\cos^3\vartheta\,\mathrm dF$ aus Symmetriegründen Null sind, bleibt nur

$$-\frac{\dot U R}{2}\varrho\oint\cos^2\vartheta\,\mathrm dF = -\frac{\varrho}{2}\dot U R^3\,2\pi\int_0^{\pi}\cos^2\vartheta\,\sin\vartheta\,\mathrm d\vartheta = -\tfrac{2}{3}\pi\varrho R^3\dot U.$$

Also gibt es bei $\dot U = 0$ keinen Widerstand (D'Alembertsches Paradoxon); nur die Beschleunigung $\dot U$ gibt einen Widerstand, der als eine Erhöhung der Masse der Kugel um $\tfrac{2}{3}\pi\varrho R^c$, also um die Hälfte der verdrängten Flüssigkeitsmasse, gedeutet werden kann.

Da im Unendlichen $\dfrac{\partial\varphi}{\partial t}$ und v^2 Null sind, kann $C(t)=\dfrac{1}{\varrho}p_\infty$ gesetzt werden, also

$$p = p_\infty - \varrho\frac{\partial\varphi}{\partial t} - \tfrac{1}{2}\varrho v^2.$$

An der Kugeloberfläche ist das

$$p_0 = p_\infty + \frac{\varrho}{2}\dot U R\cos\vartheta - \tfrac{1}{8}\varrho U^2(5-9\cos^2\vartheta).$$

Also besteht bei $\cos\vartheta = 0$ ein Unterdruck. Ist $\dot U = 0$, so ist der Überdruck Null bei $\cos^2\vartheta = \tfrac{5}{9}$.
Bei $\vartheta = 0$ ist

$$p_0 = p_\infty + \frac{\varrho}{2}\dot U R + \tfrac{1}{2}\varrho U^2,$$

bei $\vartheta = \pi$

$$p_0 = p_\infty - \frac{\varrho}{2}\dot U R + \tfrac{1}{2}\varrho U^2.$$

Bei einem anderen Körper von Rotationssymmetrie um die x-Achse, die zugleich Bewegungsrichtung sei, wäre anzusetzen

$$\varphi = \frac{C_0}{r} + C_1\frac{\partial}{\partial x}\frac{1}{r} + C_2\frac{\partial^2}{\partial x^2}\frac{1}{r} + \cdots + C_n\frac{\partial^n}{\partial x^n}\frac{1}{r} + \cdots.$$

§4. Ebene Potentialströmungen mit freien Oberflächen

32. Das Ausflußproblem. Wir betrachten das Ausfließen aus einem Halbraum durch einen Schlitz in einen leeren Raum unter Überdruck (Abb. 21).

Es bleibt bei den Voraussetzungen der Reibungsfreiheit, der Inkompressibilität, der Homogenität und der Wirbelfreiheit. Auch sei in dieser Nummer die Bewegung stationär

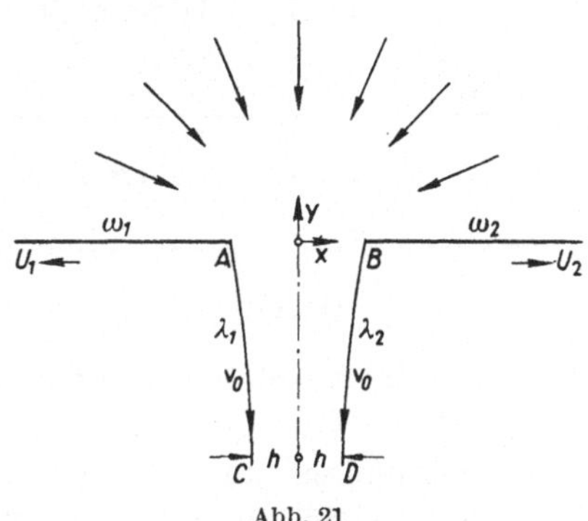

Abb. 21

angenommen, die Schwere ausgeschlossen, das Problem eben, der Schlitz also unendlich lang.

Im oberen Halbraum sei im Unendlichen $p = p_i$, $\mathfrak{v} = 0$; im unteren Halbraum außerhalb des Strahles und an seiner Oberfläche $p = p_a$; $p_i > p_a$. Nach der Bernoullischen Gleichung (1, 13) gilt dann allgemein in der Flüssigkeit

$$\frac{v^2}{2} + \frac{p}{\varrho} = \frac{p_i}{\varrho},$$

also am Rand des Strahles

$$\frac{v_0^2}{2} = \frac{p_i - p_a}{\varrho} \quad \text{oder} \quad v_0 = \sqrt{2\,\frac{p_i - p_a}{\varrho}}.$$

Damit haben wir eine Randbedingung gewonnen, wobei uns jedoch der Rand selbst noch unbekannt ist. Der Strahl möge für $y \to -\infty$ die Breite $2h$ besitzen, die aber ebenfalls unbekannt ist. Über diese Breite sei die Geschwindigkeit v entsprechend dem Druck $p = p_a$ gleich v_0; das ist eine weitere Randbedingung.

Die Ausflußmenge ist demnach

$$Q = 2h v_0 = 2h \sqrt{2\,\frac{p_i - p_a}{\varrho}}.$$

Sicher wird nun $2h$ kleiner sein als die Breite $2a$ des Schlitzes, d. h. $h = ka$ mit $k < 1$; k heißt der Kontraktionskoeffizient. Ihn gilt es zu bestimmen. Man kann dann die Ausflußmenge auch

$$Q = 2ak \sqrt{2\,\frac{p_i - p_a}{\varrho}}$$

schreiben. Nun sei das komplexe Potential (s. (3, 10))

$$f(z) = \varphi + i\psi, \quad f'(z) = v_x - i v_y$$

Darüber wissen wir folgendes:
Am Rand des Strahles ist die Geschwindigkeit

$$\frac{\partial \varphi}{\partial s} = v_0,$$

wobei s die Bogenlänge ist. Da der Strahl ins Unendliche geht, muß auch $\varphi \to \infty$ gehen. Wir können nun annehmen, daß an der Stelle A $\varphi = 0$ ist; aus Symmetrie gilt dasselbe in B. Ferner soll im oberen Halbraum $v \to 0$ gehen; im Durchschnitt wird v die Größenordnung $\dfrac{Q}{\pi r}$ haben, wobei r der Abstand vom Nullpunkt ist. Wir nehmen nun an, daß dort überall $\dfrac{\partial \varphi}{\partial r}$ klein wird wie $\dfrac{1}{r}$, so daß φ logarithmisch

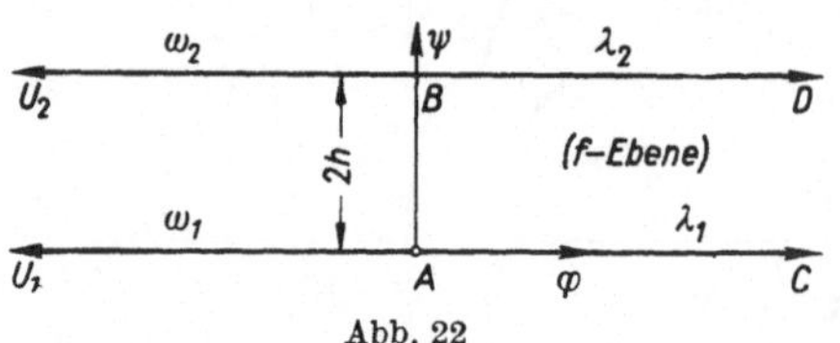

Abb. 22

gegen $-\infty$ geht. Uns genügt die Annahme, daß es im oberen Halbraum überall gegen $-\infty$ gehe. Das ist ein weiterer Randwert (Bemerkung: Man sollte einmal nachprüfen, ob noch andere Annahmen möglich sind).

Für die Stromfunktion ψ können wir annehmen, daß sie auf dem linken Rand (ω_1 und λ_1) den Wert Null hat. Dann hat sie auf dem rechten Rand den Wert $Q = 2h v_0$ (s. Nr. 24).

Wir sparen nun ein wenig an Schreibarbeit bzw. gewinnen an Übersichtlichkeit, wenn wir $v_0 = 1$ setzen, oder, was auf dasselbe hinauskommt, wenn wir f durch v_0

dividieren. In einer f-Ebene (Abb. 22) ist dann das Gebiet, das der Strömung entspricht, ein Parallelstreifen der Breite $2h$, da $-\infty < \varphi < +\infty$, $0 \leq \psi \leq 2h$. Die entsprechenden Punkte der Abbildungen 21 und 22 sind gleich bezeichnet.

Abb. 23 stelle schließlich noch das der Strömung entsprechende Bild in der Hodographenebene dar, die zu $f' = v_x - iv_y$ gehört. Da v_y sicher negativ ist, wird das Hodographenbild in der oberen Halbebene liegen. Von U_1 bis A ist $v_y = 0$, v_x wächst von Null bis auf 1. Dann dreht sich der Strahl nach unten, f' also nach oben, und da $v = |f'| = 1$ ist, liegt das Bild von λ_1 auf einem Viertelkreis von 1 bis i. Das Bild von ω_2 und λ_2 schließt analog an.

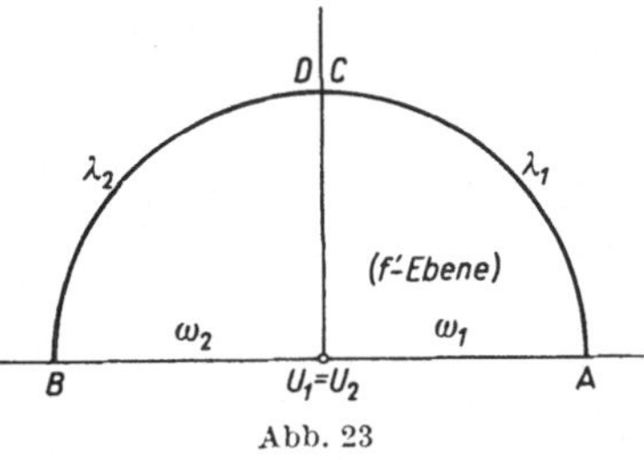

Abb. 23

Ebenso wie $f(z)$ ist auch $f'(z)$ analytisch. Dann ist auch f' eine analytische Funktion $f' = F(f)$ von f. Ist sie gefunden, also

$$\frac{df}{dz} = f' = F(f),$$

so hat man durch Integration dieser Differentialgleichung auch $f(z)$. Es wird

$$z = \int \frac{df}{F(f)}.$$

Also handelt es sich jetzt um die konforme Abbildung des Parallelstreifens der f-Ebene auf das Innere des Halbkreises der f'-Ebene. Diese Aufgabe können wir aber durch zwei kleine Schritte auf eine uns wohlbekannte Aufgabe zurückführen.

a) Durch

$$\zeta = e^{-\frac{\pi}{2h}f} = e^{-\frac{\pi}{2h}\varphi}\left(\cos\frac{\pi\psi}{2h} - i\sin\frac{\pi\psi}{2h}\right)$$

bilden wir den Streifen der f-Ebene auf die untere Halbebene einer ζ-Ebene ab, wie dies

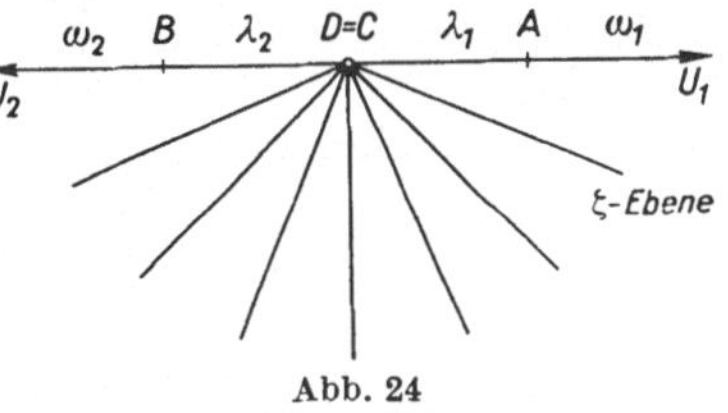

Abb. 24

Abb. 24 andeutet. Denn der Absolutwert $e^{-\frac{\pi\varphi}{2h}}$ läuft von Null (für $\varphi \to \infty$) nach ∞ (für $\varphi \to -\infty$); der Winkel von 0 (für $\psi = 0$) bis $-\pi$ (für $\psi = 2h$).

b) Nun spiegelt man (nach dem Spiegelungsprinzip von H. A. Schwarz) sowohl in der f'-Ebene wie in der ζ-Ebene längs BUA, d. h. man ergänzt durch die Umklappungen um BUA. In der f'-Ebene entsteht dann ein Vollkreis vom Radius 1, in der ζ-Ebene die von -1 bis $+1$ geschlitzte Vollebene. Nach den Ausführungen in Nr. 26 können diese aufeinander abgebildet werden durch

$$2\zeta = f' + \frac{1}{f'} \quad \text{oder} \quad f' = \zeta - \sqrt{\zeta^2 - 1}.$$

Daher ist

$$z = \int \frac{df}{\zeta - \sqrt{\zeta^2 - 1}} = \int \frac{df}{e^{-\frac{\pi}{2h}f} - \sqrt{e^{-\frac{\pi}{h}f} - 1}}$$

oder, wenn wir bei der Veränderlichen ζ bleiben und

$$f = -\frac{2h}{\pi}\log\zeta, \quad \mathrm{d}f = -\frac{2h}{\pi}\frac{\mathrm{d}\zeta}{\zeta}$$

setzen,

$$z = -\frac{2h}{\pi}\int\frac{\mathrm{d}\zeta}{\zeta\left(\zeta - \sqrt{\zeta^2 - 1}\right)}.$$

Man kann dieses Integral elementar ausrechnen, etwa indem man es durch die Substitution

$$\zeta = \tfrac{1}{2}\left(u + \frac{1}{u}\right)$$

rational macht. Die Ausführung sei dem Leser als Aufgabe überlassen. Wir brauchen das allgemeine Ergebnis nicht; uns genügt die Berechnung der Grenze λ_1, d. h. der linke Strahlrand. Für ihn ist $\psi = 0$, $\dfrac{\mathrm{d}\varphi}{\mathrm{d}s} = 1$, also $\varphi = s$, $f = \varphi + i\psi = s$. Somit ist dort

$$\zeta = \mathrm{e}^{-\frac{\pi}{2h}s}, \quad f' = v_x - iv_y = \mathrm{e}^{-\frac{\pi}{2h}s} + i\sqrt{1 - \mathrm{e}^{-\frac{\pi}{h}s}}.$$

Das Zeichen ist richtig gewählt, da für $s \to \infty$, $v_y \to -1$ gehen muß.

Da $\dfrac{\mathrm{d}s}{\mathrm{d}t} = 1$, ist $\dfrac{\mathrm{d}x}{\mathrm{d}s} = v_x = \mathrm{e}^{-\frac{\pi}{2h}s}$, $\dfrac{\mathrm{d}y}{\mathrm{d}s} = v_y = -\sqrt{1 - \mathrm{e}^{-\frac{\pi}{h}s}}$.

Daher

$$(4, 1) \qquad x = -a + \int_0^s \mathrm{e}^{-\frac{\pi}{2h}s}\,\mathrm{d}s = -a + \frac{2h}{\pi}\left(1 - \mathrm{e}^{-\frac{\pi}{2h}s}\right) \to -a + \frac{2h}{\pi}$$

für $s \to \infty$. Andererseits sollte $\lim x = -h$ sein. Also ist die Kontraktion

$$\frac{2h}{2a} = \frac{2h}{\dfrac{4h}{\pi} + 2h} = \frac{\pi}{\pi + 2} \approx 0{,}61.$$

Oder es ist die Ausflußmenge $Q = \dfrac{\pi}{\pi + 2}\,2av_0$.

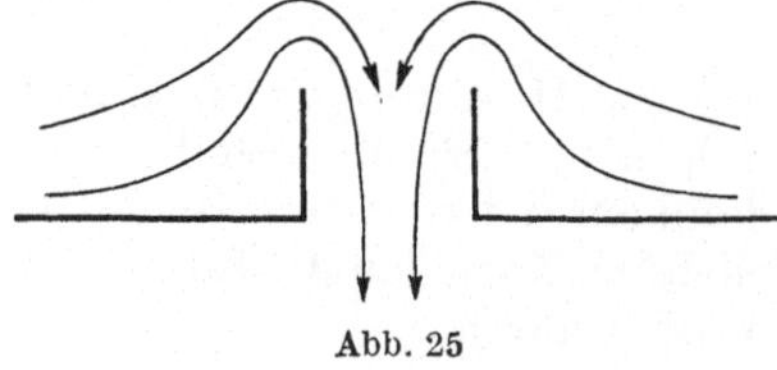

Abb. 25

Das Ergebnis verdankt man Kirchhoff. An diese Untersuchung hat sich eine umfangreiche Literatur angeschlossen. Zunächst konnte man kompliziertere, aber streckenweise geradlinig begrenzte Gebiete behandeln. So fand Fritz Kötter für den in Abb. 25 dargestellten Fall den Kontraktionskoeffizienten $\tfrac{1}{2}$. Dann aber gelang Levi-Civita und U. Cisotti[1]) die Ausdehnung auf den allgemeinen Fall, worüber wir unten noch etwas sagen wollen. Über diese Untersuchungen und verwandte, die zur nächsten Nummer gehören, gibt es einen Bericht von G. Jaffé[2]).

---

[1]) Rendiconti del Circulo matematico, Palermo **23** (1907), S. 1 und **25** (1908), S. 145.
[2]) Jaffé, G.: Unstetige und mehrdeutige Lösungen der hydrodynamischen Gleichungen. ZAMM **1** (1921), S. 398.

33. Fortsetzung. Den räumlichen Fall bei kreisrundem Loch behandelt E. Trefftz[1]) in einer Straßburger Dissertation. Über die merkwürdige Erscheinung, daß in diesem Fall der rotationssymmetrische Strahl instabil wird, hat H. Reissner Untersuchungen angestellt, die er im Seminar für Mechanik an der T. U. Berlin vorgetragen hat.

Wenn die Flüssigkeit nicht durch Überdruck, sondern durch die Schwere ausgetrieben wird, kann man folgende Überlegung anstellen. Bei $p_i = p_a$ lautet die Bernoullische Gleichung

$$\frac{v^2}{2g} + y = h^*,$$

wenn das Gefäß bis zur Höhe h^* gefüllt ist und so groß ist, daß dort $v = 0$ gesetzt werden darf. Also ist am Strahlrand

$$v = \sqrt{2g(h^* - y)}.$$

Speziell hat man für $y = 0$ den Wert $v = \sqrt{2gh^*}$. Und nun kann man die Menge als

$$Q = 2ak\sqrt{2gh^*}$$

ansetzen. Man wird nun angenähert dasselbe k wie oben annehmen dürfen. Zur Begründung kann man folgendes anführen:

a) Die Erfahrung zeigt, daß der errechnete Wert von k sehr gut stimmt und weitgehend unabhängig ist von der Gestalt der Öffnung. In der Hydraulik gibt es darüber umfangreiche Untersuchungen. Nur muß man infolge der Flüssigkeitsreibung mit einer Herabsetzung auf rund 0,6 rechnen.

b) Theoretisch kann man ausführen, daß der Bereich, in dem sich die Kontraktion ausbildet, sehr kurz ist; denn das Ergebnis (4, 1) zeigt, daß das letzte Glied exponentiell von $\dfrac{2h}{\pi}$ auf Null abnimmt, also sehr schnell, wenn $\dfrac{\pi}{2h}$ groß genug ist. Auf einer Strecke der Länge $s = \dfrac{2h}{\pi}$ verkleinert sich $e^{-\frac{\pi}{2h}s}$ im Verhältnis $\dfrac{1}{e}$. In dieser kleinen Strecke ändert sich aber $v = \sqrt{2g(h^* - y)}$ nur wenig, kann also ohne zu großen Fehler konstant gesetzt werden, so daß die Kirchhoffsche Theorie mit guter Näherung gilt. Weiterhin ist dann aber der Strahl angenähert gleichförmig über den Querschnitt, so daß die Stromfadentheorie angewandt werden kann. Oder: es gilt angenähert über den ganzen Querschnitt

$$v = \sqrt{2g(h^* - y)}.$$

Dann ist bei kreisförmigem Strahl vom Radius r

$$a^2\pi k\sqrt{2gh^*} = Q = r^2\pi\sqrt{2g(h^* - y)}$$

(a ist jetzt der Radius der kreisförmigen Öffnung), d. h.

$$r^4 = \frac{Q^2}{2g\pi^2}\frac{1}{h^* - y} \to 0 \quad \text{für} \quad y \to -\infty.$$

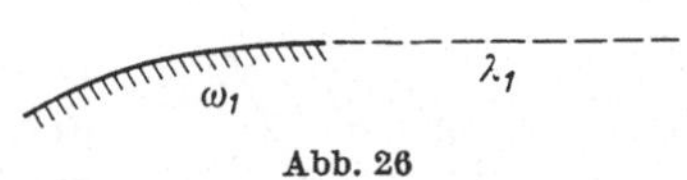

Abb. 26

Der Strahl wird somit immer dünner, sich allerdings wegen der Kapillarität in Tropfen auflösen[2]). Wir gehen noch darauf ein, wie man nach Levi-Civita im allgemeinen Fall vorgehen kann (wir nehmen Symmetrie an) (Abb. 26).

Man hat zunächst in der f-Ebene wieder das Bild der Abb. 22, wobei man noch durch eine Ähnlichkeitstransformation die Breite auf π bringt und so verschiebt, daß

$$-\frac{\pi}{2} \le \psi \le \frac{\pi}{2}.$$

Diesen Streifen bildet man nun durch

$$\zeta = -i\,e^f = \tfrac{1}{2}\left(w + \frac{1}{w}\right)$$

---

[1]) Z. Math. und Phys. **64** (1916), S. 34.
[2]) Eine strenge Lösung bei Richardson, Phil. mag. **40** (1920), S. 97 und ZAMM **1** (1921), S. 407.

auf den Halbkreis ab, wie die Bilder 27a und b andeuten. Die Ausführung kann wohl dem Leser überlassen bleiben.

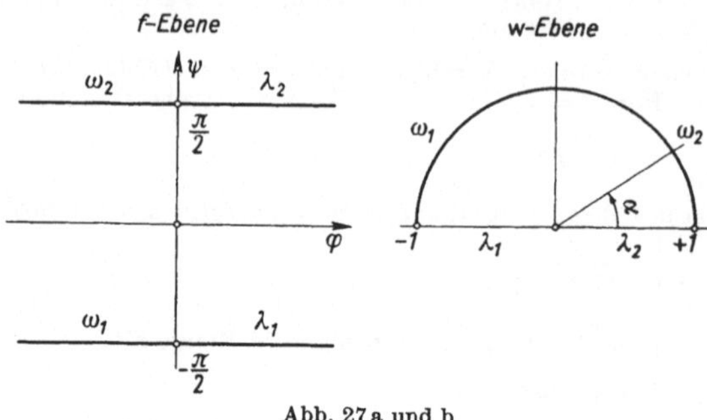

Abb. 27a und b

Nun setzen wir nach Levi-Civita und Weinig, der den Weg unabhängig gefunden hat,

$$f' = e^{-i(\vartheta + i\tau)} = e^{\tau - i\vartheta} = v_x - iv_y,$$

d. h.

$$|v| = |f'| = e^{\tau} \quad \text{oder} \quad \tau = \log|v|,$$

$$v_x = e^{\tau}\cos\vartheta, \quad v_y = e^{\tau}\sin\vartheta,$$

also $\operatorname{tg}\vartheta = \dfrac{v_y}{v_x}$, so daß ϑ die Richtung der Geschwindigkeit angibt. e^{τ} *und ϑ sind mithin die Polarkoordinaten in der Hodographenebene.*

Auf λ_1 und λ_2 ist die Geschwindigkeit 1 (bei geeignetem Maßstab), also $|f'| = 1, \tau = 0$. $\vartheta + i\tau$ *ist somit reell auf der reellen Achse der w-Ebene, d. h.* an λ_1 und λ_2. Dann kann $\vartheta + i\tau$ als Funktion von w aber nach Schwarz durch Spiegelung an der reellen Achse der w-Ebene zu einer im Einheitskreis der w-Ebene regulären Funktion ergänzt werden und gestattet somit eine für $|w| < 1$ konvergente Entwicklung mit reellen Koeffizienten

$$\vartheta + i\tau = \sum_0^\infty c_r w^r.$$

Nun wären die c_r nach den besonderen Bedingungen des Problems zu bestimmen. Man kann aber auch die Reihe vorgeben und danach das passende Problem suchen. Oder aber, man kann die Singularitäten auf dem Rand $|w| = 1$ vorschreiben und daraus das Weitere berechnen. Diesen Weg ist Cisotti gegangen. Ist so irgendwie $\vartheta + i\tau = \varphi(w)$ festgelegt, so hat man mit $f' = e^{-i\varphi(w)}$, $\dfrac{df}{ef} = -\dfrac{1}{2}\left(w + \dfrac{1}{w}\right)$ nach Elimination von w eine Differentialgleichung für f.

Wegen der Einzelheiten verweisen wir auf die Originalliteratur. Auf die Methode kommen wir in der nächsten Nummer zurück.

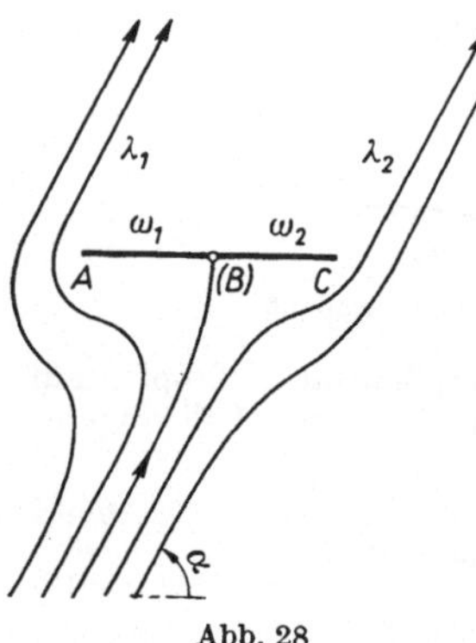

Abb. 28

34. Stationäre Strömung um die ebene Platte nach Rayleigh. Wir kommen noch einmal auf dieses, in Nr. 27 behandelte Problem zurück. Wir wissen, daß auch die Idee Joukowskis das Unendlichwerden der Geschwindigkeit an einem Ende nicht verhindern kann und daß dort deshalb p gegen $-\infty$ gehen muß. Also wird sich die Flüssigkeit wenigstens an einem Ende von der Platte ablösen müssen. Das wird dann auch am anderen Ende geschehen müssen, da jetzt eine Zirkulation nicht mehr möglich ist. Wir behandeln deshalb die in Abb. 28 dargestellte, ebene stationäre Strömung um eine Platte, die sich an den Enden ablöst. Auch hier sei im Unendlichen überall $p = p_\infty$ und $v_x - iv_y = U e^{-i\alpha}$ mit Ausnahme eines Totwassers hinter der Platte, das ins Unendliche reicht und in dem überall $p = p_\infty$, aber $v = 0$ sei. Von der Schwere werde auch hier abgesehen. Dann lautet die Bernoullische Gleichung

$$(4,2) \qquad \frac{v^2}{2} + \frac{p}{\varrho} = \frac{U^2}{2} + \frac{p_\infty}{\varrho}.$$

An den Rändern λ_1 und λ_2 ist deshalb $v = U$; wir setzen es gleich 1. Es wird einen Staupunkt B geben. Er sei der Anfangspunkt 0 eines x, y-Koordinatensystems in der z-Ebene. Ferner können wir in dem Punkt 0 (B) $f = 0$ annehmen. Da die ganze z-Ebene mit Ausnahme des Totwassers von strömender Flüssigkeit erfüllt sein soll, muß ψ von $-\infty$ bis $+\infty$ reichen, ebenso φ. Die f-Ebene wird deshalb ganz besetzt sein, doch geschlitzt, da sich in 0 die Stromlinie $\psi = 0$ teilt (Abb. 29).

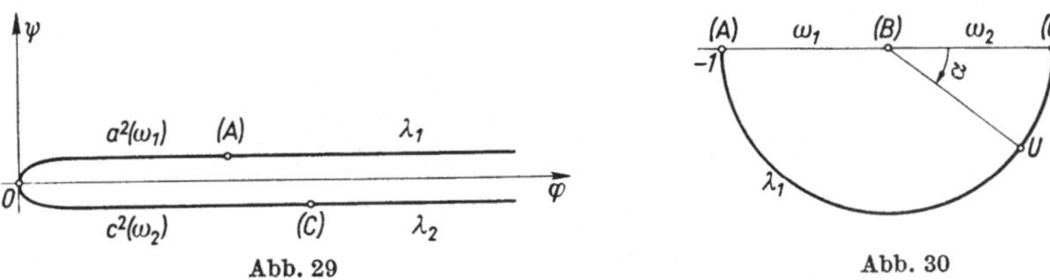

Abb. 29　　　　　　　　　　　　　　　Abb. 30

A und C werden auf der positiv reellen Halbachse nach den noch nicht bekannten Punkten a^2 bzw. c^2 kommen. In der Hodographenebene für $f' = v_x - i v_y$ ergibt sich als Bild ein Halbkreis, der wegen $v_y \geq 0$ nach unten geht. Im Unendlichen ist $f' = e^{-i\alpha}$ (Abb. 30). Wir wollen die f'-Ebene auf die f-Ebene abbilden. Das geschieht in folgenden Schritten:

1. Durch $\sqrt{f}$ bilden wir die f-Ebene auf die obere Halbebene ab, wenn $\sqrt{f} > 0$ auf dem oberen Schlitzrand ω_1, λ_1 angenommen wird.

2. Wir spiegeln an den einander entsprechenden Strecken ABC in der f'-Ebene und in der $\sqrt{f}$-Ebene. So ergibt sich in der f'-Ebene ein Vollkreis, in der $\sqrt{f}$-Ebene die von (A) und (C) nach außen geschlitzte Vollebene (Abb. 31).

3. Dann bringen wir durch die lineare gebrochene Transformation

$$\zeta = \frac{c - a}{2\sqrt{f} - a - c}$$

C nach $+1$, A nach -1 und das Unendliche nach 0. Das Bild der ζ-Ebene ist dann die von -1 über 0 nach $+1$ geschlitzte Vollebene; dabei kommt B, d. h. $\sqrt{f} = 0$ nach $\zeta_B = \dfrac{a-c}{a+c}$ (Abb. 32).

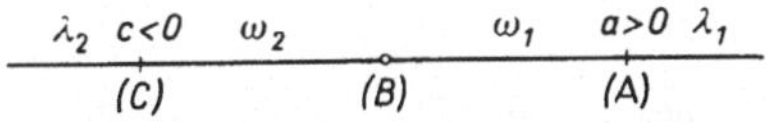

Abb. 31 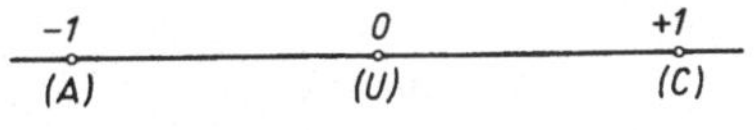　　　　　　　　　　　　　　　Abb. 32

4. Ferner transformieren wir die f'-Ebene so in eine w-Ebene, daß ± 1 Festpunkte sind und $e^{-i\alpha}$ nach i kommt. Das wird mit $p = \operatorname{tg}\dfrac{\alpha}{2}$ erreicht durch

$$\frac{w-1}{w+1} = -i\,\frac{f'-1}{f'+1}\,\frac{e^{i\alpha}+1}{e^{i\alpha}-1} = -\frac{1}{p}\,\frac{f'-1}{f'+1}$$

oder

$$w = \frac{1 + p + f'(p-1)}{(1+p)f' + p - 1}.$$

Da die Reihenfolge der Punkte A, C, U vertauscht ist, bekommen wir das Äußere des Einheitskreises, was auch daraus ersichtlich ist, daß $f' = 0$ den Punkt $w_0 = \dfrac{p+1}{p-1}$ liefert, der absolut > 1 ist.

Die Beziehung zwischen der w-Ebene und der ζ-Ebene ist also wieder die Abbildung des Äußeren des Einheitskreises auf die geschlitzte Ebene, die durch

$$\zeta = \tfrac{1}{2}\left(w + \frac{1}{w}\right)$$

bewirkt wird, oder, in f und f' ausgedrückt,

$$\frac{c-a}{2\sqrt{f-a-c}} = \frac{1}{2}\left[\frac{1+p+f'(p-1)}{(1+p)f'+(p-1)} + \frac{(1+p)f'+(p-1)}{(1+p)+f'(p-1)}\right] = \frac{p^2(1+f')^2 + (1-f')^2}{p^2(1+f')^2 - (1-f')^2}.$$

Nun muß noch nach den Annahmen zu Beginn dieser Nummer aus $f = 0$, d. h. in B, $f' = 0$ werden. Das gibt die Gleichung

$$\frac{c-a}{-a-c} = \frac{p^2+1}{p^2-1} \quad \text{oder} \quad c = -\frac{a}{p^2}.$$

Setzt man das in die letzte Gleichung ein und löst nach f auf, so ergibt sich

$$f = 16a^2 f'^2 \frac{\cos^4 \dfrac{\alpha}{2}}{(1 - 2f'\cos\alpha + f'^2)^2}.$$

Da f rational durch f' ausgedrückt werden kann, nicht aber f' rational durch f, nehmen wir am besten $f' = u$ als Parameter. Dann ist also zunächst f als Funktion des Parameters bekannt und z findet sich dann so:

Ist allgemein $f = F(f') = F(u)$, so ist $\mathrm{d}z = \dfrac{\mathrm{d}f}{f'} = \dfrac{F'(u)}{u}\,\mathrm{d}u$, also

$$z = \int \frac{F'(u)}{u}\,\mathrm{d}u.$$

Im vorliegenden Fall gibt das nach elementarer Rechnung

$$z = 32a^2 \cos^4 \frac{\alpha}{2} \int\limits_0^{f'} \frac{1-u^2}{(1-2u\cos\alpha + u^2)^3}\,\mathrm{d}u.$$

Als untere Grenze des Integrals ist 0 zu nehmen, da wir den Nullpunkt der z-Ebene in den Staupunkt gelegt haben. Speziell ist für den Punkt C

$$z_C = 32a^2 \cos^4 \frac{\alpha}{2} \int\limits_0^1 \frac{1-u^2}{(1-2u\cos\alpha + u^2)^3}\,\mathrm{d}u$$

und für A

$$z_A = 32a^2 \cos^4 \frac{\alpha}{2} \int\limits_0^{-1} \frac{1-u^2}{(1-2u\cos\alpha + u^2)^3}\,\mathrm{d}u.$$

Daher gibt es zur Bestimmung des noch unbekannten a die Gleichung

$$l = z_C - z_A = 32a^2 \cos^4 \frac{\alpha}{2} \int\limits_{-1}^{+1} \frac{1-u^2}{(1-2u\cos\alpha + u^2)^3}\,\mathrm{d}u,$$

wobei l die Breite der Platte ist.

Die sämtlichen bei dieser Aufgabe vorkommenden Integrationen sind elementar ausführbar; doch bleibe diese Rechnung dem Leser überlassen[1]). Für das Integral erhält man

$$\frac{1}{8\sin^4\alpha}\left[1+\frac{\pi}{4}\sin\alpha\right].$$

Hieraus ergibt sich

$$a^2=l\,\frac{\sin^4\frac{\alpha}{2}}{1+\frac{\pi}{4}\sin\alpha},\quad c^2=l\,\frac{\cos^4\frac{\alpha}{2}}{1+\frac{\pi}{4}\sin\alpha}.$$

35. Fortsetzung. Nun können auch die Kraft K auf die Platte und das Moment und mithin auch der Angriffspunkt von K errechnet werden. Es ist

$$K=\int_{z_A}^{z_C}(p-p_\infty)\,\mathrm{d}z=\frac{\varrho}{2}\int_{z_A}^{z_C}(U^2-v^2)\,\mathrm{d}z=\frac{\varrho}{2}\,lU^2-\frac{\varrho}{2}\int_{z_A}^{z_C}f'^2\mathrm{d}z.$$

(Es ist hier $v^2=f'^2$, da an der Platte f' reell ist.)

$$K=\tfrac{1}{2}\varrho U^2\left\{l-32\,a^2\cos^4\frac{\alpha}{2}\int_{-1}^{+1}\frac{u^2-u^4}{(1-2u\cos\alpha+u^2)^3}\,\mathrm{d}u\right\}=\varrho lU^2\,\frac{\pi\sin\alpha}{4+\pi\sin\alpha}.$$

Das Moment in bezug auf 0 ist

$$M=\int_{z_A}^{z_C}z(p-p_\infty)\,\mathrm{d}z=\tfrac{1}{2}\varrho U^2\left\{\tfrac{1}{2}(z_C-z_A)^2-\int_{z_A}^{z_C}zf'^2\,\mathrm{d}z\right\}.$$

Die Ausrechnung gibt als Abstand des Angriffspunkts der Kraft vom linken Ende A (Abb. 28)

$$s=\frac{l}{2}\left(1-\tfrac{3}{4}\frac{\cos\alpha}{4+\pi\sin\alpha}\right).$$

Es gibt also jetzt einen Widerstand. Es ist eben nicht überall im Unendlichen $v_x-iv_y=U\mathrm{e}^{-i\alpha}$, daher tritt kein D'Alembertsches Paradoxon mehr auf. Das Ergebnis stimmt mit der Newtonschen Widerstandsformel und mit der Faustformel überein, daß K dem Quadrat der Geschwindigkeit, der Dichte und der Fläche $l\cdot1$ proportional ist. Doch weicht es von Newton insofern ab, daß statt $\sin^2\alpha$ ein wesentlich anderer Faktor in α auftritt. Auch ist der Faktor bei ϱU^2l im Vergleich zur Erfahrung zu klein $\left(\text{bei }\sin\alpha=1\text{ ist er }\frac{\pi}{4+\pi}\text{ anstatt etwa }1\right)$. Ferner stimmt der Wert von s schlecht[2]).

Am bedenklichsten aber ist, was schon Helmholtz bemerkte, daß die vorgetragene Bewegung instabil ist. Das ist wie folgt einzusehen: Die Flächen λ sind Unstetigkeitsflächen der Geschwindigkeit. Solche sind zwar in idealen Flüssigkeiten

---

[1]) Man benutze etwa die in der „Hütte", Bd. I, 28. Aufl. Berlin 1955, auf den Seiten 71 und 91/92 angegebenen Formeln 3 bzw. 9 und 11.
[2]) Prandtl, L.: Führer durch die Strömungslehre. 4. Aufl. Braunschweig 1956. S. 164ff.; ferner Kaufmann, W.: Technische Hydro- und Aeromechanik. Berlin 1954. S. 219ff.

möglich, nicht aber in wirklichen mit innerer Reibung. Unstetigkeiten können, wovon noch die Rede sein wird, als Wirbelflächen unendlicher Konzentration aufgefaßt werden. Dann aber werden solche durch die Reibung zwar abgeschwächt, aber auch vergrößert. Infolgedessen treten Wirbel in das Totwasser ein und verändern damit grundlegend den Sachverhalt. Daß aber wenigstens im Anfang sich ein Zustand einstellt, der dem Vorgetragenen gut entspricht, sich aber dann in einen mit turbulentem Totwasser verwandelt, zeigt ein Experiment von O. Flachsbart[1]). Als Beispiele seien die Wolkenbildungen genannt, die die entstehenden Wirbel anzeigen, wenn eine Luftschicht über eine andere Luftschicht mit anderer Temperatur hinstreicht. Die in die wärmere Schicht eindringenden, kalten Wirbel kondensieren den Wasserdampf zu Wolken (Helmholtz).

Die vorgetragenen Untersuchungen von Kirchhoff, Helmholtz und Rayleigh haben eine umfangreiche Literatur ausgelöst, die unter dem Titel „Problème de Helmholtz" erscheint. Es handelt sich um die Strömung einer idealen, inkompressiblen Flüssigkeit um irgendwelche Körper; sei es im unendlichen Raum, sei es in begrenzten Kanälen. Es seien genannt Arbeiten von Villat, Kravtchenko und neuerdings von Oudart (thèse: Sur le schéma de Helmholtz-Kirchhoff, 1943 und l'étude des jets et la mécanique théoretique des fluides, 1949); deutsche Arbeiten von Schmiedel: Kreiszylinder und Ablösung, und die Dissertation von J. F. Schultze, Universität Berlin[2]). Proue, sillage sind in der französischen Literatur die Fachausdrücke für den benetzten Teil des Körpers und das Totwasser.

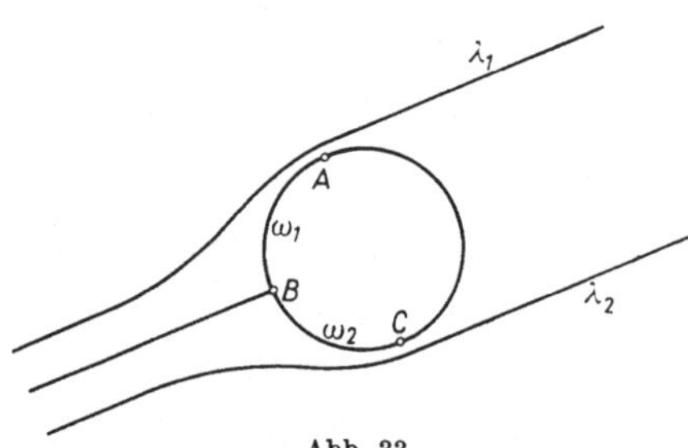

Abb. 33

Die Methode bei Schultze ist ganz ähnlich der der Nr. 33. In der z-Ebene hat man etwa das Bild wie in Abb. 33, in der f-Ebene wieder wesentlich denselben Parallelstreifen (Abb. 27a), und nun wird dieser auf den Einheitskreis so abgebildet, daß λ_1 und λ_2 auf die reelle Achse kommen. Dann hat man wieder im Einheitskreis eine reguläre Funktion zu suchen (oder zu wählen), die auf der reellen Achse reell ist. Die Hauptsorge besteht darin, zuzusehen, daß λ_1 und λ_2 sich hinter dem Körper nicht wieder schneiden. Wir gehen auf das Problem nicht weiter ein.

36. Ebene Potentialwellen nach Airy. Wir betrachten nun Wellen an einer freien Oberfläche. Naturgemäß ist die Bewegung nun nicht mehr stationär; auch soll jetzt die Schwere eine ausschlaggebende Rolle spielen. Aber es bleibe bei einer ebenen Bewegung einer inkompressiblen homogenen Flüssigkeit mit einem komplexen Potential $f(z, t) = \varphi + i\psi$.

Die y-Achse weise nach oben (also der Schwerkraft entgegen), die x-Achse liege horizontal. An der Oberfläche sei $y = \eta(x, t)$. Wenn dann an der Oberfläche $p = $ const ist (der erhöhte und schwankende Druck bei heftigen Stürmen sei also ausgeschlossen), gilt an der Oberfläche nach (3, 1)

$$(4, 3) \qquad \left(\frac{\partial \varphi}{\partial t} + \tfrac{1}{2} v^2 + g y\right)_{y=\eta} = C(t) .$$

Das ist aber nicht die einzige Bedingung an der Oberfläche. Es sind noch Annahmen zu machen über die Materie, die die Oberfläche bildet, und zwar sei voraus-

---

[1]) ZAMM **15** (1935), S. 32.
[2]) Schultze, J. F.: Über unstetige Flüssigkeitsbewegungen um vorgegebene Profile. Schriften des math. Inst. u. d. Inst. f. angew. Math. d. Univ. Berlin. Bd. 4. Berlin 1939. S. 143ff.

gesetzt, daß die Oberfläche stets von denselben materiellen Teilchen gebildet werde, daß sie also nicht zerreißt und so Teilchen aus dem Inneren herausstreben oder umgekehrt in das Innere eindringen. Einen Vorstoß in diese abweichende Annahme hat C. Truesdell[1]) gemacht. Nach dieser schon auf Lagrange zurückgehenden Annahme muß also auch diejenige Gleichung erfüllt sein, die wir erhalten, wenn wir in (4, 3) beide Seiten total nach der Zeit differenzieren.

Nun wollen wir mit Airy linearisieren, d. h. sogenannte unendlich kleine Wellen betrachten. Dazu ist zunächst in (4, 3) das Glied mit v^2 zu vernachlässigen; also gilt

$$(4, 3\,\text{a}) \qquad \left(\frac{\partial \varphi}{\partial t} + g\,y\right)_{y=\eta} = C(t)\,.$$

Differenziert man noch vor dem Einsetzen von $y = \eta$ total nach der Zeit, so erhält man zunächst

$$\left(\frac{\partial^2 \varphi}{\partial t^2} + \frac{\partial^2 \varphi}{\partial x\,\partial t}\frac{\partial \varphi}{\partial x} + \frac{\partial^2 \varphi}{\partial y\,\partial t}\frac{\partial \varphi}{\partial y} + g\frac{\partial \varphi}{\partial y}\right)_{y=\eta} = C(t)$$

oder mit entsprechender Vernachlässigung

$$(4, 4) \qquad \left(\frac{\partial^2 \varphi}{\partial t^2} + g\frac{\partial \varphi}{\partial y}\right)_{y=\eta} = \dot{C}(t)\,.$$

Damit hat man ein lineares Problem und kann superponieren. Eine Partikularlösung liefert der bekannte Schwingungsansatz

$$\varphi = \sin(\omega t - \lambda x)\,\Phi(y)$$

$$\left(\omega \text{ die Kreisfrequenz, } \tau = \frac{2\pi}{\omega} \text{ die zeitliche Periode, } l = \frac{2\pi}{\lambda} \text{ die Wellenlänge}\right).$$

Die Potentialgleichung $\dfrac{\partial^2 \varphi}{\partial x^2} + \dfrac{\partial^2 \varphi}{\partial y^2} = 0$ verlangt

$$- \lambda^2 \Phi + \frac{\mathrm{d}^2 \Phi}{\mathrm{d}y^2} = 0\,,$$

also

$$\varphi = \left(A\,\mathrm{e}^{\lambda y} + B\,\mathrm{e}^{-\lambda y}\right)\sin(\omega t - \lambda x)\,.$$

Durch Einsetzen in (4, 3 a) ergibt sich für das unbekannte η

$$(4, 5) \quad g\eta = -\left(\frac{\partial \varphi}{\partial t}\right)_{y=\eta} + C(t) = -\,\omega \cos(\omega t - \lambda x)\left(A\,\mathrm{e}^{\lambda \eta} + B\,\mathrm{e}^{-\lambda \eta}\right) + C(t)\,.$$

Da A und B klein erster Ordnung sein sollen, wird es auch η sein. Um also nicht Glieder höherer Ordnung mitzunehmen, was geradezu falsch wäre, ist rechts in den Exponenten η Null zu setzen; man erhält also für die Oberfläche

$$(4, 5\,\text{a}) \qquad g\eta = -\,\omega(A + B)\cos(\omega t - \lambda x) + C(t)\,.$$

Ebenso ist in (4, 4) zu verfahren, und es ergibt sich so

$$-\,\omega^2(A + B)\sin(\omega t - \lambda x) + g(A\lambda - B\lambda)\sin(\omega t - \lambda x) = \dot{C}(t)$$

oder

$$(4, 6) \qquad A(g\lambda - \omega^2) - B(g\lambda + \omega^2) = 0$$

---

[1]) Truesdell, C.: On the equation of the bounding surface. Bull. techn. Univ. Istanbul **3** (1951), zitiert nach Zentralblatt für Mathematik und ihre Grenzgebiete **43** (1952), S. 364.

und $\dot{C}(t) = 0$. Das konstante $C(t)$ kann dann als belanglos fortgelassen werden. Zu dieser ersten Randbedingung kommt noch eine zweite, nämlich, daß in der Tiefe $y = -h$ sowie $v_y = \dfrac{\partial \varphi}{\partial y} = 0$ sein muß und daher

$$(4,7) \qquad\qquad \lambda A\,\mathrm{e}^{-\lambda h} - \lambda B\,\mathrm{e}^{\lambda h} = 0\,.$$

Da nicht der Zustand der Ruhe betrachtet werden soll — wir wollen ja Wellen studieren —, dürfen A und B nicht beide Null sein, also folgt aus (4, 6) und (4, 7)

$$\begin{vmatrix} \lambda g - \omega^2, & \lambda g + \omega^2 \\ \mathrm{e}^{-\lambda h}, & \mathrm{e}^{\lambda h} \end{vmatrix} = 0\,.$$

Das liefert die Frequenz ω:

$$\omega^2 = \lambda g\,\frac{\mathrm{e}^{\lambda h} - \mathrm{e}^{-\lambda h}}{\mathrm{e}^{\lambda h} + \mathrm{e}^{-\lambda h}} = \lambda g\,\mathfrak{Tg}\,\lambda h\,.$$

37. Zwei Sonderfälle sind besonders bemerkenswert.

a) $\lambda h \gg 1$, d. h. sehr tiefes Wasser oder sehr kurze Wellen; dann ist

$$\mathfrak{Tg}\,\lambda h \approx 1 \quad \text{oder} \quad \omega^2 = \lambda g = \frac{2\pi g}{l}\,, \quad \tau = \frac{2\pi}{\omega} = \sqrt{\frac{2\pi l}{g}}\,.$$

Die Fortpflanzungsgeschwindigkeit ist dann

$$\frac{\omega}{\lambda} = \sqrt{\frac{g}{\lambda}} = \sqrt{\frac{gl}{2\pi}}\,.$$

Das würde also für die Wellen einer Dünung im Ozean gelten.

b) $\lambda h \ll 1$, d. h. flaches Wasser oder sehr lange Wellen. Jetzt ist $\mathfrak{Tg}\,\lambda h \approx \lambda h$ und $\omega = \lambda\sqrt{gh}$; die Fortpflanzungsgeschwindigkeit $\dfrac{\omega}{\lambda} = \sqrt{gh}$ ist also unabhängig von ω und λ. Das trifft etwa für die Hochwasserwellen in Flüssen zu, bei denen $h \ll l$ ist. Sie pflanzen sich fast ungeändert fort.

Eine allgemeine Lösung erhält man durch Superposition. Wenn, wie es i. A. zutrifft, die Fortpflanzungsgeschwindigkeit von ω abhängt, muß sich das Bild der Gesamtwelle ändern, da die Teilwellen mit verschiedenen Geschwindigkeiten fortschreiten.

Auch hier wurde die Airysche Theorie unter Führung von Levi-Civita mit funktionentheoretischen Mitteln erheblich erweitert[1]). Darauf kann hier nicht eingegangen werden. Doch sei noch präzisiert, was „klein" heißt.

Bei uns ist nach (4, 5) und (4, 7)

$$\frac{\partial \varphi}{\partial t} = \omega\cos\left(\omega t - \lambda x\right) A\left(\mathrm{e}^{\lambda y} + \mathrm{e}^{-\lambda(y + 2h)}\right)$$

im Durchschnitt von der Größenordnung $\omega\,|A|$; dagegen

$$\left(\frac{\partial \varphi}{\partial x}\right)^2 + \left(\frac{\partial \varphi}{\partial y}\right)^2 = \lambda^2\cos^2(\omega t - \lambda x)\,A^2\left[\mathrm{e}^{\lambda y} + \mathrm{e}^{-\lambda(y+2h)}\right]^2$$
$$+ \lambda^2\sin^2(\omega t - \lambda x)\,A^2\left[\mathrm{e}^{\lambda y} - \mathrm{e}^{-\lambda(y+2h)}\right]^2$$

---

[1]) Proceedings of the first International Congress for Applied Mechanics, Delft 1924, S. 129; sowie Math. Ann. **93** (1925), S. 264; Geppert, Math. Ann. **101** (1929), S. 424.

von der Größenordnung $\lambda^2 \, |A|^2$. Dies wurde gegen $\dfrac{\partial \varphi}{\partial t}$ in Gleichung (4, 3) vernachlässigt. Also heißt „klein"

$$\lambda^2 \, |A| \ll \omega .$$

Bei sehr kleinen Wellen spielt die Kapillarität eine Rolle[1]).

§ 5. Wirbelbewegung idealer Flüssigkeiten (Lagrange und Helmholtz)

38. Mathematische Sätze. Es sei nunmehr rot $\mathfrak{v}$ nicht immer Null. Wir haben dann also ein „Wirbelfeld". Die „Wirbellinie" sei dadurch definiert, daß sie überall rot $\mathfrak{v}$ zur Tangentenrichtung hat.

Zunächst gilt der Satz: Das Wirbelfeld ist divergenzfrei, da identisch div rot $\mathfrak{v} =$ $\dfrac{d}{dr}\left(\dfrac{d}{dr} \times \mathfrak{v}\right) = 0$ ist. Daher gilt für jede geschlossene Fläche

$$\oint \operatorname{rot} \mathfrak{v} \cdot \mathfrak{n} \, dF = 0 .$$

Wenn man das Wirbelfeld als eine neue Strömung deuten wollte, dann wäre die linke Seite der letzten Gleichung die durch die Fläche strömende Flüssigkeitsmenge; es wäre die Strömung einer inkompressiblen Flüssigkeit.

Der Satz bedeutet auch, daß durch eine geschlossene Kurve $\mathfrak{C}$ eine bestimmte Strommenge der sekundären Strömung, gegeben durch rot $\mathfrak{v}$, hindurchfließt, unabhängig von der durch die Kurve gelegten Fläche. Diese braucht nur zweiseitig zu sein, stückweise stetige Normale und $\mathfrak{C}$ zum Rand zu haben.

„Wirbelfaden" heißt ein dünnes Büschel von Wirbellinien. Legt man durch ihn eine Schnittfläche F, so heißt $\int \operatorname{rot} \mathfrak{v} \cdot \mathfrak{n} \, dF$ die „Wirbelstärke" des Fadens, wenn $\mathfrak{n}$ so orientiert wird, daß rot $\mathfrak{v} \cdot \mathfrak{n} \geq 0$ ausfällt. Bei differentiell dünnem Faden ist rot $\mathfrak{v} \cdot \mathfrak{n} \, dF$ seine Stärke.

Der erste Helmholtzsche Satz lautet: Die Wirbelstärke ist längs eines Wirbelfadens konstant.

Er folgt sofort aus $\oint \operatorname{rot} \mathfrak{v} \cdot \mathfrak{n} \, dF = 0$, wenn man die geschlossene Fläche aus zwei Querschnitten des Fadens und dem Mantel des Fadens zwischen diesen

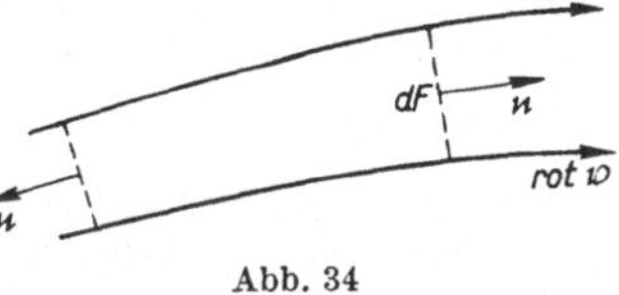

Abb. 34

Querschnitten bestehen läßt (Abb. 34). Denn über dem Mantel ist der Anteil des Integrals Null; und da $\mathfrak{n}$ die äußere Normale ist, ist rot $\mathfrak{v} \, \mathfrak{n} \, dF$ bei dem einen Querschnitt positiv, beim anderen negativ. Eine Folge dieses Satzes ist, daß ein Wirbelfaden nicht aufhören kann. Entweder reicht er ins Unendliche, oder er endet an den Grenzen der Flüssigkeit, oder er ist geschlossen. Im letzteren Fall spricht man von einem „Wirbelring".

Natürlich läßt sich das alles nur behaupten, solange die verwendeten Begriffe einen Sinn haben, also z. B. $\mathfrak{v}$ nach $\mathfrak{r}$ stetig differenzierbar ist und die Flächen Normalen haben.

Maßgebend für die Stärke eines Wirbelfadens ist also das Produkt aus $|\operatorname{rot} \mathfrak{v}|$ und einem zur Richtung von rot $\mathfrak{v}$ normalen Querschnitt (vgl. Abb. 34). Je dünner also der Faden wird, desto größer wird $|\operatorname{rot} \mathfrak{v}|$ und umgekehrt.

---

[1]) **Sommerfeld, A.**: Vorlesungen über theoretische Physik. Bd. II. Wiesbaden 1949.

Der Satz ist, wie gesagt, rein mathematischer Natur und gilt überall, wo ein Feld divergenzfrei ist, z. B. auch für die elektrischen Ströme im homogenen Feld. Daher bestehen viele Analogien zwischen der hydrodynamischen Wirbeltheorie und der Lehre von den elektrischen Strömen. Die Wirbelstärke eines jeden Fadens, auch eines von endlicher Dicke, läßt sich noch in ein Randintegral umformen. Ist F eine zweiseitige Fläche mit der Randkurve $\mathfrak{C}$, so gilt bei einfachen Regularitätsbedingungen der Stokessche Satz:

$$\int\limits_F \operatorname{rot} \mathfrak{v} \cdot \mathfrak{n}\,\mathrm{d}F = \oint\limits_\mathfrak{C} \mathfrak{v} \cdot \mathrm{d}\mathfrak{r},$$

wo das Integral auf der rechten Seite über $\mathfrak{C}$ in solchem Sinne zu erstrecken ist, daß in der Nachbarschaft $\mathfrak{n}$ zur Linken liegt, wenn man den Blick auf die Fläche richtet. Wir überlassen den Beweis und die genaue Formulierung der Mathematik.

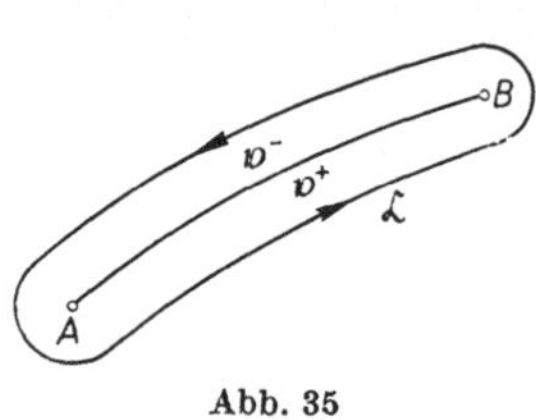

Abb. 35

Die Wirbelstärke des durch $\mathfrak{C}$ hindurchgehenden Wirbelfadens erscheint so als ein „Umlaufintegral", wie das Integral der rechten Seite genannt wird.

Man sieht nun, wieso die Unstetigkeitsflächen als Wirbelflächen aufgefaßt werden können. Es sei $A\,B$ ein Querschnitt durch eine Unstetigkeitsfläche von $\mathfrak{v}$ (Abb. 35); wir legen um ihn eine geschlossene Kurve $\mathfrak{C}$ und bilden für sie das Umlaufintegral $\oint \mathfrak{v}\,\mathrm{d}\mathfrak{r}$. Ziehen wir $\mathfrak{C}$ auf $A\,B$ zusammen, so entsteht unter der Voraussetzung der Existenz der Grenzwerte $\mathfrak{v}^+$ und $\mathfrak{v}^-$ an $A\,B$

$$\int\limits_A^B (\mathfrak{v}^+ - \mathfrak{v}^-)\,\mathrm{d}\mathfrak{r},$$

was im allgemeinen nicht Null ist, wenn $\mathfrak{v}^+ \neq \mathfrak{v}^-$ ist. Damit die Unstetigkeit wirklich als Wirbel gedeutet werden kann, muß nur das Integral längs der Unstetigkeitsfläche konstant sein, oder es müssen Wirbel im wörtlichen Sinn von ihr abgehen.

39. Berechnung von $\mathfrak{v}$ aus rot $\mathfrak{v}$[1]). Ist ein Vektorfeld $\vec{\omega}$ mit $\operatorname{div}\vec{\omega} = 0$ gegeben und fragt man nach einem Vektorfeld $\mathfrak{v}$ derart, daß $\operatorname{rot}\mathfrak{v} = \vec{\omega}$ ist, so ist die Antwort sicher nicht eindeutig. Wegen der Linearität von rot $\mathfrak{v}$ kann man einer Lösung $\mathfrak{v}_1$ ein zweites Vektorfeld $\mathfrak{v}_2$ mit $\operatorname{rot}\mathfrak{v}_2 = 0$ überlagern, wo also $\mathfrak{v}_2$ von der Form $\mathfrak{v}_2 = \dfrac{\partial \varphi}{\partial \mathfrak{r}}$ bei beliebigem φ ist. Auch wenn man noch $\operatorname{div}\mathfrak{v}$ vorgibt, kann ein $\mathfrak{v}_2$ überlagert werden, nur muß dann $\varDelta\varphi = 0$ sein. Hat man irgendein $\mathfrak{v}_1$ mit $\operatorname{rot}\mathfrak{v}_1 = \vec{\omega}$ gefunden und ist $\operatorname{div}\mathfrak{v}_1 = \delta_1$, soll aber $\operatorname{div}\mathfrak{v} = \delta_2$ sein, so muß noch $\varDelta\varphi = \delta_2 - \delta_1$ sein. Es ist also hier die Potentialtheorie maßgebend heranzuziehen. Danach ist

$$\varphi = -\frac{1}{4\pi} \int \frac{\delta_2 - \delta_1}{\varrho}\,\mathrm{d}V + \varphi_1$$

mit $\varDelta\varphi_1 = 0$. Das Integral ist über den ganzen Raum zu erstrecken, wo $\delta_2 - \delta_1 \neq 0$ ist; ϱ ist die Entfernung des Quellpunktes, über den integriert wird, von dem Aufpunkt, in dem man φ haben will. Gewisse Bedingungen muß $\delta_2 - \delta_1$ überdies erfüllen, stückweise stetig sein und einer Hölder-Bedingung genügen[2]).

---

[1]) Diese Nummer kann bei einem ersten Studium ausgelassen werden.
[2]) Vgl. Kellog: Potential Theory. S. 146—156, Theoremes I, II, III.

Wie findet man nun ein $\mathfrak{v}_1$, das der Gleichung rot $\mathfrak{v}_1 = \vec{\omega}$ genügt ? Unter gewissen Bedingungen, die weiter unten anzugeben sein werden, beantwortet diese Frage das auch aus der Elektrizitätslehre bekannte Biot-Savartsche Gesetz, das die Avogadrosche Schwimmregel enthält. Eine Lösung ist durch

$$(5, 1) \qquad \mathfrak{v}(\mathfrak{r}) = \frac{1}{4\pi} \int \int \frac{\vec{\omega} \times \vec{\varrho}}{\varrho^3} \, \mathrm{d}s \, \mathrm{d}F$$

gegeben, wo $\vec{\varrho}$ der Vektor vom Quellpunkt Q zum Aufpunkt P mit dem Ortsvektor $\mathfrak{r}$ ist, während Q den Vektor $\mathfrak{a}$ besitzen möge (Abb. 36). $\vec{\omega}$ ist im Punkt Q zu nehmen. Das Integral ist gemäß $\mathrm{d}s \, \mathrm{d}F$ ein räumliches und über alle Wirbel zu erstrecken, wobei $\mathrm{d}s$ das Bogenelement einer Wirbellinie, in Richtung von $\vec{\omega}$ gerechnet, und $\mathrm{d}F$ der Querschnitt des Wirbelfadens ist. $\vec{\omega} \, \mathrm{d}F$ ist also die einzelne Wirbelstärke. Haben wir z. B. einen einzelnen, dünnen, starken, geradlinigen Wirbelfaden senkrecht zur x-y-Ebene, so ist

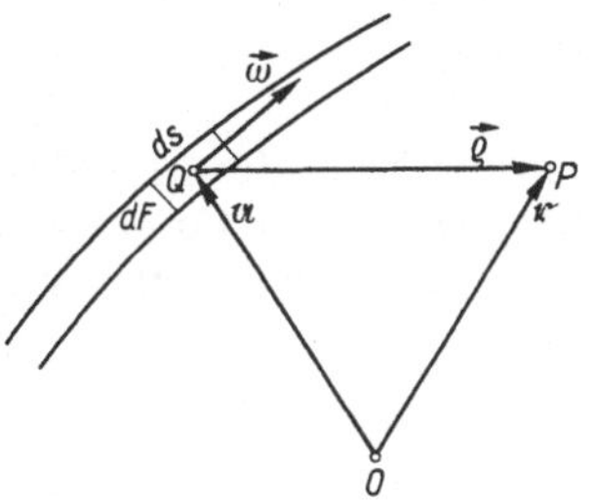

$$(5, 2) \qquad \vec{\omega} \, \mathrm{d}F = J \, \mathfrak{k}, \quad J \text{ konstant;}$$

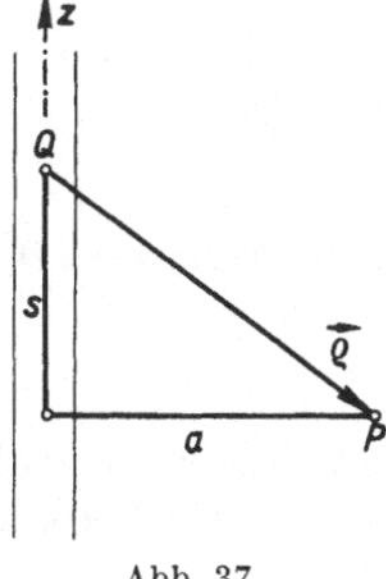

$\mathfrak{v}$ steht also auf dem Einheitsvektor $\mathfrak{k}$ senkrecht, ist der x-y-Ebene parallel. Der Wirbel möge in die z-Achse fallen. Der Größe nach ist

$$(5, 3) \qquad v = \frac{J}{4\pi} \int \frac{a \, \mathrm{d}s}{\varrho^3},$$

Abb. 36

da $\mathfrak{k} \times \vec{\varrho}$ die Größe a hat, wo a der Abstand des Punktes P von der z-Achse ist (Abb. 37). Da $a^2 = \varrho^2 - s^2$ ist, ist weiter

$$(5, 3\,\mathrm{a}) \qquad v = \frac{J}{4\pi} a \int\limits_{-\infty}^{+\infty} \frac{\mathrm{d}s}{\sqrt{a^2 + s^2}^3} = \frac{J}{2\pi a}.$$

Das entspricht der in Nr. 25 betrachteten Potentialbewegung $\frac{J}{2\pi} \log z$. Man kann also einen Potentialwirbel als durch einen in der z-Achse konzentrierten Wirbel der Stärke J erzeugt auffassen.

Die allgemeine Behauptung kann man nun so schreiben:

$$(5, 1\,\mathrm{a}) \qquad \mathfrak{v} = \frac{1}{4\pi} \int \int \frac{\vec{\omega} \times (\mathfrak{r} - \mathfrak{a}) \, \mathrm{d}s \, \mathrm{d}F}{|\mathfrak{r} - \mathfrak{a}|^3}.$$

Das Integral existiert sicher, wenn P außerhalb aller Wirbel liegt. Es existiert aber trotz des verschwindenden Nenners auch innerhalb; denn der Integrand ist zwar von der Größenordnung $\frac{1}{\varrho^2}$, aber das Volumenelement $\mathrm{d}F \, \mathrm{d}s$ läßt sich schreiben $\varrho^2 \, \mathrm{d}O$, wo $\mathrm{d}O$ das Oberflächenelement der Einheitskugel um Q ist. Also

Abb. 37

hebt sich die Unstetigkeit bei $\varrho = 0$. Nun ist $\frac{\mathrm{d}}{\mathrm{d}\mathfrak{r}} \times \mathfrak{v}$ zu bilden und nachzuweisen, daß es gleich $\vec{\omega}$ ist. Doch kann die Differentiation wegen des verschwindenden Nenners nicht unter dem Integral ausgeführt werden. Wir machen daher erst folgende Umformung:

Es ist $\varrho^2 = (\mathfrak{r} - \mathfrak{a})^2$. Daher

$$\varrho \frac{\partial \varrho}{\partial \mathfrak{r}} = -\varrho \frac{\partial \varrho}{\partial \mathfrak{a}}, \quad \frac{\partial}{\partial \mathfrak{r}} \frac{1}{\varrho} = -\frac{1}{\varrho^2} \frac{\partial \varrho}{\partial \mathfrak{r}} = -\frac{\mathfrak{r} - \mathfrak{a}}{\varrho^3}$$

oder

$$\frac{\mathfrak{r} - \mathfrak{a}}{\varrho^3} = -\frac{\partial}{\partial \mathfrak{r}} \left(\frac{1}{\varrho} \right) = \frac{\partial}{\partial \mathfrak{a}} \left(\frac{1}{\varrho} \right).$$

Also ist

$$\mathfrak{v}(\mathfrak{r}) = -\frac{1}{4\pi} \int \int \vec{\omega} \times \frac{\partial}{\partial \mathfrak{r}} \frac{1}{\varrho} \, ds \, dF = \frac{1}{4\pi} \int \int \frac{\partial}{\partial \mathfrak{r}} \frac{1}{\varrho} \times \vec{\omega} \, ds \, dF = \frac{1}{4\pi} \int \int \frac{\partial}{\partial \mathfrak{r}} \times \frac{1}{\varrho} \, \vec{\omega} \, ds \, dF,$$

da $\vec{\omega}$ nicht von $\mathfrak{r}$ abhängt. Jetzt kann man $\dfrac{\partial}{\partial \mathfrak{r}}$ herausziehen und erhält

(5, 1 b)
$$\mathfrak{v} = \frac{1}{4\pi} \frac{\partial}{\partial \mathfrak{r}} \times \int \int \frac{\vec{\omega}}{\varrho} \, ds \, dF.$$

Das ist trotz der Singularität des Integranden erlaubt; denn es handelt sich nun um das aus der Potentialtheorie bekannte Integral mit ϱ im Nenner, bei dem man die Differentiation unter dem Integral ausführen kann.

Das partikuläre $\mathfrak{v}$ erscheint somit als ein Rotor. Da aber div rot $= 0$ ist, ist für das gefundene $\mathfrak{v}$ div $\mathfrak{v} = 0$. Doch fehlt noch der Nachweis für rot $\mathfrak{v} = \vec{\omega}$.

Nun gilt die Identität

$$\text{rot rot } \mathfrak{h} = \frac{\partial}{\partial \mathfrak{r}} \times \left(\frac{\partial}{\partial \mathfrak{r}} \times \mathfrak{h} \right) = \frac{\partial}{\partial \mathfrak{r}} \left(\frac{\partial}{\partial \mathfrak{r}} \, \mathfrak{h} \right) - \left(\frac{\partial}{\partial \mathfrak{r}} \right)^2 \mathfrak{h} = \text{grad div } \mathfrak{h} - \Delta \mathfrak{h}.$$

Mithin

$$\text{rot } \mathfrak{v} = -\Delta \frac{1}{4\pi} \int \frac{\vec{\omega}}{\varrho} \, dV + \text{grad div} \frac{1}{4\pi} \int \frac{\vec{\omega}}{\varrho} \, dV.$$

Das erste Integral liefert das Gesuchte. Denn nach den Sätzen der Potentialtheorie ist es $\vec{\omega}$, falls dieses die oben angedeuteten Bedingungen erfüllt. Es kommt also darauf an, daß das zweite Glied auf der rechten Seite verschwindet. Nun ist

$$\text{div} \int \frac{\vec{\omega}}{\varrho} \, dV = \frac{\partial}{\partial \mathfrak{r}} \int \frac{\vec{\omega}}{\varrho} \, dV = \int \vec{\omega} \frac{\partial}{\partial \mathfrak{r}} \frac{1}{\varrho} \, dV = -\int \vec{\omega} \frac{\partial}{\partial \mathfrak{a}} \frac{1}{\varrho} \, ds \, dF.$$

Partielle Integration liefert

$$-\oint \vec{\omega} \frac{1}{\varrho} \, \mathfrak{n} \, dF + \int \frac{1}{\varrho} \frac{\partial}{\partial \mathfrak{a}} \, \vec{\omega} \, dV.$$

Wegen div $\vec{\omega} = 0$ bleibt

$$\text{div} \int \frac{\vec{\omega}}{\varrho} \, dV = -\oint \frac{\vec{\omega}}{\varrho} \, \mathfrak{n} \, dF.$$

Das Integral rechts ist über eine geschlossene Fläche zu erstrecken, die den ganzen Wirbelbereich umschließt, nötigenfalls eine Fläche, die ganz ins Unendliche geht.

Der behauptete Satz ist somit sicher richtig, wenn das letzte Integral Null ist. Das ist z. B. der Fall, wenn die geschlossene Fläche keine Wirbel austreten oder eintreten läßt; denn dann ist an ihr $\vec{\omega} \mathfrak{n} = 0$. *Es genügt aber sogar, daß das Integral*

$$\oint \frac{\vec{\omega}}{\varrho} \, \mathfrak{n} \, dF,$$

erstreckt über eine geeignete Fläche, die auch ins Unendliche gehen darf, einen konstanten Wert hat.

40. Der zweite, physikalische Satz von Helmholtz. Es bedeutet τ eine Hilfsvariable, die mit $\mathfrak{r}\,(t,\tau)$ bei festem t eine Kurve $\mathfrak{C}$ darstellt. Setzen wir

$$\delta\mathfrak{r} = \frac{\partial\mathfrak{r}}{\partial\tau}\,\delta\tau, \quad \text{allgemein } \delta = \delta\tau\,\frac{\partial}{\partial\tau}\,,$$

so wird offenbar

$$(5,4) \qquad \frac{\mathrm{d}\mathfrak{v}}{\mathrm{d}t}\,\delta\mathfrak{r} = \frac{\mathrm{d}}{\mathrm{d}t}\,(\mathfrak{v}\,\delta\mathfrak{r}) - \delta E \quad \text{mit } E = \tfrac{1}{2}\,\mathfrak{v}^2\,.$$

Das ist die sogenannte **Lagrangesche Umformung**. Die Bewegungsgleichung für eine ideale Flüssigkeit lautet im Falle der Barotropie (s. (1, 10) und Nr. 6)

$$(5,5) \qquad \frac{\mathrm{d}\mathfrak{v}}{\mathrm{d}t} = \mathfrak{g} - \frac{1}{\varrho}\,\frac{\partial p}{\partial\mathfrak{r}} = -\frac{\partial}{\partial\mathfrak{r}}\,(g\,h + P)$$

(wobei anstatt $g\,h$ allgemeiner u stehen kann). Da $g\,h$ (bzw. u) und P eindeutige Funktionen des Ortes sind, ergibt Integration von (5, 5) über $\mathfrak{C}$

$$(5,6) \qquad \oint \frac{\mathrm{d}\mathfrak{v}}{\mathrm{d}t}\,\delta\mathfrak{r} = -\oint \frac{\partial}{\partial\mathfrak{r}}\,(g\,h + P)\,\delta\mathfrak{r} = 0\,.$$

Da aus demselben Grunde auch $\oint \delta E = 0$, folgt aus (5, 4) und (5, 5)

$$(5,7) \qquad \frac{\mathrm{d}}{\mathrm{d}t}\oint \mathfrak{v}\,\delta\mathfrak{r} = \oint \frac{\mathrm{d}}{\mathrm{d}t}\,(\mathfrak{v}\,\delta\mathfrak{r}) = 0\,.$$

Dabei wurde benutzt, daß die Integration nach τ mit der Differentiation nach t vertauschbar ist. Aus (5, 7) folgt schließlich

$$(5,8) \qquad \oint \mathfrak{v}\,\delta\mathfrak{r} = C\,;$$

das ist der Inhalt des zweiten Helmholtzschen Satzes: Das Umlaufintegral ist zeitlich konstant. Er wurde erstmals veröffentlicht in Crelles Journal 1858.

Da nach dem **Stokesschen Satz**

$$\oint \mathfrak{v}\,\delta\mathfrak{r} = \int \mathrm{rot}\,\mathfrak{v}\cdot\mathfrak{n}\,\mathrm{d}F$$

ist, wo F eine durch $\mathfrak{C}$ gelegte Fläche ist und $\mathfrak{n}$ so wie in Nr. 38 normiert wird, so besagt der Satz auch: *Die Wirbelstärke eines Wirbelfadens ist auch zeitlich konstant;* also nicht nur, wie nach dem ersten, mathematischen Satz längs des Fadens konstant.

Für die **ebene Bewegung** einer **inkompressiblen Flüssigkeit** besagt der Satz die Konstanz von $\mathrm{rot}\,\mathfrak{v}$. Denn dieser Rotor steht auf der Ebene senkrecht, hat also von vornherein konstante Richtung, und die Wirbelstärke ist $|\mathrm{rot}\,\mathfrak{v}|\,\mathrm{d}F$. Aber $\mathrm{d}F$ bleibt wegen der Volumenbeständigkeit konstant, also auch $|\mathrm{rot}\,\mathfrak{v}|$.

Der Satz kann aber auch noch so formuliert werden: *Die Wirbel haften an der Materie; die Wirbelfäden sind materiell.* Denn legt man ein Flächenstück tangential an eine Wirbellinie, so ist $\mathfrak{n}\,\mathrm{rot}\,\mathfrak{v} = 0$, also auch

$$\mathrm{d}F\,\mathfrak{n}\,\mathrm{rot}\,\mathfrak{v} = 0\,.$$

Da das aber für jede tangentiale Fläche gilt, haftet der Faden am Schnitt aller dieser Flächen, d. h. an der Materie.

Sonach könnten Wirbelfäden weder entstehen noch verschwinden; Potentialbewegungen (rot $\mathfrak{v} = 0$) blieben stets Potentialbewegungen, wenn die Voraussetzungen (Idealität der Flüssigkeit, Barotropie, Potential der räumlich verteilten Kräfte je Masseneinheit) stets genau erfüllt wären. Das sind sie aber in der Wirklichkeit nicht. Und so können trotz des Satzes große Temperaturunterschiede Wirbelstürme erzeugen, ja die Aufhebung einer Unstetigkeitsfläche in einer wirbelfreien Strömung kann Wirbel erzeugen. So erklärte F. Klein das Entstehen von Wirbeln, wenn beim Kahnfahren das Ruder plötzlich aus dem Wasser gezogen wird; das Ruder war vorher eine Unstetigkeitsfläche (vgl. Nr. 38).

In Nr. 25 wurde festgestellt, daß die Potentialbewegung

$$f(x + iy) = \frac{\Gamma}{2\pi i} \log z$$

aufgefaßt werden kann als ein in 0 konzentrierter Wirbel der Stärke Γ. Das läßt sich verallgemeinern. Wenn der Wirbelfaden geradlinig und von Kreissymmetrie ist, muß auch das erzeugte Feld kreissymmetrisch sein, d. h. $\mathfrak{v}$ senkrecht zum Radius stehen, falls nicht etwa noch eine Quelle (oder Senke) in 0 vorhanden ist. Die einzige Lösung der Cauchy-Riemannschen Differentialgleichungen (3, 6) mit $\psi = \psi(r)$ und $\varphi = \varphi(\vartheta)$ ist aber (bis auf unwesentliche Konstanten) $\varphi = \frac{\Gamma}{2\pi} \vartheta$, $\psi = -\frac{\Gamma}{2\pi} \log r$, d. h. $f = \frac{\Gamma}{2\pi i} \log z$.

Da nun

$$\oint \mathfrak{v}\, \delta \mathfrak{r} = \int\int \operatorname{rot} \mathfrak{v} \cdot \mathfrak{k}\, dF = \int\int \left(\frac{\partial v_y}{\partial x} - \frac{\partial v_x}{\partial y}\right) dx\, dy = \int\int \omega\, dx\, dy = \pi a^2 \omega_m$$

ist (ω_m Mittelwert von ω, a Radius einer Kreisfläche um 0, außerhalb deren Potentialbewegung besteht), andererseits aber

$$\oint \mathfrak{v}\, \delta \mathfrak{r} = \oint \delta \varphi = \Gamma \,,$$

ist $\Gamma = \pi a^2 \omega_m$ die gesamte Wirbelstärke. Bei Kreissymmetrie kann man also einen Wirbelfaden endlicher Dicke in seiner Außenwirkung durch einen konzentrierten Faden ersetzen. Es fragt sich nur, ob die Kreissymmetrie im Lauf der Zeit erhalten bleibt. L. Lichtenstein hat gezeigt[1]), daß das wenigstens eine endliche Zeit mit beliebig vorgeschriebener Genauigkeit gilt.

41. Die Wirkung paralleler Wirbelfäden aufeinander. Nach der letzten Überlegung kann diese Wirkung so untersucht werden, daß die Wirbelfäden zu unendlich dünnen Fäden idealisiert werden.

Es seien n Wirbelfäden senkrecht zur x-y-Ebene, unendlich dünn, aber von endlicher Stärke Γ_ν gegeben. Sie erzeugen ein Feld

$$(5, 9) \qquad\qquad f(z) = \frac{1}{2\pi i} \sum_{\nu=1}^{n} \Gamma_\nu \log(z - z_\nu) + \chi(z),$$

---

[1]) Math. Z. **32** (1930), S. 608.

wo $\chi(z)$ eine reguläre, ganze Funktion ist. Die Orte z_ν sind von t abhängig, die Γ_ν aber nach dem zweiten Helmholtzschen Satz konstant. Also ist für $z \neq z_\nu$

$$(5,10) \qquad v_x - iv_y = f'(z) = \frac{1}{2\pi i} \sum \Gamma_\nu \frac{1}{z - z_\nu} + \chi'(z).$$

Für $z = z_\mu$ aber gilt, da ein Wirbel nicht auf sich selbst wirkt,

$$(5,11) \qquad (v_x - iv_y)_\mu = \frac{1}{2\pi i} \sideset{}{'}\sum_{\mu \neq \nu} \frac{\Gamma_\nu}{z_\mu - z_\nu} + \chi'(z_\mu),$$

wobei der Strich am Summenzeichen bedeuten soll, daß $\nu = \mu$ auszulassen ist. Da aber die Wirbel von der Materie mitgenommen werden, ist

$$(5,12) \qquad (v_x - iv_y)_\mu = \frac{\mathrm{d}}{\mathrm{d}t}\,\bar{z}_\mu,$$

so daß wir für z_μ die Differentialgleichung

$$(5,13) \qquad \frac{\mathrm{d}}{\mathrm{d}t}\,\bar{z}_\mu = \frac{1}{2\pi i} \sideset{}{'}\sum \frac{\Gamma_\nu}{z_\mu - z_\nu} + \chi'(z_\mu)$$

haben und natürlich auch die konjugierte

$$(5,14) \qquad \frac{\mathrm{d}}{\mathrm{d}t}\,z_\mu = -\frac{1}{2\pi i} \sideset{}{'}\sum \frac{\Gamma_\nu}{\bar{z}_\mu - \bar{z}_\nu} + \overline{\chi'(z_\mu)}.$$

So haben wir $2n$ Differentialgleichungen für z_μ und $\bar{z}_\mu$ (bzw. x_μ und y_μ).
Über diese Differentialgleichungen lassen sich nun folgende allgemeine Sätze beweisen:

a) Multipliziert man (5,14) mit Γ_μ und summiert über μ, so erhält man

$$\frac{\mathrm{d}}{\mathrm{d}t} \sum \Gamma_\mu z_\mu = -\frac{1}{2\pi i} \sum_\mu \sideset{}{'}\sum_\nu \frac{\Gamma_\nu \Gamma_\mu}{\bar{z}_\mu - \bar{z}_\nu} + \sum_\mu \Gamma_\mu \overline{\chi'(z_\mu)}.$$

Hier heben sich aber in der Doppelsumme auf der rechten Seite offensichtlich die Glieder paarweise weg; also bleibt als Gegenstück zum Satz vom Massenmittelpunkt der Punktmechanik

$$(5,15) \qquad \frac{\mathrm{d}}{\mathrm{d}t} \sum \Gamma_\mu z_\mu = \sum \Gamma_\mu \overline{\chi'(z_\mu)}.$$

Ist insbesondere keine Außenwirkung vorhanden, d. h. ist $\chi'(z) = 0$, so gilt

$$(5,15\mathrm{a}) \qquad \sum \Gamma_\mu z_\mu = \text{const}.$$

Ist noch $\sum \Gamma_\mu \neq 0$, was hier nicht selbstverständlich ist, so hat man mit

$$(5,16) \qquad z^* \sum \Gamma_\mu = \sum z_\mu \Gamma_\mu$$

einen Satz vom Massenmittelpunkt:

$$(5,15\,\mathrm{b}) \qquad z^* = \text{const}.$$

b) Multipliziert man (5,13) mit $\Gamma_\mu z_\mu$ und (5,14) mit $\Gamma_\mu \bar{z}_\mu$ und addiert, so erhält man

$$\frac{\mathrm{d}}{\mathrm{d}t} \sum \Gamma_\mu z_\mu \bar{z}_\mu = \frac{1}{2\pi i} \sum_\mu \sideset{}{'}\sum_\nu \frac{\Gamma_\mu \Gamma_\nu z_\mu}{z_\mu - z_\nu} - \frac{1}{2\pi i} \sum_\mu \sideset{}{'}\sum_\nu \frac{\Gamma_\mu \Gamma_\nu \bar{z}_\mu}{\bar{z}_\mu - \bar{z}_\nu}$$
$$+ \sum \Gamma_\mu \big(z_\mu \chi'(z_\mu) + \bar{z}_\mu \overline{\chi'(z_\mu)}\big).$$

Wieder heben sich die Glieder der Doppelsummen fort, denn unter Vertauschung von μ und ν steht in der ersten

$$\Gamma_\mu \Gamma_\nu \left(\frac{z_\mu}{z_\mu - z_\nu} + \frac{z_\nu}{z_\nu - z_\mu} \right) = \Gamma_\mu \Gamma_\nu \,,$$

in der zweiten steht das Entgegengesetzte; also bleibt

$$(5,17) \qquad \frac{d}{dt} \sum \Gamma_\mu z_\mu \bar{z}_\mu = \sum \Gamma_\mu \left(z_\mu \chi'(z_\mu) + \bar{z}_\mu \overline{\chi'(z_\mu)} \right);$$

wenn wieder **keine Außenwirkung** da ist:

$$(5,17\,\mathrm{a}) \qquad \sum \Gamma_\mu z_\mu \bar{z}_\mu = \sum \Gamma_\mu |z_\mu|^2 = \mathrm{const}\,.$$

Das **Virial** ist also dann konstant. (Das **Virial** eines Punkthaufens ist allgemein durch $\sum m_\nu r_\nu^2$ erklärt; m_ν Massen, r_ν Abstand von 0.)

42. Beispiele. a) Zwei Wirbel, $\chi = 0$. Es bestehen also die Sätze $\Gamma_1 z_1 + \Gamma_2 z_2 = \mathrm{const}$ und $\Gamma_1 r_1^2 + \Gamma_2 r_2^2 = \mathrm{const}$.

$\alpha)$ $\Gamma_1 + \Gamma_2 \neq 0$, dann ist $z^* = \mathrm{const}$. Durch Wahl des Anfangspunktes 0 kann diese Konstante zu Null gemacht werden; also ist

$$\Gamma_1 z_1 + \Gamma_2 z_2 = 0$$

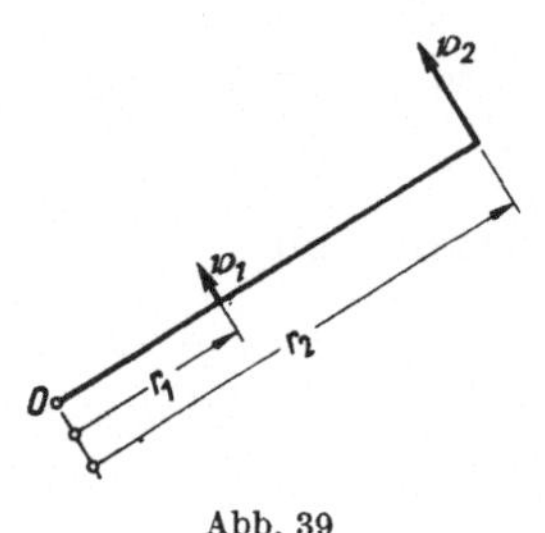

oder $\dfrac{z_1}{z_2} = -\dfrac{\Gamma_2}{\Gamma_1}$ reell.

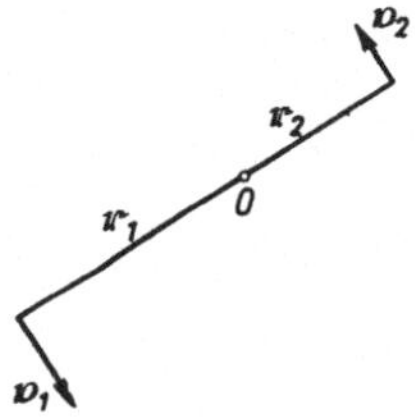

Sind Γ_1 und Γ_2 beide positiv, dann wird die Bewegung durch Abb. 38 dargestellt. Ist dagegen $\Gamma_1 \Gamma_2 < 0$, und zwar $\Gamma_1 > 0$, $\Gamma_2 < 0$, dann wird die Strömung durch Abb. 39 dargestellt. Die Geschwindigkeiten sind, als vom anderen Wirbel herrührend, senkrecht zur Verbindungslinie gezeichnet.

Wegen $\dfrac{z_1}{z_2} = -\dfrac{\Gamma_2}{\Gamma_1}$ ist $\dfrac{r_1^2}{r_2^2} = \dfrac{\Gamma_2^2}{\Gamma_1^2}$, weshalb nach (5, 17a)

$$r_1^2 \left(\Gamma_1 + \frac{\Gamma_1^2}{\Gamma_2} \right) = \mathrm{const}$$

Abb. 38

wird. r_1 und r_2 bleiben also konstant. Die Konfiguration dreht sich also konstant bleibend. Die Drehgeschwindigkeit folgt im Fall $\Gamma_1 > 0$, $\Gamma_2 > 0$ unter Verwendung von (5, 13) aus

$$r_1 \omega = \frac{\Gamma_2}{2\pi(r_1 + r_2)} \quad \text{bzw.} \quad r_2 \omega = \frac{\Gamma_1}{2\pi(r_1 + r_2)}\,.$$

Wegen $\dfrac{\Gamma_2}{r_1} = \dfrac{\Gamma_1}{r_2}$ führen beide Gleichungen zum selben Wert, nämlich

$$(5,18) \qquad \omega = \frac{\Gamma_1 + \Gamma_2}{2\pi(r_1 + r_2)^2}\,.$$

$\beta)$ $\Gamma_1 + \Gamma_2 = 0$, also $z_1 - z_2 = \mathrm{const}$, d. h. die Verbindungslinie beider Wirbel bleibt konstant nach Größe und Richtung; wir haben ein Wirbelpaar, das gemeinsam fortschreitet (Abb. 40). Die Geschwindigkeit folgt aus

Abb. 39

$$(5,19) \qquad v = \frac{\Gamma_1}{2\pi r}\,,$$

wenn $\Gamma_1 > 0$ ist; r ist dabei die konstante Entfernung der beiden Wirbel.

b) Der Fall von drei und mehr Wirbeln ist im allgemeinen nicht mehr elementar lösbar. Besondere Fälle sind in der Göttinger Dissertation von Gröbli (1877) zu finden. Routh zeigte, daß man, wenn χ nicht von den z_μ abhängt, eine Stromfunktion ψ einführen kann, nämlich

$$(5, 20) \qquad \psi = \sum_\mu \left(\Gamma_\mu \chi(z_\mu) - \Gamma_\mu \overline{\chi(z_\mu)} \right) + \frac{1}{2\pi i} {}'\!\!\sum_{\mu,\nu} \Gamma_\nu \Gamma_\mu \log\left[(z_\mu - z_\nu)(\overline{z}_\mu - \overline{z}_\nu) \right]$$

und es ist dann (s. (5, 13), (5, 14))

$$(5, 21) \qquad \Gamma_\mu \frac{\mathrm{d}}{\mathrm{d}t} \overline{z}_\mu = \frac{\partial \psi}{\partial z_\mu}, \quad \Gamma_\mu \frac{\mathrm{d}}{\mathrm{d}t} z_\mu = -\frac{\partial \psi}{\partial \overline{z}_\mu}.$$

Mit $\sqrt{\Gamma_\mu}\, z_\mu = p_\mu$ und $\sqrt{\Gamma_\mu}\, \overline{z}_\mu = q_\mu$ werden die Gleichungen kanonisch

$$(5, 21\,a) \qquad \frac{\mathrm{d}q_\mu}{\mathrm{d}t} = \frac{\partial \psi}{\partial p_\mu}, \quad \frac{\mathrm{d}p_\mu}{\mathrm{d}t} = -\frac{\partial \psi}{\partial q_\mu}$$

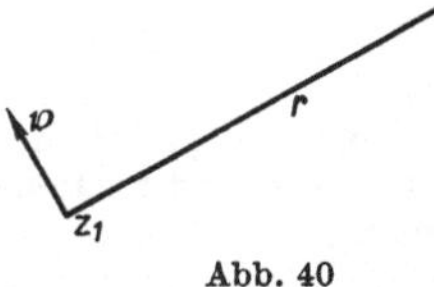
Abb. 40

und es ist, wenn auch t nicht explizit in χ vorkommt, $\psi = $ const
ein Integral von (5, 21 a) bzw. (5, 21). Diese Konstante ist offenbar rein imaginär. Die leichte Rechnung mag dem Leser überlassen bleiben.

c) Weitere Einzelfälle sind von Lagally[1]), Bonder und Neumark, Kneschke und Hamel[2]) untersucht worden. Hier ist χ von z_μ abhängig.

Bei der konformen Abbildung einer Wirbelbewegung in der z-Ebene in eine solche einer w-Ebene ist Vorsicht am Platze. Die Wirbelbewegung kann nicht mitübertragen werden. Denn ist in der z-Ebene

$$(5, 9) \qquad f(z) = \chi(z) + \frac{1}{2\pi i} \sum \Gamma_\mu \log(z - z_\mu),$$

also

$$(5, 10) \qquad v_x - i v_y = f'(z) = \chi'(z) + \frac{1}{2\pi i} \sum \Gamma_\mu \frac{1}{z - z_\mu},$$

so hat man bei der Bestimmung von $\dfrac{\mathrm{d}}{\mathrm{d}t} \overline{z}_\mu$ das Glied $\dfrac{1}{2\pi i} \dfrac{\Gamma_\mu}{z - z_\mu}$ fortzulassen, also in $f(z)$ das Glied

$$\frac{1}{2\pi i} \Gamma_\mu \log(z - z_\mu).$$

Wird nun mit $z = F(w)$ transformiert, so hat man nicht dasselbe Glied zur Berechnung von $\dfrac{\mathrm{d}}{\mathrm{d}t} \overline{w}_\mu$ wegzulassen, sondern

$$\frac{1}{2\pi i} \Gamma_\mu \log(w - w_\mu).$$

Nun ist

$$\log(z - z_\mu) = \log[F(w) - F(w_\mu)] = \log(w - w_\mu) + \log \frac{F(w) - F(w_\mu)}{w - w_\mu}.$$

Das erste Glied ist jetzt fortzulassen, aber das zweite gibt für $w \to w_\mu$ $\log F'(w_\mu)$ und entsprechend bleibt in der Gleichung für $\dfrac{\mathrm{d}}{\mathrm{d}t} \overline{w}_\mu$ das Glied

$$\lim_{w \to w_\mu} \frac{\mathrm{d}}{\mathrm{d}w} \frac{\Gamma_\mu}{2\pi i} \log \frac{F(w) - F(w_\mu)}{w - w_\mu} = \lim_{w \to w_\mu} \frac{\mathrm{d}}{\mathrm{d}w} \frac{\Gamma_\mu}{2\pi i} \log\left[F'(w_\mu) + \tfrac{1}{2} F''(w_\mu)(w - w_\mu) + \cdots \right]$$

$$= \lim \frac{\Gamma_\mu}{2\pi i} \frac{\tfrac{1}{2} F''(w_\mu) + \cdots}{F'(w_\mu) + \tfrac{1}{2} F''(w_\mu)(w - w_\mu) + \cdots}$$

$$= \frac{\Gamma_\mu}{2\pi i} \frac{1}{2} \frac{F''(w_\mu)}{F'(w_\mu)}.$$

---

[1]) Math. Z. **10** (1921), S. 231.
[2]) Hamel, G.: Bewegung um eine Buhne. ZAMM **13** (1933), S. 98.

Dieses Glied tritt hinzu. Zu beachten ist der Faktor $\frac{1}{2}$; man kann also nicht einfach die Ableitung von $\log F'(w_\mu)$ hinzufügen.

Dies kann zur Berechnung der Bewegung eines Wirbels um eine Buhne angewendet werden. Man bestimmt zunächst die Bewegung längs der festen Wand $x = 0$ durch Spiegelung (Abb. 41). Die Wand kann durch einen gespiegelten Wirbel in $z_2 = -a + bi$ ersetzt werden, und man hat zunächst

$$f(z) = \frac{\Gamma}{2\pi i} \log \frac{z - z_1}{z - z_2}.$$

Bildet man nun mit Bonder und Neumark durch $z = \sqrt{w}$ ab, so erhält man die Bewegung eines Wirbels, und zwar des Bildes von z_1 in der längs der negativ reellen Achse geschlitzten w-Ebene.

Die Lösung hat aber den Nachteil, daß im Punkt $w = 0$ die Geschwindigkeit der Flüssigkeit (nicht die des Wirbels, der nicht $w = 0$ passieren möge) unendlich wird. Um das zu vermeiden, kann man vor der Abbildung $- V i z$ überlagern, was einer Bewegung V längs der Wand $x = 0$ entspricht. Wählt man

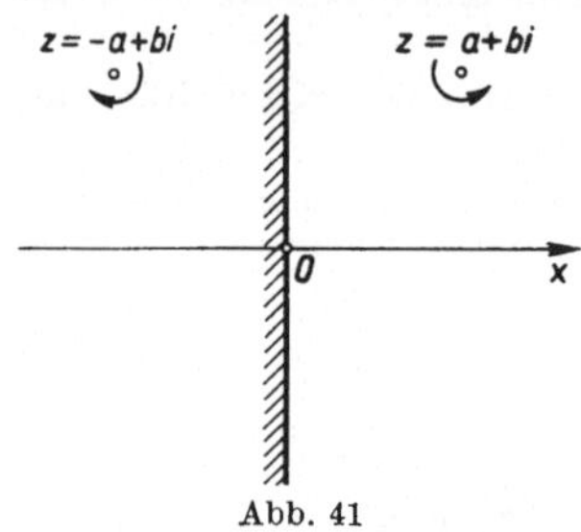

Abb. 41

$$V = \frac{2a\Gamma}{2\pi(a^2 + b^2)} = \frac{\Gamma}{2\pi}\left(\frac{1}{z_1} - \frac{1}{z_2}\right),$$

so kann man erreichen, daß die Geschwindigkeit im Punkte $w = 0$ endlich bleibt. Allerdings wird die ganze Strömungsenergie jetzt unendlich. Experimente müssen entscheiden, was wirklich geschieht, insofern bei solchen idealen Fällen von Wirklichkeit überhaupt die Rede sein kann. Die Reibung ist ja vernachlässigt, und diese könnte ebensogut die Geschwindigkeit im Nullpunkt herabsetzen wie die Energie im Unendlichen. Wir rechnen das Beispiel hier nicht durch, sondern verweisen auf die auf S. 83 Fußnote 2 angegebene Abhandlung. Da die Außenwirkung

$$\chi(w) = \frac{\Gamma}{2\pi}\left(\frac{1}{z_1} - \frac{1}{z_2}\right)$$

von w_1 abhängt, gibt es hier keine Routhsche Stromfunktion.

Eine Ausdehnung der Theorie erfolgte vor allem durch Poincaré[1]), und zwar auf endliche kontinuierliche Wirbel. Unter gewissen Voraussetzungen gelten bei Inkompressibilität und ebener Bewegung mit

$$\omega = \frac{\partial v_y}{\partial x} - \frac{\partial v_x}{\partial y}$$

die beiden Sätze

$$\int \omega \mathfrak{r}\, dF = \text{const} \quad \text{und} \quad \int \omega r^2\, dF = \text{const}.$$

Hierher gehört auch ein Satz von Hamel[2])

$$\int \omega \varphi\, dF = 0,$$

wenn $\operatorname{div} \mathfrak{v} = 0$, $v = 0$ an der Grenze und φ irgendeine harmonische Funktion ist. Die Untersuchung wurde neuerdings von Truesdell auf den Raum ausgedehnt[3]).

Die folgende Nummer ist nun dem berühmtesten Beispiel gewidmet.

---

[1]) Théorie des tourbillons. Paris 1893.
[2]) Göttinger Nachr., math.-phys. Kl., 1911, S. 261.
[3]) Truesdell, C.: Vorticity averages. Canadian Journal of Math. **III** (1951) H. 1.

43. Die v. Kármánsche Wirbelstraße[1]). Beobachtet wurde sie auch von dem Franzosen Bénard.

Man kann beobachten, daß sich bei mittlerer Geschwindigkeit hinter einem im Wasser geschleppten Körper eine Wirbelstraße bildet, d. h. zwei parallele Reihen von Wirbeln in gleichem Abstand inner- halb der Reihe und von Reihe zu Reihe auf Lücke stehend. Man kann sie auch bei leichtem, feinen Schneefall hinter einem nicht zu schnell fahrenden Auto beobach- ten: den Wirbeln entsprechend legt sich

Abb. 42

der Schnee auf den Asphalt. v. Kármán gelang die theoretische Erklärung und die Nutzanwendung auf den Widerstand. Wir geben einen Überblick ohne Einzel- ausführung.

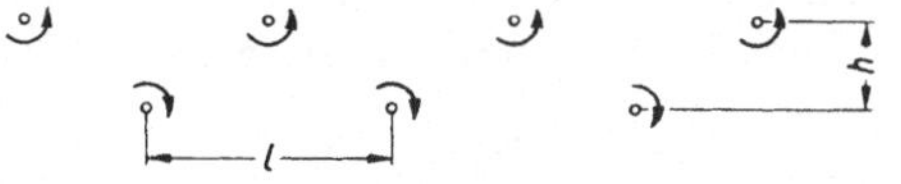

Zunächst wurde die Stabilität untersucht. Nur eine einzige Anordnung (Abb. 42) ist wenigstens indifferent; alle anderen sind instabil, besonders die Gleichstellung.

Ferner muß

$$(5,22) \qquad \mathfrak{Cof}\, \pi \frac{h}{l} = \sqrt{2}, \quad \text{d. h.} \quad \frac{h}{l} = 0{,}283 \cdots$$

sein. Dabei ist h die Breite der Straße und l der Abstand in der Reihe. Für den n-ten Wirbel der oberen Reihe gilt dann

$$(5,23) \qquad z_n = a(t) + \frac{ih}{2} + nl,$$

für den der unteren Reihe

$$(5,23\,\mathrm{a}) \qquad z_n' = a(t) - \frac{ih}{2} + (n + \tfrac{1}{2})l.$$

Dazu gehört das komplexe Potential

$$(5,24) \quad f(z) = \frac{\Gamma}{2\pi i} \log \sin\left[\frac{\pi}{l}\left(z - \frac{ih}{2} - a\right)\right] - \frac{\Gamma}{2\pi i} \log \sin\left[\frac{\pi}{l}\left(z + \frac{ih}{2} - a - \frac{l}{2}\right)\right].$$

Denn der Sinus hat die Halbperiode l und die Nullstellen z_n bzw. z_n'; in der Umgebung dieser Stellen verhält sich sein Logarithmus wie $\log(z - z_n)$ bzw. $\log(z - z_n')$. Also ist

$$(5,24\,\mathrm{a}) \quad f'(z) = \frac{\Gamma}{2il} \cotg\left[\frac{\pi}{l}\left(z - \frac{ih}{2} - a\right)\right] - \frac{\Gamma}{2il} \cotg\left[\frac{\pi}{l}\left(z + \frac{ih}{2} - a - \frac{l}{2}\right)\right].$$

Man beweist, daß das für $y \to \pm\,\infty$ gegen Null geht. Die Straße selbst aber bewegt sich bei positivem Γ nach rechts mit der Geschwindigkeit

$$u = \frac{\Gamma}{2l}\, \mathfrak{Tg}\, \frac{\pi h}{l} = \frac{1}{\sqrt{8}}\, \frac{\Gamma}{l}.$$

Man beweist das, indem man das Glied $\dfrac{\Gamma}{2\pi i}\dfrac{1}{z - z_n}$ fortläßt und $z \to z_n$ gehen läßt. Dabei kann man die obere Hälfte der Straße außer acht lassen, da sie ersichtlich nicht auf sich selbst wirken kann, d. h. die Wirkungen der anderen Wirbel heben sich paarweise von rechts und links auf.

---

[1]) Göttinger Nachr., math.-phys. Kl., 1911, S. 509 u. 1912, S. 547; v. Kármán und Rubach, Phys. Z. **13** (1912), S. 49.

Daher bleibt

$$u = -\frac{\Gamma}{2il}\operatorname{cotg}\left[\frac{\pi}{l}\left(ih - \frac{l}{2}\right)\right] = \frac{\Gamma}{2il}\operatorname{tg}\left(ih\,\frac{\pi}{l}\right) = \frac{\Gamma}{2l}\mathfrak{Tg}\,\frac{\pi h}{l}\,.$$

44. Körper und Wirbelstraße. Wie gesagt, zeigt die Erfahrung, daß sich hinter einem angeströmten Körper zylindrischer Gestalt ein Stück Wirbelstraße ausbildet. Man beobachtet etwa drei Wirbel in jeder Reihe; dann löscht die Reibung sie aus (Abb. 43). Auch die Entstehung hinter dem Körper kennt man wohl qualitativ, aber noch nicht exakt. Man wendet deshalb die Theorie der unendlichen Straße an.

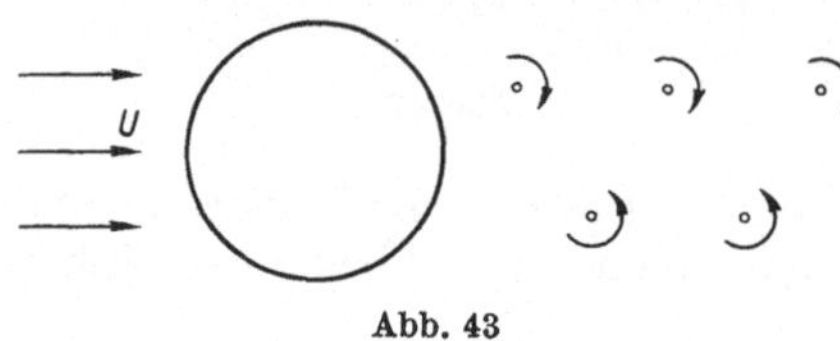

Abb. 43

Indem man um das Ganze ein großes Rechteck legt und nun den Impulssatz anwendet, kann man aus dem Impulsverlust den Widerstand ausrechnen. Man findet durch Mittelung über eine Periode den Widerstand:

$$(5,\,25)\quad W = \varrho\,\Gamma\,\frac{h}{l}\,(U - 2u) + \varrho\,\frac{\Gamma^2}{2\pi l} = \varrho l\left[0{,}283\,\sqrt{8}\,u\,(U - 2u) + \frac{4}{\pi}\,u^2\right] = \alpha\varrho L U^2,$$

wo $L = 2R$ der Querdurchmesser des Körpers sei, α die Widerstandszahl. Sie ist also

$$\alpha = \frac{l}{L}\left(0{,}799\,\frac{u}{U} - 0{,}323\left(\frac{u}{U}\right)^2\right).$$

Entnimmt man nun die theoretisch noch nicht zu ermittelnden $\frac{l}{L}$ und $\frac{u}{U}$ aus der Erfahrung, so stimmt das Ergebnis bei mittlerer Geschwindigkeit gut mit der Erfahrung überein. Auch fanden v. Kármán und Rubach die Gleichung (5, 20) bestätigt. Bénard fand höhere Werte, und das scheint sich nach Versuchen von R. Wille und U. Domm so zu erklären, daß infolge der inneren Reibung sich das Verhältnis allmählich bei Auflösung der Wirbel vergrößert[1]).

45. Helmholtz' Wirbelringe. Um die z-Achse eines räumlichen kartesischen Koordinatensystems sei ein kreisförmiger, unendlich dünner Wirbelring von der Stärke Γ gelegt. Von der positiven z-Achse aus gesehen weise $\vec{\omega}$ nach links herum (Abb. 44). Nach der Avogadroschen Schwimmregel wird das Innere des Kreises nach vorne, das Äußere nach hinten strömen. Die Geschwindigkeit im Punkt P in der Kreisebene ist nach dem Biot-Savartschen Gesetz gegeben durch das Integral (s. Nr. 39)

$$v = \frac{\Gamma R}{4\pi}\int\limits_{0}^{2\pi}\frac{\cos\varkappa}{\varrho^2}\,d\vartheta,$$

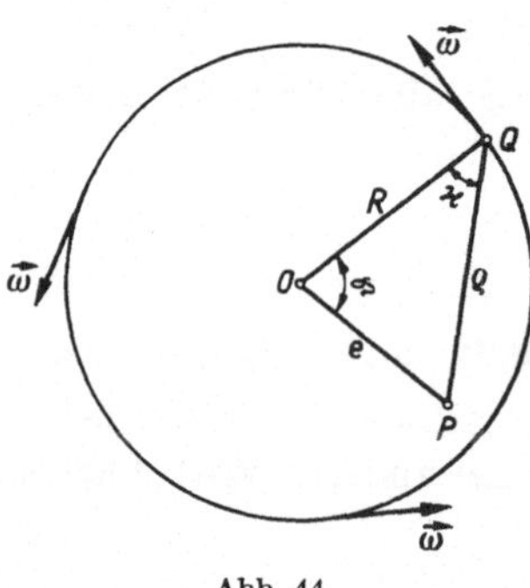

Abb. 44

wo ϱ die Entfernung des Punktes P von einem Punkt Q des Kreises, $\varkappa$ der Winkel zwischen OQ und PQ ist. Nun ist

$$\varrho^2 = R^2 + e^2 - 2Re\cos\vartheta, \quad e^2 = R^2 + \varrho^2 - 2R\varrho\cos\varkappa,$$

---

[1]) Phys. Verhandl. 8 (1952), S. 196.

wenn ϑ der Winkel zwischen OP und OQ, e die Entfernung OP ist. Also ergibt sich

$$\cos \varkappa = \frac{2R^2 - 2Re\cos\vartheta}{2R\sqrt{R^2 + e^2 - 2Re\cos\vartheta}}$$

und somit

$$(5,26) \qquad v = \frac{\Gamma R}{4\pi} \int\limits_0^{2\pi} \frac{R - e\cos\vartheta}{\sqrt{R^2 + e^2 - 2Re\cos\vartheta}^{\,3}}\,\mathrm{d}\vartheta.$$

Da $\varrho > 0$ ist, ist die Wurzel stets positiv zu nehmen. Das ist ein elliptisches Integral. Man kann es in der Mitte ($e = 0$) elementar berechnen. Hier ist

$$(5,26\,\mathrm{a}) \qquad v_0 = \frac{\Gamma R}{4\pi} \int\limits_0^{2\pi} \frac{\mathrm{d}\vartheta}{R^2} = \frac{\Gamma}{2R} = \frac{\text{Wirbelstärke}}{\text{Durchmesser}}.$$

Am Rand aber, für $e = R$, wird das Integral unendlich. Nimmt man bei konstant gehaltenem Γ das R als variabel an, so kann man das Ergebnis auch schreiben

$$v = -\frac{\Gamma R}{4\pi} \frac{\partial}{\partial R} \int\limits_0^{2\pi} \frac{\mathrm{d}\vartheta}{\sqrt{R^2 + e^2 - 2Re\cos\vartheta}} = -\frac{\Gamma R}{4\pi} \frac{\partial}{\partial R}\left[\frac{1}{R}\varphi\left(\frac{e}{R}\right)\right],$$

wo $\varphi(\zeta)$ das elliptische Integral erster Gattung

$$\varphi(\zeta) = \int\limits_0^{2\pi} \frac{\mathrm{d}\vartheta}{\sqrt{1 + \zeta^2 - 2\zeta\cos\vartheta}}$$

ist. Also ist

$$(5,26\,\mathrm{b}) \qquad v = \frac{\Gamma}{4\pi R}\left[\varphi(\zeta) + \zeta\varphi'(\zeta)\right] \quad \text{mit} \quad \zeta = \frac{e}{R}.$$

Setzt man $\Gamma = i\,\mathrm{d}R = -\dfrac{ie}{\zeta^2}\,\mathrm{d}\zeta$, so kann man die Wirkung eines von $R = \alpha$ bis $R = \beta$ erstreckten Bandes berechnen:

$$(5,27) \qquad v = -\frac{1}{4\pi} \int\limits_{R=\alpha}^{R=\beta} i\left[\varphi(\zeta) + \zeta\varphi'(\zeta)\right] \frac{\mathrm{d}\zeta}{\zeta}$$

oder nach partieller Integration

$$(5,27\,\mathrm{a}) \qquad v = -\frac{1}{4\pi} \int\limits_{R=\alpha}^{R=\beta} \varphi(\zeta)\left[\frac{i}{\zeta} - \frac{\mathrm{d}i}{\mathrm{d}\zeta}\right]\mathrm{d}\zeta,$$

wenn $i(\alpha) = 0$, $i(\beta) = 0$ ist. Da $\dfrac{\mathrm{d}i}{\mathrm{d}\zeta} = -\dfrac{\mathrm{d}i}{\mathrm{d}R}\dfrac{e}{\zeta^2}$ gilt, ist

$$v = -\frac{1}{4\pi} \int\limits_{R=\alpha}^{R=\beta} \frac{\varphi(\zeta)}{\zeta}\left[i + R\frac{\mathrm{d}i}{\mathrm{d}R}\right]\mathrm{d}\zeta.$$

Wegen $\dfrac{\mathrm{d}\zeta}{\zeta} = -\dfrac{\mathrm{d}R}{R}$ kann man auch schreiben

$$(5,27\,\mathrm{b})\quad\begin{cases}v = \dfrac{1}{4\pi}\displaystyle\int\limits_{R=\alpha}^{R=\beta}\dfrac{\mathrm{d}R}{R}\left[\left(i + R\,\dfrac{\mathrm{d}i}{\mathrm{d}R}\right)\int\limits_{0}^{2\pi}\dfrac{R\,\mathrm{d}\vartheta}{\sqrt{R^2 + e^2 - 2Re\cos\vartheta}}\right]\\[3ex] = \dfrac{1}{4\pi}\displaystyle\int\limits_{0}^{2\pi}\mathrm{d}\vartheta\int\limits_{R=\alpha}^{R=\beta}\left(i + R\,\dfrac{\mathrm{d}i}{\mathrm{d}R}\right)\dfrac{\mathrm{d}R}{\sqrt{R^2 + e^2 - 2Re\cos\vartheta}}\,.\end{cases}$$

Da man alle Integrale

$$\int\dfrac{R^n\,\mathrm{d}R}{\sqrt{R^2 + e^2 - 2Re\cos\vartheta}}$$

für $n = 0, \pm 1, \pm 2, \cdots$ elementar berechnen kann, läßt sich wenigstens das innere Integral für eine große Klasse von rationalen Funktionen $i(R)$ elementar ausrechnen. Da das Ergebnis die Wurzel im Zähler oder unter einem Logarithmus enthält, kann ihr Verschwinden für $R = e$ und $\cos\vartheta = 1$ das Gesamtergebnis nicht unendlich werden lassen, wie es bei einem unendlich dünnen Ring der Fall ist. Man erkennt nämlich leicht, daß sich der unendlich dünne Ring mit unendlicher Geschwindigkeit nach vorne, d. h. in Richtung der positiven z-Achse bewegen würde; sein Inneres mit nach innen abnehmender Geschwindigkeit in derselben Richtung. Das Innere würde also gegen den Ring zurückbleiben.

Dieses extreme und daher unmögliche Ergebnis wurde von Helmholtz dadurch verbessert, daß er dem Wirbelring bei kreisförmigem Querschnitt endliche Dicke gab. Ist der Querschnitt $\pi\,c^2$, so errechnete Helmholtz durch mühsame, mathematisch anfechtbare Näherungsbetrachtung für die Geschwindigkeit des Ringes

$$(5,28)\qquad\qquad \dfrac{c^2\omega}{R}\left(\log\dfrac{8R}{c} - \dfrac{1}{4}\right).$$

Das Ergebnis ist nicht nur unsicher, sondern auch wenig schön, da man c kaum kennen dürfte. Man sollte die Untersuchung von Helmholtz neu aufnehmen. Eine weitere Aufgabe wäre die Lösung der Integralgleichung

$$v(e) = \dfrac{1}{4\pi}\displaystyle\int\limits_{\zeta=\frac{e}{\alpha}}^{\zeta=\frac{e}{\beta}}\dfrac{\varphi(\zeta)}{\zeta}\left(i + R\,\dfrac{\mathrm{d}i}{\mathrm{d}R}\right)\mathrm{d}\zeta\quad (0\leq e\leq\alpha<\beta,\ i(\alpha) = i(\beta) = 0)$$

nach unbekanntem $i(R)$ bei gegebenem $v(e)$.

Im Gegensatz zum kreisförmigen Querschnitt können wir also die Wirkung des bandförmigen, d. h. ganz flachen Wirbelbandes befriedigend lösen. Wir geben drei Beispiele

a) Sei

$$i = i_0(R - \alpha)(\beta - R) = i_0(-\alpha\beta + R(\alpha + \beta) - R^2),$$

also

$$i + R\,\dfrac{\mathrm{d}i}{\mathrm{d}R} = i_0(-\alpha\beta + 2R(\alpha + \beta) - 3R^2),$$

so ist[1])

$$\int \left(i + R \frac{\mathrm{d}i}{\mathrm{d}R} \right) \frac{\mathrm{d}R}{\sqrt{R^2 + e^2 - 2Re\cos\vartheta}} =$$
$$= i_0 \left[(A_0 R + A_1) \sqrt{R^2 + e^2 - 2Re\cos\vartheta} + B \int \frac{\mathrm{d}R}{\sqrt{R^2 + e^2 - 2Re\cos\vartheta}} \right]$$

mit

$$A_0 = -\tfrac{3}{2}, \quad A_1 = -\tfrac{9}{2} e \cos\vartheta + 2(\alpha + \beta)$$
$$B = -\alpha\beta + \tfrac{3}{2} e^2 + \left[-\tfrac{9}{2} e \cos\vartheta + 2(\alpha + \beta) \right] e \cos\vartheta$$

und

$$\int \frac{\mathrm{d}R}{\sqrt{R^2 + e^2 - 2Re\cos\vartheta}} = \log\left[R - e\cos\vartheta + \sqrt{R^2 + e^2 - 2Re\cos\vartheta} \right].$$

Daher

$$v_0 = \frac{i_0}{4\pi} \int_0^{2\pi} \mathrm{d}\vartheta \left[(A_0 R + A_1) \sqrt{R^2 + e^2 - 2Re\cos\vartheta} \right.$$
$$\left. + B \log\left(R - e\cos\vartheta + \sqrt{R^2 + e^2 - 2Re\cos\vartheta} \right) \Big|_{R=\alpha}^{R=\beta} \right].$$

In der Mitte, d. h. für $e = 0$, ist

$$A_0 = -\tfrac{3}{2}, \quad A_1 = 2(\alpha + \beta), \quad B = -\alpha\beta$$

und daher

$$v_0 = \frac{i_0}{4} \left\{ \beta^2 - \alpha^2 - 2\alpha\beta \log \frac{\beta}{\alpha} \right\}.$$

Die ganze Wirbelstärke ist

$$\Gamma = i_0 \int_\alpha^\beta \left(-\alpha\beta + R(\alpha + \beta) - R^2 \right) \mathrm{d}R = \frac{i_0}{6} (\beta - \alpha)^3.$$

Daher

$$v_0 = \tfrac{3}{2} \Gamma \, \frac{\beta^2 - \alpha^2 - 2\alpha\beta \log \dfrac{\beta}{\alpha}}{(\beta - \alpha)^3},$$

und das konvergiert bei festem Γ für $\alpha \to \beta$ gegen den Wert $\dfrac{\Gamma}{2\beta}$, was wegen (5, 26a) zu erwarten war. Für alle e ergibt sich ein endlicher Wert.

b) Wesentlich einfacher ist das folgende Beispiel. Es sei

$$i = i_0 \left(\frac{R}{R_0} \right)^\lambda \text{ für } R \le R_0, \quad i = i_0 \left(\frac{R}{R_0} \right)^{-\lambda} \text{ für } R \ge R_0,$$

wobei λ eine positive ganze Zahl ist. i ist stetig, $\dfrac{\mathrm{d}i}{\mathrm{d}R}$ unstetig, was die Überlegungen nicht hindert. Es ist dann

$$i + R \frac{\mathrm{d}i}{\mathrm{d}R} = i_0 \left(\frac{R}{R_0} \right)^\lambda (1 + \lambda) \quad \text{für } R \le R_0,$$
$$i + R \frac{\mathrm{d}i}{\mathrm{d}R} = i_0 \left(\frac{R}{R_0} \right)^{-\lambda} (1 - \lambda) \quad \text{für } R \ge R_0.$$

---

[1]) Vgl. z. B. v. Mangoldt-Knopp: Einführung in die höhere Mathematik. Bd. 3, 9. Aufl. Stuttgart 1948. S. 64, Nr. 22.

Der Zusammenhang zwischen i und R wird durch Abb. 45 dargestellt. Es wird jetzt

$$v = \frac{i_0}{4\pi} \int\limits_0^{2\pi} d\vartheta \left[(1+\lambda) \int\limits_0^{R_0} \left(\frac{R}{R_0}\right)^\lambda \frac{dR}{\sqrt{R^2 + e^2 - 2Re\cos\vartheta}} \right.$$

$$\left. + (1-\lambda) \int\limits_{R_0}^{\infty} \left(\frac{R}{R_0}\right)^{-\lambda} \frac{dR}{\sqrt{R^2 + e^2 - 2Re\cos\vartheta}} \right].$$

Besonders einfach ist die Annahme $\lambda = 1$. Hier wird

$$v = \frac{i_0}{2\pi R_0} \int\limits_0^{2\pi} d\vartheta \left[\sqrt{R_0^2 + e^2 - 2R_0 e\cos\vartheta} - e \right.$$

$$\left. + e\cos\vartheta \log \frac{R_0 - e\cos\vartheta + \sqrt{R_0^2 + e^2 - 2eR_0\cos\vartheta}}{e - e\cos\vartheta} \right].$$

Für $e = 0$ ist das $v_0 = i_0$; für $e = R_0$ ist es

$$v_{R_0} = \frac{i_0}{2\pi R_0} \int\limits_0^{2\pi} d\vartheta \left[2R_0 \sin\frac{\vartheta}{2} - R_0 + R_0 \cos\vartheta \log \frac{1 - \cos\vartheta + 2\sin\frac{\vartheta}{2}}{2\sin^2\frac{\vartheta}{2}} \right].$$

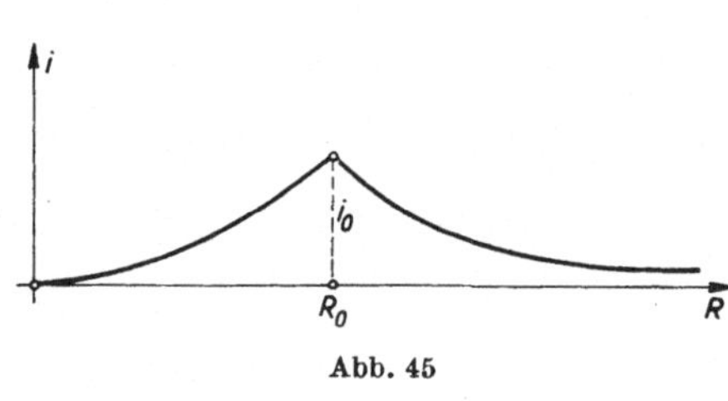

Abb. 45

Die Zeichen sind richtig gewählt, da die Wurzel positiv sein muß und $\sin\frac{\vartheta}{2} > 0$ für $0 < \frac{\vartheta}{2} < \pi$. Das ist aber

$$v_{R_0} = \frac{i_0}{2\pi} \left\{ 8 - 2\pi + \int\limits_0^{2\pi} \cos\vartheta \log \frac{1 + \sin\frac{\vartheta}{2}}{\sin\frac{\vartheta}{2}} d\vartheta \right\}.$$

Zerlegt man das Integral in $\int\limits_0^{\pi} + \int\limits_{\pi}^{2\pi}$ und ersetzt im zweiten Glied ϑ durch $\pi + \vartheta$, so erhält man

$$\int\limits_0^{\pi} \cos\vartheta \log \frac{\left(1 + \sin\frac{\vartheta}{2}\right)\cos\frac{\vartheta}{2}}{\sin\frac{\vartheta}{2}\left(1 + \cos\frac{\vartheta}{2}\right)} d\vartheta = \int\limits_0^{\pi} \cos\vartheta \log \frac{2\cos\frac{\vartheta}{2} + \sin\vartheta}{2\sin\frac{\vartheta}{2} + \sin\vartheta} d\vartheta.$$

Zerlegt man abermals in $\int\limits_0^{\frac{\pi}{2}} + \int\limits_{\frac{\pi}{2}}^{\pi}$ und ersetzt im zweiten Glied ϑ durch $\pi - \vartheta$, so erhält man

$$2 \int\limits_0^{\frac{\pi}{2}} \cos\vartheta \log \frac{2\cos\frac{\vartheta}{2} + \sin\vartheta}{2\sin\frac{\vartheta}{2} + \sin\vartheta} d\vartheta.$$

Das ist sicher positiv; eine genauere Abschätzung führt auf die Ungleichung

$$v_{R_0} > v_0.$$

Dieses Beispiel hat den Nachteil, daß die gesamte Wirbelstärke $\int\limits_0^\infty i\,\mathrm{d}R$ unendlich ist. Man vermeidet das, wenn man $\lambda > 1$, etwa gleich 2 wählt, wodurch die Konzentration auf $R = R_0$ stärker wird. Für $\lambda = 2$ wird

$$(5, 29) \quad v = \frac{i_0}{4\pi}\int\limits_0^{2\pi}\mathrm{d}\vartheta\left[3\int\limits_0^{R_0}\left(\frac{R}{R_0}\right)^2\frac{\mathrm{d}R}{\sqrt{R^2 + e^2 - 2Re\cos\vartheta}} - \int\limits_{R_0}^\infty\left(\frac{R_0}{R}\right)^2\frac{\mathrm{d}R}{\sqrt{R^2 + e^2 - 2Re\cos\vartheta}}\right]$$

Nach elementarer, aber umfangreicher Rechnung ergibt sich

$$v = \frac{i_0}{4\pi}\int\limits_0^{2\pi}\mathrm{d}\vartheta\left\{\frac{3}{R_0^2}\left[\left(\frac{R_0}{2} + \tfrac{3}{2}e\cos\vartheta\right)\sqrt{R_0^2 + e^2 - 2eR_0\cos\vartheta} - \tfrac{3}{2}e^2\cos\vartheta + \right.\right.$$

$$\left.+ \left(-\frac{e^2}{2} + \frac{3e^2}{2}\cos^2\vartheta\right)\log\frac{R_0 - e\cos\vartheta + \sqrt{R_0^2 + e^2 - 2eR_0\cos\vartheta}}{e(1 - \cos\vartheta)}\right]$$

$$+ \frac{R_0}{e^2}\left(\sqrt{R_0^2 + e^2 - 2eR_0\cos\vartheta} - R_0\right)$$

$$\left.+ \frac{R_0^2\cos\vartheta}{e^2}\log\frac{e - R_0\cos\vartheta + \sqrt{R_0^2 + e^2 - 2eR_0\cos\vartheta}}{R_0(1 - \cos\vartheta)}\right\}.$$

Der Wert von v für $e = 0$ erscheint hier in unbestimmter Form, man geht daher besser auf die Ausgangsformel (5, 29) zurück, aus der sofort

$$v_0 = \frac{i_0}{4\pi}\int\limits_0^{2\pi}\mathrm{d}\vartheta\left\{\frac{3}{R_0^2}\int\limits_0^{R_0}R\,\mathrm{d}R - R_0^2\int\limits_{R_0}^\infty\frac{\mathrm{d}R}{R^3}\right\} = \frac{i_0}{2}$$

folgt. Die ganze Wirbelstärke des Bandes ist

$$\Gamma = \int\limits_0^\infty i\,\mathrm{d}R = \frac{4i_0 R_0}{3},$$

also ist

$$v_0 = \tfrac{3}{8}\frac{\Gamma}{R_0}.$$

Für $e = R_0$ erhält man nach einiger Rechnung

$$v_{R_0} = i_0\left(\frac{2}{\pi} - \tfrac{1}{2}\right) + \frac{i_0}{4\pi}\int\limits_0^{2\pi}\left(-\tfrac{3}{2} + \tfrac{9}{2}\cos^2\vartheta + \cos\vartheta\right)\log\frac{1 + \sin\dfrac{\vartheta}{2}}{\sin\dfrac{\vartheta}{2}}\,\mathrm{d}\vartheta.$$

Zur endgültigen Berechnung braucht man also die Integrale

$$-\int\limits_0^{2\pi}\cos^n\vartheta\log\frac{\sin\dfrac{\vartheta}{2}}{1 + \sin\dfrac{\vartheta}{2}}\,\mathrm{d}\vartheta.$$

Setzt man $\vartheta = \pi - 4\psi$, so wird daraus

$$-8\int\limits_0^{\frac{\pi}{4}}(8\sin^2\psi\cos^2\psi - 1)^n\log\frac{1 - \operatorname{tg}^2\psi}{2}\,\mathrm{d}\psi.$$

Mit $\operatorname{tg}\psi = y$, $\mathrm{d}\psi = \dfrac{\mathrm{d}y}{1 + y^2}$ erhält man weiter

$$8\int\limits_0^1 \frac{(-1 + 6\,y^2 - y^4)^n}{(1 + y^2)^{2n+1}}\,[\log 2 + y^2 + \tfrac{1}{2}\,y^4 + \tfrac{1}{3}\,y^6 + \cdots]\,\mathrm{d}y\,.$$

Die hier auftretenden Integrale

$$\int\limits_0^1 \frac{y^{2m}}{(1 + y^2)^k}\,\mathrm{d}y = J_{m,k}$$

lassen sich rekursiv berechnen. Es ist

$$J_{m+1,k} = J_{m,k-1} - J_{m,k}, \quad J_{m,0} = \frac{1}{2m + 1}\,.$$

Man kennt außerdem noch[1]) die Reduktionsformel

$$\int \frac{\mathrm{d}y}{(1 + y^2)^k} = \frac{1}{2(k-1)}\,\frac{y}{(1 + y^2)^{k-1}} + \frac{2k-3}{2(k-1)} \int \frac{\mathrm{d}y}{(1 + y^2)^{k-1}} \quad (k > 1)\,,$$

so daß

$$J_{0,k+1} = \frac{1}{2^k}\,\frac{1}{2k} + \frac{2k-1}{2k}\,J_{0k}, \quad J_{01} = \frac{\pi}{4}\,.$$

Beispielsweise ist (für $n = 0$, somit $k = 1$)

$$-\int\limits_0^{2\pi} \log \frac{\sin\dfrac{\vartheta}{2}}{1 + \sin\dfrac{\vartheta}{2}}\,\mathrm{d}\vartheta = 2\pi \log 2 + 8\left(J_{1,1} + \tfrac{1}{2}\,J_{2,1} + \tfrac{1}{3}\,J_{3,1} + \cdots\right)$$

$$= 2\pi \log 2 + 8\left[\left(1 - \frac{\pi}{4}\right) + \tfrac{1}{2}\left(\frac{\pi}{4} - 1 + \tfrac{1}{3}\right) + \tfrac{1}{3}\left(-\frac{\pi}{4} + 1 - \tfrac{1}{3} + \tfrac{1}{5}\right) + \cdots\right].$$

Man könnte das wegen $\log 2 = 1 - \tfrac{1}{2} + \tfrac{1}{3} - + \cdots$ in

$$8\left[1 + \tfrac{1}{2}\left(-1 + \tfrac{1}{3}\right) + \tfrac{1}{3}\left(1 - \tfrac{1}{3} + \tfrac{1}{5}\right) + \cdots\right]$$

umformen, doch ist die erste Reihe besser konvergent, da $\dfrac{\pi}{4} = 1 - \tfrac{1}{3} + \tfrac{1}{5} - \tfrac{1}{7} + \cdots$ ist.

46. Fortsetzung. Die Erfahrung lehrt, daß bei experimentell hergestellten Ringen der Ring sich zwar nach vorne bewegt, aber die Flüssigkeit schneller durch sich hindurchstreift. Auch die Helmholtzsche Formel gestattet die Wahl solcher c. Übrigens zeigt die Erfahrung weiter, daß sich die Ringe bald deformieren; sie verwinden sich und lösen sich dann auf. Das erstere weist auf die Instabilität hin; das letztere auf einen Einfluß der Reibung.

Das Strömungsbild wird, von der Seite gesehen, durch Abb. 46 dargestellt. Damit kann man nun die Wirkung von zwei parallel stehenden Wirbelringen diskutieren.

a) Hat man zwei antiparallele Wirbel (d. h. hat einer die Stärke $\Gamma > 0$, der andere die Stärke $-\Gamma$) und steht der mit negativem Γ vor dem mit positivem (Abb. 47), so müssen sich die Wirbel gegenseitig erweitern und im Fortschreiten hemmen. Stehen sie aber so, wie Abb. 48 zeigt, so ziehen sie sich zusammen und beschleunigen sich.

---

[1]) S. Fußnote 1 auf S. 71.

Damit ist auch das Verhalten eines Wirbelringes vor einer parallelen Wand festgestellt, denn man kann sich in die Symmetrieebene eine feste Wand gelegt denken.

b) Hat man zwei gleichsinnige Wirbel hintereinander (Abb. 49), so wird der vordere
erweitert und verlangsamt $\left(v_0 = \dfrac{\Gamma}{2r}\right)$, der hintere verkleinert und beschleunigt.
Folglich kann es eintreten, daß der hintere Ring durch den vorderen hindurch-
gezogen wird, worauf sich das Spiel umkehrt. Experimente bestätigen diese

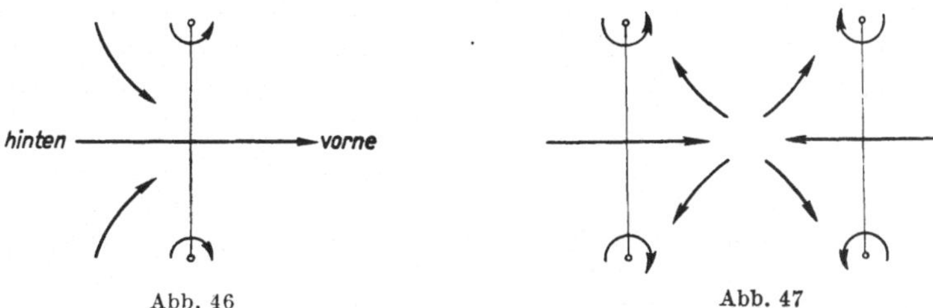

Abb. 46   Abb. 47

Erscheinung. Man erzeugt die Ringe durch Rauch, den man aus einer kreisrunden
Öffnung ausstößt (z. B. durch Schlag auf die Rückseite eines Kastens, der vorne
eine runde Öffnung hat, oder der Rauch aus dem Mund). Solche Experimente sind
wohlbekannt.

Aufgabe: Man zeige, daß ein Kreiswirbelring in einem Punkt der z-Achse die
Geschwindigkeit

$$v = \frac{\Gamma R}{2\,(R^2 + z^2)}$$

hervorruft.

Von wesentlicher Bedeutung wurde die Theorie für Prandtls Theorie der
tragenden Linie. In Nr. 30 wurde festgestellt, daß zur Erzeugung des Auf-
triebs bei einem unendlich langen Tragflügel die Zirkulation um diesen ausschlag-

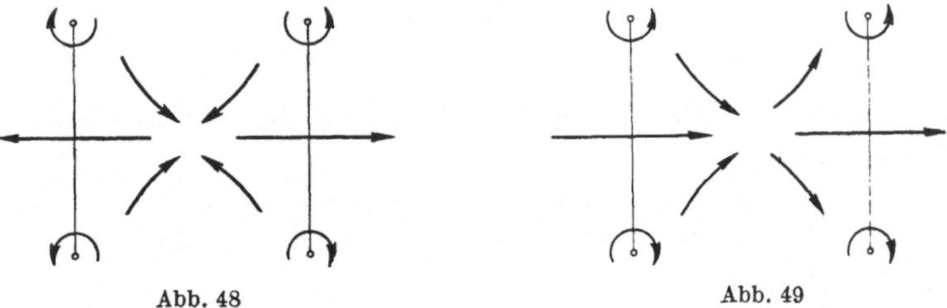

Abb. 48   Abb. 49

gebend ist. Man kann somit den Tragflügel geradezu als einen an ihn gebundenen
Wirbel ansetzen. Nun sind die wirklichen Tragflügel nur von endlicher Länge.
Will man sie als einen Wirbel auffassen, so muß man, um dem mathematischen
Satz von Helmholtz zu genügen, den Wirbel in die umgebende Luft fortsetzen.
Setzen wir starke Bewegung voraus, so wird dieser Wirbel nach hinten fort-
gerissen. So entsteht zunächst Prandtls Idee der tragenden Linie: Der Tragflügel
wird zu einer endlichen Strecke idealisiert, die einen Wirbel trägt, der aber an den
Enden in der Gestalt von Wirbelzöpfen in die Flüssigkeit enteilt. Das Ganze ist

ein Wirbelring, wenn auch nicht von kreisförmiger Gestalt. Der Sachverhalt läßt sich nach dem Biot-Savartschen Gesetz elementar durchrechnen, es zeigt sich aber, daß, wie man erwarten kann, die Geschwindigkeit unendlich wird.

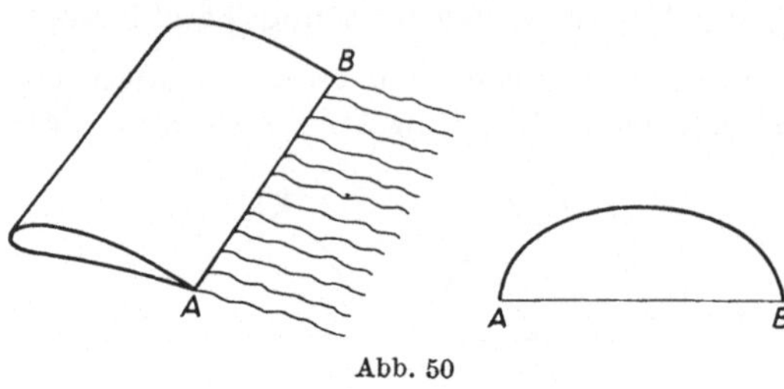

Abb. 50

Diesem Bedenken kann man so begegnen, daß man die Wirbelstärke längs der Strecke von der Mitte aus allmählich auf Null abnehmen läßt, indem man zur Erfüllung des Helmholtzschen Satzes nicht Wirbelzöpfe, sondern ein Wirbelband abgehen läßt.

Nach Betz[1]) ergibt sich ein Optimum, wenn man eine Verteilung der Wirbelstärke in Form einer Halbellipse annimmt (Abb. 50). Man kann jetzt ein befriedigendes Resultat errechnen. Das ganze Wirbelband senkt sich, gewissermaßen als Ersatz für das Nichtfallen des Tragflügels, der sich mit dem Wirbelband auf die Erde stützt.

47. Das Lagrangesche Integral. Der zweite Helmholtzsche Satz läßt sich auch auf dem Lagrangeschen Weg gewinnen.

Es bleibe bei den bisherigen Annahmen (Idealität, Barotropie), und es sei

$$u = gh + P \quad \text{mit} \quad P = \int \frac{dp}{\varrho};$$

dann lautet die Bewegungsgleichung (s. Nr. 8)

$$\frac{d^2\mathfrak{r}}{dt^2} = -\frac{\partial u}{\partial \mathfrak{r}}.$$

Sind nun a, b, c Lagrangesche Koordinaten, so folgt

$$\frac{\partial \mathfrak{r}}{\partial a}\frac{d^2\mathfrak{r}}{dt^2} = -\frac{\partial u}{\partial \mathfrak{r}}\cdot\frac{\partial \mathfrak{r}}{\partial a} = -\frac{\partial u}{\partial a},$$

entsprechend für b und c.

Nun kann man links in bekannter Weise umformen, da a, t unabhängige Variable sind. Man erhält links

$$\frac{d}{dt}\left(\frac{\partial \mathfrak{r}}{\partial a}\frac{d\mathfrak{r}}{dt}\right) - \left(\frac{\partial}{\partial a}\frac{d\mathfrak{r}}{dt}\right)\frac{d\mathfrak{r}}{dt} = \frac{d}{dt}\left(\frac{\partial \mathfrak{r}}{\partial a}\frac{d\mathfrak{r}}{dt}\right) - \frac{1}{2}\frac{\partial}{\partial a}v^2$$

und also die Gleichung

$$\frac{d}{dt}\left(\frac{\partial \mathfrak{r}}{\partial a}\frac{d\mathfrak{r}}{dt}\right) = -\frac{\partial}{\partial a}(u - \tfrac{1}{2}v^2).$$

Seien nun $\mathfrak{i}, \mathfrak{j}, \mathfrak{k}$ Einheitsvektoren im a, b, c-Raum und also $\mathfrak{a} = a\mathfrak{i} + b\mathfrak{j} + c\mathfrak{k}$, so kann man die drei einander entsprechenden Gleichungen mit $\mathfrak{i}, \mathfrak{j}, \mathfrak{k}$ zusammenfassen und erhält nach leichter Rechnung

$$(5, 30) \qquad \frac{d}{dt}\left(\frac{\partial x}{\partial \mathfrak{a}}\frac{dx}{dt} + \frac{\partial y}{\partial \mathfrak{a}}\frac{dy}{dt} + \frac{\partial z}{\partial \mathfrak{a}}\frac{dz}{dt}\right) = -\frac{\partial}{\partial \mathfrak{a}}(u - \tfrac{1}{2}v^2).$$

---

[1]) Geiger-Scheel: Handbuch der Physik. Bd. 7. Berlin 1927. S. 245.

Da rechts ein Gradient in $\mathfrak{a}$ steht, kann man die rechte Seite durch Bildung eines Rotors im a, b, c-Raum eliminieren und erhält so

$$(5,31) \qquad \frac{\partial}{\partial \mathfrak{a}} \times \frac{d}{dt}\left(\frac{\partial x}{\partial \mathfrak{a}}\frac{dx}{dt} + \frac{\partial y}{\partial \mathfrak{a}}\frac{dy}{dt} + \frac{\partial z}{\partial \mathfrak{a}}\frac{dz}{dt}\right) = 0.$$

Nun kann man $\frac{\partial}{\partial \mathfrak{a}}$ mit $\frac{d}{dt}$ vertauschen und danach nach t integrieren. Das gibt das Lagrangesche Integral

$$(5,32) \qquad \frac{\partial}{\partial \mathfrak{a}} \times \left(\frac{\partial x}{\partial \mathfrak{a}}\frac{dx}{dt} + \frac{\partial y}{\partial \mathfrak{a}}\frac{dy}{dt} + \frac{\partial z}{\partial \mathfrak{a}}\frac{dz}{dt}\right) = \mathfrak{C}(\mathfrak{a}).$$

Natürlich muß $\frac{\partial}{\partial \mathfrak{a}}\mathfrak{C}(\mathfrak{a}) = 0$ sein.

Man kann das Integral auch so schreiben

$$(5,32\,\text{a}) \qquad \frac{\partial}{\partial \mathfrak{a}} \times \left[\mathfrak{i}\left(\frac{\partial \mathfrak{r}}{\partial a}\,\mathfrak{v}\right) + \mathfrak{j}\left(\frac{\partial \mathfrak{r}}{\partial b}\,\mathfrak{v}\right) + \mathfrak{k}\left(\frac{\partial \mathfrak{r}}{\partial c}\,\mathfrak{v}\right)\right] = \mathfrak{C}(\mathfrak{a})$$

oder nach Zerlegung in Koordinaten

$$(5,32\,\text{b}) \qquad \begin{cases} \dfrac{\partial}{\partial b}\left(\dfrac{\partial \mathfrak{r}}{\partial c}\,\mathfrak{v}\right) - \dfrac{\partial}{\partial c}\left(\dfrac{\partial \mathfrak{r}}{\partial b}\,\mathfrak{v}\right) = C_a\,, \\[2ex] \dfrac{\partial}{\partial c}\left(\dfrac{\partial \mathfrak{r}}{\partial a}\,\mathfrak{v}\right) - \dfrac{\partial}{\partial a}\left(\dfrac{\partial \mathfrak{r}}{\partial c}\,\mathfrak{v}\right) = C_b\,, \\[2ex] \dfrac{\partial}{\partial a}\left(\dfrac{\partial \mathfrak{r}}{\partial b}\,\mathfrak{v}\right) - \dfrac{\partial}{\partial b}\left(\dfrac{\partial \mathfrak{r}}{\partial a}\,\mathfrak{v}\right) = C_c\,, \end{cases}$$

schließlich auch noch

$$(5,32\,\text{c}) \qquad \frac{\partial \mathfrak{r}}{\partial c}\frac{\partial \mathfrak{v}}{\partial b} - \frac{\partial \mathfrak{r}}{\partial b}\frac{\partial \mathfrak{v}}{\partial c} = C_a \quad \text{usw.}$$

Nun ist aber das Umlaufintegral

$$(5,33) \qquad \oint \mathfrak{v}\,\delta\mathfrak{r} = \oint \left[\left(\mathfrak{v}\,\frac{\partial \mathfrak{r}}{\partial a}\right)\delta a + \left(\mathfrak{v}\,\frac{\partial \mathfrak{r}}{\partial b}\right)\delta b + \left(\mathfrak{v}\,\frac{\partial \mathfrak{r}}{\partial c}\right)\delta c\right].$$

Nach dem Stokesschen Satz im a, b, c-Raum ist das

$$\int \left\{\left[\frac{\partial}{\partial b}\left(\mathfrak{v}\,\frac{\partial \mathfrak{r}}{\partial c}\right) - \frac{\partial}{\partial c}\left(\mathfrak{v}\,\frac{\partial \mathfrak{r}}{\partial b}\right)\right]n_a + \cdots\right\}dF,$$

wenn $n_a\,\mathfrak{i} + n_b\,\mathfrak{j} + n_c\,\mathfrak{k} = \mathfrak{n}$ die Normale ist. Also ist

$$(5,34) \qquad \oint \mathfrak{v}\,\delta\mathfrak{r} = \int (C_a n_a + C_b n_b + C_c n_c)\,dF,$$

und hierin kommt die Zeit nicht vor, d. h. *das Umlaufintegral ist zeitlich konstant. Das ist aber der zweite Helmholtzsche Satz.*

Ist insbesondere $\mathfrak{C} = 0$, so ist auch $\oint \mathfrak{v}\,d\mathfrak{r} = 0$, wir haben dann eine Potentialströmung. Die Gleichung (5,32) läßt sich dann noch einmal zu

$$(5,35) \qquad \frac{\partial x}{\partial \mathfrak{a}}\frac{dx}{dt} + \frac{\partial y}{\partial \mathfrak{a}}\frac{dy}{dt} + \frac{\partial z}{\partial \mathfrak{a}}\frac{dz}{dt} = \operatorname{grad}\varphi$$

integrieren, woraus $\mathfrak{v} = \frac{\partial \varphi}{\partial \mathfrak{r}}$ folgt.

Bei ebener Bewegung kann

$$z = c, \quad \frac{\partial \mathfrak{r}}{\partial c} = \mathfrak{k}, \quad \frac{\partial \mathfrak{r}}{\partial c}\,\mathfrak{v} = 0, \quad \frac{\partial \mathfrak{v}}{\partial c} = 0$$

angenommen werden. Es bleibt nur

$$(5, 36) \qquad \frac{\partial}{\partial a}\left(\frac{\partial \mathfrak{r}}{\partial b}\,\mathfrak{v}\right) - \frac{\partial}{\partial b}\left(\frac{\partial \mathfrak{r}}{\partial a}\,\mathfrak{v}\right) = C_c$$

übrig.

48. Die Gerstnerschen Wellen. Vor etwas mehr als 100 Jahren gelang dem Baurat Gerstner die Entdeckung von ebenen Wellen, die eine strenge Lösung der Bewegungsgleichungen darstellen, allerdings mit einem Wirbel behaftet sind.

a) Die Grundidee ist, daß jedes Flüssigkeitsteilchen in der vertikalen x, y-Ebene (y nach oben positiv gerechnet) eine Kreisbewegung um eine Urlage a, b ausführt, d. h. daß

$$(5, 37) \qquad \begin{aligned} x &= a + \varphi(b)\,\cos\left(\omega t + \psi(a)\right) \\ y &= b + \varphi(b)\,\sin\left(\omega t + \psi(a)\right) \end{aligned}$$

sei; ω ist die konstante Kreisfrequenz, $\varphi(b)$ die Amplitude, d. h. der Radius des Kreises sei eine Funktion von b, die Phase ψ eine Funktion von a. a und b seien Lagrangesche Koordinaten, a weise horizontal, b vertikal nach oben.

Es ist natürlich nachzuprüfen, ob diese Idee mit den Sätzen der Hydrodynamik verträglich ist.

b) Wir kontrollieren zunächst die Inkompressibilität. Sie verlangt (s. Nr. 8)

$$\frac{\partial x}{\partial a}\,\frac{\partial y}{\partial b} - \frac{\partial x}{\partial b}\,\frac{\partial y}{\partial a} = \text{const}.$$

Ausrechnung ergibt

$$1 - \sin\left(\omega t + \psi\right)\left[\varphi\psi' - \varphi'\right] + \varphi\varphi'\psi' = \text{const}.$$

Das geht nur, wenn $\varphi\psi' - \varphi' = 0$, d. h.

$$(5, 38) \qquad \frac{\varphi'(b)}{\varphi(b)} = \psi'(a) = \lambda$$

darf weder von a noch von b abhängen, also

$$(5, 39) \qquad \psi = \lambda a, \quad \varphi = \varphi_0\,e^{\lambda b}.$$

Eine additive Konstante bei ψ ist belanglos. Damit für unendlich tiefes Wasser unten Ruhe herrsche, muß $\lambda > 0$ sein, damit $\lim\limits_{b \to -\infty} \varphi = 0$ wird. Damit ist eine Randbedingung erfüllt. Wir haben somit

$$(5, 40) \qquad x = a + \varphi_0\,e^{\lambda b}\cos\left(\omega t + \lambda a\right), \quad y = b + \varphi_0\,e^{\lambda b}\sin\left(\omega t + \lambda a\right).$$

c) Der Helmholtzsche Satz verlangt die Konstanz der Wirbelstärke, d. h. die Konstanz des Umlaufintegrals

$$\begin{aligned} \oint \mathfrak{v}\,d\mathfrak{r} &= \oint\left[\left(\dot{x}\,\frac{\partial x}{\partial a} + \dot{y}\,\frac{\partial y}{\partial a}\right)da + \left(\dot{x}\,\frac{\partial x}{\partial b} + \dot{y}\,\frac{\partial y}{\partial b}\right)db\right] \\ &= \oint\left[-\omega\varphi_0\,e^{\lambda b}\sin\left(\omega t + \lambda a\right) + \omega\lambda\varphi_0^2\,e^{2\lambda b}\right]da + \oint \omega\varphi_0\,e^{\lambda b}\cos\left(\omega t + \lambda a\right)db \\ &= \frac{\omega}{\lambda}\oint d\left[\varphi_0\,e^{\lambda b}\cos\left(\omega t + \lambda a\right)\right] + \oint \omega\lambda\varphi_0^2\,e^{2\lambda b}\,da. \end{aligned}$$

Das erste Integral verschwindet, also bleibt für die Wirbelstärke

$$(5, 41) \qquad \omega \lambda \varphi_0^2 \oint e^{2\lambda b}\, \mathrm{d}a.$$

Das ist von selbst konstant, aber nicht Null. Die Bewegung ist also möglich; der Druck kann berechnet werden; er interessiert uns aber nur an der Oberfläche.

d) Der Druck an der Oberfläche. Da die Bewegung weder stationär noch wirbelfrei ist, kann die Bernoullische Gleichung nicht angewendet werden, sondern man muß zu den Grundgleichungen zurückgehen (Gleichung (1, 10) in Nr. 4). Danach ist

$$\frac{\mathrm{d}^2 x}{\mathrm{d}t^2} = - \frac{\partial}{\partial x}\frac{p}{\varrho}, \quad \frac{\mathrm{d}^2 y}{\mathrm{d}t^2} = - \frac{\partial}{\partial y}\frac{p}{\varrho} - g,$$

woraus sich

$$\frac{p}{\varrho} = -gy - \int (\ddot{x}\,\mathrm{d}x + \ddot{y}\,\mathrm{d}y)$$

$$= -gy - \int \left(\ddot{x}\frac{\partial x}{\partial a} + \ddot{y}\frac{\partial y}{\partial a}\right)\mathrm{d}a - \int \left(\ddot{x}\frac{\partial x}{\partial b} + \ddot{y}\frac{\partial y}{\partial b}\right)\mathrm{d}b$$

ergibt. Die Rechnung liefert mit (5, 40)

$$(5, 42) \qquad \frac{p}{\varrho} = -g\left[b + \varphi_0\, e^{\lambda b} \sin (\omega t + \lambda a)\right] + \frac{\omega^2}{\lambda}\varphi_0\, e^{\lambda b} \sin (\omega t + \lambda a) +$$

$$+ \tfrac{1}{2}\,\omega^2\,\varphi_0^2\, e^{2\lambda b} + \mathrm{const}.$$

Soll nun an der Oberfläche der Druck konstant sein, so müssen für $b = 0$ die Glieder mit $\sin (\omega t + \lambda a)$ sich fortheben, also

$$- g\varphi_0 + \frac{\omega^2}{\lambda}\varphi_0 = 0$$

sein, d. h.

$$\frac{\omega^2}{\lambda} = g.$$

Die Wellenlänge ist, in der Variablen a gemessen, $l = \dfrac{2\pi}{\lambda}$, die Periode $\tau = \dfrac{2\pi}{\omega}$. Also ist

$$(5, 43) \qquad \frac{\omega^2}{\lambda} = \frac{2\pi l}{\tau^2} = g.$$

Die Fortpflanzungsgeschwindigkeit ist

$$(5, 44) \qquad -\frac{\omega}{\lambda} = -\frac{g}{\omega} = -\sqrt{\frac{g}{\lambda}} = -\frac{1}{2\pi}g\tau = -\sqrt{\frac{gl}{2\pi}}.$$

e) Wie stets bei Benutzung Lagrangescher Koordinaten müssen nicht nur x und y eindeutige Funktionen von a und b sein, sondern es müssen umgekehrt auch a und b eindeutige Funktionen von x und y sein. Vor allem darf deshalb die Determinante

$$\begin{vmatrix} \dfrac{\partial x}{\partial a} & \dfrac{\partial x}{\partial b} \\[2.5ex] \dfrac{\partial y}{\partial a} & \dfrac{\partial y}{\partial b} \end{vmatrix}$$

nicht verschwinden. Sie war nach b)

$$1 - \varphi\varphi'\psi' = 1 - \varphi_0^2 \lambda^2\, e^{\lambda b}.$$

Da das auch für die freie Oberfläche gelten soll, d. h. für $b = 0$, muß

(5, 45)
$$\varphi_0^2 \lambda^2 \leq 1$$

sein. Ist das erfüllt, so ist die Determinante für $b < 0$ erst recht positiv.

f) **Das hat für die Gestalt der Oberfläche** besondere Bedeutung. Für sie gilt

$$x = a + \varphi_0 \cos(\omega t + \lambda a), \quad y = \varphi_0 \sin(\omega t + \lambda a).$$

Mit a als Parameter ist das bei festem t eine nach oben offene **Zykloide**.

Setzt man $\omega t + \lambda a = \dfrac{\pi}{2} + \vartheta$, also $a = \dfrac{\pi}{2\lambda} - \dfrac{\omega}{\lambda} t + \dfrac{\vartheta}{\lambda}$, so wird

$$x = \frac{\pi}{2\lambda} - \frac{\omega}{\lambda} t + \frac{\vartheta}{\lambda} - \varphi_0 \sin \vartheta, \quad y = \varphi_0 \cos \vartheta.$$

ϑ ist der Wälzwinkel, $\dfrac{1}{\lambda}$ der Radius des rollenden Kreises, φ_0 der Abstand von dessen Mittelpunkt. $\varphi_0 = \dfrac{1}{\lambda}$ gibt die spitze Zykloide, $\varphi_0 < \dfrac{1}{\lambda}$ die gestreckte, $\varphi_0 > \dfrac{1}{\lambda}$ die verschlungene. Letztere ist physikalisch unmöglich, und so ergibt sich neu die Bedingung $\varphi_0 \lambda \leq 1$.

Gerstnersche Wellen werden ihrer Einfachheit wegen gern technischen Aufgaben zugrunde gelegt, z. B. für den Schiffsbau. Der Einwand, wo denn die Wirbel herkommen, da das ruhige Meer keine habe, beruht auf einem Mißverstehen des Helmholtzschen Satzes, der Reibungslosigkeit voraussetzt. Es wird aber ein Sturm, der über die Oberfläche dahingeht, durch Reibung die oberen Schichten mitreißen, und da die unteren Schichten langsamer folgen, wird das Umlaufintegral sicher nicht Null bleiben.

Übrigens können die Gerstnerschen Wellen mit den Airyschen in Verbindung gebracht werden. Nach c) ist die Wirbelstärke proportional φ_0^2, also bei kleinen Wellen klein von zweiter Ordnung und somit zu vernachlässigen. *In der Theorie erster Ordnung kleiner Wellen sind die Gerstnerschen Wellen wirbelfrei.* Auch stimmt die Formel $\omega^2 = \lambda g$ mit der für Airysche Wellen bei unendlich tiefem Wasser überein.

Bei sehr kleinen Wellen ist die Kapillarität zu berücksichtigen. Einiges über Kapillarwellen findet sich bei Sommerfeld[1]).

Neuere, insbesondere französische Arbeiten scheinen darauf hinzuweisen, daß der Lagrangesche Ausgangspunkt weitere Erfolge verspricht.

§ 6. Zweidimensionale, stationäre Bewegungen kompressibler Flüssigkeiten

49. Die Grundgleichungen für diesen wichtigen Sonderfall ergeben sich sofort. Ist $P = P(\varrho) = \displaystyle\int \frac{dp}{\varrho}$ und U etwa gleich $g h$ oder allgemeiner das Potential der äußeren Kraft und sind weiter u und v die Geschwindigkeitskomponenten in einem kartesischen Koordinatensystem in der Bewegungsebene, so ergibt sich aus

$$\mathfrak{w} = -\operatorname{grad}(U + P)$$

---

[1]) Sommerfeld, A.: Vorlesungen über theoretische Physik. Bd. II. Wiesbaden 1949. § 25.

sofort

$$(6,1) \qquad \begin{cases} \dfrac{\partial u}{\partial x}\, u + \dfrac{\partial u}{\partial y}\, v = -\dfrac{\partial}{\partial x}\,(U+P), \\[2ex] \dfrac{\partial v}{\partial x}\, u + \dfrac{\partial v}{\partial y}\, v = -\dfrac{\partial}{\partial y}\,(U+P). \end{cases}$$

Ferner gilt die Kontinuitätsgleichung

$$(6,2) \qquad \frac{d\log\varrho}{dt} = \frac{\partial\log\varrho}{\partial x}\,u + \frac{\partial\log\varrho}{\partial y}\,v = -\operatorname{div}\mathfrak{v} = -\frac{\partial u}{\partial x} - \frac{\partial v}{\partial y}\,.$$

Statt (6, 1) kann man auch schreiben

$$v\left(\frac{\partial u}{\partial y} - \frac{\partial v}{\partial x}\right) = -\frac{\partial}{\partial x}\left[U + P + \tfrac{1}{2}\,(u^2 + v^2)\right] = -\frac{\partial}{\partial x}\,gH$$

$$-u\left(\frac{\partial u}{\partial y} - \frac{\partial v}{\partial x}\right) = -\frac{\partial}{\partial y}\left[U + P + \tfrac{1}{2}\,(u^2 + v^2)\right] = -\frac{\partial}{\partial y}\,gH.$$

Man erhält daraus

$$(6,3) \qquad u\,\frac{\partial H}{\partial x} + v\,\frac{\partial H}{\partial y} = 0$$

und

$$(6,4) \qquad \omega = \frac{\partial v}{\partial x} - \frac{\partial u}{\partial y} = -\frac{g}{u^2 + v^2}\left(u\,\frac{\partial H}{\partial y} - v\,\frac{\partial H}{\partial x}\right).$$

Es sondern sich nun zwei Fälle

1) Potentialströmung $\omega \equiv 0$, folglich $H = $ const,
2) Wirbelbewegung $\omega \neq 0$; $H \neq $ const.

50. Wirbelbewegung. Wir beschäftigen uns zunächst mit dem zweiten Fall. Da $\omega \neq 0$, kann man u, v durch ω und H in der Form ausdrücken

$$(6,5) \qquad u = -\frac{1}{\omega}\,\frac{\partial}{\partial y}\,(gH) \quad \text{und} \quad v = \frac{1}{\omega}\,\frac{\partial}{\partial x}\,(gH)\,.$$

Man erkennt daraus die bekannte Tatsache, daß nach Bernoulli $H = $ const die Stromlinien sind. Aus (6, 4) und (6, 5) ergibt sich

$$\omega = \frac{\partial}{\partial x}\left(\frac{1}{\omega}\,\frac{\partial gH}{\partial x}\right) + \frac{\partial}{\partial y}\left(\frac{1}{\omega}\,\frac{\partial gH}{\partial y}\right)$$

$$= \frac{1}{\omega}\,\varDelta\,(gH) - \frac{1}{\omega^2}\left(\frac{\partial\omega}{\partial x}\,\frac{\partial gH}{\partial x} + \frac{\partial\omega}{\partial y}\,\frac{\partial gH}{\partial y}\right)$$

oder

$$(6,6) \qquad \omega^2 = \varDelta\,(gH) - \frac{\partial gH}{\partial x}\,\frac{\partial\log\omega}{\partial x} - \frac{\partial gH}{\partial y}\,\frac{\partial\log\omega}{\partial y}\,.$$

Aus der Definition von H folgt eine zweite Gleichung, nämlich

$$(6,7) \qquad gH = U + P(\varrho) + \frac{1}{2\omega^2}\left[\left(\frac{\partial H}{\partial x}\right)^2 + \left(\frac{\partial H}{\partial y}\right)^2\right].$$

Endlich gibt die Kontinuitätsgleichung eine dritte Beziehung, nämlich

$$(6,8) \qquad \frac{\partial gH}{\partial y}\,\frac{\partial}{\partial x}\,\log\frac{\varrho}{\omega} - \frac{\partial gH}{\partial x}\,\frac{\partial}{\partial y}\,\log\frac{\varrho}{\omega} = 0\,.$$

Das besagt aber nach **Jacobi**, daß $\frac{\varrho}{\omega}$ eine bloße Funktion von H ist:

$$(6,9) \qquad\qquad \frac{\varrho}{\omega} = \Phi(H).$$

Setzen wir $\frac{\varrho}{\Phi} = \omega$ in (6, 7) ein und schreiben zur Abkürzung

$$\left(\frac{\partial H}{\partial x}\right)^2 + \left(\frac{\partial H}{\partial y}\right)^2 = Q,$$

so wird aus (6, 7)

$$(6,7\,\mathrm{a}) \qquad\qquad gH = U + P(\varrho) + \tfrac{1}{2}\frac{\Phi^2(H)}{\varrho^2}\,Q,$$

woraus ϱ als Funktion von $H,\ U,\ Q$ mit dem willkürlichen $\Phi(H)$ zu bestimmen ist. Vermöge (6, 9) wird dann auch ω eine Funktion von $H,\ Q,\ U$:

$$\omega = \varphi(\mathrm{H}, Q, U).$$

Mit ihr wird aus (6, 6)

$$(6,10) \quad \left\{ \begin{aligned} &\varDelta H - \frac{\partial \log \varphi}{\partial H}\,Q - 2\,\frac{\partial \log \varphi}{\partial Q}\left[\frac{\partial^2 H}{\partial x^2}\left(\frac{\partial H}{\partial x}\right)^2 + 2\,\frac{\partial^2 H}{\partial x\,\partial y}\,\frac{\partial H}{\partial x}\,\frac{\partial H}{\partial y} + \frac{\partial^2 H}{\partial y^2}\left(\frac{\partial H}{\partial y}\right)^2\right] - \\ &\quad - \frac{\partial \log \varphi}{\partial U}\left(\frac{\partial U}{\partial x}\,\frac{\partial H}{\partial x} + \frac{\partial U}{\partial y}\,\frac{\partial H}{\partial y}\right) = \frac{\varphi^2}{g}. \end{aligned} \right.$$

Das ist eine in den zweiten Ableitungen lineare Differentialgleichung zweiter Ordnung für H.

Ihre Charakteristiken sind durch

$$\mathrm{d}x^2 + \mathrm{d}y^2 - 2\,\frac{\partial \log \varphi}{\partial Q}\left[\left(\frac{\partial H}{\partial x}\right)^2 \mathrm{d}y^2 - 2\,\frac{\partial H}{\partial x}\,\frac{\partial H}{\partial y}\,\mathrm{d}x\,\mathrm{d}y + \left(\frac{\partial H}{\partial y}\right)^2 \mathrm{d}x^2\right] = 0$$

oder

$$(6,11) \qquad \mathrm{d}x^2 + \mathrm{d}y^2 - 2\,\frac{\partial \log \varphi}{\partial Q}\left[\frac{\partial H}{\partial x}\,\mathrm{d}y - \frac{\partial H}{\partial y}\,\mathrm{d}x\right]^2 = 0$$

gegeben. (6, 10) *ist also elliptisch, parabolisch oder hyperbolisch, je nachdem*

$$\left[1 - 2\,\frac{\partial \log \varphi}{\partial Q}\left(\frac{\partial H}{\partial x}\right)^2\right] \cdot \left[1 - 2\,\frac{\partial \log \varphi}{\partial Q}\left(\frac{\partial H}{\partial y}\right)^2\right] - 4\left(\frac{\partial \log \varphi}{\partial Q}\right)^2 \left(\frac{\partial H}{\partial x}\,\frac{\partial H}{\partial y}\right)^2 \gtreqless 0,$$

d. h. $\quad 1 - 2\,\dfrac{\partial \log \varphi}{\partial Q}\,Q \gtreqless 0 \quad$ *ist.*

§ 7. Die Potentialbewegung

51. Die Grundgleichungen. Wir wenden uns jetzt dem viel behandelten Fall der Potentialbewegung zu.

Es sei also $\omega \equiv 0$, folglich (vgl. Nr. 49)

$$(7,1) \qquad\qquad gH = U + P(\varrho) + \tfrac{1}{2}(u^2 + v^2) = \mathrm{const}.$$

Zu dieser Gleichung tritt dann noch die Kontinuitätsbedingung

$$(7,2) \qquad\qquad \frac{\partial \log \varrho}{\partial x}\,u + \frac{\partial \log \varrho}{\partial y}\,v + \frac{\partial u}{\partial x} + \frac{\partial v}{\partial y} = 0.$$

Mit Einführung des Potentials φ:

$$u = \frac{\partial \varphi}{\partial x}, \quad v = \frac{\partial \varphi}{\partial y}$$

erhält man so bei $U = \text{const}$, also bei Ausschaltung der Schwere,

$$(7, 1\,\text{a}) \qquad P(\varrho) + \tfrac{1}{2}\left[\left(\frac{\partial \varphi}{\partial x}\right)^2 + \left(\frac{\partial \varphi}{\partial y}\right)^2\right] = \text{const}$$

und

$$(7, 2\,\text{a}) \qquad \Delta \varphi + \frac{\partial \log \varrho}{\partial x}\frac{\partial \varphi}{\partial x} + \frac{\partial \log \varrho}{\partial y}\frac{\partial \varphi}{\partial y} = 0.$$

Differentiation ergibt aus (7, 1 a)

$$(7, 1\,\text{b}) \qquad \begin{cases} \dfrac{\mathrm{d}P}{\mathrm{d}\varrho}\dfrac{\partial \varrho}{\partial x} + \dfrac{\partial \varphi}{\partial x}\dfrac{\partial^2 \varphi}{\partial x^2} + \dfrac{\partial \varphi}{\partial y}\dfrac{\partial^2 \varphi}{\partial x\,\partial y} = 0, \\[2ex] \dfrac{\mathrm{d}P}{\mathrm{d}\varrho}\dfrac{\partial \varrho}{\partial y} + \dfrac{\partial \varphi}{\partial x}\dfrac{\partial^2 \varphi}{\partial x\,\partial y} + \dfrac{\partial \varphi}{\partial y}\dfrac{\partial^2 \varphi}{\partial x\,\partial y} = 0. \end{cases}$$

Wegen $P = \int \dfrac{\mathrm{d}p}{\varrho}$ ist $\dfrac{\mathrm{d}P}{\mathrm{d}\varrho} = \dfrac{1}{\varrho}\,c^2$, wo $c = \sqrt{\dfrac{\mathrm{d}p}{\mathrm{d}\varrho}}$ die Schallgeschwindigkeit ist. Damit wird aus (7, 1 b)

$$\frac{\partial \log \varrho}{\partial x} = -\frac{1}{c^2}\left(\frac{\partial \varphi}{\partial x}\frac{\partial^2 \varphi}{\partial x^2} + \frac{\partial \varphi}{\partial y}\frac{\partial^2 \varphi}{\partial x\,\partial y}\right)$$

$$\frac{\partial \log \varrho}{\partial y} = -\frac{1}{c^2}\left(\frac{\partial \varphi}{\partial x}\frac{\partial^2 \varphi}{\partial x\,\partial y} + \frac{\partial \varphi}{\partial y}\frac{\partial^2 \varphi}{\partial y^2}\right),$$

weshalb die Kontinuitätsgleichung die Form annimmt

$$(7, 2\,\text{b}) \qquad \Delta \varphi - \frac{1}{c^2}\left[\left(\frac{\partial \varphi}{\partial x}\right)^2\frac{\partial^2 \varphi}{\partial x^2} + 2\frac{\partial \varphi}{\partial x}\frac{\partial \varphi}{\partial y}\frac{\partial^2 \varphi}{\partial x\,\partial y} + \left(\frac{\partial \varphi}{\partial y}\right)^2\frac{\partial^2 \varphi}{\partial y^2}\right] = 0.$$

Dabei ist $c^2 = \dfrac{\mathrm{d}p}{\mathrm{d}\varrho}$ eine Funktion von ϱ und daher wegen (7, 1 a) eine Funktion von

$$\left(\frac{\partial \varphi}{\partial x}\right)^2 + \left(\frac{\partial \varphi}{\partial y}\right)^2.$$

Diese in den zweiten Ableitungen homogen lineare Gleichung ist vom elliptischen, parabolischen, hyperbolischen Charakter, je nachdem

$$\left[1 - \frac{1}{c^2}\left(\frac{\partial \varphi}{\partial x}\right)^2\right]\cdot\left[1 - \frac{1}{c^2}\left(\frac{\partial \varphi}{\partial y}\right)^2\right] - \frac{1}{c^4}\left(\frac{\partial \varphi}{\partial x}\right)^2\left(\frac{\partial \varphi}{\partial y}\right)^2 \gtreqless 0,$$

d. h.

$$c^2 \gtreqless \left(\frac{\partial \varphi}{\partial x}\right)^2 + \left(\frac{\partial \varphi}{\partial y}\right)^2 = u^2 + v^2.$$

Der parabolische Fall entspricht der Schallgeschwindigkeit. Je nachdem $u^2 + v^2 \gtreqless c^2$ ist, unterscheidet man Unter- oder Überschallgeschwindigkeit.

Ist insbesondere $p = C\varrho^k$, $P = \int \dfrac{\mathrm{d}p}{\varrho} = \dfrac{Ck}{k-1}\varrho^{k-1}$, so ist

$$c^2 = kC\varrho^{k-1}.$$

Aus (7, 1 a) folgt damit

$$(7, 3) \qquad \frac{c^2}{k-1} + \tfrac{1}{2}(u^2 + v^2) = \frac{c_0^2}{k-1} \quad \text{mit} \quad c_0^2 = kC\varrho_0^{k-1}.$$

Folglich ist

$$(7,3\,\mathrm{a}) \qquad c^2 = c_0^2 - \frac{k-1}{2}\left[\left(\frac{\partial \varphi}{\partial x}\right)^2 + \left(\frac{\partial \varphi}{\partial y}\right)^2\right].$$

Da $\varrho > 0$, $c^2 > 0$ sein muß, ist der Geschwindigkeit durch

$$u^2 + v^2 < \frac{2}{k-1}\,c_0^2$$

eine Grenze gesetzt.

52. Eine zweite Methode. Man kann noch in einer anderen Weise eine quasilineare Differential-gleichung gewinnen. Die Kontinuitätsgleichung läßt sich

$$(7,2\,\mathrm{c}) \qquad \frac{\partial}{\partial x}(\varrho u) + \frac{\partial}{\partial y}(\varrho v) = 0$$

schreiben. Deshalb gibt es eine Funktion ψ (man kann sie **Stromfunktion** nennen), so daß

$$\varrho u = \frac{\partial \psi}{\partial y}, \quad \varrho v = -\frac{\partial \psi}{\partial x}$$

ist. Wenn nun Wirbelfreiheit herrschen soll, so muß

$$\frac{\partial u}{\partial y} - \frac{\partial v}{\partial x} = \frac{\partial}{\partial y}\left(\frac{1}{\varrho}\frac{\partial \psi}{\partial y}\right) + \frac{\partial}{\partial x}\left(\frac{1}{\varrho}\frac{\partial \psi}{\partial x}\right) = 0$$

sein, d. h.

$$(7,4) \qquad \frac{1}{\varrho}\,\Delta\psi - \frac{1}{\varrho^2}\left(\frac{\partial \varrho}{\partial x}\frac{\partial \psi}{\partial x} + \frac{\partial \varrho}{\partial y}\frac{\partial \psi}{\partial y}\right) = 0.$$

An Stelle von (7, 1a) erhält man

$$P(\varrho) + \frac{1}{2\varrho^2}\left[\left(\frac{\partial \psi}{\partial x}\right)^2 + \left(\frac{\partial \psi}{\partial y}\right)^2\right] = \text{const}$$

und daher durch Differentiation nach x

$$\left\{\frac{dP}{d\varrho} - \frac{1}{\varrho^3}\left[\left(\frac{\partial \psi}{\partial x}\right)^2 + \left(\frac{\partial \psi}{\partial y}\right)^2\right]\right\}\frac{\partial \varrho}{\partial x} + \frac{1}{\varrho^2}\left(\frac{\partial \psi}{\partial x}\frac{\partial^2 \psi}{\partial x^2} + \frac{\partial \psi}{\partial y}\frac{\partial^2 \psi}{\partial x\,\partial y}\right) = 0$$

oder

$$[c^2 - (u^2 + v^2)]\frac{\partial \varrho}{\partial x} + \frac{1}{\varrho}\left(\frac{\partial \psi}{\partial x}\frac{\partial^2 \psi}{\partial x^2} + \frac{\partial \psi}{\partial y}\frac{\partial^2 \psi}{\partial x\,\partial y}\right) = 0.$$

Hiermit und einer ähnlichen Gleichung für $\dfrac{\partial \varrho}{\partial y}$ wird aus (7, 4)

$$(7,4\,\mathrm{a}) \quad \Delta\psi + \frac{1}{\varrho^2}\frac{1}{c^2 - u^2 - v^2}\left[\frac{\partial^2 \psi}{\partial x^2}\left(\frac{\partial \psi}{\partial x}\right)^2 + 2\frac{\partial^2 \psi}{\partial x\,\partial y}\frac{\partial \psi}{\partial x}\frac{\partial \psi}{\partial y} + \frac{\partial^2 \psi}{\partial y^2}\left(\frac{\partial \psi}{\partial y}\right)^2\right] = 0.$$

Diese Differentialgleichung ist wieder elliptisch, parabolisch, hyperbolisch, je nachdem

$$u^2 + v^2 \underset{>}{\overset{<}{=}} c^2$$

ist.

Natürlich sind ϱ^2 und c^2 vermöge

$$P + \frac{1}{2\varrho^2}\left[\left(\frac{\partial \psi}{\partial x}\right)^2 + \left(\frac{\partial \psi}{\partial y}\right)^2\right] = \text{const}$$

Funktionen von $\left(\dfrac{\partial \psi}{\partial x}\right)^2 + \left(\dfrac{\partial \psi}{\partial y}\right)^2$, wie in der vorigen Nummer ausgeführt.

53. Transformationen. Die gewonnenen Differentialgleichungen haben den Nachteil, nicht schlechthin linear zu sein. Das erschwert die praktische Anwendung sehr. Man hat nun zunächst approximative Linearisierungen durchgerechnet, indem man Nachbarströmungen zu einer einfachen Grundströmung sucht. Über den hier vorliegenden reichen Stoff orientiert vor allem das Spezialwerk von R. Sauer[1]). Wir gehen darauf nicht weiter ein.

Es gibt aber auch exakte Linearisierungen. Eine stammt von Molenbroek (1890) und beruht darauf, u, v als Unabhängige einzuführen. Man arbeitet also in der Hodographenebene. Natürlich muß man annehmen, daß nicht von vornherein eine Beziehung zwischen u und v besteht.

Fragen wir darum zuerst, ob eine Beziehung $u = f(v)$ d. h.

$$\frac{\partial \varphi}{\partial x} = f\left(\frac{\partial \varphi}{\partial y}\right)$$

möglich ist. Dann wären

$$\frac{\partial^2 \varphi}{\partial x^2} = f' \cdot \frac{\partial^2 \varphi}{\partial x \, \partial y}, \quad \frac{\partial^2 \varphi}{\partial x \, \partial y} = f' \cdot \frac{\partial^2 \varphi}{\partial y^2},$$

also

$$\frac{\partial^2 \varphi}{\partial x^2} = f'^2 \cdot \frac{\partial^2 \varphi}{\partial y^2}.$$

Aus (7, 2 b) würde

$$\frac{\partial^2 \varphi}{\partial y^2}\left[1 + f'^2 - \frac{1}{c^2}\,(f^2 f'^2 + 2 v f f' + v^2)\right] = 0.$$

Außer der trivialen Lösung $u = \text{const}$, $v = \text{const}$ bliebe noch

$$1 + f'^2 - \frac{1}{c^2}\,(v + f f')^2 = 0$$

oder

$$\left[1 + \left(\frac{\mathrm{d}u}{\mathrm{d}v}\right)^2\right] c^2 - \left(v + u\,\frac{\mathrm{d}u}{\mathrm{d}v}\right)^2 = 0,$$

wobei

$$c^2 = \frac{\mathrm{d}p}{\mathrm{d}\varrho}, \quad P(\varrho) + \tfrac{1}{2}\,(v^2 + f^2) = P(\varrho_0).$$

Mit $w^2 = u^2 + v^2$ entsteht dann die für die Durchrechnung bessere Differentialgleichung

$$(7,5) \qquad \sqrt{\mathrm{d}u^2 + \mathrm{d}v^2} = \frac{w\,\mathrm{d}w}{c} = \frac{w\,\mathrm{d}w}{\sqrt{c_0^2 - \dfrac{k-1}{2}\,w^2}}.$$

Für die Ausnahmekurven in der u-v-Ebene besteht also die Beziehung zwischen der Bogenlänge und dem Radius $w = \sqrt{u^2 + v^2}$

$$(7,5\,\mathrm{a}) \qquad \int \sqrt{\mathrm{d}u^2 + \mathrm{d}v^2} = -\frac{2}{k-1}\,\sqrt{c_0^2 - \frac{k-1}{2}\,w^2} + \text{const}.$$

---

[1]) Sauer, R.: Einführung in die theoretische Gasdynamik. 2. Aufl. Berlin 1951.

Man kann aber auch eine Beziehung zwischen w und dem Richtungswinkel ϑ herstellen. Mit $u = w \cos \vartheta$, $v = w \sin \vartheta$ wird $du^2 + dv^2 = dw^2 + w^2 d\vartheta^2$, so daß $c^2 (dw^2 + w^2 d\vartheta^2) = w^2 dw^2$,

also

$$d\vartheta = dw \frac{\sqrt{w^2 - c^2}}{wc} = dw \frac{\sqrt{w^2 \dfrac{k+1}{2} - c_0^2}}{w \sqrt{c_0^2 - \dfrac{k-1}{2} w^2}},$$

$$\vartheta = \int \frac{\sqrt{\dfrac{k+1}{2} w^2 - c_0^2}}{\sqrt{c_0^2 - \dfrac{k-1}{2} w^2}} \frac{dw}{w}.$$

Dieses Integral kann durch die Substitution

$$(7, 6) \qquad \sqrt{\frac{\dfrac{k+1}{2} w^2 - c_0^2}{c_0^2 - \dfrac{k-1}{2} w^2}} = t$$

rational gemacht werden, und es bleibt

$$(7, 7) \qquad \vartheta = - \operatorname{arc} \operatorname{tg} t + \sqrt{\frac{k+1}{k-1}} \operatorname{arc} \operatorname{tg} \left(\sqrt{\frac{k-1}{k+1}}\, t \right) + \text{const}.$$

Natürlich gelten beide Zeichen der Wurzel; man bekommt also zwei zueinander kongruente Kurvenscharen, das sogenannte Hauptnetz.

Für $k = \tfrac{5}{3}$ (einatomige Gase) ergibt sich $\sqrt{\dfrac{k+1}{k-1}} = 2$ und damit

$$\vartheta = \operatorname{arc} \operatorname{tg} \frac{t^3}{4 + 3 t^2}.$$

54. Genauere Bestimmung der Sonderlösung. Ist die Differentialgleichung

$$(7, 8) \qquad d\vartheta = dw \frac{\sqrt{w^2 - c^2}}{wc}$$

zu $\vartheta = h(w^2)$ integriert, so daß $h'(w^2)\, 2w = \dfrac{\sqrt{w^2 - c^2}}{wc}$ ist, so hat man mit den üblichen Abkürzungen

$$u = \frac{\partial \varphi}{\partial x} = p, \quad v = \frac{\partial \varphi}{\partial y} = q$$

noch die partielle Differentialgleichung

$$(7, 9) \qquad \operatorname{arc} \operatorname{tg} \frac{q}{p} = h(p^2 + q^2)$$

zu integrieren. Sie hat das vollständige Integral

$$\varphi = z = ax + by + c$$

mit den drei Konstanten a, b, c, zwischen denen die Beziehung

$$\operatorname{arc} \operatorname{tg} \frac{b}{a} = h(a^2 + b^2)$$

bestehen muß, woraus sich b als Funktion von a ergibt: $b = b(a)$. Eine doppelte Schar von Ebenen des x, y, z-Raumes ist also Integral, und das allgemeine erhält man als Einhüllende einer Auswahl, etwa gemäß

$$z = a\,x + b(a)\,y + c(a)\,, \quad 0 = x + b'(a)\,y + c'(a)$$

bei beliebigem $c(a)$.

Die Charakteristiken sind durch

$$(7, 10) \quad \begin{cases} \dfrac{\mathrm{d}p}{\mathrm{d}\tau} = 0\,, \quad \dfrac{\mathrm{d}q}{\mathrm{d}\tau} = 0\,, \quad \dfrac{\mathrm{d}x}{\mathrm{d}\tau} = -\dfrac{q}{p^2 + q^2} - 2h'p\,, \quad \dfrac{\mathrm{d}y}{\mathrm{d}\tau} = \dfrac{p}{p^2 + q^2} - 2h'q\,, \\[2mm] \dfrac{\mathrm{d}z}{\mathrm{d}\tau} = p\left(-\dfrac{q}{p^2 + q^2} - 2h'p\right) + q\left(\dfrac{p}{p^2 + q^2} - 2h'q\right) = -2h'(p^2 + q^2) \end{cases}$$

bestimmt, also durch

$$(7, 10\,\mathrm{a}) \quad \begin{cases} x = \left(-\dfrac{q_0}{p_0^2 + q_0^2} - 2h_0'p_0\right)\tau + x_0\,, \quad y = \left(\dfrac{p_0}{p_0^2 + q_0^2} - 2h_0'q_0\right)\tau + y_0\,, \\[2mm] z = -2h_0'(p_0^2 + q_0^2)\tau + z_0\,, \quad p = p_0\,, \quad q = q_0 \end{cases}$$

gegeben, wo p_0, q_0, x_0, y_0, z_0 Funktionen eines weiteren Parameters sind, aber p_0, q_0 noch

$$\mathrm{d}z_0 = p_0\,\mathrm{d}x_0 + q_0\,\mathrm{d}y_0 \quad \text{und} \quad \operatorname{arc\,tg}\frac{q_0}{p_0} = h(p_0^2 + q_0^2)$$

genügen müssen[1]).

Man kann ohne Schaden der Allgemeinheit $z_0 = 0$ setzen, d. h. den Anfangspunkt der Charakteristiken in die Ebene $z = 0$ legen und als weiteren Parameter s wählen: $x_0 = x_0(s)$, $y_0 = y_0(s)$ mit $\dfrac{\mathrm{d}x_0}{\mathrm{d}s} = -\sin\alpha$, $\dfrac{\mathrm{d}y_0}{\mathrm{d}s} = \cos\alpha$ (Abb. 51) und $0 = p_0\,\mathrm{d}x_0 + q_0\,\mathrm{d}y_0$, entsprechend $p_0 = w_0\cos\alpha$, $q_0 = w_0\sin\alpha$, wo dann noch $\operatorname{arc\,tg}\dfrac{q_0}{p_0} = \alpha = h(w_0^2)$ sein muß. Da noch

$$h' = \frac{\sqrt{w_0^2 - c^2}}{2\,w_0^2\,c}$$

ist, wo in c für w^2 auch w_0^2 zu setzen ist, sind

$$(7, 11) \quad \begin{cases} x = \left(-\dfrac{\sin\alpha}{w_0} - \dfrac{\sqrt{w_0^2 - c^2}}{w_0 c}\cos\alpha\right)\tau + x_0 = \left(-\dfrac{\sin\alpha}{w_0} - 2h'w_0\cos\alpha\right)\tau + x_0\,, \\[2mm] y = \left(\dfrac{\cos\alpha}{w_0} - \dfrac{\sqrt{w_0^2 - c^2}}{w_0 c}\sin\alpha\right)\tau + y_0 = \left(\dfrac{\cos\alpha}{w_0} - 2h'w_0\sin\alpha\right)\tau + y_0\,, \\[2mm] z = -\dfrac{\sqrt{w_0^2 - c^2}}{c}\tau \qquad\qquad\qquad\quad = -2h'w_0^2\tau\,. \end{cases}$$

Dies ist die gesuchte allgemeine Integralfläche in Parameterform; τ und s (oder α oder w_0) sind die beiden Parameter.

---

[1]) Zu dem Ganzen vgl. man etwa Kamke, E.: Differentialgleichungen, Lösungsmethoden und Lösungen. Bd. II. Leipzig 1950. S. 93, 11.2 ($F(p, q) = 0$).

55. Die Integralflächen von Nr. 54 als abwickelbare Flächen (Torsen). Abgekürzt geschrieben haben sie die Darstellung

$$(7, 11\,a) \qquad\qquad \mathfrak{r} = \mathfrak{r}_0 + \tau \mathfrak{r}_1$$

mit

$$\mathfrak{r}_0 = x_0 \mathfrak{i} + y_0 \mathfrak{j}, \quad \mathfrak{r}_1 = - 2h'w_0^2 \left(A\mathfrak{i} + B\mathfrak{j} + \mathfrak{k} \right),$$

wo

$$A = \frac{\sin\alpha}{2w_0^3 h'} + \frac{\cos\alpha}{w_0} = \sin\alpha \, \frac{c}{w_0 \sqrt{w_0^2 - c^2}} + \frac{\cos\alpha}{w_0},$$

$$B = \frac{-\cos\alpha}{2w_0^3 h'} + \frac{\sin\alpha}{w_0} = -\cos\alpha \, \frac{c}{w_0 \sqrt{w_0^2 - c^2}} + \frac{\sin\alpha}{w_0}.$$

Als Torsen muß sich ihr $\mathfrak{r}$ auf die Form bringen lassen[1])

$$\mathfrak{r} = \mathfrak{x}(\eta) + (\sigma - \eta)\,\mathfrak{x}'(\eta), \quad \mathfrak{x}'(\eta) = \frac{\mathrm{d}\mathfrak{x}}{\mathrm{d}\eta}$$

wobei σ dem τ proportional sein möge. Es muß dann

$$\mathfrak{x}(\eta) - \eta\,\mathfrak{x}'(\eta) = \mathfrak{r}_0(s), \quad \sigma\,\mathfrak{x}'(\eta) = \tau\,\mathfrak{r}_1(s)$$

sein, also

$$\mathfrak{x}(\eta) = \mathfrak{r}_0(s) + \eta\,\frac{\tau}{\sigma}\,\mathfrak{r}_1(s)\,.$$

Daraus folgt durch Differentiation

$$\mathfrak{x}'(\eta) = \frac{\mathrm{d}\mathfrak{r}_0}{\mathrm{d}s}\,\frac{\mathrm{d}s}{\mathrm{d}\eta} + \frac{\tau}{\sigma}\,\mathfrak{r}_1 + \eta\,\frac{\mathrm{d}}{\mathrm{d}\eta}\left(\frac{\tau}{\sigma}\,\mathfrak{r}_1 \right).$$

Der Vergleich mit $\sigma\,\mathfrak{x}'(\eta) = \tau\,\mathfrak{r}_1$ reduziert das auf

$$\frac{\mathrm{d}\mathfrak{r}_0}{\mathrm{d}s}\,\frac{\mathrm{d}s}{\mathrm{d}\eta} + \eta\,\frac{\mathrm{d}}{\mathrm{d}s}\left(\frac{\tau}{\sigma}\,\mathfrak{r}_1 \right)\frac{\mathrm{d}s}{\mathrm{d}\eta} = 0\,,$$

d. h.

$$\frac{\mathrm{d}\mathfrak{r}_0}{\mathrm{d}s} + \eta\,\frac{\mathrm{d}}{\mathrm{d}s}\left(\frac{\tau}{\sigma}\,\mathfrak{r}_1 \right) = 0\,.$$

Da $\dfrac{\mathrm{d}\mathfrak{r}_0}{\mathrm{d}s}$ keine dritte Koordinate hat, darf $\dfrac{\mathrm{d}}{\mathrm{d}s}\left(\dfrac{\tau}{\sigma}\,\mathfrak{r}_1 \right)$ auch keine haben, d. h. es muß

$$\frac{\mathrm{d}}{\mathrm{d}s}\,\frac{\tau\,2h'w_0^2}{\sigma} = 0$$

sein. Zweckmäßig setzt man also $\sigma = -\tau \cdot 2h'w_0^2$:

$$\mathfrak{r}_0 = x_0 \mathfrak{i} + y_0 \mathfrak{j}; \quad \mathfrak{r} = \mathfrak{r}_0 + \sigma\mathfrak{r}_1^*; \quad \mathfrak{r}_1^* = A\mathfrak{i} + B\mathfrak{j} + \mathfrak{k};$$

$$\mathfrak{x}(\eta) - \eta\,\mathfrak{x}'(\eta) = \mathfrak{r}_0; \quad \mathfrak{x}'(\eta) = \mathfrak{r}_1^*,$$

also $\mathfrak{x}(\eta) = \eta\mathfrak{r}_1^* + \mathfrak{r}_0,\quad \mathfrak{r}_1^* = \mathfrak{r}_1^* + \eta\,\dfrac{\mathrm{d}\mathfrak{r}_1^*}{\mathrm{d}\eta} + \dfrac{\mathrm{d}\mathfrak{r}_0}{\mathrm{d}\eta}$, d. h.

$$\eta\,\frac{\mathrm{d}\mathfrak{r}_1^*}{\mathrm{d}s} + \frac{\mathrm{d}\mathfrak{r}_0}{\mathrm{d}s} = 0;$$

$$\eta\,\frac{\mathrm{d}\mathfrak{r}_1^*}{\mathrm{d}s} = \mathfrak{i}\sin\alpha - \mathfrak{j}\cos\alpha,$$

$$\eta\,\frac{\mathrm{d}A}{\mathrm{d}s} = \sin\alpha, \quad \eta\,\frac{\mathrm{d}B}{\mathrm{d}s} = -\cos\alpha.$$

---

[1]) Vgl. etwa **Blaschke, W.**: Einführung in die Differentialgeometrie. Berlin 1950. S. 101.

Daraus folgt

$$(7,12) \qquad \eta = \frac{1}{\dfrac{\mathrm{d}A}{\mathrm{d}s}\sin\alpha - \dfrac{\mathrm{d}B}{\mathrm{d}s}\cos\alpha},$$

während $\dfrac{\mathrm{d}A}{\mathrm{d}s}\cos\alpha + \dfrac{\mathrm{d}B}{\mathrm{d}s}\sin\alpha = 0$ sein muß.

Die letztere Beziehung folgt leicht aus der Definition von A und B:

$$A\cos\alpha + B\sin\alpha = \frac{1}{w_0}, \quad A\sin\alpha - B\cos\alpha = \frac{1}{2h'w_0^3} = \frac{c}{w_0\sqrt{w_0^2 - c^2}},$$

während sich

$$(7,13) \qquad \frac{1}{\eta} = \frac{-\dfrac{k+1}{2}\,c\,\sqrt{w_0^2 - c^2}^{\,3}}{w_0^2\,\dfrac{\mathrm{d}w_0}{\mathrm{d}s}}$$

ergibt. Dabei ist

$$2h'w = \frac{\sqrt{w^2 - c^2}}{wc}, \quad c^2 = c_0^2 - \frac{k-1}{2}w^2, \quad \text{also } \frac{\mathrm{d}(c^2)}{\mathrm{d}(w^2)} = \frac{-(k-1)}{2}$$

benutzt. Das Ergebnis ist also:

Die Integralflächen für φ als Funktion von x und y sind Torsen im x, y, z-Raum:

$$(7,14) \qquad \mathfrak{r} = \mathfrak{x}(\eta) + (\sigma - \eta)\,\mathfrak{x}'(\eta)$$

mit den Parametern σ und η. Dabei ist η nach der vorstehenden Formel eine Funktion von s bzw. α bzw. w_0, wobei

$$\alpha = h(w_0^2)$$

das Integral von $\mathrm{d}\alpha = \dfrac{\sqrt{w_0^2 - c^2}}{w_0 c}\,\mathrm{d}w_0$ ist.

Weiter ist

$$(7,15) \qquad \mathfrak{x}(\eta) = \mathfrak{r}_0 + \eta\mathfrak{r}_1^* = x_0\mathfrak{i} + y_0\mathfrak{j} + \eta(A\mathfrak{i} + B\mathfrak{j} + \mathfrak{k})$$

mit $\dfrac{\mathrm{d}x_0}{\mathrm{d}s} = -\sin\alpha, \quad \dfrac{\mathrm{d}y_0}{\mathrm{d}s} = \cos\alpha$ und den vorstehenden Formeln für A und B.

$\mathfrak{r} = \mathfrak{x}(\eta)$ ist die Rückkehrkante, deren Tangenten die Torse bilden. Die Projektion in die Grundebene ist also

$$x = x_0 + \eta A, \quad y = y_0 + \eta B;$$

diese Kurve ist eine Grenzlinie im Sinne Tollmiens[1]). Physikalisch hat die gefundene Lösung nur Sinn auf einem der beiden angrenzenden Flächenteile bis zur Rückkehrkante hin (vgl. dazu die analoge Erscheinung beim eindimensionalen Schall in Nr. 16).

Bemerkung: Die ganze Rechnung vereinfacht sich, wenn man den Machschen Winkel β durch $\sin\beta = \dfrac{c}{w}$ einführt. Er ist reell, wenn $w \geq c$. Die Differentialgleichung lautet dann

$$\mathrm{d}\vartheta = h'(w^2)\,2w\,\mathrm{d}w = \frac{1}{w}\cot\beta\,\mathrm{d}w$$

und η wird

$$\eta = -\frac{w_0^2\,\dfrac{\mathrm{d}w_0}{\mathrm{d}s}}{\dfrac{k+1}{2}\sin\beta\cos^3\beta}.$$

---

[1]) ZAMM **17** (1937), S. 117 und **21** (1941), S. 140 u. S. 308.

56. Legendresche Transformationen. Sehen wir jetzt von dem Hauptnetz ab, so können wir u und v als Unabhängige einführen. Das kann in doppelter Weise geschehen. Zunächst kann man u, v und x, y ihre Rollen vertauschen lassen, also x, y als Funktionen von u, v auffassen.

Da bekanntlich

$$\frac{\partial u}{\partial x} = \frac{1}{D}\frac{\partial y}{\partial v}, \quad \frac{\partial u}{\partial y} = -\frac{1}{D}\frac{\partial x}{\partial v}, \quad \frac{\partial v}{\partial x} = -\frac{1}{D}\frac{\partial y}{\partial u}, \quad \frac{\partial v}{\partial y} = \frac{1}{D}\frac{\partial x}{\partial u}$$

ist, wobei D die Jacobische Funktionaldeterminante

$$D = \frac{\partial(x, y)}{\partial(u, v)} = \frac{\partial x}{\partial u}\frac{\partial y}{\partial v} - \frac{\partial x}{\partial v}\frac{\partial y}{\partial u}$$

ist ($D \neq 0$ nach Voraussetzung), wird aus

$$\frac{\partial u}{\partial y} - \frac{\partial v}{\partial x} = 0$$

und (7, 2) das neue Paar

$$(7, 16) \qquad \frac{\partial x}{\partial v} - \frac{\partial y}{\partial u} = 0,$$

$$(7, 17) \qquad \frac{\partial \varrho}{\partial u}\left(u\frac{\partial y}{\partial v} - v\frac{\partial x}{\partial v}\right) + \frac{\partial \varrho}{\partial v}\left(-u\frac{\partial y}{\partial u} + v\frac{\partial x}{\partial u}\right) + \varrho\left(\frac{\partial y}{\partial v} + \frac{\partial x}{\partial u}\right) = 0.$$

Wegen (7, 16) gibt es ein Potential Φ, so daß

$$x = \frac{\partial \Phi}{\partial u}, \quad y = \frac{\partial \Phi}{\partial v}$$

wird, so daß aus der Kontinuitätsgleichung (7, 17)

$$(7, 17\,\mathrm{a}) \qquad \frac{\partial^2 \Phi}{\partial u^2}\left(\varrho + v\frac{\partial \varrho}{\partial v}\right) - \frac{\partial^2 \Phi}{\partial u\,\partial v}\left(u\frac{\partial \varrho}{\partial v} + v\frac{\partial \varrho}{\partial u}\right) + \frac{\partial^2 \Phi}{\partial v^2}\left(\varrho + u\frac{\partial \varrho}{\partial u}\right) = 0$$

wird. Aus (7, 1) bzw. (7, 1 a) folgt

$$P'\frac{\partial \varrho}{\partial u} + u = 0, \quad P'\frac{\partial \varrho}{\partial v} + v = 0$$

oder wegen $P' = \dfrac{1}{\varrho}\dfrac{\mathrm{d}p}{\mathrm{d}\varrho} = \dfrac{1}{\varrho}c^2$

$$\frac{\partial \varrho}{\partial u} = -\frac{\varrho u}{c^2}, \quad \frac{\partial \varrho}{\partial v} = -\frac{\varrho v}{c^2}.$$

Daher nimmt die Differentialgleichung (7, 17 a) die Form an

$$(7, 17\,\mathrm{b}) \qquad (c^2 - v^2)\frac{\partial^2 \Phi}{\partial u^2} + 2uv\frac{\partial^2 \Phi}{\partial u\,\partial v} + (c^2 - u^2)\frac{\partial^2 \Phi}{\partial v^2} = 0.$$

Man kann dafür auch schreiben

$$(7, 17\,\mathrm{c}) \qquad c^2\Delta_{u,v}\Phi - \left(v\frac{\partial}{\partial u} - u\frac{\partial}{\partial v}\right)^2\Phi - \left(v\frac{\partial}{\partial v} + u\frac{\partial}{\partial u}\right)\Phi = 0.$$

Diese Form ist besonders geeignet zur Umrechnung in andere Koordinaten, z. B. Polarkoordinaten.

Ist $u = w \cos \vartheta$, $v = w \sin \vartheta$, $w = + \sqrt{u^2 + v^2}$, $\vartheta = \operatorname{arc\,tg} \dfrac{v}{u}$, so ist

$$\frac{\partial}{\partial u} = \frac{u}{w}\frac{\partial}{\partial w} + \frac{-v}{u^2 + v^2}\frac{\partial}{\partial \vartheta}$$

$$\frac{\partial}{\partial v} = \frac{v}{w}\frac{\partial}{\partial w} + \frac{u}{u^2 + v^2}\frac{\partial}{\partial \vartheta}$$

und daher

$$v\frac{\partial}{\partial u} - u\frac{\partial}{\partial v} = -\frac{\partial}{\partial \vartheta}, \quad u\frac{\partial}{\partial u} + v\frac{\partial}{\partial v} = w\frac{\partial}{\partial w}$$

$$\Delta_{u,v} = \frac{\partial^2}{\partial w^2} + \frac{1}{w}\frac{\partial}{\partial w} + \frac{1}{w^2}\frac{\partial^2}{\partial \vartheta^2}.$$

Die Gleichung für Φ schreibt sich damit

$$(7,17\,\mathrm{d}) \qquad c^2\frac{\partial^2 \Phi}{\partial w^2} + \frac{c^2 - w^2}{w}\frac{\partial \Phi}{\partial w} + \frac{c^2 - w^2}{w^2}\frac{\partial^2 \Phi}{\partial \vartheta^2} = 0.$$

Die Beziehung zwischen Φ und φ findet man so: Es ist

$$\mathrm{d}\Phi + \mathrm{d}\varphi = \frac{\partial \Phi}{\partial u}\,\mathrm{d}u + \frac{\partial \Phi}{\partial v}\,\mathrm{d}v + \frac{\partial \varphi}{\partial x}\,\mathrm{d}x + \frac{\partial \varphi}{\partial y}\,\mathrm{d}y$$

$$= x\,\mathrm{d}u + y\,\mathrm{d}v + u\,\mathrm{d}x + v\,\mathrm{d}y = \mathrm{d}(xu + yv),$$

also

$$(7,18) \qquad \Phi = xu + yv - \varphi + \mathrm{const},$$

wobei die Konstante gleichgültig ist.

Die hier durchgeführte Transformation ist die sogenannte Legendresche.

Wir haben jetzt eine lineare partielle Differentialgleichung zweiter Ordnung für Φ, deren Charakteristiken gegeben sind durch

$$(7,19) \qquad (c^2 - v^2)\,\mathrm{d}v^2 - 2uv\,\mathrm{d}u\,\mathrm{d}v + (c^2 - u^2)\,\mathrm{d}u^2 = 0.$$

In Polarkoordinaten lautet die Gleichung

$$w^2 c^2\,\mathrm{d}\vartheta^2 + (c^2 - w^2)\,\mathrm{d}w^2 = 0$$

oder

$$(7,19\,\mathrm{a}) \qquad \mathrm{d}\vartheta^2 = \frac{w^2 - c^2}{w^2 c^2}\,\mathrm{d}w^2.$$

Das ist aber genau die Gleichung, die wir in der vorigen Nummer für das Hauptnetz fanden.

57. Die Gleichungen von Molenbroek und Tschapligin. Man kann aber auch mit Molenbroek (1890) φ oder auch ψ als Abhängige von u, v gelten lassen. In $\mathrm{d}\varphi = u\,\mathrm{d}x + v\,\mathrm{d}y$, $\mathrm{d}\psi = -\varrho v\,\mathrm{d}x + \varrho u\,\mathrm{d}y$ setzen wir beiderseits u, v als Unabhängige, d. h.

$$\frac{\partial \varphi}{\partial u}\,\mathrm{d}u + \frac{\partial \varphi}{\partial v}\,\mathrm{d}v = u\left(\frac{\partial x}{\partial u}\,\mathrm{d}u + \frac{\partial x}{\partial v}\,\mathrm{d}v\right) + v\left(\frac{\partial y}{\partial u}\,\mathrm{d}u + \frac{\partial y}{\partial v}\,\mathrm{d}v\right),$$

$$\frac{\partial \psi}{\partial u}\,\mathrm{d}u + \frac{\partial \psi}{\partial v}\,\mathrm{d}v = -\varrho v\left(\frac{\partial x}{\partial u}\,\mathrm{d}u + \frac{\partial x}{\partial v}\,\mathrm{d}v\right) + \varrho u\left(\frac{\partial y}{\partial u}\,\mathrm{d}u + \frac{\partial y}{\partial v}\,\mathrm{d}v\right).$$

Das zerfällt in

$$\frac{\partial \varphi}{\partial u} = u \frac{\partial x}{\partial u} + v \frac{\partial y}{\partial u}, \quad \frac{\partial \varphi}{\partial v} = u \frac{\partial x}{\partial v} + v \frac{\partial y}{\partial v}$$

und

$$\frac{\partial \psi}{\partial u} = -\varrho v \frac{\partial x}{\partial u} + \varrho u \frac{\partial y}{\partial u}, \quad \frac{\partial \psi}{\partial v} = -\varrho v \frac{\partial x}{\partial v} + \varrho u \frac{\partial y}{\partial v}.$$

Daraus berechnen sich die vier Ableitungen von x und y nach u und v:

$$\frac{\partial x}{\partial u} = \frac{1}{\varrho (u^2 + v^2)} \left(\varrho u \frac{\partial \varphi}{\partial u} - v \frac{\partial \psi}{\partial u} \right),$$

$$\frac{\partial x}{\partial v} = \frac{1}{\varrho (u^2 + v^2)} \left(\varrho u \frac{\partial \varphi}{\partial v} - v \frac{\partial \psi}{\partial v} \right),$$

$$\frac{\partial y}{\partial u} = \frac{1}{\varrho (u^2 + v^2)} \left(\varrho v \frac{\partial \varphi}{\partial u} + u \frac{\partial \psi}{\partial u} \right),$$

$$\frac{\partial y}{\partial v} = \frac{1}{\varrho (u^2 + v^2)} \left(\varrho v \frac{\partial \varphi}{\partial v} + u \frac{\partial \psi}{\partial v} \right).$$

Aus den Verträglichkeitsbedingungen $\dfrac{\partial}{\partial v} \dfrac{\partial x}{\partial u} = \dfrac{\partial}{\partial u} \dfrac{\partial x}{\partial v}$ und $\dfrac{\partial}{\partial v} \dfrac{\partial y}{\partial u} = \dfrac{\partial}{\partial u} \dfrac{\partial y}{\partial v}$ erhält man die folgenden beiden Gleichungen für die ersten Ableitungen

$$\frac{\partial \varphi}{\partial u} \frac{\partial}{\partial v} \frac{u}{u^2 + v^2} - \frac{\partial \varphi}{\partial v} \frac{\partial}{\partial u} \frac{u}{u^2 + v^2} - \frac{\partial \psi}{\partial u} \frac{\partial}{\partial v} \frac{v}{\varrho (u^2 + v^2)} + \frac{\partial \psi}{\partial v} \frac{\partial}{\partial u} \frac{v}{\varrho (u^2 + v^2)} = 0$$

und

$$\frac{\partial \varphi}{\partial u} \frac{\partial}{\partial v} \frac{v}{u^2 + v^2} - \frac{\partial \varphi}{\partial v} \frac{\partial}{\partial u} \frac{v}{u^2 + v^2} + \frac{\partial \psi}{\partial u} \frac{\partial}{\partial v} \frac{u}{\varrho (u^2 + v^2)} - \frac{\partial \psi}{\partial v} \frac{\partial}{\partial u} \frac{u}{\varrho (u^2 + v^2)} = 0.$$

Man kann nun entweder φ oder ψ eliminieren. Man erhält je nachdem

$$\frac{\partial \psi}{\partial u} = A \frac{\partial \varphi}{\partial u} + B \frac{\partial \varphi}{\partial v} \quad \text{und} \quad \frac{\partial \psi}{\partial v} = C \frac{\partial \varphi}{\partial u} + D \frac{\partial \varphi}{\partial v}$$

und daraus die Gleichung für φ

$$\frac{\partial}{\partial v} \left(A \frac{\partial \varphi}{\partial u} + B \frac{\partial \varphi}{\partial v} \right) = \frac{\partial}{\partial u} \left(C \frac{\partial \varphi}{\partial u} + D \frac{\partial \varphi}{\partial v} \right)$$

oder entsprechend

$$\frac{\partial}{\partial v} \left(A_1 \frac{\partial \psi}{\partial u} + B_1 \frac{\partial \psi}{\partial v} \right) = \frac{\partial}{\partial u} \left(C_1 \frac{\partial \psi}{\partial u} + D_1 \frac{\partial \psi}{\partial v} \right).$$

Einfacher kommt man zum Ziel, wenn man die Beziehungen

$$\frac{\partial x}{\partial u} = \frac{\partial^2 \Phi}{\partial u^2}, \quad \frac{\partial x}{\partial v} = \frac{\partial y}{\partial u} = \frac{\partial^2 \Phi}{\partial u \partial v}, \quad \frac{\partial y}{\partial v} = \frac{\partial^2 \Phi}{\partial v^2}$$

benutzt. Aus der mittleren bekommt man sofort

$$\varrho \left(u \frac{\partial \varphi}{\partial v} - v \frac{\partial \varphi}{\partial u} \right) = v \frac{\partial \psi}{\partial v} + u \frac{\partial \psi}{\partial u}$$

oder in Polarkoordinaten (gemäß Nr. 56)

$$(7, 20) \qquad\qquad\qquad \varrho \frac{\partial \varphi}{\partial \vartheta} = w \frac{\partial \psi}{\partial w},$$

während man die Werte der zweiten Ableitungen von Φ in die Differential-gleichung (7, 17b) einsetzt; man erhält so

$$(c^2 - v^2)\left(\varrho u \frac{\partial \varphi}{\partial u} - v \frac{\partial \psi}{\partial u}\right) + 2uv\left(\varrho u \frac{\partial \varphi}{\partial v} - v \frac{\partial \psi}{\partial v}\right) + (c^2 - u^2)\left(\varrho v \frac{\partial \varphi}{\partial v} + u \frac{\partial \psi}{\partial v}\right) = 0 \,.$$

In der Mitte könnte auch

$$2uv\left(\varrho v \frac{\partial \varphi}{\partial u} + u \frac{\partial \psi}{\partial u}\right)$$

stehen. Noch besser halbiert man und kann dann so zusammenfassen

$$c^2 \varrho \left(u \frac{\partial \varphi}{\partial u} + v \frac{\partial \varphi}{\partial v}\right) + (c^2 - u^2 - v^2)\left(u \frac{\partial \psi}{\partial v} - v \frac{\partial \psi}{\partial u}\right) = 0 \,.$$

In Polarkoordinaten ist das

$$(7, 21) \qquad c^2 \varrho w \frac{\partial \varphi}{\partial w} + (c^2 - w^2) \frac{\partial \psi}{\partial \vartheta} = 0 \,.$$

Man kann jetzt aus (7, 20) und (7, 21) φ oder ψ eliminieren und erhält so die Gleichung von **Molenbroék** (1890)

$$\frac{\partial}{\partial \vartheta}\left(\frac{\varrho}{w} \frac{\partial \varphi}{\partial \vartheta}\right) + \frac{\partial}{\partial w}\left(\frac{c^2 \varrho w}{c^2 - w^2} \frac{\partial \varphi}{\partial w}\right) = 0$$

oder die von **Tschapligin** (1904)

$$\frac{\partial}{\partial w}\left(\frac{w}{\varrho} \frac{\partial \psi}{\partial w}\right) + \frac{\partial}{\partial \vartheta}\left(\frac{c^2 - w^2}{c^2 \varrho w} \frac{\partial \psi}{\partial \vartheta}\right) = 0 \,.$$

Beide sind lineare Differentialgleichungen zweiter Ordnung, deren Koeffizienten nur von der einen Variablen w abhängen.

58. Partikularlösungen. Solche kann man durch den Ansatz finden, daß man Φ oder φ oder ψ als Produkt $e^{in\vartheta} h_n(w)$ ansetzt, also etwa

$$(7, 22) \qquad \Phi = e^{in\vartheta} h_n(w) \,.$$

Man erhält dann aus der partiellen Differentialgleichung die gewöhnliche für h_n

$$(7, 23) \qquad \frac{d^2 h_n}{dw^2} + \frac{c^2 - w^2}{c^2 w} \frac{dh_n}{dw} - n^2 \frac{c^2 - w^2}{c^2 w^2} h_n = 0 \,.$$

Da $c^2 = c_0^2 - \dfrac{k-1}{2} w^2$ ist, hat diese Differentialgleichung singuläre Punkte bei $w = 0$, bei $c = 0$, d. h. $w = \pm \sqrt{\dfrac{2}{k-1}}\, c_0$ und im Unendlichen. Alle vier Stellen sind schwache Singularitäten, da die Koeffizienten nur von der ersten bzw. zweiten Ordnung unendlich werden, bzw. für $w = \infty$ von der ersten bzw. zweiten Ordnung Null werden. Diese Differentialgleichung gehört also zur **Fuchs**schen Klasse[1]) und kann mit den entsprechenden Mitteln behandelt werden. Wir werden später noch darauf eingehen. Da die Gleichungen linear und homogen sind, kann man superponieren, also allgemeinere Lösungen in der Form

$$\Phi = \sum e^{in\vartheta} h_n(w)$$

finden. Die eigentlichen Schwierigkeiten beginnen erst mit der Diskussion der Randwertprobleme.

---

[1]) S. etwa **Rothe-Szabó**: Höhere Mathematik. Teil VI. Stuttgart 1953. S. 91ff.

Ferner zeigt sich auch hier die Erscheinung, die wir von dem Riemannschen Problem der eindimensionalen nicht stationären Bewegung her kennen, nämlich das Auftreten von Grenzlinien, die erreichte Gebiete von nicht erreichten trennen und an denen Zweige des Integrals zusammentreffen, so daß die Eindeutigkeit verletzt wird.

59. Grenzlinien und Machsches Netz. Um hier klar zu sehen, rechnen wir zunächst das Hauptnetz um, und zwar zunächst in die ψ, φ-Ebene, dann in die x, y-Ebene. Das Hauptnetz war gegeben durch

$$(7,8) \qquad d\,\vartheta^2 - \frac{w^2-c^2}{w^2c^2}\,dw^2 = 0\,.$$

Zur Abkürzung führen wir den Machschen Winkel β durch

$$\sin\beta = \frac{c}{w}$$

ein; er ist nur im Überschallgebiet reell. Die Gleichung des Hauptnetzes schreibt sich mit seiner Hilfe nach Multiplikation mit c^2

$$(7,24) \qquad c^2\,d\vartheta^2 - \cos^2\beta\,dw^2 = 0\,,$$

worin auch $c=0$, $dw=0$ enthalten ist. Nun folgt aus (wir deuten die Differentiationen durch Indizes an)

$$d\varphi = \varphi_w\,dw + \varphi_\vartheta\,d\vartheta, \quad d\psi = \psi_w\,dw + \psi_\vartheta\,d\vartheta$$

mit $D = \varphi_w\psi_\vartheta - \varphi_\vartheta\psi_w$

$$D\,dw = \psi_\vartheta\,d\varphi - \varphi_\vartheta\,d\psi, \quad D\,d\vartheta = \varphi_w\,d\psi - \psi_w\,d\varphi,$$

weshalb aus der Gleichung des Hauptnetzes nach Multiplikation mit D^2 und c^2

$$c^2(\varphi_w\,d\psi - \psi_w\,d\varphi)^2 - \cos^2\beta\,(\psi_\vartheta\,d\varphi - \varphi_\vartheta\,d\psi)^2 = 0$$

wird, oder ausgerechnet

$$d\varphi^2\big(c^2\psi_w^2 - \cos^2\beta\,\psi_\vartheta^2\big) - 2\,d\varphi\,d\psi\,(c^2\varphi_w\psi_w - \cos^2\beta\,\psi_\vartheta\,\varphi_\vartheta) + d\psi^2\big(c^2\varphi_w^2 - \cos^2\beta\,\varphi_\vartheta^2\big) = 0\,.$$

Mit Hilfe von (7, 20) und (7, 21) (Molenbroek-Transformation) vereinfacht sich die letzte Gleichung zwischen $d\varphi$ und $d\psi$ zu

$$\big(c^2\psi_w^2 - \cos^2\beta\,\psi_\vartheta^2\big)\Big(d\varphi^2 - \cos^2\beta\,\frac{w^2}{\varrho^2c^2}\,d\psi^2\Big) = 0\,.$$

Nun ist aber (s. (7, 20) und (7, 21))

$$D = \varphi_w\psi_\vartheta - \varphi_\vartheta\psi_w = \frac{w}{\varrho c^2}\cos^2\beta\,\psi_\vartheta^2 - \frac{w}{\varrho}\,\psi_w^2\,,$$

also

$$c^2\psi_w^2 - \cos^2\beta\,\psi_\vartheta^2 = -D\,\frac{\varrho c^2}{w}\,.$$

Also wird die Gleichung (7, 24) des Hauptnetzes nach Multiplikation mit c^2

$$(7,24\,\mathrm{a}) \qquad \frac{c^2}{D}\Big(d\varphi^2 - \cos^2\beta\,\frac{w^2}{\varrho^2c^2}\,d\psi^2\Big) = 0\,,$$

wobei Faktoren, die nicht Null werden können, weggelassen worden sind. *Wenn also $D \neq 0$, $c \neq 0$ ist, ergibt sich als Gleichung für das Hauptnetz in der φ-ψ-Ebene*

$$\mathrm{d}\varphi^2 - \cos^2\beta \, \frac{w^2}{\varrho^2 c^2} \, \mathrm{d}\psi^2 = 0$$

oder

$$(7,24\,\mathrm{b}) \qquad \mathrm{d}\varphi^2 - \cot^2\beta \cdot \frac{1}{\varrho^2} \, \mathrm{d}\psi^2 = 0 \,.$$

Diese Gleichung aber enthält umgekehrt außer dem Hauptnetz auch noch die Gleichung $D = 0$.

Nun rechnen wir in die x, y-Ebene um:

$$\mathrm{d}\varphi = \varphi_x \, \mathrm{d}x + \varphi_y \, \mathrm{d}y = u \, \mathrm{d}x + v \, \mathrm{d}y = w \, (\cos\vartheta \, \mathrm{d}x + \sin\vartheta \, \mathrm{d}y),$$

$$\mathrm{d}\psi = \psi_x \, \mathrm{d}x + \psi_y \, \mathrm{d}y = -\varrho v \, \mathrm{d}x + \varrho u \, \mathrm{d}y = -\varrho w \, (\sin\vartheta \, \mathrm{d}x - \cos\vartheta \, \mathrm{d}y) \,.$$

Also bekommen wir aus $(7,24\,\mathrm{b})$ nach leichter Rechnung

$$(7,25) \qquad \sin^2\beta \, (\mathrm{d}x^2 + \mathrm{d}y^2) = (\sin\vartheta \, \mathrm{d}x - \cos\vartheta \, \mathrm{d}y)^2 \,.$$

Setzen wir $\mathrm{d}x = \cos\gamma \, \mathrm{d}s$, $\mathrm{d}y = \sin\gamma \, \mathrm{d}s$, so heißt die Gleichung $\sin^2\beta = \sin^2(\vartheta - \gamma)$, d. h.

$$(7,26) \qquad \gamma = \vartheta \pm \beta,$$

d. h.: *Die Richtungen des transformierten Hauptnetzes weichen von der Richtung der Geschwindigkeit nach der einen bzw. der anderen Seite um den Machschen Winkel ab. Das so transformierte Netz heißt das Machsche Netz.*

Nun sagt dieser Satz nur etwas über Richtungen aus; er gilt auch für Kurven, die überall die Richtung einer der beiden Kurven des Machschen Netzes haben, d. h. der Einhüllenden der Machschen Schar, wenn eine solche existiert. Nehmen wir dies an. Dann treffen die Stromlinien überall unter dem Machschen Winkel β auf diese Einhüllende. Da in der Regel die Einhüllende das Gebiet trennt, wo die Machschen Kurven existieren und dann doppelt das Gebiet überdecken, von dem Gebiet, wo sie nicht existieren, so kann es in diesem zweiten Gebiet auch keine Stromlinie geben; diese muß vielmehr in Form einer Spitze zurückkehren (Abb. 52). Daher ist die Einhüllende eine Grenzlinie[1]); sie trennt in der Regel das Gebiet, das von der Strömung doppelt überdeckt wird, von dem Gebiet, in das die Strömung gar nicht eintritt.

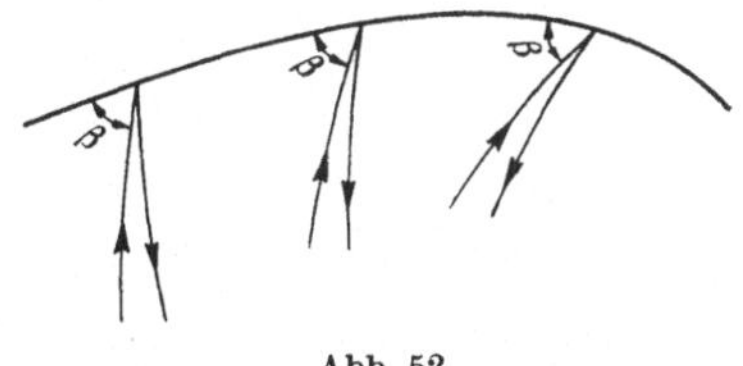

Abb. 52

Wir haben die Grenzlinie aber auch in unserer Rechnung mit umfaßt. Denn $(7,26)$ enthält ja nicht nur $(7,24)$, sondern auch noch $D = 0$, d. h.

$$\varphi_w \psi_\vartheta - \varphi_\vartheta \psi_w = 0 \,.$$

Die Kurven $\varphi = $ const, $\psi = $ const berühren sich also an den Grenzlinien in der Hodographenebene.

---

[1]) S. Fußnote 1 auf S. 107.

Das Gesamtergebnis ist also:

Das Hauptnetz, gegeben durch

$$(7, 24) \qquad d\vartheta^2 - \frac{1}{c^2}\cos^2\beta \, dw^2 = 0 \, ,$$

besteht in der Hodographenebene aus zwei Kurvenscharen (es sind spitze Epizykloiden), die auf dem Kreise $\cos^2\beta = 0$ *d. h. dem Grenzkreis* $w = c$ *mit den Spitzen* $(d\vartheta = 0)$ *aufsitzen und bei* $dw = 0$ *den Kreis* $c = 0$ *einhüllen.* $w = c$ *bedeutet*

$$w^2 = c^2 = c_0^2 - \frac{k-1}{2} w^2, \ \text{d. h.}$$

$$w = c_0 \sqrt{\frac{2}{k+1}} \, .$$

$c = 0$ *hingegen bedeutet* $w = c_0 \sqrt{\dfrac{2}{k-1}} = w_0$.

Dies ist der Maximalwert, den w *überhaupt haben kann.*

60. Die Kurven des Hauptnetzes als Epizykloiden. Daß die Integralkurven von

$$d\vartheta = \frac{\sqrt{w^2 - c^2}}{wc} \, dw = \frac{1}{c}\cos\beta \, dw$$

spitze Epizykloiden sind, erkennt man am leichtesten durch Verifikation. Sind a und b die beiden Kreisradien, so lauten die Gleichungen der Epizykloide[1])

$$x = (a + b)\cos\chi - b\cos\left(\frac{a + b}{b}\chi\right)$$

$$y = (a + b)\sin\chi - b\sin\left(\frac{a + b}{b}\chi\right),$$

wobei χ Parameter ist. Daraus findet man sofort für die Polarkoordinaten w und ϑ

$$w^2 = x^2 + y^2 = (a + b)^2 + b^2 - 2(a + b)\,b\cos\frac{a}{b}\chi \, ,$$

$$\text{tg } \vartheta = \frac{y}{x} = \frac{(a + b)\sin\chi - b\sin\left(\dfrac{a + b}{b}\chi\right)}{(a + b)\cos\chi - b\cos\left(\dfrac{a + b}{b}\chi\right)}$$

und daraus

$$w \, dw = (a + b)\,a\sin\left(\frac{a}{b}\chi\right) d\chi,$$

$$d\vartheta = \frac{a + 2b}{a + b} \, \frac{\left[1 - \cos\left(\dfrac{a}{b}\chi\right)\right] d\chi}{1 + \left(\dfrac{b}{a + b}\right)^2 - \dfrac{2b}{a + b}\cos\left(\dfrac{a}{b}\chi\right)} \, .$$

Eliminiert man daraus $\cos\left(\dfrac{a}{b}\chi\right)$, so erhält man mit

$$\sin\frac{a}{b}\chi = \frac{1}{2b(a + b)}\sqrt{-w^4 + 2w^2[(a + b)^2 + b^2] - [(a + b)^2 - b^2]^2}$$

$$d\vartheta = \frac{a + 2b}{aw} \, \frac{(w^2 - a^2)\,dw}{\sqrt{-w^4 + 2w^2[(a + b)^2 + b^2] - [(a + b)^2 - b^2]^2}} \, .$$

---

[1]) S. etwa R o t h e, R.: Höhere Mathematik. Teil I. 12. Aufl. Stuttgart 1956. § 22.

Dies ist zu vergleichen mit (7, 8) oder wegen $c^2 = c_0^2 - \dfrac{k-1}{2} w^2$ mit

$$\mathrm{d}\vartheta = \frac{\left(w^2 \dfrac{k+1}{2} - c_0^2\right) \mathrm{d}w}{w \sqrt{-c_0^4 + c_0^2 w^2 k - \dfrac{k^2-1}{4} w^4}}\,.$$

Die Identifikation gelingt sofort, wenn man die erwarteten Werte

$$a = \sqrt{\frac{2}{k+1}}\, c_0, \quad a + 2b = \sqrt{\frac{2}{k-1}}\, c_0$$

d. h. die Minima und Maxima von w einsetzt.

In die x, y-Ebene transformiert, wird aus dem Hauptnetz das Machsche Netz $\gamma = \vartheta \pm \beta$, dessen Einhüllende (Abb. 53) die Grenzlinien sind, für die

$$\varphi_w \psi_\vartheta - \varphi_\vartheta \psi_w = 0$$

oder wegen (7, 20) und (7, 21)

$$\varphi_\vartheta^2 = \operatorname{tg}^2 \beta\, w^2 \varphi_w^2 \quad \text{und} \quad \psi_\vartheta^2 = \operatorname{tg}^2 \beta\, w^2 \psi_w^2$$

ist. Die Einhüllenden gehen bei der Transformation verloren, auf dem einen Weg $D = 0$, auf dem anderen $c = 0$. In der φ, ψ-Ebene ist

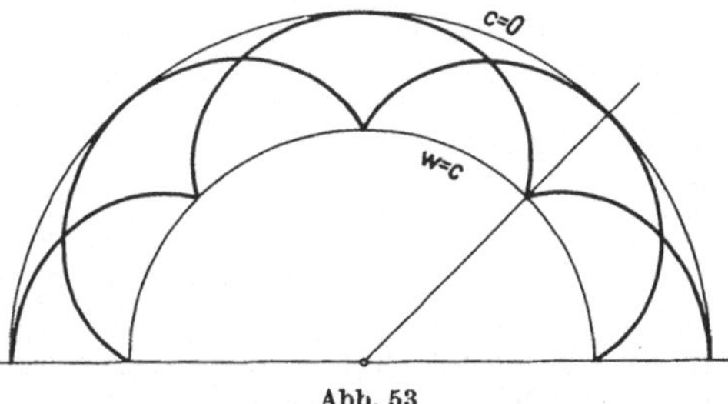

Abb. 53

$$(7, 24\,\mathrm{b}) \qquad \mathrm{d}\varphi^2 - \cos^2 \beta\, \frac{w^2}{\varrho^2 c^2}\, \mathrm{d}\psi^2 = 0 \quad \text{oder} \quad \mathrm{d}\varphi^2 - \frac{\operatorname{cotg}^2 \beta}{\varrho^2}\, \mathrm{d}\psi^2 = 0$$

die Gleichung sowohl des Hauptnetzes als auch des Machschen Netzes; sie enthält nicht $c = 0$, aber $D = 0$, also die Einhüllenden des Machschen Netzes.

61. Durchrechnung für den Fall der Sonderlösung von Nr. 54. Für diese war

$$\mathrm{d}\vartheta = \frac{\sqrt{w^2 - c^2}}{wc}\, \mathrm{d}w = \frac{1}{w \operatorname{tg}\beta}\, \mathrm{d}w$$

integriert zu

$$\vartheta = h(w^2),$$

also $2w h' = \dfrac{1}{w \operatorname{tg}\beta}$, d. h. $h' = \dfrac{1}{2w^2 \operatorname{tg}\beta}\,.$

Ferner fanden wir für die Rückkehrkanten der Integralflächen im Raume der $x, y, z = \varphi$

$$x = x_0(s) + A\eta, \quad y = y_0(s) + B\eta, \quad z = \eta$$

mit $\dfrac{\mathrm{d}x_0}{\mathrm{d}s} = -\sin\alpha$, $\dfrac{\mathrm{d}y_0}{\mathrm{d}s} = \cos\alpha$, $z_0 = 0$ für die Anfangskurve,

$$p = p_0, \quad q = q_0, \quad \vartheta = \operatorname{arc\,tg}\frac{q}{p} = \operatorname{arc\,tg}\frac{q_0}{p_0} = \alpha = h(w_0^2) = h(p_0^2 + q_0^2),$$

$$A = \frac{\sin\alpha}{2w_0^3 h'} + \frac{\cos\alpha}{w_0} = \frac{\cos(\alpha - \beta_0)}{w_0 \cos\beta_0},$$

$$B = -\frac{\cos\alpha}{2w_0^3 h'} + \frac{\sin\alpha}{w_0} = \frac{\sin(\alpha - \beta_0)}{w_0 \cos\beta_0}$$

(β_0 gehört zu β wie w_0 zu w). Die rechtsstehenden Ausdrücke folgen aus

$$h' = \frac{1}{2w^2\,\mathrm{tg}\,\beta}\,.$$

Endlich hatten wir noch

(7, 12) $$\frac{1}{\eta} = \frac{\mathrm{d}A}{\mathrm{d}s}\sin\alpha - \frac{\mathrm{d}B}{\mathrm{d}s}\cos\alpha\,.$$

Wegen $c^2 = c_0^2 - \dfrac{k-1}{2}\,w^2$, also $\dfrac{\mathrm{d}(c^2)}{\mathrm{d}(w^2)} = -\dfrac{k-1}{2}$ ergibt eine einfache Rechnung

(7, 27) $$\frac{1}{\eta} = -\frac{k+1}{2}\frac{\frac{\mathrm{d}\alpha}{\mathrm{d}s}}{w_0\cos^4\beta_0}\,.$$

Daher ergibt sich für die Rückkehrkante, wenn man zur Abkürzung noch

(7, 28) $$Q = \frac{\cos^3\beta_0}{\frac{k+1}{2}\frac{\mathrm{d}\alpha}{\mathrm{d}s}}$$

setzt,

(7, 29) $$\begin{cases} x = x_0 - Q\cos(\alpha - \beta_0)\,, \quad y = y_0 - Q\sin(\alpha - \beta_0)\,, \\ z = \varphi = \eta = -Q\cos\beta_0\,. \end{cases}$$

Wir prüfen nun, ob für die Horizontalprojektion der Rückkehrkante wirklich (7, 25) erfüllt ist, diese Projektion also Grenzlinie ist.

Nun ergibt sich mit $\mathrm{d}x_0 = -\sin\alpha\,\mathrm{d}s$, $\mathrm{d}y_0 = \cos\alpha\,\mathrm{d}s$ aus (7, 29)

$$\mathrm{d}x^2 + \mathrm{d}y^2 = \mathrm{d}s^2 + Q^2(\mathrm{d}\alpha - \mathrm{d}\beta_0)^2 + \mathrm{d}Q^2 - 2\cos\beta_0\,Q(\mathrm{d}\alpha - \mathrm{d}\beta_0)\,\mathrm{d}s + 2\sin\beta_0\,\mathrm{d}Q\,\mathrm{d}s\,.$$

Aus $c = w_0\sin\beta_0$ folgt aber vermöge $\dfrac{\mathrm{d}(c^2)}{\mathrm{d}(w_0^2)} = -\dfrac{k-1}{2}$ und $\mathrm{d}\alpha = \mathrm{d}w_0\dfrac{1}{w_0\,\mathrm{tg}\,\beta_0}$

$$\mathrm{d}\beta_0 = -\frac{1}{\cos^2\beta_0}\left(-\frac{k-1}{2} - \sin^2\beta_0\right)\frac{\mathrm{d}\alpha}{\mathrm{d}s}\,\mathrm{d}s$$

und daher

$$\mathrm{d}\alpha - \mathrm{d}\beta_0 = \frac{\frac{k+1}{2}}{\cos^2\beta_0}\frac{\mathrm{d}\alpha}{\mathrm{d}s}\,\mathrm{d}s = \frac{\cos\beta_0}{Q}\,\mathrm{d}s\,.$$

Somit

$$\mathrm{d}x^2 + \mathrm{d}y^2 = (\mathrm{d}Q + \sin\beta_0\,\mathrm{d}s)^2\,.$$

Andererseits ist wegen $\vartheta = \alpha$

$$\sin\vartheta\,\mathrm{d}x - \cos\vartheta\,\mathrm{d}y = -\mathrm{d}s + Q(\mathrm{d}\alpha - \mathrm{d}\beta_0)\cos\beta_0 - \mathrm{d}Q\sin\beta_0$$
$$= -\sin\beta_0\,(\mathrm{d}Q + \sin\beta_0\,\mathrm{d}s),$$

woraus sich die Behauptung sofort erkennen läßt.

62. Lösung von Tschapligin. Durch einige einfache Transformationen kann man die gewöhnliche Differentialgleichung in w, auf die wir die Bestimmung von φ oder ψ oder Φ zurückführen konnten, in eine Gaußsche Differentialgleichung der hypergeometrischen Funktion verwandeln.

Wir gehen zunächst auf die Gleichungen (7, 20) und (7, 21) aus Nr. 57 zurück:

$$(7, 20) \qquad \varrho \frac{\partial \varphi}{\partial \vartheta} = w \frac{\partial \psi}{\partial w},$$

$$(7, 21) \qquad c^2 \varrho w \frac{\partial \varphi}{\partial w} + (c^2 - w^2) \frac{\partial \psi}{\partial \vartheta} = 0$$

und setzen

$$(7, 30) \qquad \psi = \sin(n\vartheta + \varepsilon_n)\, f_n(w), \quad \varphi = -\cos(n\vartheta + \varepsilon_n)\, g_n(w),$$

so erhalten wir

$$(7, 31) \qquad n\varrho g_n = w \frac{\mathrm{d}f_n}{\mathrm{d}w}, \quad c^2 \varrho w \frac{\mathrm{d}g_n}{\mathrm{d}w} = (c^2 - w^2)\, n f_n .$$

ϱ folgt aus $P(\varrho) + \frac{1}{2} w^2 = P(\varrho_0)$ bei $P = \dfrac{Ck}{k-1}\, \varrho^{k-1}$
zu

$$\varrho = \varrho_0 \left(1 - \frac{k-1}{2Ck\varrho_0^{k-1}}\, w^2 \right)^{\frac{1}{k-1}}$$

oder, wenn wir den Maximalwert von w^2 durch

$$\frac{k-1}{2Ck\varrho_0^{k-1}} = \frac{1}{w_0^2}$$

einführen und $\left(\dfrac{w}{w_0} \right)^2 = z$ setzen,

$$(7, 32) \qquad \varrho = \varrho_0 (1 - z)^{\frac{1}{k-1}}; \quad \text{dabei ist} \quad 0 \le z \le 1 .$$

Da noch $c^2 = c_0^2 - \dfrac{k-1}{2} w^2 = Ck\varrho_0^{k-1} - \dfrac{k-1}{2} w^2 = \dfrac{k-1}{2}(w_0^2 - w^2)$

oder $c^2 = \dfrac{k-1}{2} w_0^2 (1 - z)$ ist, folgen für g_n und f_n die Gleichungen

$$(7, 33\,\text{a}) \qquad n\varrho_0 (1 - z)^{\frac{1}{k-1}} g_n = 2z \frac{\mathrm{d}f_n}{\mathrm{d}z}$$

und

$$(7, 33\,\text{b}) \qquad (k-1)(1-z)^{\frac{k}{k-1}} z \varrho_0 \frac{\mathrm{d}g_n}{\mathrm{d}z} = \left[\frac{k-1}{2}(1-z) - z \right] n f_n .$$

Man kann nun g_n oder f_n eliminieren. Eliminieren wir g_n, so erhalten wir nach kurzer Rechnung

$$(7, 34) \qquad \frac{\mathrm{d}^2}{\mathrm{d}z^2} f_n + \left[\frac{1}{z} + \frac{1}{(k-1)(1-z)} \right] \frac{\mathrm{d}}{\mathrm{d}z} f_n = n^2 \frac{1 - \dfrac{k+1}{k-1} z}{4z^2(1-z)} f_n .$$

Die Gleichung hat bekanntlich Lösungen der Form $z^\nu F_n(z)$, wo F_n in der Umgebung von $z = 0$ regulär ist. Um den multiplikativen Faktor z^ν zu finden, verstümmeln wir die Gleichung bis auf die größten Glieder in der Umgebung von $z = 0$, d. h. auf

$$\frac{\mathrm{d}^2}{\mathrm{d}z^2} z^\nu + \frac{1}{z} \frac{\mathrm{d}}{\mathrm{d}z} z^\nu = \frac{n^2}{4z^2} z^\nu ,$$

woraus $v^2 = \dfrac{n^2}{4}$, $v = \pm \dfrac{n}{2}$ folgt.

Eine bei $z = 0$ endlich bleibende Lösung verlangt $v = \dfrac{n}{2}$.

Wir setzen also $f_n = z^{\frac{n}{2}} F_n$ und erhalten durch einfache Rechnung

$$(7,35) \qquad z(z-1)\frac{\mathrm{d}^2}{\mathrm{d}z^2}F_n + [(\alpha + \beta + 1)\,z - \gamma]\frac{\mathrm{d}}{\mathrm{d}z}F_n + \alpha\beta F_n = 0$$

mit

$$\alpha + \beta = n - \frac{1}{k-1}, \quad \alpha\beta = -\frac{n(n+1)}{2(k-1)}, \quad \gamma = n+1.$$

Bekanntlich[1]) hat die Gaußsche Differentialgleichung (7, 35) als reguläres Integral die hypergeometrische Reihe

$$(7,36) \qquad F_n = 1 + \frac{\alpha\beta}{\gamma \cdot 1}z + \frac{\alpha(\alpha+1)\,\beta(\beta+1)}{\gamma(\gamma+1)\,1\cdot 2}z^2 + \cdots,$$

die für $|z| < 1$ konvergiert.

Ist so f_n und somit $\psi = \sin(n\vartheta + \varepsilon_n)\,f_n$ gefunden, so folgen g_n bzw. φ aus (7, 33a) und (7, 30).

Sind so w, φ und ψ als Funktion von ϑ und $w^2 = w_0^2 z$ gefunden, so hat man noch x und y zu berechnen, ebenfalls als Funktionen von ϑ und z.

Es ist nach Nr. 57

$$(7,37) \qquad \begin{cases} \mathrm{d}x = \dfrac{1}{w^2}\left(u\,\mathrm{d}\varphi - \dfrac{v}{\varrho}\,\mathrm{d}\psi\right) = \dfrac{1}{w}\left(\cos\vartheta\,\mathrm{d}\varphi - \dfrac{1}{\varrho}\sin\vartheta\,\mathrm{d}\psi\right), \\[2mm] \mathrm{d}y = \dfrac{1}{w^2}\left(v\,\mathrm{d}\varphi + \dfrac{u}{\varrho}\,\mathrm{d}\psi\right) = \dfrac{1}{w}\left(\sin\vartheta\,\mathrm{d}\varphi + \dfrac{1}{\varrho}\cos\vartheta\,\mathrm{d}\psi\right) \end{cases}$$

oder komplex zusammengefaßt

$$(7,37\mathrm{a}) \qquad \mathrm{d}x + \mathrm{i}\,\mathrm{d}y = \frac{1}{w}\,\mathrm{e}^{\mathrm{i}\vartheta}\left(\mathrm{d}\varphi + \mathrm{i}\,\frac{1}{\varrho}\,\mathrm{d}\psi\right).$$

Es ist aber (vgl. (7, 30))

$$(7,38) \qquad \mathrm{d}\varphi + \mathrm{i}\,\frac{1}{\varrho}\,\mathrm{d}\psi = [n\sin(n\vartheta + \varepsilon_n)\,g_n\,\mathrm{d}\vartheta - \cos(n\vartheta + \varepsilon_n)\,\mathrm{d}g_n]$$
$$+ \frac{\mathrm{i}}{\varrho}\,[n\cos(n\vartheta + \varepsilon_n)\,f_n\,\mathrm{d}\vartheta + \sin(n\vartheta + \varepsilon_n)\,\mathrm{d}f_n].$$

Dementsprechend machen wir den Ansatz

$$x + \mathrm{i}y = U\,\mathrm{e}^{\mathrm{i}\omega_1} + V\,\mathrm{e}^{\mathrm{i}\omega_2}$$

mit

$$\omega_1 = (n+1)\,\vartheta + \varepsilon_n, \quad \omega_2 = -(n-1)\,\vartheta + \varepsilon_n.$$

Es ist dann

$$\mathrm{d}x + \mathrm{i}\,\mathrm{d}y = \mathrm{e}^{\mathrm{i}\omega_1}(\mathrm{d}U + \mathrm{i}U(n+1)\,\mathrm{d}\vartheta) + \mathrm{e}^{\mathrm{i}\omega_2}(\mathrm{d}V - \mathrm{i}V(n-1)\,\mathrm{d}\vartheta)$$

---

[1]) S. etwa **Kamke, E.**: Differentialgleichungen, Lösungsmethoden und Lösungen. Bd. I. 3. Aufl. Leipzig 1944. S. 465; oder **Rothe-Szabó**: Höhere Mathematik. Teil VI. Stuttgart 1953. § 8.

zu vergleichen mit dem aus (7, 37a), (7, 38) folgenden Ausdruck für $dx + idy$, wobei man zweckmäßigerweise noch die Beziehungen $\sin\alpha = \dfrac{1}{2i}\left(e^{i\alpha} - e^{-i\alpha}\right)$, $\cos\alpha = \tfrac{1}{2}\left(e^{i\alpha} + e^{-i\alpha}\right)$ benutzt. Der Vergleich ergibt

$$(7, 39) \qquad U = -\frac{n}{n+1}\frac{1}{2w}\left(g_n - \frac{1}{\varrho}f_n\right), \qquad V = -\frac{n}{n-1}\frac{1}{2w}\left(g_n + \frac{1}{\varrho}f_n\right),$$

$$(7, 39\,a) \qquad dU = -\frac{1}{2w}\left(dg_n - \frac{1}{\varrho}df_n\right), \qquad dV = -\frac{1}{2w}\left(dg_n + \frac{1}{\varrho}df_n\right).$$

Die alten Verträglichkeitsbedingungen der Nr. 57 kommen nun darin zum Ausdruck, daß diese vier Gleichungen vermöge (7, 31) tatsächlich miteinander verträglich sind.

Also haben wir auch $x + iy$ gefunden:

$$(7, 40) \qquad x + iy = -\frac{n}{n+1}\frac{1}{2w}\left(g_n - \frac{1}{\varrho}f_n\right)e^{i\omega_1} - \frac{n}{n-1}\frac{1}{2w}\left(g_n + \frac{1}{\varrho}f_n\right)e^{i\omega_2}$$

mit $\omega_1 = (n+1)\vartheta + \varepsilon_n$ und $\omega_2 = -(n-1)\vartheta - \varepsilon_n$.

Da die Gleichungen linear sind, kann man superponieren. Mit dieser Lösung von Tschapligin kann man nun konkrete Aufgaben lösen. So hat G. Williams[1]) die Strömung zwischen gradlinigen Wällen behandelt[2]). Wir können auf solche weiteren Rechnungen nicht eingehen.

63. Benutzung komplexer Variabler. Schon in der vorhergehenden Betrachtung zeigten sie sich von Nutzen. Das war aber noch nicht von Bedeutung. Tiefer reicht ihre Wirkung, wenn wir nunmehr gewisse Näherungsmethoden besprechen, die auf Janzen (1913), Raleigh (1916) und Prandtl (Volterra-Kongreß) zurückgehen und von Lamla[3]) auf die mathematische Form gebracht worden sind, die wir, jedoch etwas verändert, nach C. Jacob[4]) darstellen werden.

Wir gehen aus von

$$(7, 41) \qquad u = \frac{\partial\varphi}{\partial x} = \frac{\varrho_0}{\varrho}\frac{\partial\psi}{\partial y}, \qquad v = \frac{\partial\varphi}{\partial y} = -\frac{\varrho_0}{\varrho}\frac{\partial\psi}{\partial x}$$

mit

$$(7, 42) \qquad \varrho = \varrho_0\left(1 - \frac{w^2}{w_0^2}\right)^{\tfrac{1}{k-1}}$$

und setzen $z = x + iy$, $f = \varphi + i\psi$, $\bar{f} = \varphi - i\psi$.
Dabei sind f und $\bar{f}$ Funktionen von z und $\bar{z}$, also nicht etwa analytische Funktionen der einen Variabeln z bzw. $\bar{z}$.

Es ist also

$$df = \frac{\partial f}{\partial z}\,dz + \frac{\partial f}{\partial \bar{z}}\,d\bar{z} = \left(\frac{\partial\varphi}{\partial x}\,dx + \frac{\partial\varphi}{\partial y}\,dy\right) + i\left(\frac{\partial\psi}{\partial x}\,dx + \frac{\partial\psi}{\partial y}\,dy\right),$$

$$d\bar{f} = \frac{\partial\bar{f}}{\partial z}\,dz + \frac{\partial\bar{f}}{\partial \bar{z}}\,d\bar{z} = \left(\frac{\partial\varphi}{\partial x}\,dx + \frac{\partial\varphi}{\partial y}\,dy\right) - i\left(\frac{\partial\psi}{\partial x}\,dx + \frac{\partial\psi}{\partial y}\,dy\right)$$

---

[1]) Quart. Journal of Math., Oxford **20** (1949), S. 129 bis 134.
[2]) Hier scheint in der Berechnung von $x + iy$ ein Fehler unterlaufen zu sein, indem $-\omega_2$ statt ω_1 steht. Ob dieser Fehler schon Tschapligin unterlaufen ist, ist hier nicht festzustellen.
[3]) Luftfahrtforschung **19** (1942), S. 358.
[4]) De l'influence de la compressibilité sur les écoulements fluides.

und daher

(7, 43)
$$\begin{cases} \dfrac{\partial f}{\partial z} + \dfrac{\partial f}{\partial \bar z} = \dfrac{\partial \varphi}{\partial x} + i\,\dfrac{\partial \psi}{\partial x} = u - i\,\dfrac{\varrho}{\varrho_0}\,v, \\[2mm] i\left(\dfrac{\partial f}{\partial z} - \dfrac{\partial f}{\partial \bar z}\right) = \dfrac{\partial \varphi}{\partial y} + i\,\dfrac{\partial \psi}{\partial y} = v + i\,\dfrac{\varrho}{\varrho_0}\,u, \end{cases}$$

also

(7, 43a)
$$2\,\frac{\partial f}{\partial z} = \left(1 + \frac{\varrho}{\varrho_0}\right)(u - iv); \quad 2\,\frac{\partial f}{\partial \bar z} = \left(1 - \frac{\varrho}{\varrho_0}\right)(u + iv).$$

Entsprechend gilt

(7, 44)
$$\frac{\partial \bar f}{\partial z} + \frac{\partial \bar f}{\partial \bar z} = u + i\,\frac{\varrho}{\varrho_0}\,v, \quad i\left(\frac{\partial \bar f}{\partial z} - \frac{\partial \bar f}{\partial \bar z}\right) = v - i\,\frac{\varrho}{\varrho_0}\,u,$$

also

(7, 44a)
$$2\,\frac{\partial \bar f}{\partial z} = \left(1 - \frac{\varrho}{\varrho_0}\right)(u - iv), \quad 2\,\frac{\partial \bar f}{\partial \bar z} = \left(1 + \frac{\varrho}{\varrho_0}\right)(u + iv).$$

Der Vergleich ergibt für f und $\bar f$ die Differentialgleichungen

(7, 45)
$$\frac{\partial f}{\partial z} = \frac{1}{\lambda}\,\frac{\partial \bar f}{\partial z} \quad \text{und} \quad \frac{\partial f}{\partial \bar z} = \lambda\,\frac{\partial \bar f}{\partial \bar z}$$

mit

(7, 46)
$$\lambda = \frac{1 - \dfrac{\varrho}{\varrho_0}}{1 + \dfrac{\varrho}{\varrho_0}} = \frac{1 - \left(1 - \dfrac{w^2}{w_0^2}\right)^{\frac{1}{k-1}}}{1 + \left(1 - \dfrac{w^2}{w_0^2}\right)^{\frac{1}{k-1}}}.$$

Dieses λ entwickeln wir in die wegen $w^2 \leq w_0^2$ stets konvergente Reihe nach $\zeta = \left(\dfrac{w}{w_0}\right)^2$ (ζ ist das z aus Nr. 62)

(7, 46a)
$$\lambda = \frac{1}{2\,(k-1)}\,\zeta + \frac{1}{4\,(k-1)}\,\zeta^2 + \cdots.$$

Die zweite Gleichung (7, 45) lautet somit

(7, 45a)
$$\frac{\partial f}{\partial \bar z} = \left(\frac{1}{2\,(k-1)}\,\zeta + \frac{1}{4\,(k-1)}\,\zeta^2 + \cdots\right)\frac{\partial \bar f}{\partial \bar z}.$$

Die erste ist einfach die konjugierte dazu. Entwickelt man weiter f und $\bar f$ nach Potenzen von $\dfrac{1}{w_0^2}$,

(7, 47)
$$f = f_0 + \frac{1}{w_0^2}\,f_1 + \cdots, \quad \bar f = \bar f_0 + \frac{1}{w_0^2}\,\bar f_1 + \cdots,$$

so erhält man aus (7, 45a)

(7, 45b)
$$\left(\frac{\partial f_0}{\partial \bar z} + \frac{1}{w_0^2}\,\frac{\partial f_1}{\partial \bar z} + \cdots\right) =$$
$$= \left(\frac{1}{2\,(k-1)}\left(\frac{w}{w_0}\right)^2 + \frac{1}{4\,(k-1)}\left(\frac{w}{w_0}\right)^4 + \cdots\right)\left(\frac{\partial \bar f_0}{\partial \bar z} + \frac{1}{w_0^2}\,\frac{\partial \bar f_1}{\partial \bar z} + \cdots\right).$$

Es ist aber

$$w^2 = u^2 + v^2 = (u + iv)(u - iv) = \left(\frac{\partial f}{\partial \bar z} + \frac{\partial \bar f}{\partial \bar z}\right)\left(\frac{\partial f}{\partial z} + \frac{\partial \bar f}{\partial z}\right) =$$
$$= \left(\frac{\partial f_0}{\partial \bar z} + \frac{1}{w_0^2}\,\frac{\partial f_1}{\partial \bar z} + \cdots + \frac{\partial \bar f_0}{\partial \bar z} + \frac{1}{w_0^2}\,\frac{\partial \bar f_1}{\partial \bar z} + \cdots\right) \times$$
$$\times \left(\frac{\partial f_0}{\partial z} + \frac{1}{w_0^2}\,\frac{\partial f_1}{\partial z} + \cdots + \frac{\partial \bar f_0}{\partial z} + \frac{1}{w_0^2}\,\frac{\partial \bar f_1}{\partial z} + \cdots\right).$$

(7, 45b) liefert dann sofort, daß $\dfrac{\partial f_0}{\partial \overline{z}} = 0$ sein muß, also auch $\dfrac{\partial \overline{f_0}}{\partial z} = 0$, so daß f_0 analytisch in z ist. Wir erhalten so

$$
(7,\,48)\quad
\begin{aligned}
w^2 &= \left[\frac{\partial \overline{f_0}}{\partial \overline{z}} + \frac{1}{w_0^2}\left(\frac{\partial f_1}{\partial \overline{z}} + \frac{\partial \overline{f_1}}{\partial \overline{z}}\right) + \cdots\right]\left[\frac{\partial f_0}{\partial z} + \frac{1}{w_0^2}\left(\frac{\partial f_1}{\partial z} + \frac{\partial \overline{f_1}}{\partial z}\right) + \cdots\right] \\
&= \frac{\partial f_0}{\partial z}\frac{\partial \overline{f_0}}{\partial \overline{z}} + \frac{1}{w_0^2}\left[\frac{\partial f_0}{\partial z}\left(\frac{\partial f_1}{\partial \overline{z}} + \frac{\partial \overline{f_1}}{\partial \overline{z}}\right) + \frac{\partial \overline{f_0}}{\partial \overline{z}}\left(\frac{\partial f_1}{\partial z} + \frac{\partial \overline{f_1}}{\partial z}\right)\right] + \cdots.
\end{aligned}
$$

Trägt man (7, 48) in (7, 45b) ein, so erhält man durch Vergleich der Potenzen von $\dfrac{1}{w_0^2}$

$$
(7,\,49)\quad
\begin{cases}
\dfrac{\partial f_1}{\partial \overline{z}} = \dfrac{1}{2\,(k-1)}\dfrac{\partial f_0}{\partial z}\left(\dfrac{\partial \overline{f_0}}{\partial \overline{z}}\right)^2 \\[2ex]
\dfrac{\partial f_2}{\partial \overline{z}} = \dfrac{1}{2\,(k-1)}\left[\dfrac{\partial f_0}{\partial z}\dfrac{\partial \overline{f_0}}{\partial \overline{z}}\dfrac{\partial \overline{f_1}}{\partial \overline{z}} + \left\{\dfrac{\partial f_0}{\partial z}\left(\dfrac{\partial f_1}{\partial \overline{z}} + \dfrac{\partial \overline{f_1}}{\partial \overline{z}}\right) + \dfrac{\partial \overline{f_0}}{\partial \overline{z}}\left(\dfrac{\partial f_1}{\partial z} + \dfrac{\partial \overline{f_1}}{\partial z}\right)\right\}\dfrac{\partial \overline{f_0}}{\partial \overline{z}}\right] + \\[2ex]
\qquad\qquad + \dfrac{1}{4\,(k-1)}\left(\dfrac{\partial f_0}{\partial z}\dfrac{\partial \overline{f_0}}{\partial \overline{z}}\right)^2\dfrac{\partial \overline{f_0}}{\partial \overline{z}}
\end{cases}
$$

usw.

Man wird also erst die analytische Funktion $f_0(z)$ aus dem Strömungsproblem der inkompressiblen Flüssigkeit bestimmen, dann eine erste Korrektur für endliche aber große w_0 aus der Gleichung für $\dfrac{\partial f_1}{\partial \overline{z}}$, die zu

$$
f_1 = \frac{1}{2\,(k-1)}\frac{\mathrm{d}f_0}{\mathrm{d}z}\int\left(\frac{\mathrm{d}\overline{f_0}}{\mathrm{d}\overline{z}}\right)^2\mathrm{d}\overline{z} + g_1(z)
$$

integriert werden kann, mit $g_1(z)$ als einer neuen analytischen Funktion von z, die aus den Randbedingungen zu bestimmen bleibt.

Ist f_1 gefunden, so berechnet man aus der Gleichung für $\dfrac{\partial f_2}{\partial \overline{z}}$ eine weitere Korrektur usw.

Als Beispiel rechnen wir ebenso wie C. Jacob die Umströmung eines Kreiszylinders vom Radius R. Wir gehen aus von dem uns bekannten

$$
f_0(z) = U\left(z + \frac{R^2}{z}\right)
$$

und bekommen daraus wegen

$$
\frac{\mathrm{d}f_0}{\mathrm{d}z} = U\left(1 - \frac{R^2}{z^2}\right),\quad \frac{\mathrm{d}\overline{f_0}}{\mathrm{d}\overline{z}} = U\left(1 - \frac{R^2}{\overline{z}^2}\right):
$$

$$
(7,\,50)\quad f_1 = \frac{1}{2\,(k-1)}U^3\left(1 - \frac{R^2}{z^2}\right)\left(\overline{z} + 2\frac{R^2}{\overline{z}} - \frac{R^4}{3\overline{z}^3}\right) + g_1(z).
$$

Nun muß $g_1(z)$ so bestimmt werden, daß die Geschwindigkeit im Unendlichen konstant und die Stromfunktion am Kreisumfang Null ist. Mit $z = R\,\mathrm{e}^{\mathrm{i}\sigma}$, $\overline{z} = R\,\mathrm{e}^{-\mathrm{i}\sigma}$ ist aber offenbar

$$
(7,\,50\,\mathrm{a})\quad f_1 = \frac{U^3 R}{2\,(k-1)}\left(-\mathrm{e}^{-\mathrm{i}\sigma} + \tfrac{7}{3}\mathrm{e}^{\mathrm{i}\sigma} - \tfrac{1}{3}\mathrm{e}^{3\mathrm{i}\sigma} - \mathrm{e}^{-3\mathrm{i}\sigma}\right) + g_1\!\left(R\,\mathrm{e}^{\mathrm{i}\sigma}\right).
$$

g_1 muß so bestimmt werden, daß dies reell wird und daß außerdem g_1 nur z und Potenzen mit negativen Exponenten enthält.

Der imaginäre Bestandteil des ersten Gliedes von f_1 ist offenbar

$$
\frac{U^3 R}{2\,(k-1)}\left(\tfrac{10}{3}\sin\sigma + \tfrac{2}{3}\sin 3\sigma\right).
$$

Wir machen den Ansatz

$$(7,51) \qquad g_1 = C_0 z + C_1 \frac{1}{z} + C_2 \frac{1}{z^3}$$

mit reellen C_0, C_1, C_2. Der imaginäre Teil von $g_1\left(R\,e^{i\sigma}\right)$ ist dann

$$\left(C_0 R - \frac{C_1}{R}\right)\sin\sigma - \frac{C_2}{R^3}\sin 3\sigma\,.$$

Also muß

$$(7,52) \qquad C_0 R - \frac{C_1}{R} = -\frac{U^3 R}{2(k-1)}\frac{10}{3}\,, \qquad -\frac{C_2}{R^3} = -\frac{U^3 R}{2(k-1)}\frac{2}{3}$$

sein. Die ganzen Glieder von f_1 sind

$$\left(\frac{U^3}{2(k-1)}\,\overline{z} + C_0 z\right)\frac{1}{w_0^2}\,.$$

Für die Geschwindigkeit macht das wegen $u + iv = \dfrac{\partial f}{\partial z} + \dfrac{\partial \overline{f}}{\partial \overline{z}}$

$$\left(\frac{U^3}{2(k-1)} + C_0\right)\frac{1}{w_0^2}\,.$$

Wenn also $(u + iv)_\infty = U$ nicht gestört werden soll, muß

$$(7,53\,\text{a}) \qquad C_0 = -\frac{U^3}{2(k-1)}$$

gewählt werden, somit nach (7,52)

$$(7,53\,\text{b}) \qquad C_1 = \frac{7}{3}\frac{U^3 R^2}{2(k-1)}\,, \qquad C_2 = \frac{U^3 R^4}{3(k-1)}\,.$$

Also wird

$$g_1 = -\frac{U^3}{2(k-1)}z + \frac{7\,U^3 R^2}{6(k-1)}\frac{1}{z} + \frac{U^3 R^4}{3(k-1)}\frac{1}{z^3}$$

und

$$(7,54) \quad f = U\left(z + \frac{R^2}{z}\right) + \frac{U^3}{2(k-1)w_0^2}\left\{\left(1 - \frac{R^2}{z^2}\right)\left(\overline{z} + 2\frac{R^2}{\overline{z}} - \frac{R^4}{3\overline{z}^3}\right) - z - \frac{7R^2}{3z} + \frac{2R^4}{3z^2}\right\}.$$

Natürlich unterliegt jetzt U zumindest der Einschränkung, daß

$$U^2 < w_0^2$$

sein muß, da w_0^2 der Höchstwert der Geschwindigkeit ist. Man muß sogar dafür Sorge tragen, daß überall die Geschwindigkeit kleiner als w_0^2 bleibt.

Weitere Beispiele bei C. Jacob. Man beachte, daß Jacob nicht nach $\dfrac{w}{w_0}$, sondern nach $\dfrac{w}{c_0} = \dfrac{w}{U}\dfrac{U}{c_0} = \dfrac{w}{U}\,M$ (M die zu c_0 und U gehörende Machsche Zahl) entwickelt.

Aufgabe: Man berechne die maximale Geschwindigkeit, insbesondere am Umfang des Zylinders. Man überlege, ob ihretwegen U weiter eingeschränkt werden muß.

II. Zähe Flüssigkeiten

§ 8. Die Navier-Stokesschen Gleichungen

64. Die Laminarströmung nach Hagen und Poiseuille (1838—1840). Wir untersuchen die geradlinige Bewegung einer inkompressiblen Flüssigkeit. Die Geschwindigkeit sei u; wegen der Inkompressibilität ist

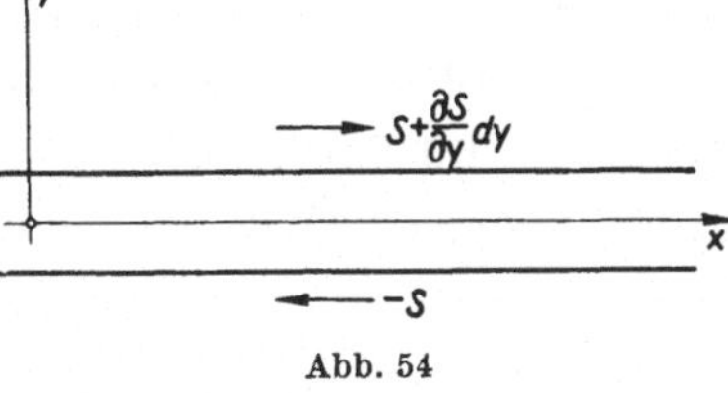

Abb. 54

$$(8,1) \qquad \frac{\partial u}{\partial x} = 0,$$

wenn x in die Strömungsrichtung fällt.

Genauer studieren wir zwei Sonderfälle:
a) die ebene Strömung zwischen parallelen Wänden, bei der dann $u = u(y)$ mit
$$-h \leq y \leq +h \text{ ist;}$$
b) die kreissymmetrische Strömung in einem Rohr, $u = u(r)$ mit $0 \leq r \leq R$.

Ohne Reibung, also bei einer idealen Flüssigkeit wäre keine Kraft nötig, um die Bewegung aufrechtzuerhalten, u bliebe beliebig. Nun soll aber innere und äußere Reibung vorhanden sein, die wir uns als einen Schub S zwischen den parallelen Stromfäden vorstellen. Die schnelleren Teile nehmen so die langsameren mit; diese hemmen nach dem Gegenwirkungsprinzip die schnelleren. S sei stetig und differenzierbar nach y bzw. r und gehe stetig in die Werte am Rand über. Es handelt sich bei S um eine flächenhaft verteilte Kraft von der Dimension

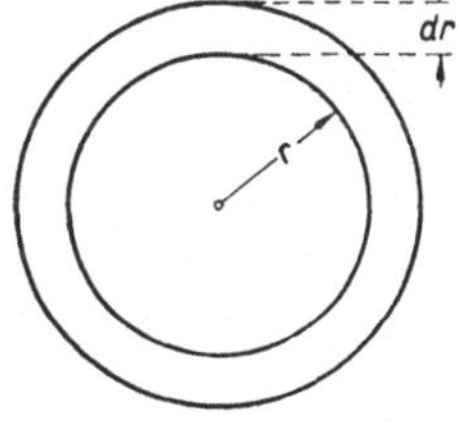

Abb. 55

$$[S] = [m\, l^{-1} t^{-2}],$$

also insbesondere
$$[S] = [\text{kp cm}^{-2}] \text{ bzw.} = [\text{g cm}^{-1}\,\text{s}^{-2}]$$
$$\text{bzw.} = [\text{kg m}^{-1}\,\text{s}^{-2}].$$

Die nun nötige Kraft, die Flüssigkeit durchzutreiben, nehmen wir als ein Druckgefälle $-\dfrac{\partial p}{\partial x}$ an.

a) Beim **ebenen Problem** wirken auf eine Schicht der Dicke dy von der Reibung herrührend die Kräfte $-S$ und $S + \dfrac{\partial S}{\partial y}\, dy$, also die resultierende Kraft (Abb. 54)

$$\frac{\partial S}{\partial y}\, dy\, dx \cdot 1\,.$$

Treibend wirkt die Kraft $-\dfrac{\partial p}{\partial x}\, dx\, dy \cdot 1$. Also verlangt der beschleunigungsfreie Zustand

$$(8,2) \qquad -\frac{\partial p}{\partial x} + \frac{\partial S}{\partial y} = 0\,.$$

b) Beim **kreisförmigen Querschnitt** (Abb. 55) sind für eine ringförmige Schicht der Dicke dr die entsprechenden, achsial gerichteten Größen $S + \dfrac{\partial S}{\partial r}\, dr$ und $-S$; bremsend wirkt also die Kraft $\dfrac{\partial}{\partial r}\,(2\pi r S)\, dr\, dx \cdot 1$, treibend die Kraft $-\dfrac{\partial p}{\partial x}\, dx\, 2\pi r\, dr$.

Also verlangt gleichförmige Bewegung

$$(8,3) \qquad -\frac{\partial p}{\partial x}\, r + \frac{\partial}{\partial r}\, (rS) = 0\,.$$

Bis hierhin sind das Folgerungen aus der allgemeinen Mechanik in Verbindung mit der Grundannahme. Nun muß aber noch eine spezifische physikalische Annahme über S gemacht werden. Ganz allgemein hängt S von der Deformation ab. Als solche ist hier die Deformation infolge der verschiedenen Geschwindigkeiten anzusehen, da wir sagten, die schnelleren Teile nähmen die langsameren mit. Das wird sich um so stärker bemerkbar machen, je größer die Unterschiede sind. Also wird S im Falle a) von $\frac{du}{dy}$, im Falle b) von $\frac{du}{dr}$ abhängen müssen. Wir setzen also, einen linearen Ansatz versuchend,

$$S = \eta\, \frac{du}{dy} \quad \text{bzw.} \quad S = \eta\, \frac{du}{dr}\,.$$

Die Zähigkeitsziffer η ist positiv; denn wenn u mit y bzw. r wächst, also $\frac{du}{dy}$ bzw. $\frac{du}{dr}$ positiv sind, muß auch S positiv sein, da die schnellere Schicht die langsamere beschleunigen soll. Die Flüssigkeit sei homogen, also η konstant. Damit bekommen wir bei gleichförmiger Bewegung im Fall a)

$$(8,2\,\mathrm{a}) \qquad \frac{\partial p}{\partial x} = \frac{\partial}{\partial y}\left(\eta\,\frac{du}{dy}\right) = \eta\,\frac{d^2 u}{dy^2}\,,$$

im Fall b)

$$(8,3\,\mathrm{a}) \qquad \frac{\partial p}{\partial x} = \frac{1}{r}\,\frac{d}{dr}\left(r\,\eta\,\frac{du}{dr}\right)\,.$$

Da u nur von y bzw. r abhängen sollte, muß auch die linke Seite von x unabhängig sein. Andererseits kann p nicht von y bzw. r abhängen, da sonst ein Druckgefälle quer zur Strömung vorhanden wäre, das die Parallelität stören müßte. *Also muß*

$$(8,4) \qquad -\frac{dp}{dx} = J$$

schlechthin konstant sein.

Wir können jetzt sofort u durch Integration finden. Im Fall a) ist

$$(8,5) \qquad u = -\tfrac{1}{2}\,\frac{J}{\eta}\, y^2 + a\,y + b\,;$$

im Fall b) ist

$$r\,\eta\,\frac{du}{dr} = -\tfrac{1}{2}\,J\,r^2 + \beta\,.$$

Da die Strömung in der Mitte regulär bleiben soll, muß $\beta = 0$ sein, also

$$(8,6) \qquad u = -\tfrac{1}{4}\,\frac{J}{\eta}\, r^2 + \alpha\,.$$

Das Profil der Geschwindigkeit ist also in beiden Fällen parabolisch. Nun bleiben noch die Konstanten a, b, α zu bestimmen. Dazu sind Annahmen über das Verhalten am Rand nötig.

Bei Voraussetzung einer wirklichen Parallelströmung müssen wir den Rand als vollkommen glatt annehmen. Dann aber muß an ihm die Geschwindigkeit Null sein. Denn ein endlicher Sprung von Ruhe auf Bewegung müßte unendliche Schubkräfte bedingen.

Also haben wir im Fall a) $u = 0$ für $y = \pm h$ zu nehmen und damit

$$(8, 5a) \qquad u = \tfrac{1}{2} \frac{J}{\eta} (h^2 - y^2).$$

Im Fall b) ist $u = 0$ für $r = R$ und damit

$$(8, 6a) \qquad u = \tfrac{1}{4} \frac{J}{\eta} (R^2 - r^2).$$

Berechnen wir noch die durchfließende Menge. Sie ist im ersten Fall

$$Q = \int\limits_{-h}^{+h} u \, dy = \tfrac{2}{3} \frac{J}{\eta} h^3,$$

im zweiten

$$Q = \int\limits_{0}^{R} u \, 2 \pi r \, dr = \frac{\pi}{8} \frac{J}{\eta} R^4.$$

Daraus ergeben sich die Durchschnittswerte von u im Fall a)

$$u_m = \frac{Q}{2h} = \tfrac{1}{3} \frac{J}{\eta} h^2,$$

im Fall b)

$$u_m = \frac{Q}{\pi R^2} = \tfrac{1}{8} \frac{J}{\eta} R^2.$$

Das nötige Druckgefälle J ist proportional der ersten Potenz von u_m, umgekehrt proportional der zweiten Potenz von R bzw. h, direkt proportional der Zähigkeitsziffer.

$$\text{a)} \quad J = \frac{3 \, \eta \, u_m}{h^2} \qquad\qquad \text{b)} \quad J = \frac{8 \, \eta \, u_m}{R^2}.$$

65. Die Zähigkeitsziffer. Zunächst ihre Dimension: Da $\eta \dfrac{du}{dy}$ ein Schub, also Kraft durch Fläche ist, und da $\dfrac{du}{dy}$ die Dimension $[\mathrm{s^{-1}}]$ hat, ist

$$[\eta] = [m \, l^{-1} t^{-1}],$$

also insbesondere

$$[\eta] = [\mathrm{kp \ cm^{-2} \ s}] \text{ bzw. } = [\mathrm{g \ cm^{-1} \ s^{-1}}] \text{ bzw. } = [\mathrm{kg \ m^{-1} \ s^{-1}}].$$

Das stimmt mit den Formeln der Nr. 64 überein, da

$$[J] = [\mathrm{kp \ cm^{-3}}] = [\mathrm{g \ cm^{-2} \ s^{-2}}]$$

ist.

Was nun den Vergleich mit der Erfahrung angeht, so stimmt die Theorie bei langsamen Bewegungen in dünnen Rohren recht gut. Genauer kommt es auf die dimensionslose Zahl

$$(8, 7) \qquad \mathfrak{R}_e = \frac{u_m R \varrho}{\eta}$$

an, die sogenannte **Reynoldssche Zahl**. Da $[\varrho] = [\text{g cm}^{-3}]$ ist, hat $\nu = \dfrac{\eta}{\varrho}$, die sogenannte „kinematische Zähigkeitszahl", die Dimension

$$[\nu] = [\text{cm}^2\ \text{s}^{-1}],$$

also dieselbe wie $u_m R$. Die **Reynoldssche Zahl** darf nicht zu groß sein; die Grenze liegt etwa bei $\mathfrak{R}_e = 1000$. η ist eine Materialkonstante, die aber stark von der Temperatur abhängt. Nach **Poiseuille** und **Helmholtz** ist für Wasser

$$\eta = \frac{0{,}01779}{1 + 0{,}03368\ T + 0{,}00022099\ T^2}\ (0 \leq T \leq 100^0\ \text{C}),$$

wo T in Celsiusgraden zu nehmen ist; also $\eta_0 = 0{,}01799$, $\eta_{10} = 0{,}0131$. Neuere Formeln stammen von **Sutherland**, **Graetz** und **Glotte**. Für Quecksilber ist

$$\eta_0 = 0{,}01692, \quad \eta_{10} = 0{,}01633.$$

Wir geben noch eine Tabelle[1]) von Werten der kinematischen Zähigkeitszahl (jeweils gemessen in $\text{cm}^2\ \text{s}^{-1}$).

T	Wasser	Quecksilber	Luft	Maschinenöl	Glyzerin
0^0	0,0179	0,00128	0,133		33,40
10^0	0,0131			7,34	
20^0	0,0101	0,00115	0,151	3,82	9,71
50^0	0,0055			0,60	
100^0	0,00295	0,00091	0,231	0,10	

Ist $\mathfrak{R}_e$ klein genug (kleiner als etwa 1000), so stimmt, wie schon gesagt, die Theorie ausgezeichnet. Man kann aus der beobachteten Strömung durch Kapillare η bzw. ν bestimmen. Ein besonders dazu konstruierter Apparat ist das **Viskosimeter von Engler**; es mißt in „Englergraden", für die erfahrungsgemäß eine Formel der Form

$$\nu = aE + \frac{b}{E}$$

besteht, die **v. Mises** theoretisch begründen konnte.

66. Turbulenz. Warum stimmt aber die Theorie oberhalb $\mathfrak{R}_e = 1000$ ganz und gar nicht? Man könnte daran denken, daß das lineare Gesetz unzureichend ist. Aber dann wäre der Übergang nicht plötzlich. Man müßte allmähliche Abweichung erwarten.

Da entdeckte **Reynolds** 1883 den wahren Grund: die vorausgesetzte Laminarströmung trifft nicht mehr zu; die Strömung erfolgt vielmehr in turbulenter Weise. Ein gefärbter Tropfen in der strömenden Flüssigkeit verteilt sich äußerst schnell, viel schneller, als man nach den Vorstellungen über Dispersion erwartet. Es schien zunächst eine ganz scharfe Grenze zu bestehen, die **Reynolds** bei $\mathfrak{R}_e = \mathfrak{R}_K = 1000$ bestimmte (kritischer Wert). Neuere Versuche von **Schiller**[2]) geben $\mathfrak{R}_K = 1160$.

---

[1]) Weitere Zahlen findet man in den Handbüchern und Tabellenwerken.
[2]) ZAMM 1 (1921), S. 436.

Anfangs glaubte man an eine Instabilität der Laminarströmung oberhalb $\Re_K$. Doch gelang es nicht, eine solche nachzuweisen, vielmehr haben mathematische Untersuchungen die Stabilität beweisen können. Es zeigte sich auch, daß die Grenze nicht ganz scharf ist. Man kann durch sorgfältige Einleitung der Strömung am Anfang des Rohres $\Re_K$ heraufsetzen und durch Störungen am Anfang vermindern. Nach theoretischen Untersuchungen von Prandtl, Tollmien und Schlichting scheint es so zu sein, daß erst eine kleine, aber endliche Abweichung von der parabolischen Geschwindigkeitsverteilung eintreten muß, die das konvexe Profil streckt und dann etwas einbuchtet. Eine solche Bewegung erweist sich dann als unstabil. Die erste Abweichung wird natürlich da leichter eintreten, wo die Parabel flach ist, also in der Nähe des Randes[1]).

67. Rauhe Rohre und Schlüpfen. Rauhe Rohre machen von vornherein eine exakte Laminarströmung unmöglich. Es gibt streng genommen keine Geschwindigkeit am Rande. Man kann nur näherungsweise davon sprechen. Man wird nur eine Geschwindigkeit in der Nähe des Randes als leidlich konstant ansehen dürfen. Nennen wir sie u_0 im Abstand δ. Dann aber braucht diese Geschwindigkeit nicht Null zu sein. Man kann vielmehr eine Randbedingung

$$(8, 8) \qquad\qquad \alpha u_0 + \beta \frac{\partial u_0}{\partial n} = 0$$

$\left(\dfrac{\partial}{\partial n}\right.$ bedeutet Differentiation in Richtung der äußeren Normalen$\left.\right)$ versuchen.

Wenn dann im Innern $u = -\frac{1}{4}\dfrac{J}{\eta} r^2 + a$ gilt, also auch noch $u_0 = -\frac{1}{4}\dfrac{J}{\eta}(R-\delta)^2 + a$

und $\dfrac{\partial u_0}{\partial n} = \dfrac{\partial u_0}{\partial r} = -\dfrac{J}{2\eta}(R-\delta)$, so verlangt die neue Randbedingung (8, 8)

$$a = \frac{1}{4}\frac{J}{\eta}(R-\delta)^2 + \frac{\beta}{\alpha}\frac{1}{2}\frac{J}{\eta}(R-\delta)$$

und somit

$$(8, 9) \qquad u = -\tfrac{1}{4}\frac{J}{\eta}[r^2 - (R-\delta)^2] + \tfrac{1}{2}\frac{J}{\eta}\frac{\beta}{\alpha}(R-\delta),$$

also

$$(8, 10) \qquad u_0 = \frac{J}{2\eta}\frac{\beta}{\alpha}(R-\delta).$$

Man hat die Konstanten $\dfrac{\beta}{\alpha}$ und δ zur besseren Anpassung an die Wirklichkeit zur Verfügung. Man kann so auch dem Schlüpfen des Quecksilbers Rechnung tragen, das bekanntlich nicht am Glase haftet, sondern eine dünne Luftschicht am Rande mitnimmt. δ ist dann die Dicke dieser Schicht.

Man könnte dieses Problem auch so behandeln, daß man für das Quecksilber in der Mitte

$$u = \frac{J}{4\eta}[(R-\delta)^2 - r^2] + u_0$$

setzt, für den Luftring

$$r\,\eta_1 \frac{\partial u_1}{\partial r} = -\tfrac{1}{2}J r^2 + \gamma,$$

---

[1]) S. dazu Schröder, K.: Moderne Probleme der Strömungslehre. Wiss. Ann. der D. Akad. d. Wiss. Berlin **2** (1953), S. 79.

also

$$u_1 = \frac{J}{4\eta_1}\,(R^2 - r^2) + \frac{\gamma}{\eta_1}\,\log\frac{r}{R}\,.$$

Für $r = R - \delta$ muß dann $u_1 = u_0$ sein, also

$$u_0 = \tfrac{1}{4}\frac{J}{\eta_1}\,[R^2 - (R - \delta)^2] + \frac{\gamma}{\eta_1}\,\log\frac{R-\delta}{R}\,.$$

Aber auch die Ableitungen nach r müssen eine Beziehung haben, welche die Stetigkeit von S verlangt, also

$$\eta\,\frac{\partial u}{\partial r} = \eta_1\,\frac{\partial u_1}{\partial r} \quad \text{für}\ r = R - \delta,$$

d. h.

$$-\frac{J}{2}\,(R-\delta) = -\frac{J}{2}\,(R-\delta) + \gamma\,\frac{1}{R-\delta}\,,$$

also $\gamma = 0$. Beide Theorien führen zum selben Ergebnis, wenn man die beiden Werte von u_0 einander gleich setzt, woraus sich das Verhältnis $\frac{\alpha}{\beta}$ bestimmen würde.

68. Ableitung der allgemeinen Gleichungen von Navier und Stokes. Wir dehnen nun die Untersuchungen auf die dreidimensionale Strömung aus. Wir erinnern daran, daß ganz allgemein in der Mechanik der Spannungstensor

$$\mathfrak{P} = \begin{pmatrix} X_x & X_y & X_z \\ Y_x & Y_y & Y_z \\ Z_x & Z_y & Z_z \end{pmatrix}$$

mit der Symmetrieeigenschaft $X_y = Y_x$, $X_z = Z_x$, $Y_z = Z_y$ wirksam ist und daß die Bewegungsgleichung

$$(8,11) \qquad \varrho\,\frac{\mathrm{d}^2 x}{\mathrm{d}t^2} = X + \frac{\partial X_x}{\partial x} + \frac{\partial Y_x}{\partial y} + \frac{\partial Z_x}{\partial z}$$

und zwei analoge gelten. Dabei ist X, Y, Z der Vektor der räumlich verteilten Kraft (z. B. der Schwerkraft).

Ferner wissen wir, daß $\mathfrak{P}$ von den Deformationen abhängt. Für ideale Flüssigkeiten war

$$\mathfrak{P} = \begin{pmatrix} -p, & 0, & 0 \\ 0, & -p, & 0 \\ 0, & 0, & -p \end{pmatrix} = \mathfrak{P}_1\,,$$

und p hing in erster Linie von ϱ, der Dichte, ab. Jetzt möge zu $\mathfrak{P}_1$ noch ein Tensor $\mathfrak{P}_2$ hinzutreten:

$$(8,12) \qquad \mathfrak{P} = \mathfrak{P}_1 + \mathfrak{P}_2\,,$$

der von der mit der Strömung u, v, w verbundenen Deformation abhängt. Da sich nach Hagen-Poiseuille die Annahme $S = \eta\,\dfrac{\partial u}{\partial y}$ bewährt hat, nehmen wir jetzt verallgemeinernd $\mathfrak{P}_2$ als eine Funktion der neun Ableitungen $\dfrac{\partial u}{\partial x}$, $\dfrac{\partial u}{\partial y}$, $\cdots$, $\dfrac{\partial w}{\partial z}$ an. Aus ihnen läßt sich der symmetrische Tensor

$$\mathfrak{T} = \begin{vmatrix} \dfrac{\partial u}{\partial x}, & \dfrac{1}{2}\left(\dfrac{\partial u}{\partial y}+\dfrac{\partial v}{\partial x}\right), & \dfrac{1}{2}\left(\dfrac{\partial u}{\partial z}+\dfrac{\partial w}{\partial x}\right) \\[2mm] \dfrac{1}{2}\left(\dfrac{\partial v}{\partial x}+\dfrac{\partial u}{\partial y}\right), & \dfrac{\partial v}{\partial y}, & \dfrac{1}{2}\left(\dfrac{\partial v}{\partial z}+\dfrac{\partial w}{\partial y}\right) \\[2mm] \dfrac{1}{2}\left(\dfrac{\partial w}{\partial x}+\dfrac{\partial u}{\partial z}\right), & \dfrac{1}{2}\left(\dfrac{\partial w}{\partial y}+\dfrac{\partial v}{\partial z}\right), & \dfrac{\partial w}{\partial z} \end{vmatrix}$$

bilden. Wenn wir Isotropie voraussetzen, kann man

$$(8, 13) \qquad \mathfrak{P}_2 = 2\eta\,\mathfrak{T} + \eta'\,\text{div}\,\mathfrak{v}\cdot\mathfrak{E}$$

($\mathfrak{E}$ der Einheitstensor) vermuten, mit den beiden Materialkonstanten η und η'.

(8, 13) läßt sich folgendermaßen beweisen: Bei Isotropie müssen die beiden zu $\mathfrak{P}_2$ und $\mathfrak{T}$ gehörenden Flächen zweiten Grades gleiche Hauptachsen haben. Transformiert man also $\mathfrak{T}$ auf diese, so muß sich auch $\mathfrak{P}_2$ auf sie transformieren. Ist also auf

$$\mathfrak{T} = \begin{pmatrix} a, & 0, & 0 \\ 0, & b, & 0 \\ 0, & 0, & c \end{pmatrix}$$

transformiert, so muß

$$\mathfrak{P}_2 = \begin{pmatrix} A, & 0, & 0 \\ 0, & B, & 0 \\ 0, & 0, & C \end{pmatrix}$$

werden. Setzen wir wie in den vorangehenden Nummern linearhomogene Beziehung voraus, so muß also

$$A = \alpha a + \beta b + \gamma c$$

sein, oder, was dasselbe ist,

$$A = 2\eta a + \eta'(a+b+c) + \eta''c.$$

Aber das letzte Glied würde die Symmetrie stören, also muß $\eta'' = 0$ sein, d. h.

$$A = 2\eta a + \eta'(a+b+c).$$

Natürlich ist dann wegen der Isotropie auch

$$B = 2\eta b + \eta'(a+b+c)$$

und

$$C = 2\eta c + \eta'(a+b+c)$$

oder wie behauptet (8, 13).

In Koordinaten lautet (8, 13)

$$(8, 13\,\text{a}) \qquad \begin{aligned} X_{x,2} &= 2\eta\,\frac{\partial u}{\partial x} + \eta'\,\text{div}\,\mathfrak{v} \\[2mm] X_{y,2} &= \eta\left(\frac{\partial u}{\partial y}+\frac{\partial v}{\partial x}\right) \end{aligned}$$

usw.

Geht man damit in die Grundgleichungen ein, so erhält man

$$(8, 11\,\mathrm{a}) \qquad \varrho\,\frac{\mathrm{d}^2 x}{\mathrm{d}t^2} = -\frac{\partial p}{\partial x} + \frac{\partial}{\partial x}\left(2\,\eta\,\frac{\partial u}{\partial x}\right) + \frac{\partial}{\partial x}\,(\eta'\,\mathrm{div}\,\mathfrak{v}) +$$

$$+ \frac{\partial}{\partial y}\left[\eta\left(\frac{\partial u}{\partial y} + \frac{\partial v}{\partial x}\right)\right] + \frac{\partial}{\partial z}\left[\eta\left(\frac{\partial u}{\partial z} + \frac{\partial w}{\partial x}\right)\right] + X$$

usw.

Wenn man noch **Homogenität**, d. h. η und η' als konstant voraussetzt, so erhält man

$$\varrho\,\frac{\mathrm{d}^2 x}{\mathrm{d}t^2} = -\frac{\partial p}{\partial x} + \eta\,\varDelta\,u + (\eta + \eta')\,\frac{\partial}{\partial x}\,\mathrm{div}\,\mathfrak{v} + X$$

usw. Das kann man vektoriell zu

$$(8, 14) \qquad \varrho\,\mathfrak{w} = \varrho\,\mathfrak{g} - \mathrm{grad}\,p + \eta\,\varDelta\,\mathfrak{v} + (\eta + \eta')\,\mathrm{grad}\,\mathrm{div}\,\mathfrak{v}$$

zusammenziehen, wenn man etwa die Schwere als Repräsentanten der räumlich verteilten Kräfte hervorhebt. Damit haben wir die Gleichungen von **Navier** und **Stokes**.

Im Sonderfall der **Inkompressibilität** ist $\mathrm{div}\,\mathfrak{v} = 0$, und daher gilt hier nach Division durch ϱ

$$(8, 14\,\mathrm{a}) \qquad \mathfrak{w} = \mathfrak{g} - \frac{1}{\varrho}\,\mathrm{grad}\,p + \nu\,\varDelta\,\mathfrak{v}$$

mit $\nu = \dfrac{\eta}{\varrho}$ als kinematischer Zähigkeitszahl. Bei Barotropie gilt noch

$$\mathfrak{w} = -\mathrm{grad}\,(g\,h + P) + \nu\,\varDelta\,\mathfrak{v}$$

und nach den Umformungen von **Euler** und **Clebsch** (1, 7)

$$(8, 14\,\mathrm{b}) \qquad \frac{\partial \mathfrak{v}}{\partial t} - \mathfrak{v} \times \mathrm{rot}\,\mathfrak{v} = -\mathrm{grad}\,(g\,H) + \nu\,\varDelta\,\mathfrak{v}$$

mit

$$H = h + \frac{v^2}{2g} + \frac{1}{g}\,P = h + \frac{v^2}{2g} + \frac{p}{\gamma} \quad (\gamma = g\,\varrho).$$

Bei ebener Bewegung einer zähen, inkompressiblen, homogenen Flüssigkeit gibt es eine **Stromfunktion** ψ mit

$$(8, 15) \qquad u = \frac{\partial \psi}{\partial y}, \qquad v = -\frac{\partial \psi}{\partial x}.$$

Mit ihr lauten die Bewegungsgleichungen

$$(8, 14\,\mathrm{c}) \quad \left\{ \begin{aligned} \frac{\mathrm{d}u}{\mathrm{d}t} &= \frac{\partial u}{\partial t} + u\,\frac{\partial u}{\partial x} + v\,\frac{\partial u}{\partial y} = \frac{\partial^2 \psi}{\partial y\,\partial t} + \frac{\partial^2 \psi}{\partial x\,\partial y}\,\frac{\partial \psi}{\partial y} - \frac{\partial^2 \psi}{\partial y^2}\,\frac{\partial \psi}{\partial x} = \\ &\qquad\qquad = -\frac{\partial}{\partial x}\left(g\,h + \frac{p}{\varrho}\right) + \nu\,\frac{\partial}{\partial y}\,\varDelta\,\psi, \\[2mm] \frac{\mathrm{d}v}{\mathrm{d}t} &= \frac{\partial v}{\partial t} + u\,\frac{\partial v}{\partial x} + v\,\frac{\partial v}{\partial y} = -\frac{\partial^2 \psi}{\partial x\,\partial t} - \frac{\partial^2 \psi}{\partial x^2}\,\frac{\partial \psi}{\partial y} + \frac{\partial^2 \psi}{\partial x\,\partial y}\,\frac{\partial \psi}{\partial x} = \\ &\qquad\qquad = -\frac{\partial}{\partial y}\left(g\,h + \frac{p}{\varrho}\right) - \nu\,\frac{\partial}{\partial x}\,\varDelta\,\psi. \end{aligned} \right.$$

Eliminiert man $gh + \dfrac{p}{\varrho}$, das mit p unbekannt ist, durch Bilden der Ableitungen, so erhält man für ψ allein die Differentialgleichung

$$(8,16) \qquad \frac{\partial}{\partial t}\, \varDelta\psi + \frac{\partial\psi}{\partial y}\, \frac{\partial}{\partial x}\, \varDelta\psi - \frac{\partial\psi}{\partial x}\, \frac{\partial}{\partial y}\, \varDelta\psi = \nu\, \varDelta\varDelta\psi\,.$$

Als **Randbedingung** tritt hinzu, daß die Flüssigkeit an festen Wänden haften muß, also an ruhenden festen Wänden u, v, w Null sein müssen, bei ebener Bewegung einer inkompressiblen Flüssigkeit also $\dfrac{\partial\psi}{\partial x}$ und $\dfrac{\partial\psi}{\partial y}$ Null sein müssen.

Bemerkungen: a) Daß η und ν dieselben sind wie in Nr. 64 und 65, erkennt man daraus, daß bei Annahme der Laminarbewegung in der x-Achse die Gleichung

$$\frac{\mathrm{d}u}{\mathrm{d}t} = - \frac{\partial}{\partial x}\left(gh + \frac{p}{\varrho}\right) + \nu\, \varDelta u$$

in

$$0 = - \frac{\partial}{\partial x}\left(gh + \frac{p}{\varrho}\right) + \nu\, \frac{\mathrm{d}^2 u}{\mathrm{d}y^2}$$

übergeht, was bei Fortlassen der Schwere in die alte Gleichung (8,2a) der Nr. 64 übergeht. Es gilt also über η bzw. ν das dort Gesagte.

b) Hinsichtlich η' weiß man wenig. Fehlerhaft wäre es, das Glied $(\eta + \eta')\dfrac{\partial}{\partial x}\,\mathrm{div}\,\mathfrak{v}$ zu $-\dfrac{\partial}{\partial x}\,p$ hinzuziehen zu wollen. Das geht zwar formal, wenn man ein neues p, nennen wir es p_1, durch

$$p_1 = p - (\eta + \eta')\,\mathrm{div}\,\mathfrak{v}$$

einführen würde. Da aber p jetzt nicht unbekannt ist, kann man nicht etwa p_1 mit p identifizieren. Es bleibt das wenig bekannte $-(\eta + \eta')\,\mathrm{div}\,\mathfrak{v}$ enthalten.

Man kann auf molekulartheoretischem Weg η und η' zu bestimmen versuchen. So findet man η, und **Maxwell** bestimmte so auch η'; nach **Enskog** soll für einatomige Gase $\eta' = 0$ sein. Wir werden uns in der Durchführung auf inkompressible Medien beschränken. Übrigens folgt auch aus dem Energiesatz eine Schranke für η'. S. die folgende Nr. 69.

c) Auch bei Flüssigkeiten kann ursprüngliche Homogenität durch die Bewegung gestört werden. Die für die Mechanik verschwindende Energie erscheint größtenteils als Wärme wieder, und diese erhöht die Temperatur. Damit aber ändert η seinen Wert und kann an verschiedenen Stellen verschieden sein. Und damit hört die Homogenität auf.

d) Die Gleichung (8,16) für ψ kann wegen (8,15) auch

$$(8,16a) \qquad \frac{\mathrm{d}}{\mathrm{d}t}\, \varDelta\psi = \nu\, \varDelta\varDelta\psi$$

geschrieben werden. Aus ihr folgt für $\nu = 0$ der **Helmholtz**sche Satz von der zeitlichen Konstanz der Wirbelstärke:

$$\omega = \frac{\partial v}{\partial x} - \frac{\partial u}{\partial y} = - \varDelta\psi = 0\,.$$

69. Der Energiesatz. Die Leistung der resultierenden Kraft pro Volumenelement

$$\frac{\partial \mathfrak{s}_x}{\partial x} + \frac{\partial \mathfrak{s}_y}{\partial y} + \frac{\partial \mathfrak{s}_z}{\partial z} \qquad (\mathfrak{s}_x = X_x \mathfrak{i} + Y_x \mathfrak{j} + Z_x \mathfrak{k} \quad \text{usw.})$$

ist bekanntlich

$$\iiint \left(\frac{\partial \mathfrak{s}_x}{\partial x} + \frac{\partial \mathfrak{s}_y}{\partial y} + \frac{\partial \mathfrak{s}_z}{\partial z} \right) \mathfrak{v} \, dx \, dy \, dz .$$

Der Anteil der x-Komponente der Bewegung ist

$$\iiint \left(\frac{\partial X_x}{\partial x} + \frac{\partial X_y}{\partial y} + \frac{\partial X_z}{\partial z} \right) u \, dx \, dy \, dz$$

oder nach partieller Umformung nach Abzug des Druckes

$$\oint X_{n,2}\, u \, dF - \iiint \left(X_{x,2} \frac{\partial u}{\partial x} + X_{y,2} \frac{\partial u}{\partial y} + X_{z,2} \frac{\partial u}{\partial z} \right) dx \, dy \, dz$$

(X_n ist die x-Komponente von $\mathfrak{s}_n = \mathfrak{s}_x \cos(n,x) + \mathfrak{s}_y \cos(n,y) + \mathfrak{s}_z \cos(n,z)$; hierbei ist (n,x) der Winkel zwischen der Normalen- und der x-Richtung usw.). Also ist die gesamte Leistung der flächenhaft verteilten Kräfte nach Abzug des Druckes wegen der Symmetrie $X_y = Y_x$ usw.

$$(8,17) \quad \begin{cases} \oint \mathfrak{s}_{n,2}\, \mathfrak{v} \, dF - \iiint \left[X_{x,2} \frac{\partial u}{\partial x} + \tfrac{1}{2}(X_{y,2} + Y_{x,2})\left(\frac{\partial u}{\partial y} + \frac{\partial v}{\partial x} \right) \right. \\[2mm] \quad + \tfrac{1}{2}(X_{z,2} + Z_{x,2})\left(\frac{\partial u}{\partial z} + \frac{\partial w}{\partial x} \right) + Y_{y,2} \frac{\partial v}{\partial y} + \tfrac{1}{2}(Y_{z,2} + Z_{y,2})\left(\frac{\partial v}{\partial z} + \frac{\partial w}{\partial y} \right) \\[2mm] \left. \quad + Z_{z,2} \frac{\partial w}{\partial z} \right] dx \, dy \, dz \\[2mm] \qquad\qquad = \oint \mathfrak{s}_{n,2}\, \mathfrak{v} \, dF - \int \{\mathfrak{P}_2 \mathfrak{T}\} \, dV , \end{cases}$$

wobei $\{\mathfrak{P}_2 \mathfrak{T}\}$ die „Spur" des Tensors $\mathfrak{P}_2 \mathfrak{T}$ (d. h. die Summe der in der Hauptdiagonalen stehenden Glieder) bedeutet.

Gehen wir auf die allgemeinen, auch noch bei variablen η, η' gültigen Beziehungen

$$(8,13) \qquad\qquad \mathfrak{P}_2 = 2\eta\, \mathfrak{T} + \eta' \operatorname{div} \mathfrak{v}\, \mathfrak{E}$$

zurück, so wird der räumliche Anteil

$$(8,18) \qquad\qquad - \int (2\eta\, \{\mathfrak{T}^2\} + \eta' \operatorname{div} \mathfrak{v}\, \{\mathfrak{T}\}) \, dV ,$$

oder in Koordinaten (man beachte $\operatorname{div} \mathfrak{v} = \{\mathfrak{T}\}$)

$$(8,18\text{a}) \qquad - \int \left[2\eta \left(\varepsilon_x^2 + \varepsilon_y^2 + \varepsilon_z^2 + 2\gamma_{xy}^2 + 2\gamma_{yz}^2 + 2\gamma_{xz}^2 \right) + \eta'(\varepsilon_x + \varepsilon_y + \varepsilon_z)^2 \right] dV$$

mit den Abkürzungen

$$\varepsilon_x = \frac{\partial u}{\partial x}, \quad \gamma_{xy} = \tfrac{1}{2}\left(\frac{\partial u}{\partial y} + \frac{\partial v}{\partial x} \right) \quad \text{usw.}$$

Nun ist es wesentlich, daß dieses Integral negativ ist. Bei $\operatorname{div} \mathfrak{v} = 0$ verlangt dies

$$\eta > 0$$

in Übereinstimmung mit Nr. 64. Ist auch $\eta' \geq 0$, so genügt auch $\eta > 0$. Kann aber η' negativ sein, so darf es nicht zu stark negativ sein. Um die genaue Schranke zu sehen, transformieren wir auf die Hauptachsen und erhalten

$$(2\eta + \eta')\left(\varepsilon_x^2 + \varepsilon_y^2 + \varepsilon_z^2 \right) + 2\eta'(\varepsilon_x \varepsilon_y + \varepsilon_y \varepsilon_z + \varepsilon_z \varepsilon_x) .$$

Dafür, daß dies positiv ist, genügt nicht $2\eta + \eta' > 0$. Das Minimum tritt ein für $\varepsilon_x = \varepsilon_y = \varepsilon_z$ und ist $3\varepsilon_x^2(2\eta + 3\eta')$. Also muß $\eta' > -\frac{2}{3}\eta$ sein.

Da $\frac{d\mathfrak{v}}{dt}\mathfrak{v} = \frac{1}{2}\frac{d}{dt}\mathfrak{v}^2$, $\varrho\,dV = dm$ zeitlich konstant,

$$-\int \mathfrak{v}\,\mathrm{grad}\,p\,dV = -\oint p v_n\,dF + \int p\,\mathrm{div}\,\mathfrak{v}\,dV, \quad \varrho\,\mathfrak{g}\mathfrak{v}\,dV = -\frac{d}{dt}gh\,dm$$

ist, so lautet der Energiesatz als Leistungssatz formuliert nach (8, 17)

$$(8,19)\quad \begin{cases} \dfrac{d}{dt}(E+U) = -\oint p v_n\,dF + \oint (\mathfrak{s}_{n,2}\mathfrak{v})\,dF + \int p\,\mathrm{div}\,\mathfrak{v}\,dV \\[2mm] -\int \left[2\eta\left(\varepsilon_x^2 + \varepsilon_y^2 + \varepsilon_z^2 + 2\gamma_{xy}^2 + 2\gamma_{yz}^2 + 2\gamma_{zx}^2\right) + \eta'(\varepsilon_x + \varepsilon_y + \varepsilon_z)^2\right]dV \end{cases}$$

mit $E = \frac{1}{2}\int v^2\,dm, \quad U = \int gh\,dm = gh^*m$.

Bei **Inkompressibilität** bleibt rechts

$$-\oint p v_n\,dF + \oint \mathfrak{s}_{n,2}\mathfrak{v}\,dF - \int 2\eta\left(\varepsilon_x^2 + \varepsilon_y^2 + \varepsilon_z^2 + 2\gamma_{xy}^2 + 2\gamma_{yz}^2 + 2\gamma_{zx}^2\right)dV.$$

Es ist hier noch wegen (8, 13)

$$\mathfrak{s}_{n,2} = 2\eta\,\mathfrak{i}\left[\frac{\partial u}{\partial x}\cos(n,x) + \frac{1}{2}\left(\frac{\partial u}{\partial y} + \frac{\partial v}{\partial x}\right)\cos(n,y) + \frac{1}{2}\left(\frac{\partial u}{\partial z} + \frac{\partial w}{\partial x}\right)\cos(n,z)\right]$$
$$+ 2\eta\,\mathfrak{j}\left[\frac{1}{2}\left(\frac{\partial v}{\partial x} + \frac{\partial u}{\partial y}\right)\cos(n,x) + \frac{\partial v}{\partial y}\cos(n,y) + \frac{1}{2}\left(\frac{\partial v}{\partial z} + \frac{\partial w}{\partial y}\right)\cos(n,z)\right]$$
$$+ 2\eta\,\mathfrak{k}\left[\frac{1}{2}\left(\frac{\partial w}{\partial x} + \frac{\partial u}{\partial z}\right)\cos(n,x) + \frac{1}{2}\left(\frac{\partial w}{\partial y} + \frac{\partial v}{\partial z}\right)\cos(n,y) + \frac{\partial w}{\partial z}\cos(n,z)\right],$$

woraus nach kurzer Rechnung mit $2\vec{\omega} = \mathrm{rot}\,\mathfrak{v}$

$$(8,20)\qquad \mathfrak{s}_{n,2}\mathfrak{v} = 2\eta\left\{\frac{\partial}{\partial n}\frac{1}{2}\mathfrak{v}^2 + \mathfrak{n}(\vec{\omega}\times\mathfrak{v})\right\}$$

folgt. Ist $\mathrm{div}\,\mathfrak{v} \neq 0$, so kommt noch

$$\eta'\,\mathrm{div}\,\mathfrak{v}\left[u\cos(n,x) + v\cos(n,y) + w\cos(n,z)\right] = \eta'\,\mathrm{div}\,\mathfrak{v}\,v_n$$

hinzu.

Die hier auftretende Funktion

$$W = \eta\left(\varepsilon_x^2 + \varepsilon_y^2 + \varepsilon_z^2 + 2\gamma_{xy}^2 + 2\gamma_{yz}^2 + 2\gamma_{zx}^2\right) + \frac{1}{2}\eta'(\varepsilon_x + \varepsilon_y + \varepsilon_z)^2$$

heißt **Dissipationsfunktion**, da sie für den Verbrauch mechanischer Energie maßgebend ist.

70. Vollständiger mechanisch-thermodynamischer Ansatz für homogene isotrope Gase bei Ausschluß von Wärmestrahlung. Der in der vorigen Nummer besprochene Verbrauch an mechanischer Energie läßt diese nicht einfach verschwinden, sondern verwandelt sie in andere Energieformen, besonders in Wärme. So wird also dem Gas, das wir insbesondere betrachten wollen, Wärme zugeführt, und deshalb kann der Vorgang nicht mehr als adiabatisch angesprochen werden.

Wir haben infolgedessen jetzt sieben Variable zu suchen, nämlich $\mathfrak{r}$, p, ϱ, die Entropie S und die absolute Temperatur Θ. Für sie haben wir an Gleichungen:

a) Die Kontinuitätsgleichung

$$(8, 21) \qquad \frac{d\varrho}{dt} = -\varrho \operatorname{div} \mathfrak{v}.$$

b) Die Bewegungsgleichung (8, 11a) bzw. (8, 14), die unter Verwendung der in Nr. 8 eingeführten Schreibweise folgendermaßen lautet:

$$(8, 22) \qquad \varrho \frac{d^2\mathfrak{r}}{dt^2} = \varrho \mathfrak{g} - \frac{\partial p}{\partial \mathfrak{r}} + \mathfrak{P}_2 \left(\overleftarrow{\frac{\partial}{\partial \mathfrak{r}}} \right)'.$$

c) Die Zustandsgleichungen, die sich allgemein

$$(8, 23\,a) \qquad p = -\frac{\partial \psi}{\partial \dfrac{1}{\varrho}} = \varrho^2 \frac{\partial \psi}{\partial \varrho} \quad \text{und} \quad (8, 23\,b) \quad \Theta = \frac{\partial \psi}{\partial s}$$

schreiben lassen, wobei ψ nicht die Stromfunktion der Nr. 68 ist, sondern die spezifische innere Energie (s. Nr. 1) bedeutet. Das sind im ganzen nur sechs skalare Gleichungen, es fehlt also eine. Sie wird uns gegeben durch die Frage nach dem Wärmeaustausch. Ein solcher findet in doppelter Weise statt: durch Leitung und durch Strahlung.

Die Strahlung schließen wir aus: einmal weil sie bei nicht sehr großen Temperaturdifferenzen tatsächlich gering ist, dann aber, weil sie eher elektromagnetischen Erscheinungen verwandt ist, die wir auch ausschließen wollen; es bleibt also die Wärmeleitung. Durch sie wird ein Wärmezufluß dq zu einem Volumenelement von außen bedingt.

Wir stellen uns einen Wärmestrom vor, der überall eine bestimmte Größe und Richtung hat; er sei also ein Vektor $\mathfrak{W}$. Er wird lediglich bedingt sein durch die Temperaturverteilung und die Eigenschaften des Mediums. Ist dieses isotrop und homogen, so muß $\mathfrak{W}$ auf den Flächen konstanter Temperatur senkrecht stehen. Denn bei Gasen wenigstens wird die Isotropie nicht durch die Deformation verändert. Also ist

$$(8, 24) \qquad \mathfrak{W} = -\sigma \frac{d\Theta}{d\mathfrak{r}}.$$

σ heißt der Wärmeleitungskoeffizient, er ist eine Funktion von Θ und den Eigenschaften des Körpers, möglicherweise auch vom Deformationstensor abhängig. Da Wärme stets von Stellen höherer zu solchen niederer Temperatur fließt, ist $\sigma > 0$.

$\mathfrak{W}$ bedingt den Zufluß der Wärme von außen. Es ist also, wenn dq die in der Zeit dt pro Volumeneinheit von außen zugeführte Wärmemenge ist, für jedes Volumen

$$\int\limits_V dq\, dV = -dt \int\limits_F \mathfrak{W} \mathfrak{n}\, dF = dt \int\limits_F \sigma \frac{d\Theta}{d\mathfrak{r}}\, \mathfrak{n}\, dF,$$

wo $\mathfrak{n}$ die äußere Normale bedeutet; oder nach dem Gaußschen Integralsatz

$$\int dq\, dV = dt \int \operatorname{div} \left(\sigma \frac{d\Theta}{d\mathfrak{r}} \right) dV$$

oder

$$(8, 25) \qquad dq = \operatorname{div} \left(\sigma \frac{d\Theta}{d\mathfrak{r}} \right) dt.$$

Die innere Energie nimmt weiterhin zu um die Wärmemenge dq', die dem Verbrauch an mechanischer Energie entspricht und die sich nach dem Energiesatz (8, 19) zu $dq' = 2W\,dt$ berechnet, wobei W die Dissipationsfunktion bedeutet. Wir erhalten so die Gleichung

$$dq + dq' = \varrho\,\Theta\,dS$$

oder

$$(8, 26) \qquad \varrho\,\Theta\,\frac{dS}{dt} = 2W + \operatorname{div}\left(\sigma\,\frac{d\Theta}{d\mathfrak{r}}\right),$$

wobei S die Entropie der in dem betrachteten Volumen befindlichen Masse ist. Das ist also die siebente Gleichung, die zu den Gleichungen (8, 21) bis (8, 23 b) tritt.

Zu diesen sieben Feldgleichungen (Gleichungen, die für jede Stelle des Gases gelten) treten nun noch die **Randbedingungen** hinzu: Ist das Medium von anderen begrenzt, so müssen Geschwindigkeit, Druck, Temperatur und auch die zur Grenzfläche normale Komponente des Wärmestromes stetig von dem einen Medium zu dem anderen übergehen.

Wir werden in den zu behandelnden Einzelfällen von dieser Sache absehen und η als konstant betrachten.

71. Modelltheorie. Die Schwierigkeit der Integration der abgeleiteten Gleichungen liegt an zwei Umständen. Erstens sind die Gleichungen nicht linear, man kann also gefundene Lösungen nicht überlagern, und zweitens steht der in der Regel kleine Faktor v (die kinematische Zähigkeitszahl) bei den höchsten Ableitungen. Der Grenzübergang $v \to 0$ ist deshalb nicht ohne weiteres auszuführen, da er die Ordnung der Differentialgleichung heruntersetzt. Über verwandte Differentialgleichungen sind solche Untersuchungen von Burgers (1940 und 1948) und anderen, neuerdings von Eberhard Hopf[1]) angestellt worden. Einen gewissen Einblick erhält man aber, wenn man sich in Gedanken zu einem Vorgang ein ähnliches Modell konstruiert.

Angenommen, man kenne eine Bewegung mit $u, v, w, -\operatorname{grad} p = \vec{J}$ im Raume x, y, z. Diese Werte sollen den Index 0 bekommen.

Wie überträgt sich das auf eine Bewegung Uu_0, Uv_0, Uw_0 mit $\vec{J} = J\vec{J_0}$ im Raume Rx, Ry, Rz, wobei U, J, R Konstante sein sollen (Ähnlichkeit!) und ϱ, v den gleichen Wert haben sollen? Die Frage ist leicht zu beantworten.

Auf der linken Seite der **Navier-Stokesschen** Gleichungen (8, 14) stehen Beschleunigungen, z. B. ein Glied $u\,\dfrac{\partial u}{\partial x}$; daraus wird $\dfrac{U^2}{R}\,\dfrac{\partial u_0}{\partial x}\,u_0$. Überall tritt also links der Faktor $\dfrac{U^2}{R}$ auf. Entsprechend ist auch die Zeit zu transformieren. Aus t werde Tt, also aus $\dfrac{\partial u}{\partial t}$ wird $\dfrac{U}{T}\,\dfrac{\partial u_0}{\partial t}$. Mithin muß $\dfrac{U}{T} = \dfrac{U^2}{R}$, d. h. $T = \dfrac{R}{U}$ sein.

Rechts steht erstens $-\dfrac{1}{\varrho}\,\dfrac{\partial p}{\partial \mathfrak{r}} = \dfrac{1}{\varrho}\,\vec{J} = \dfrac{J}{\varrho}\,\vec{J_0}$, zweitens $v\,\varDelta u = \dfrac{vU}{R^2}\,\varDelta_0 u_0$.

---

[1]) Hopf, E.: The partial Differential Equation $u_t + uu_x = \mu u_{xx}$. Communications on pure and applied Mathematics **III** (1950), S. 201.

Dividiert man durch $\dfrac{U^2}{R}$, so treten rechts die Parameter $\dfrac{1}{\varrho}\dfrac{JR}{U^2}$ und $\dfrac{v}{RU}=\dfrac{1}{\Re_e}$ auf. Sie sind dimensionslos. $\Re_e$ ist eine Reynoldssche Zahl (s. Nr. 65).

Fassen wir nun die Differentialgleichungen auf als Gleichungen zur Bestimmung des Druckgefälles, so kommt in ihnen nur noch der Parameter $\Re_e$ vor. Nehmen wir nun an, daß die Gleichungen eine eindeutig bestimmte Lösung haben, so muß $\dfrac{1}{\varrho}\dfrac{JR}{U^2}$ eine bloße Funktion von $\Re_e$ sein, oder

$$(8, 27) \qquad\qquad J = \frac{\varrho U^2}{R}\, f(\Re_e) \, .$$

f ist eine unbekannte Funktion der Reynoldsschen Zahl.

Wendet man das auf das Strömen durch ein kreisförmiges Rohr an, so kann man R als dessen Radius, U als die mittlere Geschwindigkeit ansehen. Man erhält so

$$(8, 28) \qquad\qquad J = \frac{\varrho u_m^2}{R}\, f\left(\frac{R u_m}{v}\right) \, .$$

Hiermit stimmt die Hagen-Poiseuillesche Formel aus Nr. 64 überein. Nach ihr war

$$J = \frac{8\eta u_m}{R^2} = \frac{8 v \varrho u_m}{R^2} \, .$$

Dem entspricht

$$f = 8\,\frac{v}{R u_m} = \frac{8}{\Re_e} \, .$$

Die Faustregel, die für große $\Re_e$ leidlich stimmt, ist in $f = \text{const}$ enthalten, nämlich

$$J = \frac{\varrho u_m^2}{R}\, f_0 \quad (f_0 \text{ eine Konstante}).$$

Sie gilt noch streng für unendlich große U, wenn man annimmt, daß $\lim\limits_{\Re_e \to \infty} f(\Re_e)$ einen endlichen, von Null verschiedenen Wert hat.

Besser als diese Faustformel ist eine Formel von Blasius, die für gewisse mittlere Geschwindigkeiten zutrifft; nach ihr ist

$$f = \frac{0{,}3164}{\Re_e^{\frac{1}{4}}} \, ;$$

in ihr ist nach dem Brauch der Ingenieure R durch den Durchmesser $d = 2R$ ersetzt, also

$$J = \frac{\varrho u_m^2}{2R}\, \frac{0{,}3164}{\left(\dfrac{2 R u_m}{v}\right)^{\frac{1}{4}}} = \text{proportional } u_m^{\frac{7}{4}} \, .$$

Sie gilt bis etwa $\Re_e = 80\,000$[1]). Es gibt noch andere Formeln für f; alle sind empirischer Art und nur beschränkt gültig.

Allgemein kann man noch nach der Erfahrung sagen, daß bei turbulenter Bewegung in einem Rohr oder Kanal die Geschwindigkeit nicht parabolisch verteilt

---

[1]) Nach Prandtl, L.: Führer durch die Strömungslehre. 4. Aufl. Braunschweig 1956. S. 154.

ist. Das Geschwindigkeitsprofil ist vielmehr wesentlich flacher, am Rand stark abfallend.

Noch zwei Bemerkungen sind zu machen.

a) Man kann die Modelltheorie natürlich auch auf andere Querschnitte als den Kreis anwenden, z. B. auf elliptische Querschnitte. Es kommt dann in der Formel noch das Verhältnis der Achsen $\dfrac{b}{a}$ vor, da man das Modell ähnlich annehmen muß. Sehr oft nimmt man bei beliebigem Querschnitt als R den „hydraulischen Radius", d. h. das Verhältnis der Querschnittsfläche zum benetzten Umfang, da man diesem einen wesentlichen Einfluß an der Reibung zuschreibt. Natürlich müßten streng genommen wieder nur ähnliche Querschnitte verglichen werden. Wenn man davon abweicht, kann man höchstens ungefähre Richtigkeit erwarten (z. B. bei Flußläufen).

b) Die ganze Betrachtung gilt nur für glatte Rohre. Will man auch rauhe Rohre in Betracht ziehen, so kann man sich so helfen, daß man auch die „Rauhigkeit" ähnlich transformiert, indem man sie sich als kleine Erhebungen vorstellt und damit eine durch eine Länge l zu messende Rauhigkeit einführt, deren Verhältnis zu R dann noch in der Formel vorkommt. Es gibt dazu eine umfangreiche Spezialliteratur, auf die wir nicht eingehen können.

72. Ähnlichkeitsbetrachtungen. Wir beschränken uns auf die ebene Bewegung zwischen parallelen Ebenen $0 \leq y \leq 2h$. Setzen wir

$$(8, 29) \qquad \frac{\sigma_x}{\varrho} = 2\nu \frac{\partial u}{\partial x}, \qquad \frac{\sigma_y}{\varrho} = 2\nu \frac{\partial v}{\partial y}, \qquad \frac{\tau}{\varrho} = \nu \left(\frac{\partial u}{\partial y} + \frac{\partial v}{\partial x} \right)$$

und für den Druck $p = -\varrho J x + \varrho \pi$, wobei J konstant und π beschränkt ist, so lassen sich wegen $\dfrac{\partial u}{\partial x} + \dfrac{\partial v}{\partial y} = 0$ die **Navier-Stokesschen** Gleichungen schreiben

$$(8, 30) \qquad \left| \begin{aligned} \frac{\partial u}{\partial t} + u \frac{\partial u}{\partial x} + v \frac{\partial u}{\partial y} &= J - \frac{\partial \pi}{\partial x} + \frac{1}{\varrho} \left(\frac{\partial \sigma_x}{\partial x} + \frac{\partial \tau}{\partial y} \right), \\ \frac{\partial v}{\partial t} + u \frac{\partial v}{\partial x} + v \frac{\partial v}{\partial y} &= \qquad - \frac{\partial \pi}{\partial y} + \frac{1}{\varrho} \left(\frac{\partial \tau}{\partial x} + \frac{\partial \sigma_y}{\partial y} \right). \end{aligned} \right.$$

Ferner nehmen wir an, daß die Durchschnittsgeschwindigkeit $U = \lim\limits_{a \to \infty} \dfrac{1}{2a} \int\limits_{-a}^{+a} u \, \mathrm{d}x$ nur von y abhängt. Auch mögen die Geschwindigkeiten nebst ihren Ableitungen beschränkt bleiben. Daraus folgt sofort

$$\lim_{a \to \infty} \frac{1}{2a} \int\limits_{-a}^{+a} \frac{\partial u}{\partial t} \, \mathrm{d}x = 0, \qquad \frac{1}{2a} \int\limits_{-a}^{+a} u \frac{\partial u}{\partial x} \, \mathrm{d}x = \frac{1}{4a} u^2 \, \bigg|_{-a}^{+a} \to 0.$$

Dagegen

$$\frac{1}{2a} \int\limits_{-a}^{+a} v \frac{\partial u}{\partial y} \, \mathrm{d}x = \frac{\partial}{\partial y} \frac{1}{2a} \int\limits_{-a}^{+a} vu \, \mathrm{d}x - \frac{1}{2a} \int\limits_{-a}^{+a} \frac{\partial v}{\partial y} u \, \mathrm{d}x$$

$$= \frac{\partial}{\partial y} \frac{1}{2a} \int\limits_{-a}^{+a} vu \, \mathrm{d}x + \frac{1}{2a} \int\limits_{-a}^{+a} \frac{\partial u}{\partial x} u \, \mathrm{d}x \to \frac{\partial}{\partial y} \lim \frac{1}{2a} \int\limits_{-a}^{+a} vu \, \mathrm{d}x.$$

Endlich ist noch

$$\frac{1}{2a}\,\frac{1}{\varrho}\int\limits_{-a}^{+a}\frac{\partial\sigma_x}{\partial x}\,\mathrm{d}x = \frac{1}{2a}\,\frac{\sigma_x}{\varrho}\bigg|_{-a}^{+a} = \frac{2\nu}{2a}\,\frac{\partial u}{\partial x}\bigg|_{-a}^{+a} \to 0$$

und

$$\frac{1}{2a}\,\frac{1}{\varrho}\int\limits_{-a}^{+a}\frac{\partial\tau}{\partial y}\,\mathrm{d}x = \frac{\nu}{2a}\,\frac{\partial}{\partial y}\int\limits_{-a}^{+a}\left(\frac{\partial u}{\partial y}+\frac{\partial v}{\partial x}\right)\mathrm{d}x \to \nu\,\frac{\mathrm{d}^2 U}{\mathrm{d}y^2}\,.$$

Wendet man den Operator $\dfrac{1}{2a}\displaystyle\int\limits_{-a}^{+a}\cdots\mathrm{d}x$ auf die erste der **Navier-Stokes**schen Gleichungen (8, 30) an, so erhält man nach dem Vorstehenden

$$(8,\,31)\qquad\qquad \frac{\partial}{\partial y}\lim\frac{1}{2a}\int\limits_{-a}^{+a}vu\,\mathrm{d}x = J + \nu\,\frac{\mathrm{d}^2 U}{\mathrm{d}y^2}\,.$$

Dies kann man nach y integrieren und erhält

$$\lim\frac{1}{2a}\int\limits_{-a}^{+a}vu\,\mathrm{d}x = J\,y + \nu\,\frac{\mathrm{d}U}{\mathrm{d}y} + C\,.$$

Da aber am Rande, sowohl für $y=0$ als auch für $y=2h$ die linke Seite Null ist, bekommt man

$$0 = \nu\left(\frac{\mathrm{d}U}{\mathrm{d}y}\right)_0 + C \quad\text{und}\quad 0 = 2hJ + \nu\left(\frac{\mathrm{d}U}{\mathrm{d}y}\right)_{2h} + C\,,$$

also

$$2hJ = \nu\left[\left(\frac{\mathrm{d}U}{\mathrm{d}y}\right)_0 - \left(\frac{\mathrm{d}U}{\mathrm{d}y}\right)_{2h}\right]\,.$$

Nimmt man noch Symmetrie an, so ist $\left(\dfrac{\mathrm{d}U}{\mathrm{d}y}\right)_0 = -\left(\dfrac{\mathrm{d}U}{\mathrm{d}y}\right)_{2h}$, also

$$\frac{Jh}{\nu} = \left(\frac{\mathrm{d}U}{\mathrm{d}y}\right)_0 \quad\text{und}\quad C = -hJ\,,$$

somit

$$(8,\,32)\qquad\qquad \lim\frac{1}{2a}\int\limits_{-a}^{+a}vu\,\mathrm{d}x = J(y-h) + \nu\,\frac{\mathrm{d}U}{\mathrm{d}y}\,.$$

Weiterhin folgt für den Randwert τ_0 von τ bei $y=0$

$$\frac{\tau_0}{\varrho} = \nu\left(\frac{\partial u}{\partial y}\right)_0$$

und im Durchschnitt

$$\frac{\tau_{0m}}{\varrho} = \lim\frac{1}{2a}\int\limits_{-a}^{+a}\frac{\tau_0}{\varrho}\,\mathrm{d}x = \nu\left(\frac{\mathrm{d}U}{\mathrm{d}y}\right)_{y=0} = hJ\,.$$

Natürlich ist bei Symmetrie der Wert bei $y = 2h$ gleich $- hJ$. Wir setzen nun allgemein, analog wie in der vorigen Nummer eine Ähnlichkeitsbetrachtung ausführend,

$$\tau = Jh\varrho\,\tau', \quad \sigma_x = Jh\varrho\,\sigma_x', \quad \sigma_y = Jh\varrho\,\sigma_y'.$$

Ferner

$$x = Rx', \quad y = Ry', \quad z = Rz', \quad t = Tt', \quad u = Vu', \quad v = Vv', \quad \pi = K\pi'.$$

Wir bekommen so analog gebaute Gleichungen in den gestrichenen Größen mit den Faktoren

$$\frac{V}{T}, \frac{V^2}{R}, J, \frac{K}{R}, \frac{Jh}{R}$$

in den beiden ersten Gleichungen (in der zweiten 0 statt J), ferner

$$\tau' = \frac{v}{Jh}\,\frac{V}{R}\left(\frac{\partial u'}{\partial y'} + \frac{\partial v'}{\partial x'}\right)$$

und analoge für σ_x' und σ_y'.

Um zunächst diese letzten Gleichungen parameterfrei zu machen, setzen wir

$$R = \frac{vV}{Jh}.$$

Dividieren wir die beiden ersten Gleichungen durch $\dfrac{V^2}{R} = \dfrac{V}{v}\,Jh$ und setzen

$$\frac{R}{TV} = \frac{v}{TJh} = 1,$$

d. h. wählen wir

$$T = \frac{v}{Jh},$$

so bekommen wir die Faktoren

$$1, 1, \quad \frac{JR}{V^2} = \frac{v}{Vh}, \quad \frac{K}{V^2}, \quad \frac{Jh}{V^2}.$$

Wir haben nun noch K und V frei und wählen sie so, daß die beiden letzten Faktoren 1 werden, d. h. wir setzen

$$V^2 = Jh, \quad K = Jh.$$

Damit sind alle Parameter bestimmt, insbesondere

$$V = \sqrt{Jh}, \quad R = \frac{v}{\sqrt{Jh}}, \quad T = \frac{v}{Jh},$$

und die Gleichungen lauten

$$(8,33)\qquad
\begin{cases}
\dfrac{\partial u'}{\partial t'} + u'\dfrac{\partial u'}{\partial x'} + v'\dfrac{\partial u'}{\partial y'} = \dfrac{v}{\sqrt{Jh^3}} - \dfrac{\partial\pi'}{\partial x'} + \dfrac{\partial\sigma_x'}{\partial x'} + \dfrac{\partial\tau'}{\partial y'}, \\[2ex]
\dfrac{\partial v'}{\partial t'} + u'\dfrac{\partial v'}{\partial x'} + v'\dfrac{\partial v'}{\partial y'} = \qquad\ \ - \dfrac{\partial\pi'}{\partial y'} + \dfrac{\partial\tau'}{\partial x'} + \dfrac{\partial\sigma_y'}{\partial y'}, \\[2ex]
\qquad\quad \dfrac{\partial u'}{\partial x'} + \dfrac{\partial v'}{\partial y'} = 0, \\[2ex]
\tau' = \dfrac{\partial u'}{\partial y'} + \dfrac{\partial v'}{\partial x'}, \quad \sigma_x' = 2\dfrac{\partial u'}{\partial x'}, \quad \sigma_y' = 2\dfrac{\partial v'}{\partial y'}.
\end{cases}$$

Dazu kommen die Grenzbedingungen: u' und v' Null für $y' = 0$ und $y' = \dfrac{2h}{R} =$

$= 2\dfrac{\sqrt{Jh^3}}{\nu} = 2q$.

Es kommt also überhaupt nur noch der eine Parameter $\dfrac{\sqrt{Jh^3}}{\nu} = q$ *vor.*

Wenn es also eine bestimmte Lösung gibt, muß sie die Form haben

$$u' = \varphi(x', y', t'; q), \quad v' = \psi(x', y', t'; q).$$

Transformiert man rückwärts, so erhält man für die ursprüngliche Aufgabe

$$(8{,}34) \qquad \begin{cases} u = V\varphi = \sqrt{Jh}\,\varphi\left(\dfrac{\sqrt{Jh}}{\nu}\,x,\ \dfrac{\sqrt{Jh}}{\nu}\,y,\ \dfrac{Jh}{\nu}\,t;\ q\right), \\[2mm] v = V\psi = \sqrt{Jh}\,\psi\left(\dfrac{\sqrt{Jh}}{\nu}\,x,\ \dfrac{\sqrt{Jh}}{\nu}\,y,\ \dfrac{Jh}{\nu}\,t;\ q\right), \end{cases}$$

wo noch $\dfrac{\sqrt{Jh}}{\nu}\,x = \dfrac{qx}{h}$ ist und $\dfrac{Jh}{\nu}\,t = \sqrt{\dfrac{J}{h}}\,qt$.

Infolgedessen ist wegen $\mathrm{d}x = R\,\mathrm{d}x' = \dfrac{\nu}{\sqrt{Jh}}\,\mathrm{d}x'$

$$\int u\,\mathrm{d}x = \nu \int \varphi'(x', y', t'; q)\,\mathrm{d}x',$$

$$U = \lim \frac{1}{2a}\int\limits_{-a}^{+a} u\,\mathrm{d}x = \lim \frac{1}{\frac{2a}{R}}\,\frac{\nu}{R}\int\limits_{-\frac{a}{R}}^{+\frac{a}{R}} \varphi'(x', y', t'; q)\,\mathrm{d}x'$$

$$= \frac{\nu}{R}\,U'(y'; q) = \sqrt{Jh}\,U'(y'; q).$$

Daraus folgt weiter

$$u_m = \frac{1}{2h}\int\limits_{0}^{2h} U(y; q)\,\mathrm{d}y = \frac{\nu}{2h}\int\limits_{0}^{2q} U'(y'; q)\,\mathrm{d}y' = \frac{\nu}{2h}\,F(q) = \frac{\nu}{2h}\,F\left(\frac{\sqrt{Jh^3}}{\nu}\right);$$

löst man nach J auf, so ergibt sich

$$J = \frac{\nu^2}{h^3}\,g\left(\frac{2hu_m}{\nu}\right) = \left(\frac{\nu}{2hu_m}\right)^2 \frac{4u_m^2}{h}\,g\left(\frac{2hu_m}{\nu}\right)$$

oder

$$(8{,}35) \qquad\qquad J = \frac{u_m^2}{h}\,f(\Re_e),$$

d. h. dieselbe Beziehung, wie sie sich aus der Modelltheorie der vorigen Nummer ergab.

Ergänzen wir noch die Betrachtungen durch die Formel für den Durchschnitt von τ, d. h. $\lim \dfrac{1}{2a}\int\limits_{-a}^{+a} \tau\,\mathrm{d}x$.

Dieses τ_m wird

$$\tau_{0m}\,g(y') = \tau_{0m}\,g\left(\frac{\sqrt{Jh}}{\nu}\,y\right) = Jh\varrho\,g\left(\frac{\sqrt{Jh}}{\nu}\,y\right)$$

sein, mit $g(0) = 1$. Das ist aber ein Ansatz von **Prandtl**[1]): $U = C\varphi\left(\dfrac{Uy}{v}\right)$ und $\tau_{m}(0) = \xi\varrho C^2$ (C, ξ Konstante). Der Vergleich gibt nämlich $Jhg(0) = \xi C^2$, also

$$C = \sqrt{\frac{g(0)}{\xi}Jh},$$

somit $U = \sqrt{Jh}\,\Phi\left(\dfrac{Uy}{v}\right)$ oder $U\dfrac{y}{v} = \sqrt{Jh}\,\dfrac{y}{v}\,\Phi\left(\dfrac{Uy}{v}\right)$, also $U\dfrac{y}{v} = F\left(\sqrt{Jh}\,\dfrac{y}{v}\right)$ oder

$$U = \frac{v}{y}F\left(\sqrt{Jh}\,\frac{y}{v}\right) = \sqrt{Jh}\,G\left(\frac{\sqrt{Jh}}{v}\,y\right),$$

was mit $U = \sqrt{Jh}\,U'(y'\,;q)$ übereinstimmt.

73. Parameterfreie Differentialgleichungen. Verzichtet man auf die Parameterfreiheit der Beziehungen von σ'_x, σ'_y, τ' zu u', v', so kann man Differentialgleichungen erhalten, die gänzlich parameterfrei sind. Mit der alten Substitution

$$t = Tt', \quad x = Rx' \quad \text{usw.}, \quad u = Vu', \quad v = Vv', \quad \pi = K\pi'$$

erhält man aus den Navier-Stokesschen Gleichungen in der Form (s. Nr. 72)

$$\frac{\partial u}{\partial t} + u\frac{\partial u}{\partial x} + v\frac{\partial u}{\partial y} = J - \frac{\partial \pi}{\partial x} + v\varDelta_{x,y}u$$

usw. genau so gebaute Gleichungen für u', v', t', x', y', π' mit den Faktoren

$$\frac{V}{T}, \ \frac{V^2}{R}, \ J, \ \frac{K}{R}, \ \frac{vV}{R^2}$$

oder nach Division mit $\dfrac{V^2}{R}$

$$\frac{R}{VT}, \ 1, \ \frac{JR}{V^2}, \ \frac{K}{V^2}, \ \frac{v}{RV}.$$

Da man vier Parameter, nämlich T, R, V, K frei hat, kann man alle Faktoren zu 1 machen, indem man

$$V = \sqrt[3]{Jv}, \quad K = V^2 = (Jv)^{\frac{2}{3}}, \quad T = v^{\frac{1}{3}}J^{-\frac{2}{3}}, \quad R = v^{\frac{2}{3}}J^{-\frac{1}{3}}$$

setzt. Mit $q = \dfrac{\sqrt{Jh^3}}{v}$, also $v = \dfrac{\sqrt{Jh^3}}{q}$ werden

$$V = \sqrt{Jh}\,q^{-\frac{1}{3}}, \quad T = \sqrt{\frac{h}{J}}\,q^{-\frac{1}{3}}, \quad R = hq^{-\frac{2}{3}}.$$

Die Differentialgleichungen werden in der Tat parameterfrei; sie lauten

$$
\begin{aligned}
\frac{\partial u'}{\partial t'} + u'\frac{\partial u'}{\partial x'} + v'\frac{\partial u'}{\partial y'} &= 1 - \frac{\partial \pi'}{\partial x'} + \varDelta'u', \\
(8, 36) \qquad \frac{\partial v'}{\partial t'} + u'\frac{\partial v'}{\partial x'} + v'\frac{\partial v'}{\partial y'} &= - \frac{\partial \pi'}{\partial y'} + \varDelta'v', \\
\frac{\partial u'}{\partial x'} + \frac{\partial v'}{\partial y'} &= 0.
\end{aligned}
$$

Die Randbedingungen lauten: $u' = 0$, $v' = 0$ für $y' = 0$ und $y' = \dfrac{2h}{R} = 2q^{\frac{2}{3}}$. Hier kommt der Parameter q wieder vor.

---

[1]) ZAMM **5** (1925), S. 136.

Hat das Problem bestimmte Lösungen $u' = \chi(x', y', t'; q)$, $v' = \omega(x', y', t'; q)$, so hat das alte Problem die Lösung

$$u = \sqrt{Jh}\, q^{-\frac{1}{3}} \chi\left(\frac{x}{h} q^{\frac{2}{3}},\ \frac{y}{h} q^{\frac{2}{3}},\ t\sqrt{\frac{J}{h}}\, q^{\frac{1}{3}};\ q\right),$$

$$v = \sqrt{Jh}\, q^{-\frac{1}{3}} \omega\left(\frac{x}{h} q^{\frac{2}{3}},\ \frac{y}{h} q^{\frac{2}{3}},\ t\sqrt{\frac{J}{h}}\, q^{\frac{1}{3}};\ q\right).$$

Besonders interessant und schwierig sind die Fälle großer Reynoldsscher Zahlen q.

Bei der ersten Transformation der Nr. 72 sind beide Koordinaten x, y beim Übergang zu x', y' infolge $x' = \frac{q}{h} x$, $y' = \frac{q}{h} y$ gleichmäßig gedehnt, die Geschwindigkeiten nicht wesentlich geändert, die Zeit gemäß

$$t' = \frac{t}{T} = \frac{Jh}{v} t = \sqrt{\frac{J}{h}}\, qt$$

gekürzt, bei der zweiten (in Nr. 73) sind die Koordinaten $x' = \frac{x}{h} q^{\frac{2}{3}}$, $y' = \frac{y}{h} q^{\frac{2}{3}}$ schwächer gedehnt, die Zeit gemäß $t' = \sqrt{\frac{J}{h}}\, q^{\frac{1}{3}}\, t$ auch etwas gedehnt, die Geschwindigkeiten gemäß $u' = (Jh)^{-\frac{1}{2}} q^{\frac{1}{3}} u$, $v' = (Jh)^{-\frac{1}{2}} q^{\frac{1}{3}} v$ verkleinert.

Nun kann man aber auch die Koordinaten ungleichmäßig behandeln, z. B.

$$y'' = \frac{y}{h}$$

setzen, so daß $0 < y'' \leq 2$ fest bleibt. Setzt man im übrigen wie vorher

$$x = Rx'', \quad t = Tt'', \quad \pi = K\pi'', \quad u = Uu'', \quad v = Vv''$$

und verlangt zunächst, daß die Kontinuitätsgleichung unverändert bleibt, d. h.

$$\frac{\partial u''}{\partial x''} + \frac{\partial v''}{\partial y''} = 0$$

lautet, so muß man $\frac{U}{R} = \frac{V}{h}$ wählen. Weiter gibt dann das bisherige Verfahren nach leichter Rechnung

$$R = v^{\frac{2}{3}} J^{-\frac{1}{3}} = hq^{-\frac{2}{3}}, \qquad T = RU^{-1} = \sqrt{\frac{h}{J}}\, q^{-\frac{1}{3}},$$

$$U = (Jv)^{\frac{1}{3}} = \sqrt{Jh}\, q^{-\frac{1}{3}}, \quad V = \frac{h}{R} U = \sqrt{Jh}\, q^{\frac{1}{3}}, \quad K = U^2 = Jhq^{-\frac{2}{3}}$$

und die Differentialgleichungen

$$(8,37) \qquad \begin{aligned}
\frac{\partial u''}{\partial t''} + u'' \frac{\partial u''}{\partial x''} + v'' \frac{\partial u''}{\partial y''} &= 1 - \frac{\partial \pi''}{\partial x''} + \frac{\partial^2 u''}{\partial x''^2} + q^{-\frac{4}{3}} \frac{\partial^2 u''}{\partial y''^2}, \\
\frac{\partial v''}{\partial t''} + u'' \frac{\partial v''}{\partial x''} + v'' \frac{\partial v''}{\partial y''} &= - \frac{\partial \pi''}{\partial y''} q^{-\frac{4}{3}} + \frac{\partial^2 v''}{\partial x''^2} + q^{-\frac{4}{3}} \frac{\partial^2 v''}{\partial y''^2}.
\end{aligned}$$

Haben diese Gleichungen mit der Randbedingung $u'' = 0$, $v'' = 0$ für $y'' = 0$, $y'' = 2$ die Lösung

$$u'' = \lambda(x'', y'', t''; q), \quad v'' = \mu(x'', y'', t''; q),$$

so lauten die Werte für u, v

$$u = \sqrt{Jh}\; q^{-\frac{1}{3}}\, \lambda\left(q^{\frac{2}{3}}\frac{x}{h},\; \frac{y}{h},\; q^{\frac{1}{3}}\sqrt{\frac{J}{h}}\,t;\, q\right),$$

$$v = \sqrt{Jh}\; q^{\frac{1}{3}}\, \mu\left(q^{\frac{2}{3}}\frac{x}{h},\; \frac{y}{h},\; q^{\frac{1}{3}}\sqrt{\frac{J}{h}}\,t;\, q\right).$$

Gemäß

$$x'' = q^{\frac{2}{3}}\frac{x}{h},\quad y'' = \frac{y}{h},\quad t'' = q^{\frac{1}{3}}\sqrt{\frac{J}{h}}\,t,$$

$$u'' = q^{\frac{1}{3}}(Jh)^{-\frac{1}{2}}u,\quad v'' = q^{-\frac{1}{3}}(Jh)^{-\frac{1}{2}}v$$

ist x bei großem q gedehnt, y nicht wesentlich verändert, t gedehnt, aber schwächer als x, daher u gedehnt, v verkürzt.

74. Grenzübergang zu großen Reynoldsschen Zahlen. Da in der Praxis meist große. Reynoldssche Zahlen vorkommen, so etwa von der Größenordnung 100000 und mehr, liegt der Gedanke nahe, einen Grenzübergang zu unendlich zu versuchen. Macht man ihn in den ursprünglichen Navier-Stokesschen Gleichungen in der Form $\nu \to 0$, so kommt man auf die Differentialgleichungen der idealen Flüssigkeiten, die aber von niederer Ordnung sind und meist nicht gestatten, die Randbedingungen des Haftens an festen Wänden zu erfüllen. Man kann daher höchstens erwarten, daß im Innern des Gebietes die Gleichungen für reibungsfreie Flüssigkeiten herauskommen. Eine Untersuchung von E. Hopf über die vereinfachte Gleichung

$$\frac{\partial u}{\partial t} + u\,\frac{\partial u}{\partial x} = \nu\,\frac{\partial^2 u}{\partial x^2}$$

(s. Fußnote 1 auf S. 135) hat gezeigt, daß der Grenzübergang $\nu \to 0$ zu einem unstetigen Ergebnis führt. An den Stetigkeitsstellen von $\lim\limits_{\nu \to 0} u$ allerdings wird

$$\frac{\partial u}{\partial t} + u\,\frac{\partial u}{\partial x} = 0$$

erfüllt.

Schon bei der gewöhnlichen Differentialgleichung

$$\nu\,\frac{\mathrm{d}^2 u}{\mathrm{d}x^2} + 2\beta\,\frac{\mathrm{d}u}{\mathrm{d}x} + \alpha^2 u = 0,\quad \beta > 0,\quad 0 \le x \le 1$$

mit den Randbedingungen $u = 0$ für $x = 0$, $u = 1$ für $x = 1$ zeigt sich ähnliches. Es sei jedenfalls $\nu\alpha^2 < \beta^2$. Die Lösung ist

$$u = \frac{1}{A}\left(e^{\varkappa_1 x} - e^{-\varkappa_2 x}\right)\quad \text{mit}\quad A = e^{\varkappa_1} - e^{\varkappa_2}.$$

wo

$$\varkappa_1 = -\frac{\beta}{\nu} + \frac{\beta}{\nu}\sqrt{1 - \frac{\alpha^2}{\beta^2}\nu} = -\frac{1}{2}\frac{\alpha^2}{\beta} - \frac{1}{8}\frac{\alpha^4}{\beta^3}\nu - \cdots$$

$$\varkappa_2 = -\frac{\beta}{\nu} - \frac{\beta}{\nu}\sqrt{1 - \frac{\alpha^2}{\beta^2}\nu} = -2\frac{\beta}{\nu} + \frac{1}{2}\frac{\alpha^2}{\beta} + \frac{1}{8}\frac{\alpha^4}{\beta^3}\nu + \cdots$$

ist. In der Grenze $\nu \to 0$ geht $\varkappa_1 \to -\frac{1}{2}\frac{\alpha^2}{\beta}$, $\varkappa_2 \to \infty$. Folglich ist für $x > 0$

$$\lim_{\nu \to 0} u = e^{\frac{\alpha^2}{2\beta}(1-x)},$$

und das ist die Lösung von $2\beta \dfrac{du}{dx} + \alpha^2 u = 0$ mit $u = 1$ für $x = 1$. Jedoch ist $u(0) = 0$ und also auch $\lim\limits_{\nu \to 0} u(0) = 0$, dagegen

$$\lim_{x \to 0} \lim_{\nu \to 0} u(x) = e^{\frac{\alpha^2}{2\beta}}.$$

Die Grenzfunktion ist also an der Stelle $x = 0$ unstetig.

Man kann aber auch daran denken, in den durch Affinität transformierten Gleichungen den Parameter

$$q = \sqrt{\frac{J h^3}{\nu}} \to \infty$$

gehen zu lassen. Man erhält dann vollständig parameterfreie Probleme. Aus (8, 33) wird so

$$\frac{\partial u'}{\partial t'} + u' \frac{\partial u'}{\partial x'} + v' \frac{\partial u'}{\partial y'} = - \frac{\partial \pi'}{\partial x'} + \Delta' u',$$

$$\frac{\partial v'}{\partial t'} + u' \frac{\partial v'}{\partial x'} + v' \frac{\partial v'}{\partial y'} = - \frac{\partial \pi'}{\partial y'} + \Delta' v',$$

$$\frac{\partial u'}{\partial x'} + \frac{\partial v'}{\partial y'} = 0$$

mit $u', v' \to 0$ für $y' = 0$ und für $y' \to \infty$; (8, 36) liefert fast dasselbe, doch steht in der ersten Gleichung rechts noch der Summand 1 (vgl. Nr. 73), y' geht schwächer gegen ∞; bei (8, 37) bleibt y'' endlich, jedoch ändert sich der Typus der Differentialgleichung, an Stelle des elliptischen tritt der parabolische, nämlich

$$\frac{\partial u''}{\partial t''} + u'' \frac{\partial u''}{\partial x''} + v'' \frac{\partial u''}{\partial y''} = 1 - \frac{\partial \pi''}{\partial x''} + \frac{\partial^2 u''}{\partial x''^2},$$

$$\frac{\partial v''}{\partial t''} + u'' \frac{\partial v''}{\partial x''} + v'' \frac{\partial v''}{\partial y''} = \frac{\partial^2 v''}{\partial y''^2},$$

$$\frac{\partial u''}{\partial x''} + \frac{\partial v''}{\partial y''} = 0$$

mit $u'', v'' = 0$ für $y'' = 0$ und für $y'' = 2$. Führt man ψ'' ein durch

$$u'' = \frac{\partial \psi''}{\partial y''}, \quad v'' = - \frac{\partial \psi''}{\partial x''},$$

so erhält man für ψ'' eine Differentialgleichung dritter Ordnung statt einer solchen vierter Ordnung für das alte ψ.

Weitere Untersuchungen hierzu liegen noch nicht vor[1]).

75. Umwandlung in Integralgleichungen. Man kann gegen die Theorie von Navier und Stokes den Einwand erheben, daß vielleicht zu viele Differentialquotienten der Geschwindigkeit als vorhanden vorausgesetzt werden. Die Kontinuitätsgleichung verlangt erste, die Gleichungen der Bewegung selbst aber zweite Ableitungen von u, v, w. Eliminiert man den Druck durch Differentiation, so treten sogar dritte Ableitungen der Geschwindigkeiten auf oder in der Ebene bei Einführung der Stromfunktion ψ vierte Ableitungen von ψ.

---

[1]) Vgl. Hamel, G.: Streifenmethode und Ähnlichkeitsbetrachtungen zur turbulenten Bewegung. Abhdlg. der Preuß. Akad. der Wiss., Math. natwiss. Klasse, 1943, Nr. 8. Insbes. S. 18 ff.

Aber man kann die Voraussetzung der Differenzierbarkeit überhaupt vermeiden.

Multipliziert man die Divergenzgleichung mit einem stetig differenzierbaren Skalar a und integriert über den Bewegungsraum, so erhält man

$$\int a \operatorname{div} \mathfrak{v} \, dV = 0\,,$$

was man durch partielle Integration in

$$(8, 38) \qquad \oint \mathfrak{v} \mathfrak{n}\, a \, dF - \int \mathfrak{v} \operatorname{grad} a \, dV = 0$$

umwandeln kann ($\mathfrak{n}$ die äußere Normale). Ist insbesondere $\mathfrak{v}\mathfrak{n} = 0$ an den Rändern, bzw. geht, falls der Integrationsraum ins Unendliche geht, $\mathfrak{v}\mathfrak{n}$ so stark gegen Null, daß auch das erste Integral gegen Null geht, so bleibt

$$(8, 38a) \qquad \int \mathfrak{v} \operatorname{grad} a \, dV = 0$$

für jedes stetig differenzierbare a. Man kann auch für a die Randwerte Null vorschreiben und braucht dann über die von $\mathfrak{v}$ nichts als Beschränktheit vorauszusetzen. Existiert $\operatorname{div}\mathfrak{v}$, so läßt sich die Sache umkehren; denn wenn

$$\int a \operatorname{div} \mathfrak{v} \, dV = 0$$

für jedes a gilt, muß $\operatorname{div}\mathfrak{v} = 0$ sein. *Wenn aber $\operatorname{div}\mathfrak{v}$ nicht existiert, hat man eine Verallgemeinerung von $\operatorname{div}\mathfrak{v} = 0$ gewonnen, wenn man*

$$\int \mathfrak{v} \operatorname{grad} a \, dV = 0$$

für a l l e differenzierbaren a verlangt.

In ähnlicher Weise kann man nun die Bewegungsgleichungen durch innere Multiplikation mit einem nach t einmal und nach $\mathfrak{r}$ zweimal stetig differenzierbaren Vektor $\mathfrak{b}$ und Integration über eine $\mathfrak{r}, t$-Mannigfaltigkeit, in der die Bewegung stattfindet, durch partielle Integration verwandeln. Es ist dann

$$\int\int \frac{\partial \mathfrak{v}}{\partial t} \mathfrak{b} \, dV \, dt = \int \mathfrak{v}\mathfrak{b} \, dV - \int\int \mathfrak{v} \frac{\partial \mathfrak{b}}{\partial t} \, dV \, dt\,.$$

Wegen $\dfrac{\partial u}{\partial x} + \dfrac{\partial v}{\partial y} + \dfrac{\partial w}{\partial z} = 0$ ist

$$\int \left(\frac{\partial \mathfrak{v}}{\partial x} u + \frac{\partial \mathfrak{v}}{\partial y} v + \frac{\partial \mathfrak{v}}{\partial z} w \right) \mathfrak{b} \, dV = \int \left[\frac{\partial}{\partial x}(\mathfrak{v}u) + \frac{\partial}{\partial y}(\mathfrak{v}v) + \frac{\partial}{\partial z}(\mathfrak{v}w) \right] \mathfrak{b} \, dV$$

$$= \oint (\mathfrak{v}\mathfrak{b})(\mathfrak{v}\mathfrak{n}) \, dF - \int \mathfrak{v} \left(u \frac{\partial \mathfrak{b}}{\partial x} + v \frac{\partial \mathfrak{b}}{\partial y} + w \frac{\partial \mathfrak{b}}{\partial z} \right) dV$$

$$= - \int \mathfrak{v} \left(\mathfrak{v} \frac{\partial}{\partial \mathfrak{r}} \right) \mathfrak{b} \, dV,$$

falls am Rande $(\mathfrak{v}\mathfrak{b})(\mathfrak{v}\mathfrak{n}) = 0$; und schließlich nach dem G r e e n schen Satz

$$\int \mathfrak{b} \varDelta \mathfrak{v} \, dV = \int \mathfrak{v} \varDelta \mathfrak{b} \, dV\,.$$

Auf diese Weise erhält man statt der alten Bewegungsgleichung eine Integralgleichung, in der nur $\mathfrak{v}$ vorkommt, nämlich

$$(8, 39) \qquad \int dt \int dV \left[\mathfrak{v} \left\{ -\frac{\partial \mathfrak{b}}{\partial t} - \left(\mathfrak{v} \frac{\partial}{\partial \mathfrak{r}} \right) \mathfrak{b} - v \varDelta \mathfrak{b} \right\} + \mathfrak{b} \frac{\partial}{\partial \mathfrak{r}} \frac{p}{\varrho} \right] + \int \mathfrak{v}\mathfrak{b} \, dV = 0$$

für jedes $\mathfrak{b}$, das die nötigen Differentialquotienten besitzt und die Randbedingungen erfüllt.

Ohne die Existenz von Differentialquotienten von $\mathfrak{v}$ voraussetzen zu müssen, kann man die Integralgleichungen dieser Nummer als die Gleichungen für zähe Flüssigkeiten gelten lassen und von hier aus die Lösung zu konstruieren suchen.

Diesen Weg ist mit Erfolg J. Leray in drei großen Arbeiten gegangen[1]). Vereinfacht wurde diese Untersuchung von E. Hopf[2]).

Wir können hier nur auf diese Arbeiten hinweisen. Ein Eindeutigkeitsbeweis, sogar für den Fall kompressibler Medien, findet sich bei Dario Graffi[3]), gültig für $0 \leq t \leq T$ und ein Gebiet (D) des Raumes, an dessen Rand $\mathfrak{v}$ gegeben ist und da, wo $\mathfrak{v}\mathfrak{n} < 0$ ist, auch noch ϱ. Von ϱ wird $\varrho \geq m > 0$ angenommen. Aber die Existenz wird hier vorausgesetzt.

§ 9. Schleichende Bewegungen

76. Laminarbewegungen. Wesentlich leichter als der Fall großer Reynoldsscher Zahlen ist der Fall kleiner Reynoldsscher Zahlen; die quadratischen Glieder $u \dfrac{\partial u}{\partial x}$ usw. werden als klein gegen $\nu \varDelta u$ bzw. $\nu \varDelta v$, $\nu \varDelta w$ angesehen und vernachlässigt. Man erhält so aus (8, 14a) lineare Gleichungen, nämlich

$$(9, 1) \qquad \frac{\partial \mathfrak{v}}{\partial t} = -\operatorname{grad}\,(P + gh) + \nu \varDelta \mathfrak{v}\,,$$

und im ebenen Fall bei Einführung der Stromfunktion gemäß (8, 15) anstelle von (8, 16a)

$$(9, 2) \qquad \frac{\partial}{\partial t}\,\varDelta\psi = \nu\varDelta\varDelta\psi\,.$$

Diese Gleichung für ψ ist nun identisch mit der Wärmeleitungsgleichung, wobei $\varDelta\psi$ an die Stelle der Temperatur tritt. Die Wirbelstärke $-\varDelta\psi$ breitet sich also aus wie die Wärme in einem homogenen isotropen Medium. Die Ergebnisse der Theorie der Wärmeleitung können deshalb hier angewandt werden.

Übrigens gehört die alte Lösung für die ebene Strömung zwischen parallelen Wänden auch hierher (vgl. Nr. 64):

$$u = \tfrac{1}{2}\,\frac{J}{\eta}\,(h^2 - y^2)\,;$$

bei ihr verschwinden die quadratischen Glieder exakt. Ein weiteres Beispiel ist

$$\psi = (A + iB)\,e^{\alpha t + \beta y}$$

mit (eventuell komplexen) Konstanten α, β. Es ist hier $\varDelta\psi = \beta^2\psi$; (9, 2) verlangt $\alpha = \nu\beta^2$. Nimmt man $\beta = i\gamma$, also $\alpha = -\nu\gamma^2$, so wird ($\Re = $ Realteil)

$$\psi = \Re(A + iB)\,e^{-\nu\gamma^2 t}\,(\cos\gamma y + i\sin\gamma y) = e^{-\nu\gamma^2 t}\,(A\cos\gamma y - B\sin\gamma y)\,.$$

Soll das eine Strömung zwischen festen Wänden sein, so muß $\dfrac{\partial\psi}{\partial y} = 0$ sein für $y = \pm h$, was

$$\pm A\sin\gamma h - B\cos\gamma h = 0$$

verlangt, also $A\sin\gamma h = B\cos\gamma h = 0$.

---

[1]) J. Math. pur. appl. Paris, Ser. IX, **12** (1933), S. 1 und **13** (1934), S. 331; Acta math. Uppsala **63** (1934), S. 193.
[2]) Hopf, E.: Über die Anfangswertaufgabe für die hydrodynamischen Grundgleichungen. Math. Nachr. **4** (1950/51), S. 213.
[3]) Graffi, D.: Il Teorema di Unicità nella Dinamica dei Fluidi Compressibili. Journal of Rational Mechanics and Analysis **2** (1953), S. 99.

Entweder ist $\gamma h = n\pi$ und $B = 0$ oder $A = 0$ und $\gamma h = \dfrac{\pi}{2} + n\pi$. Im ersten Fall ist

$$\psi = A_n e^{-\nu\gamma_n^2 t} \cos\frac{n\pi y}{h}, \quad u = \frac{\partial\psi}{\partial y} = -A_n \frac{n\pi}{h} e^{-\nu\gamma_n^2 t} \sin\frac{n\pi y}{h} \quad \text{(unsymmetrisch)};$$

im zweiten Fall

$$\psi = -B_n e^{-\nu\gamma_n^2 t} \sin\frac{(2n+1)\pi y}{2h}, \quad u = \frac{\partial\psi}{\partial y} = \frac{(2n+1)\pi}{2h} B_n e^{-\nu\gamma_n^2 t} \cos\frac{(2n+1)\pi y}{2h}$$

(symmetrisch).

Da die Gleichung für ψ linear homogen ist, darf man superponieren und etwa für die Strömung zwischen parallelen Wänden die nichtstationäre Bewegung

$$u = \frac{J}{2\eta}(h^2 - y^2) + \sum_{n=0}^{\infty} B_n e^{-\nu\gamma_n^2 t} \cos\gamma_n y$$

ansetzen, mit $\gamma_n = \dfrac{(2n+1)\pi}{2h}$. Zu Anfang ist

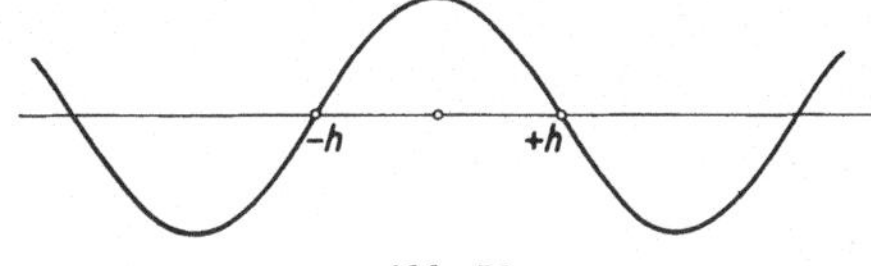

Abb. 56

$$u = u_0 = \frac{J}{2\eta}(h^2 - y^2) + \sum B_n \cos\gamma_n y,$$

für $t \to \infty$ aber geht $e^{-\nu\gamma_n^2 t} \to 0$ und daher

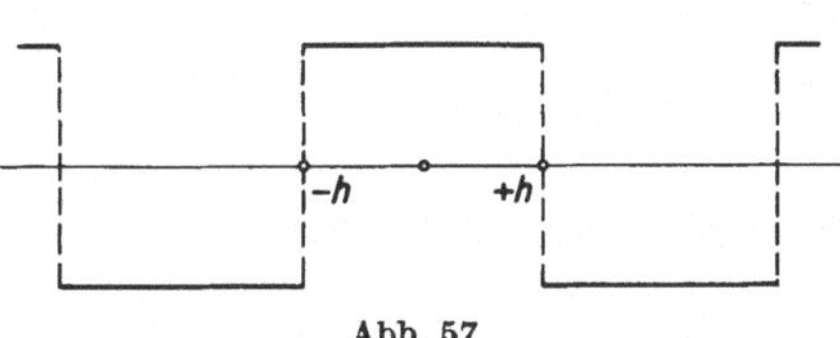

Abb. 57

$$u \to \frac{J}{2\eta}(h^2 - y^2).$$

Man kann durch Wahl der B_n den Anfangswert u_0 zu Null machen, indem man

$$\frac{J}{2\eta}(h^2 - y^2) = -\sum B_n \cos\gamma_n y$$

setzt, also in eine Fourierreihe entwickelt. Da

$$\cos\gamma_n(y + 2h) = \cos(\gamma_n y + \pi + 2n\pi) = -\cos\gamma_n y$$

ist, hat man die Funktion $\dfrac{J}{2\eta}(h^2 - y^2)$ über $y = \pm h$ hinaus spiegelbildlich fortzusetzen (vgl. Abb. 56) und dann die Fourierreihe zu berechnen, was eine bekannte elementare Aufgabe ist, die wir dem Leser überlassen. Damit hätte man den Übergang von der Ruhe in die stationäre Bewegung unter Wirkung des Druckgefälles J. Man könnte auch $u_0 = \text{const}$ vorschreiben, wobei aber diese Funktion auch spiegelbildlich fortzusetzen wäre (Abb. 57).

Man kann aber auch β negativ reell nehmen:

$$\beta = -\gamma^2, \quad \alpha = \nu\beta^2 = \nu\gamma^4,$$

so daß

$$\psi = \psi_0 e^{\nu\gamma^4 t - \gamma^2 y}, \quad u = \frac{\partial\psi}{\partial y} = -\gamma^2\psi_0 e^{\nu\gamma^4 t - \gamma^2 y}.$$

Gelte dies auch für $0 \leq y < \infty$, so wäre an der Wand

$$u_0 = -\gamma^2\psi_0 e^{\nu\gamma^4 t}$$

eine angefachte Bewegung, etwa durch eine entsprechende Beschleunigung der Wand hervorgerufen, während für $y \to \infty$ Ruhe herrschte. Der Wert $u_1 = -\gamma^2\psi_0$ würde sich von $y = 0$, $t = 0$ aus mit der Geschwindigkeit $\nu\gamma^2$ ausbreiten.

77. Ebene Bewegung in Kreisen. In ebenen Polarkoordinaten r, ϑ ist der Laplacesche Operator

$$(9,3) \qquad \Delta = \frac{1}{r^2}\left[r\,\frac{\partial}{\partial r}\left(r\,\frac{\partial}{\partial r}\right) + \frac{\partial^2}{\partial\vartheta^2}\right].$$

Wird also $\psi = \psi(r,t)$ angenommen, so ist auch $\Delta\psi$ eine bloße Funktion von r und t. Mit dem Ansatz

$$\Delta\psi = \varphi(r)\,e^{\alpha t}$$

erhält man aus (9, 2)

$$\frac{\nu}{r^2}\left[r\,\frac{d}{dr}\left(r\,\frac{d\varphi}{dr}\right)\right] = \alpha\varphi \quad \text{oder} \quad \frac{d^2\varphi}{dr^2} + \frac{1}{r}\frac{d\varphi}{dr} = \frac{\alpha}{\nu}\,\varphi.$$

Setzt man $\sqrt{-\dfrac{\alpha}{\nu}}\,r = z$, so bekommt man die Besselsche Differentialgleichung nullter Ordnung

$$(9,4) \qquad \frac{d^2\varphi}{dz^2} + \frac{1}{z}\frac{d\varphi}{dz} + \varphi = 0$$

mit der im Nullpunkt regulären Lösung

$$\varphi = J_0(z) = J_0\left(\sqrt{-\frac{\alpha}{\nu}}\,r\right).$$

Bekanntlich ist $J_0(z)$ durch die beständig konvergente Reihe

$$J_0 = \sum_0^\infty \frac{(-1)^n}{(n!)^2}\left(\frac{z}{2}\right)^{2n} = \sum_0^\infty \left(\frac{\alpha}{\nu}\right)^n \frac{1}{(n!)^2}\left(\frac{r}{2}\right)^{2n}$$

darstellbar.

Läßt man ein Unendlichwerden von φ zu, so hat die Differentialgleichung als Lösung noch die **Neumannsche Funktion**

$$N_0 = \frac{2}{\pi}\left[J_0(z)\log\frac{\gamma z}{2} - B_0(z)\right],$$

wo $\log\gamma = C = 0{,}577215665\cdots$ und $B_0(z)$ eine beständig konvergente Reihe ist, die man bei **Jahnke-Emde**[1]) findet.

Bei negativem α stellt die Lösung das Abklingen gegen Null dar, wenn zu Anfang eine Verteilung gemäß $\Delta\psi = \varphi$ vorhanden war, das mit $r \to \infty$ wie $\dfrac{1}{\sqrt{z}}$ oszillierend gegen Null geht. Bei positivem α findet eine Zunahme von $\Delta\psi$ statt, aber φ strebt mit r gegen unendlich. Es strömt Wirbelstärke aus dem Unendlichen hinein.

Dazwischen liegt der besonders interessante stationäre Fall $\alpha = 0$. Sei auch ψ nur von r abhängig, also

$$(9,5) \qquad \Delta\Delta\psi = \frac{1}{r}\frac{d}{dr}\,r\,\frac{d}{dr}\,\frac{1}{r}\frac{d}{dr}\,r\,\frac{d\psi}{dr} = 0.$$

(Die Operatoren $\dfrac{d}{dr}$ mögen sich in diesem Ausdruck jeweils auf das ganze Folgende beziehen.) Fortgesetzte elementare Integration ergibt

$$(9,6) \qquad \psi = A\,r^2\log r + B\,r^2 + C\log r + D.$$

---

[1]) **Jahnke-Emde:** Tafeln höherer Funktionen. 5. Aufl. Leipzig 1952. S. 129.

Wir wollen dieses Ergebnis benutzen, um die Strömung zwischen konzentrischen Kreisen zu behandeln. Der Zylinder $r = R_1$ sei in Ruhe und deshalb dort die Tangentialgeschwindigkeit $-\dfrac{d\psi}{dr} = 0$; man kann dort auch noch $\psi = 0$ vorschreiben. Dagegen soll der Zylinder $r = R_2 > R_1$ mit der Umfangsgeschwindigkeit U gedreht werden, so daß auch die Flüssigkeit die Geschwindigkeit U haben muß (Abb. 58). Wir haben aber vier Konstanten und brauchen zu ihrer Bestimmung noch eine vierte Gleichung. Diese liefert uns die Tatsache, daß auch der Druck nur von r abhängen soll, oder anders ausgedrückt: anders als bei der Parallelströmung zwischen festen Wänden soll die Bewegung hier nicht durch ein Druckgefälle, sondern eben durch die Rotation des äußeren Zylinders aufrechterhalten werden.

Nun können wir die Bewegungsgleichungen (9, 1) auch so schreiben

$$(9,7)\qquad \left\{ \begin{aligned} \frac{\partial u}{\partial t} &= \frac{\partial^2 \psi}{\partial y\,\partial t} = -\frac{\partial}{\partial x}\frac{p}{\varrho} + \nu \frac{\partial}{\partial y}\,\varDelta\psi\,,\\[2mm] \frac{\partial v}{\partial t} &= -\frac{\partial^2 \psi}{\partial x\,\partial t} = -\frac{\partial}{\partial y}\frac{p}{\varrho} - \nu \frac{\partial}{\partial x}\,\varDelta\psi\,. \end{aligned} \right.$$

Folglich ist

$$(9,8)\quad d\frac{p}{\varrho} = \frac{\partial}{\partial x}\frac{p}{\varrho}\,dx + \frac{\partial}{\partial y}\frac{p}{\varrho}\,dy = \left\{ \frac{\partial}{\partial y}\left(\nu\varDelta - \frac{\partial}{\partial t}\right)\psi\,dx - \frac{\partial}{\partial x}\left(\nu\varDelta - \frac{\partial}{\partial t}\right)\psi\,dy \right\}.$$

Nun ist $d y\,\dfrac{\partial}{\partial x} - d x\,\dfrac{\partial}{\partial y} = \left(d\mathfrak{r} \times \dfrac{d}{d\mathfrak{r}}\right)_t$ koordinateninvariant, also auch gleich

$$r\,d\vartheta\,\frac{\partial}{\partial r} - \frac{1}{r}\,d r\,\frac{\partial}{\partial\vartheta}\,.$$

Also folgt, da $\dfrac{\partial\psi}{\partial t} = 0$, $\dfrac{\partial\psi}{\partial\vartheta} = 0$ ist, aus (9, 8)

$$\frac{1}{r}\frac{\partial}{\partial\vartheta}\frac{p}{\varrho} = -\nu\frac{\partial}{\partial r}\,\varDelta\psi\,.$$

Somit muß dies null sein. Daraus folgt $A = 0$; die drei übrigen Bedingungen für ψ liefern

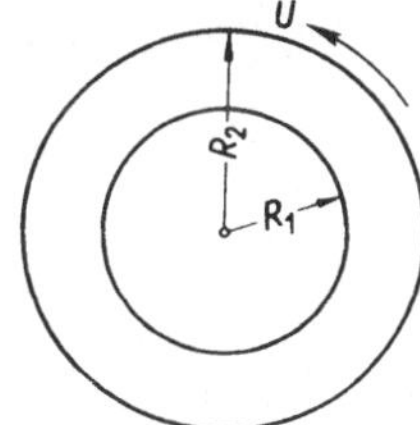

Abb. 58

$$(9,6\,\mathrm{a})\qquad \psi = -\frac{1}{2}\frac{UR_2}{R_2^2 - R_1^2}(r^2 - R_1^2) + \frac{UR_2 R_1^2}{R_2^2 - R_1^2}\log\frac{r}{R_1}\,.$$

Die Geschwindigkeit dieser Couette-Strömung ist

$$-\frac{\partial\psi}{\partial r} = \frac{UR_2}{R_2^2 - R_1^2}\frac{r^2 - R_1^2}{r}\,;$$

sie ist also null für $r = R_1$ und gleich U für $r = R_2$. Aus der Geschwindigkeit kann man die Zähigkeitsspannungen berechnen. Die Schubspannung wird

$$-\eta\frac{\partial^2\psi}{\partial r^2} = \eta\left(\frac{UR_2}{R_2^2 - R_1^2} + \frac{UR_2 R_1^2}{R_2^2 - R_1^2}\frac{1}{r^2}\right)$$

sein. Für $r = R_2$ ergibt das $\eta\dfrac{U}{R_2^2 - R_1^2}\dfrac{R_2^2 + R_1^2}{R_2}$. Ist $R_2 - R_1 = \delta$ sehr klein, so ist das angenähert $\eta\dfrac{U}{\delta}$ und daher das zum Drehen erforderliche Drehmoment

$$M = 2\pi\eta U\frac{R_1^2}{\delta}\,.$$

Diese Formel von Petroff stellt den ersten Versuch dar, die Schmiermittelreibung zu berechnen. Doch ist diese Theorie unbefriedigend, da das umlaufende Rad nicht zentrisch sein wird, weil die Last von der Schmiermittelschicht getragen wird. Neuere, erheblich schwierigere Theorien stammen von Michell[1]), Sommerfeld[2]), Vogelpohl und anderen. Eine Zusammenstellung findet sich in Ostwalds Klassikern[3]). (Siehe auch Prandtl[4]).)

Übrigens ist die Lösung der Couette-Strömung exakt. Denn immer, wenn ψ und $\Delta\psi$ außer von t nur von einer Koordinate, z. B. y oder r, abhängen, ist $\Delta\psi = f(\psi, t)$ und daher nach der Jacobischen Relation die Determinante

$$\frac{\partial}{\partial x}\,\Delta\psi\,\frac{\partial\psi}{\partial y} - \frac{\partial}{\partial y}\,\Delta\psi\,\frac{\partial\psi}{\partial x} = 0\,;$$

die quadratischen Glieder verschwinden also exakt.

78. Allgemeine Bemerkungen. Man kann (9, 2) auch

$$(9, 9) \qquad\qquad \Delta\left(\frac{\partial\psi}{\partial t} - \nu\,\Delta\psi\right) = 0$$

schreiben und deshalb

$$\frac{\partial\psi}{\partial t} - \nu\,\Delta\psi = H(x, y; t)$$

setzen, wo H eine harmonische Funktion in x und y ist.

Ist die Bewegung stationär, so gilt $\Delta\Delta\psi = 0$, ψ ist biharmonisch.

Man kann alle biharmonischen Funktionen mit Hilfe von harmonischen Funktionen darstellen. Transformiert man $\Delta\psi$ durch

$$x + \mathrm{i}y = z,\quad x - \mathrm{i}y = \bar{z},$$

so erhält man aus $\Delta\psi = 0$ die Gleichung

$$\frac{\partial^2\psi}{\partial z\,\partial\bar{z}} = 0\,,$$

also $\psi = f(z) + g(\bar{z})$, wo dann, weil ψ reell ist,

$$\overline{f(z)} + \overline{g(\bar{z})} = f(z) + g(\bar{z})$$

sein muß; da $\overline{f(z)}$ eine Funktion von $\bar{z}$ und $\overline{g(\bar{z})}$ eine Funktion von z ist, wird bis auf eine belanglose Konstante $g(\bar{z}) = \overline{f(z)}$ und

$$\psi = f(z) + \overline{f(z)}\,.$$

Integriert man entsprechend

$$\Delta\Delta\psi = \frac{\partial^4\psi}{\partial z^2\,\partial\bar{z}^2} = 0$$

zuerst zu

$$\frac{\partial^2\psi}{\partial z\,\partial\bar{z}} = f'(z) + \overline{f'(z)}\,,$$

---

[1]) Zeitschr. f. Math. u. Physik **52** (1905), S. 123.

[2]) Sommerfeld, A.: Vorlesungen über theoretische Physik. Bd. II. Wiesbaden 1949.

[3]) Hydrodynamische Theorie d. Schmiermittelreibung. Ostwalds Klassiker Nr. 218. Leipzig 1927.

[4]) Prandtl, L.: Führer durch die Strömungslehre. 4. Aufl. Braunschweig 1956. S. 145.

so folgt

$$\frac{\partial \psi}{\partial z} = f(z) + z\overline{f'(z)} + \overline{g'(z)}$$

und weiter

$$\psi = \overline{z}f(z) + z\overline{f(z)} + g(z) + \overline{g(z)}$$
$$= (x - \mathrm{i}y)(H + \mathrm{i}K) + (x + \mathrm{i}y)(H - \mathrm{i}K) + (L + \mathrm{i}M) + (L - \mathrm{i}M)$$
$$= 2(xH + yK + L),$$

wo dann H und K konjugiert harmonische Funktionen sind, L irgendeine dritte. Da $xH - yK$ offenbar harmonisch ist, kann man $xH - yK$ oder $yK - xH$ zu L werfen und *erhält so*

$$2[2yK + L'] \quad bzw. \quad 2[2xH + L'']$$

als allgemeine Lösungen. Die Faktoren 2 sind natürlich belanglos.

Setzt man $f(z) = zk(z)$, so erhält man auch die Form

$$\psi = r^2 H + L$$

mit zwei harmonischen Funktionen H und L als allgemeine Lösung. Da $A \log r + B$ harmonisch ist, erhält man sofort die Lösung (9, 6).

79. Räumliche Schleichbewegungen bei Rotationssymmetrie. Führt man die Zylinderkoordinaten r, φ, z ein und hat man es mit einem Problem von Rotationssymmetrie um die z-Achse zu tun (Abb. 59), so daß die Geschwindigkeitskomponenten von φ unabhängig sind, und ist außerdem $v_\varphi = 0$, so lautet die Divergenzgleichung[1]

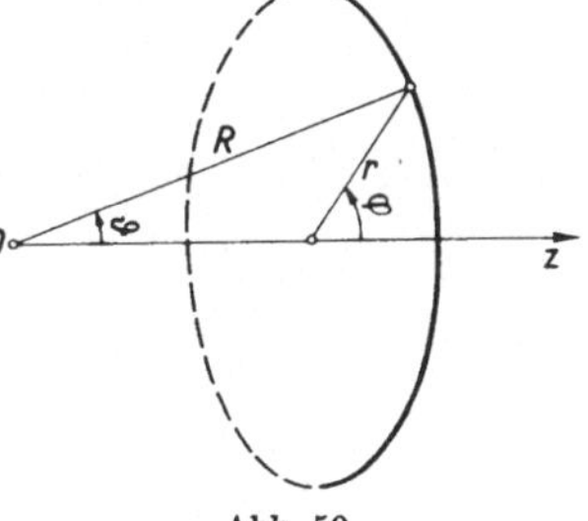

(9, 10)
$$\operatorname{div} \mathfrak{v} = \frac{1}{r}\left(\frac{\partial(v_r r)}{\partial r} + \frac{\partial(v_z r)}{\partial z}\right) = \frac{\partial v_r}{\partial r} + \frac{v_r}{r} + \frac{\partial v_z}{\partial z} = 0.$$

Es gibt dann eine Stromfunktion $\psi(r, z)$ mit

$$v_r = -\frac{1}{r}\frac{\partial \psi}{\partial z}, \quad v_z = \frac{1}{r}\frac{\partial \psi}{\partial r},$$

Abb. 59

also $v_x = v_r \cos\varphi = -\dfrac{\cos\varphi}{r}\dfrac{\partial \psi}{\partial z}, \quad v_y = v_r \sin\varphi = -\dfrac{\sin\varphi}{r}\dfrac{\partial \psi}{\partial z}$. Mit[1]

$$\Delta = \frac{1}{r^2}\left(r\frac{\partial}{\partial r} r\frac{\partial}{\partial r}\right) + \frac{1}{r^2}\frac{\partial^2}{\partial \varphi^2} + \frac{\partial^2}{\partial z^2}$$

erhält man

$$\Delta v_x = -\frac{1}{r^2}\left[r\frac{\partial}{\partial r} r\frac{\partial}{\partial r} \frac{1}{r}\frac{\partial \psi}{\partial z}\right]\cos\varphi + \frac{\cos\varphi}{r^3}\frac{\partial \psi}{\partial z} - \frac{\cos\varphi}{r}\frac{\partial^3 \psi}{\partial z^3}$$

$$= \cos\varphi\left[-\frac{1}{r^2}\left(r\frac{\partial}{\partial r} r\frac{\partial}{\partial r} \frac{1}{r}\frac{\partial \psi}{\partial z}\right) + \frac{1}{r^3}\frac{\partial \psi}{\partial z} - \frac{1}{r}\frac{\partial^3 \psi}{\partial z^3}\right]$$

$$\Delta v_y = \sin\varphi\left[-\frac{1}{r^2}\left(r\frac{\partial}{\partial r} r\frac{\partial}{\partial r} \frac{1}{r}\frac{\partial \psi}{\partial z}\right) + \frac{1}{r^3}\frac{\partial \psi}{\partial z} - \frac{1}{r}\frac{\partial^3 \psi}{\partial z^3}\right]$$

$$\Delta v_z = \frac{1}{r^2}\left[r\frac{\partial}{\partial r} r\frac{\partial}{\partial r} \frac{1}{r}\frac{\partial \psi}{\partial z}\right] + \frac{1}{r}\frac{\partial^3 \psi}{\partial r\,\partial z^2}.$$

[1] S. etwa „Hütte", Bd. I. 28. Aufl. Berlin 1955. S. 131.

Wegen

$$\frac{\partial}{\partial r} = \cos\varphi \, \frac{\partial}{\partial x} + \sin\varphi \, \frac{\partial}{\partial y}$$

ergeben sich bei stationärer Bewegung aus (9, 1) die beiden Bewegungsgleichungen

$$(9,11\,\mathrm{a}) \qquad -\frac{\partial}{\partial r}\frac{p}{\varrho} - \nu\left[\frac{1}{r^2}\left(r\frac{\partial}{\partial r} r \frac{\partial}{\partial r}\frac{1}{r}\frac{\partial\psi}{\partial z}\right) - \frac{1}{r^3}\frac{\partial\psi}{\partial z} + \frac{1}{r}\frac{\partial^3\psi}{\partial z^3}\right] = 0$$

und

$$(9,11\,\mathrm{b}) \qquad -\frac{\partial}{\partial z}\frac{p}{\varrho} - \nu\left[\frac{1}{r^2}\left(r\frac{\partial}{\partial r} r \frac{\partial}{\partial r}\frac{1}{r}\frac{\partial\psi}{\partial z}\right) + \frac{1}{r}\frac{\partial^3\psi}{\partial r\,\partial z^2}\right] = 0\,.$$

Durch Elimination des Druckes ergibt sich wieder eine Differentialgleichung vierter Ordnung für ψ. Diese wenig übersichtliche Rechnung vermeiden wir durch folgende Überlegungen: Für schleichende Bewegung gilt nach Nr. 76

$$(9,1) \qquad \frac{\partial\mathfrak{v}}{\partial t} = -\frac{\partial}{\partial\mathfrak{r}}\frac{p}{\varrho} + \nu\varDelta\mathfrak{v} \quad \text{mit} \ \ \operatorname{div}\mathfrak{v} = 0\,.$$

Bilden wir in der ersten Gleichung die Divergenz, so erhalten wir, da die Operationen $\varDelta$ und $\dfrac{\partial}{\partial\mathfrak{r}}$ vertauschbar sind,

$$(9,12) \qquad -\frac{\partial^2}{\partial\mathfrak{r}^2}\frac{p}{\varrho} = 0\,,$$

d. h. *der Druck ist eine harmonische Funktion.* Andererseits erhalten wir

$$(9,13) \qquad \frac{\partial}{\partial t}\operatorname{rot}\mathfrak{v} = \nu\varDelta\operatorname{rot}\mathfrak{v}\,.$$

Das ist die räumliche Verallgemeinerung von $\dfrac{\partial}{\partial t}\varDelta\psi = \nu\varDelta\varDelta\psi$. Ist $\mathfrak{i}'$ ein Einheitsvektor in der Radialrichtung, so ist bei Rotationssymmetrie $\mathfrak{v} = \mathfrak{i}'v_r + \mathfrak{k}v_z$ und

$$\operatorname{rot}\mathfrak{v} = \frac{\partial}{\partial\mathfrak{r}}\times\mathfrak{v} = \left(\mathfrak{i}'\frac{\partial}{\partial r} + \mathfrak{k}\frac{\partial}{\partial z}\right)\times(\mathfrak{i}'v_r + \mathfrak{k}v_z)$$

$$= \mathfrak{j}'\left(\frac{\partial v_r}{\partial z} - \frac{\partial v_z}{\partial r}\right) = \mathfrak{j}'\left[-\frac{\partial}{\partial z}\left(\frac{1}{r}\frac{\partial\psi}{\partial z}\right) - \frac{\partial}{\partial r}\left(\frac{1}{r}\frac{\partial\psi}{\partial r}\right)\right],$$

$$(9,14) \qquad \operatorname{rot}\mathfrak{v} = -\,\mathfrak{j}'\frac{1}{r}D\psi$$

mit dem Operator $D = \dfrac{\partial^2}{\partial r^2} - \dfrac{1}{r}\dfrac{\partial}{\partial r} + \dfrac{\partial^2}{\partial z^2}$ ($\mathfrak{i}'$, $\mathfrak{j}'$, $\mathfrak{k}$ bilden ein rechtshändiges Koordinatensystem). Also gilt

$$(9,13\,\mathrm{a}) \qquad \mathfrak{j}'\frac{1}{r}D\frac{\partial\psi}{\partial t} = \nu\varDelta\left(\mathfrak{j}'\frac{1}{r}D\psi\right).$$

Nun ist $\mathfrak{j}' = -\,\mathfrak{i}\sin\varphi + \mathfrak{j}\cos\varphi$, also nur von φ abhängig,

$$\frac{\mathrm{d}^2}{\mathrm{d}\varphi^2}\mathfrak{j}' = -\,\mathfrak{j}',$$

also, da[1])

$$\varDelta = \frac{1}{r^2}\left(r\frac{\partial}{\partial r} r \frac{\partial}{\partial r}\right) + \frac{1}{r^2}\frac{\partial^2}{\partial\varphi^2} + \frac{\partial^2}{\partial z^2}$$

---

[1]) S. Fußnote 1 auf S. 151.

ist und $\dfrac{1}{r} D\psi$ nicht von φ abhängt

$$\Delta\left(\mathfrak{z}'\,\frac{1}{r}\,D\psi\right) = \mathfrak{z}'\left\{\left[\frac{1}{r^2}\left(r\,\frac{\partial}{\partial r}\,r\,\frac{\partial}{\partial r}\right) + \frac{\partial^2}{\partial z^2}\right]\left(\frac{1}{r}\,D\psi\right) - \frac{1}{r^3}\,D\psi\right\}.$$

Da aber

$$\frac{1}{r^2}\left(r\,\frac{\partial}{\partial r}\,r\,\frac{\partial}{\partial r}\right)\frac{1}{r}\,D\psi = \left(\frac{1}{r}\,\frac{\partial^2}{\partial r^2} - \frac{1}{r^2}\,\frac{\partial}{\partial r} + \frac{1}{r^3}\right)D\psi$$

ist, steht rechts $\dfrac{1}{r}\,DD\psi$, und die Bewegungsgleichung lautet

$$(9,\,15)\qquad\qquad \frac{\partial}{\partial t}\,D\psi = \nu DD\psi.$$

Wir rechnen noch den Operator D in räumliche Polarkoordinaten R, ϑ um, wo $R^2 = r^2 + z^2$, $\operatorname{tg}\vartheta = \dfrac{r}{z}$, $z = R\cos\vartheta$, $r = R\sin\vartheta$ ist (vgl. Abb. 59). Es ist

$$\frac{\partial}{\partial r} = \sin\vartheta\,\frac{\partial}{\partial R} + \frac{\cos\vartheta}{R}\,\frac{\partial}{\partial\vartheta}, \qquad \frac{\partial}{\partial z} = \cos\vartheta\,\frac{\partial}{\partial R} - \frac{\sin\vartheta}{R}\,\frac{\partial}{\partial\vartheta}.$$

Für D ergibt sich

$$D = \frac{\partial^2}{\partial R^2} + \frac{\sin\vartheta}{R^2}\,\frac{\partial}{\partial\vartheta}\left(\frac{1}{\sin\vartheta}\,\frac{\partial}{\partial\vartheta}\right),$$

und die Bewegungsgleichung lautet in R und ϑ

$$(9,\,16)\qquad \frac{\partial}{\partial t}\left[\frac{\partial^2}{\partial R^2} + \frac{\sin\vartheta}{R^2}\,\frac{\partial}{\partial\vartheta}\left(\frac{1}{\sin\vartheta}\,\frac{\partial}{\partial\vartheta}\right)\right]\psi = \nu\left[\frac{\partial^2}{\partial R^2} + \frac{\sin\vartheta}{R^2}\,\frac{\partial}{\partial\vartheta}\left(\frac{1}{\sin\vartheta}\,\frac{\partial}{\partial\vartheta}\right)\right]^2\psi.$$

80. Der Widerstand einer Kugel nach Stokes (1845). Die Kugel habe den Radius a, die Bewegung sei stationär. Wir werden zwei Wege zeigen.

An das Letzte anknüpfend, versuchen wir den Ansatz

$$(9,\,17)\qquad\qquad \psi = \sin^2\vartheta\, F(R).$$

Es ist dann

$$\frac{1}{\sin\vartheta}\,\frac{\partial\psi}{\partial\vartheta} = 2\cos\vartheta\, F(R), \qquad D\psi = \sin^2\vartheta\left[F'' - \frac{2}{R^2}\,F\right].$$

Folglich wird aus $DD\psi = 0$

$$(9,\,18)\qquad\qquad \left(F'' - \frac{2}{R^2}\,F\right)'' - \frac{2}{R^2}\left(F'' - \frac{2}{R^2}\,F\right) = 0.$$

Diese linear-homogene Differentialgleichung vierter Ordnung hat, weil sie homogen in R ist, Lösungen der Form

$$F = R^k.$$

Für k bekommt man die Gleichung

$$(k^2 - k - 2)(k^2 - 5k + 4) = 0$$

mit den Wurzeln 2, —1, 4, 1. Sie sind alle verschieden. Folglich ist die allgemeine Lösung

$$\psi = \sin^2\vartheta\left(AR^2 + \frac{B}{R} + CR^4 + ER\right).$$

Man überzeugt sich sofort, daß $C = 0$ sein muß, wenn die Geschwindigkeit endlich bleiben soll. Also ist

$$(9, 19) \qquad \psi = A\,r^2 + \frac{B\,r^2}{(r^2 + z^2)^{\frac{3}{2}}} + \frac{E\,r^2}{(r^2 + z^2)^{\frac{1}{2}}}\,.$$

Es ist also

$$(9, 20) \quad \begin{cases} v_r = -\dfrac{1}{r}\dfrac{\partial \psi}{\partial z} = 3\,B\,\dfrac{rz}{(r^2 + z^2)^{\frac{5}{2}}} + E\,\dfrac{rz}{(r^2 + z^2)^{\frac{3}{2}}}\,, \\[3mm] v_z = \dfrac{1}{r}\dfrac{\partial \psi}{\partial r} = 2\left[A + \dfrac{B}{(r^2 + z^2)^{\frac{3}{2}}} + \dfrac{E}{(r^2 + z^2)^{\frac{1}{2}}} \right] - \dfrac{3\,B\,r^2}{(r^2 + z^2)^{\frac{5}{2}}} - \dfrac{E\,r^2}{(r^2 + z^2)^{\frac{3}{2}}}\,. \end{cases}$$

Im Unendlichen ist $\lim v_r = 0$, $\lim v_z = 2\,A$, also $A = \dfrac{U}{2}$, falls U die Anströmgeschwindigkeit ist.

An der Kugeloberfläche $R = a$ aber muß $v_r = 0$, $v_z = 0$ sein, also

$$\frac{3\,B}{a^5} + \frac{E}{a^3} = 0 \quad \text{und} \quad A + \frac{B}{a^3} + \frac{E}{a} = 0;$$

damit haben wir für die Koeffizienten in (9, 19) folgende Werte:

$$(9, 21) \qquad A = \frac{U}{2}, \quad B = \tfrac{1}{4}U a^3, \quad E = -\tfrac{3}{4}U a\,.$$

(9, 19), (9, 20) und (9, 21) beschreiben die Strömung. Es sind aber noch die Kräfte, der Druck und Zähigkeitsspannungen zu berechnen.

Wir berechnen zuerst $\dfrac{p}{\varrho}$ aus der Bewegungsgleichung, die wir für die inkompressible Bewegung

$$(9, 22) \qquad \frac{\partial}{\partial \mathfrak{r}}\frac{p}{\varrho} = \nu\,\varDelta\,\mathfrak{v} = -\,\nu\,\text{rot rot}\,\mathfrak{v}$$

schreiben können. Nun war $\text{rot}\,\mathfrak{v} = -\,\mathfrak{j}'\dfrac{1}{r}\,D\psi$, also ist

$$\text{rot rot}\,\mathfrak{v} = \left(\mathfrak{i}'\frac{\partial}{\partial r} + \mathfrak{j}'\frac{1}{r}\frac{\partial}{\partial \varphi} + \mathfrak{k}\frac{\partial}{\partial z} \right) \times \left(-\,\mathfrak{j}'\frac{1}{r}\,D\psi \right)$$

oder, da

$$\frac{\partial}{\partial \varphi}\mathfrak{j}' = \frac{\partial}{\partial \varphi}\,(-\,\mathfrak{i}\sin\varphi + \mathfrak{j}\cos\varphi) = -\,\mathfrak{i}'$$

ist,

$$\text{rot rot}\,\mathfrak{v} = -\,\mathfrak{k}\frac{\partial}{\partial r}\frac{1}{r}D\psi + \mathfrak{i}'\frac{1}{r}\frac{\partial}{\partial z}D\psi - \mathfrak{k}\frac{1}{r^2}D\psi = -\,\mathfrak{k}\frac{1}{r}\frac{\partial}{\partial r}D\psi + \mathfrak{i}'\frac{1}{r}\frac{\partial}{\partial z}D\psi\,.$$

Also ist

$$\frac{\partial}{\partial r}\frac{p}{\varrho} = -\,\frac{\nu}{r}\frac{\partial}{\partial z}D\psi\,, \quad \frac{\partial}{\partial z}\frac{p}{\varrho} = \frac{\nu}{r}\frac{\partial}{\partial r}D\psi\,.$$

Es war aber

$$D\psi = \sin^2\vartheta\left(F'' - \frac{2}{R^2}F \right) = \frac{r^2}{R^2}\left(F'' - \frac{2}{R^2}F \right) = -\,2\,E\,\frac{r^2}{R^3}\,,$$

da $F = A\,R^2 + \dfrac{B}{R} + E\,R$ ist.

Also ist

$$\frac{\partial}{\partial r} D\psi = -2E\left(\frac{2r}{R^3} - \frac{3r^3}{R^5}\right), \quad \frac{\partial}{\partial z} D\psi = 6E\,\frac{r^2 z}{R^5},$$

folglich

$$\frac{\partial}{\partial r}\frac{p}{\varrho} = -6\nu E\,\frac{rz}{R^5},$$

$$\frac{\partial}{\partial z}\frac{p}{\varrho} = -4\nu E\,\frac{1}{R^3} + 6\nu E\,\frac{r^2}{R^5} = 2\nu E\,\frac{1}{R^3} - 6\nu E\,\frac{z^2}{R^5}.$$

Beides wird erfüllt durch

$$\frac{p}{\varrho} = 2\nu E\,\frac{z}{R^3} = \frac{\partial}{\partial z}\left(\frac{-2\nu E}{R}\right);$$

das ist eine harmonische Funktion, wie es sein muß. Es war aber $E = -\tfrac{3}{4}Ua$, also ist

$$(9,\,23) \qquad \frac{p}{\varrho} = -\tfrac{3}{2}Ua\nu\,\frac{z}{R^3} + \text{const}.$$

Damit ist der Druck gefunden.

Die Kraftwirkung des Druckes ist nun leicht auszurechnen. Sie ist $-\oint p\,\mathfrak{n}\,\mathrm{d}F$, wobei $\mathfrak{n}$ der Einheitsvektor der äußeren Normalen ist. Davon fällt in die Richtung der z-Achse — alles andere hebt sich auf —

$$-\oint p\cos\vartheta\,\mathrm{d}F = -\int_0^\pi 2\pi a^2 \sin\vartheta\, p\cos\vartheta\,\mathrm{d}\vartheta$$

$$= 2\pi a^2\,\tfrac{3}{2}Ua\nu\varrho\int_0^\pi \frac{\sin\vartheta\cos^2\vartheta}{a^2}\,\mathrm{d}\vartheta = 2\pi a U\eta.$$

Dazu kommt die **Wirkung der Zähigkeit**. Wir haben dazu die Wirkung der $\mathfrak{s}_n$ nicht im einzelnen auszurechnen. Nach der ursprünglichen Idee muß die gesamte Kraft der Zähigkeit an der Oberfläche der Kugel $\eta\oint\frac{\partial\mathfrak{v}}{\partial R}\,\mathrm{d}F$ sein. Das ist $\eta\oint\left(\mathfrak{i}'\frac{\partial v_r}{\partial R} + \mathfrak{k}\frac{\partial v_z}{\partial R}\right)\mathrm{d}F$, wovon sich das erste Glied aus Symmetriegründen weghebt. Also bleibt

$$\eta\oint\frac{\partial v_z}{\partial R}\,\mathrm{d}F$$

in der z-Richtung. Es war aber

$$v_z = 2\left(A + \frac{B}{R^3} + \frac{E}{R}\right) - r^2\left(\frac{3B}{R^5} + \frac{E}{R^3}\right) = 2\left(A + \frac{B}{R^3} + \frac{E}{R}\right) - \sin^2\vartheta\left(\frac{3B}{R^3} + \frac{E}{R}\right),$$

also

$$\frac{\partial v_z}{\partial R} = -6\frac{B}{R^4} - \frac{2E}{R^2} + \sin^2\vartheta\left(\frac{9B}{R^4} + \frac{E}{R^2}\right).$$

Folglich ist der Kraftanteil der Zähigkeit

$$\eta\int_0^\pi \left\{-6\frac{B}{a^4} - 2\frac{E}{a^2} + \sin^2\vartheta\left(\frac{9B}{a^4} + \frac{E}{a^2}\right)\right\} 2\pi a^2 \sin\vartheta\,\mathrm{d}\vartheta = 4\pi\eta a U.$$

Er ist also doppelt so groß wie der des Druckes, und der gesamte Widerstand wird durch die **Stokessche Formel**

$$(9,24) \qquad\qquad 6\pi a\eta U$$

gegeben. *Sie gilt erfahrungsgemäß für sehr kleine Reynoldssche Zahlen* $\dfrac{aU}{\nu}$; sie müssen noch klein gegen 1 sein.

Das Bedenkliche der Theorie liegt darin, daß ja nicht wie bei dem Strömen durch dünne Rohre der Bewegungsbereich seitlich beschränkt ist, sondern in jeder Richtung unendlich groß. Das hat zur Folge, daß die vernachlässigten Glieder wie $u\dfrac{\partial u}{\partial x}$, $v\dfrac{\partial u}{\partial y}$ usw. sogar groß gegen das beibehaltene $\nu\varDelta\mathfrak{v}$ werden können. Denn die Zusatzglieder zu $U\mathfrak{k}$ in $\mathfrak{v}$ werden klein wie $\dfrac{1}{R}$, $\varDelta\mathfrak{v}$ daher klein wie $\dfrac{1}{R^3}$, dagegen $\dfrac{\partial\mathfrak{v}}{\partial x}$ usw. nur klein wie $\dfrac{1}{R^2}$. Mithin müssen diese Glieder im Unendlichen $\nu\varDelta\mathfrak{v}$ überwiegen, mag U noch so klein sein. Die Fehler liegen also im Unendlichen.

Das hat Oseen zu einer Verbesserung der Theorie geführt. Von den quadratischen Gliedern nimmt er das letzte unter Ersatz von w durch U hinzu, behandelt also die Differentialgleichung

$$U\frac{\partial\mathfrak{v}}{\partial z} = -\frac{\partial}{\partial\mathfrak{r}}\frac{p}{\varrho} + \nu\varDelta\mathfrak{v}\,.$$

Sie ist linear, die Rechnung durchführbar. Es gelingt eine Verbesserung der Stokesschen Formel des Widerstands zu angenähert

$$6\pi\eta aU\left(1 + \tfrac{3}{8}\frac{aU}{\nu}\right),$$

die schon etwas besser mit der Erfahrung übereinstimmt, nämlich bis zu Werten der Reynoldsschen Zahl von annähernd 1. Daß keine größere Übereinstimmung zu erwarten ist, liegt an dem Fehler, daß jetzt gerade in der Nähe der Kugel relativ große Fehler gemacht werden, indem dort das gegen Null gehende $\mathfrak{v}$ durch $U\mathfrak{k}$ ersetzt wird.

Doch ist noch ein Erfolg der Oseenschen Theorie zu bemerken. Es gibt kein Analogon der Stokesschen Formel für den Kreiszylinder, also das entsprechende ebene Problem; wohl aber von der Oseenschen Theorie[1]).

81. Ein zweiter Weg. Da man weiß, daß $\dfrac{p}{\varrho}$ eine harmonische Funktion ist und $\dfrac{1}{R}$ nicht in Frage kommt, da die z-Achse als Strömungsrichtung ausgezeichnet ist, liegt es nahe, den Ansatz

$$(9,25) \qquad\qquad p = q\frac{\partial}{\partial z}\frac{1}{R} = -q\frac{z}{R^3} = -q\frac{\cos\vartheta}{R^2}$$

(mit $R^2 = r^2 + z^2$) zu versuchen ($q = $ const). Für die Geschwindigkeit wird man

$$(9,26) \qquad\qquad v_R = f(R)\cos\vartheta\,, \quad v_\vartheta = g(R)\sin\vartheta$$

ansetzen, oder, was dasselbe ist,

$$(9,26a) \qquad \begin{cases} v_r = v_R\sin\vartheta + v_\vartheta\cos\vartheta = (f + g)\cos\vartheta\sin\vartheta \\ v_z = v_R\cos\vartheta - v_\vartheta\sin\vartheta = (f + g)\cos^2\vartheta - g\,, \end{cases}$$

---

[1]) **Müller, W.**: Einführung in die Theorie der zähen Flüssigkeiten. Leipzig 1932. Insbes. Kap. VII.

daher

$$(9,26\,\text{b}) \quad \begin{cases} v_x = v_r \cos\varphi = (f+g)\cos\vartheta \sin\vartheta \cos\varphi = \dfrac{f+g}{R^2} zx = h(R)zx\,, \\[2mm] v_y = v_r \sin\varphi = (f+g)\cos\vartheta \sin\vartheta \sin\varphi = \dfrac{f+g}{R^2} zy = h(R)zy\,, \\[2mm] v_z = \dfrac{f+g}{R^2} z^2 - g = h(R)z^2 - g\,(R)\,. \end{cases}$$

Man berechnet daraus

$$\Delta v_x = \left(\frac{6h'}{R} + h''\right)zx\,, \quad \Delta v_y = \left(\frac{6h'}{R} + h''\right)zy$$

und findet aus $\dfrac{\partial p}{\partial x} = \eta\,\Delta v_x$, $\dfrac{\partial p}{\partial y} = \eta\,\Delta v_y$:

$$(9,27) \qquad\qquad \frac{6}{R}h' + h'' = \frac{3q}{\eta R^5}\,.$$

Diese Gleichung kann man integrieren zu

$$(9,28) \qquad\qquad h = -\frac{q}{2\eta}\left(\frac{1}{R^3} - \frac{a^2}{R^5}\right),$$

wenn man hinzunimmt, daß $h = 0$ für $R = a$ und $h \to 0$ für $R \to \infty$.

Die Funktion g finden wir am einfachsten aus $\operatorname{div} \mathfrak{v} = 0$. Einfache Rechnung führt zu

$$g' = 4Rh + h'R^2$$

und dies zu

$$g = \frac{q}{2\eta}\left(\frac{1}{R} + \frac{a^2}{3R^3}\right) - \frac{2q}{3\eta a}\,,$$

wenn man noch $g(a) = 0$ beachtet.

Damit wird

$$v_z = -\frac{q}{2\eta}\left(\frac{1}{R^3} - \frac{a^2}{R^5}\right)z^2 - \frac{q}{2\eta}\left(\frac{1}{R} + \frac{a^2}{3R^3}\right) + \frac{2q}{3\eta a}\,.$$

Dies soll für $R \to \infty$ gegen U streben, woraus sich wie früher $q = \frac{3}{2}\,\eta a U$ berechnet. Die letzte Gleichung

$$\frac{\partial p}{\partial z} = \eta\,\Delta v_z$$

erweist sich als von selbst erfüllt.

Damit sind p und $\mathfrak{v}$ neu berechnet und die weitere Berechnung des Widerstandes verläuft wie bisher[1]).

§ 10. Exakte Lösungen

82. Vorbemerkung. An exakten Lösungen kennen wir bisher zwei, nämlich die Laminarströmung in geraden Rohren bzw. zwischen parallelen Wänden und die Couette-Strömung zwischen konzentrischen Kreiszylindern. Bei beiden sind die quadratischen Glieder genau Null und können daher ihre eigentümliche Wirkung nicht zeigen. Es gibt aber auch exakte Lösungen, bei denen die quadratischen Glieder nicht Null sind.

---

[1]) Vgl. Sommerfeld, A.: Vorlesungen über theoretische Physik. Bd. II. Wiesbaden 1949. § 35.

Wir beschäftigen uns zunächst mit der ebenen Strömung, d. h. mit der Differential-gleichung für die Stromfunktion ψ:

$$(8, 16) \qquad \frac{\partial}{\partial t}\Delta\psi + \frac{\partial}{\partial x}\Delta\psi\,\frac{\partial\psi}{\partial y} - \frac{\partial}{\partial y}\Delta\psi\,\frac{\partial\psi}{\partial x} = \nu\Delta\Delta\psi\,.$$

Sie hat zwei bemerkenswerte Eigenschaften. Erstens haben die quadratischen Glieder die Gestalt einer Funktionaldeterminante: sie lassen sich

$$(10, 1) \qquad \frac{\partial(\Delta\psi,\psi)}{\partial(x,y)}$$

schreiben und verschwinden immer dann und nur dann identisch, wenn

$$\Delta\psi = F(\psi, t)$$

angenommen werden darf.

Zweitens gestattet die Gleichung die Transformation $x = Rx'$, $y = Ry'$, $t = Tt' = R^2 t'$ mit den Invarianten $\dfrac{y}{x}$, $\dfrac{x^2}{t}$, $\dfrac{y^2}{t}$.

Transformiert man aber auch noch $\psi = \psi_0\psi'$, so bekommt man eine Gleichung derselben Form mit den Faktoren $\dfrac{\psi_0}{R^2 T}$, $\dfrac{\psi_0^2}{R^4}$, $\nu\,\dfrac{\psi_0}{R^4}$, oder nach Dividieren durch $\dfrac{\psi_0^2}{R^4}$ mit den Faktoren $\dfrac{R^2}{\psi_0 T}$, 1, $\dfrac{\nu}{\psi_0}$. Man kann nun entweder mit $\psi_0 = \nu$, $T = \dfrac{R^2}{\nu}$ parameterfrei machen oder mit $\psi_0 T = R^2$ statt ν den Parameter $\dfrac{\nu T}{R^2}$ einführen.

Man kann der Differentialgleichung noch andere, oft zweckmäßigere Formen geben.

Erstens gibt sie, über irgendeinen Bereich mit glattem Rand integriert,

$$\iint \frac{\partial\Delta\psi}{\partial t}\,\mathrm{d}x\,\mathrm{d}y + \iint \frac{\partial(\Delta\psi,\psi)}{\partial(x,y)}\,\mathrm{d}x\,\mathrm{d}y = \nu\iint\Delta\Delta\psi\,\mathrm{d}x\,\mathrm{d}y$$

oder

$$(10, 2) \qquad \oint \frac{\partial^2\psi}{\partial n\,\partial t}\,\mathrm{d}s + \iint\mathrm{d}\Delta\psi\cdot\mathrm{d}\psi = \nu\oint\frac{\partial\Delta\psi}{\partial n}\,\mathrm{d}s\,.$$

Dann kann man auch die komplexen Veränderlichen $z = x + \mathrm{i}y$, $\bar z = x - \mathrm{i}y$ einführen. Da

$$\frac{\partial}{\partial x} = \frac{\partial}{\partial z} + \frac{\partial}{\partial\bar z}\,, \qquad \frac{\partial}{\partial y} = \mathrm{i}\left(\frac{\partial}{\partial z} - \frac{\partial}{\partial\bar z}\right)$$

ist, ist

$$\Delta = 4\,\frac{\partial^2}{\partial z\,\partial\bar z}\,, \qquad \frac{\partial(\Delta\psi,\psi)}{\partial(x,y)} = \frac{\partial(\Delta\psi,\psi)}{\partial(z,\bar z)}\cdot\frac{\partial(z,\bar z)}{\partial(x,y)} = \frac{\partial(\Delta\psi,\psi)}{\partial(z,\bar z)}\cdot(-2\,\mathrm{i})\,;$$

folglich erhält man

$$(10, 3) \qquad \frac{1}{4}\frac{\partial^3\psi}{\partial z\,\partial\bar z\,\partial t} + \frac{1}{2\,\mathrm{i}}\left(\frac{\partial^3\psi}{\partial z^2\partial\bar z}\,\frac{\partial\psi}{\partial\bar z} - \frac{\partial^3\psi}{\partial z\,\partial\bar z^2}\,\frac{\partial\psi}{\partial z}\right) = \nu\,\frac{\partial^4\psi}{\partial z^2\partial\bar z^2}\,.$$

83. Transformation auf isometrische Koordinaten. Führt man statt z, $\bar z$ die Veränderlichen

$$(10, 4) \qquad w(z) = \varphi + \mathrm{i}\chi\,, \qquad \overline{w}(\bar z) = \varphi - \mathrm{i}\chi \quad (w\text{ analytisch})$$

ein, so ist

$$\frac{\partial\psi}{\partial z} = \frac{\partial\psi}{\partial w}\,w'\,, \qquad \frac{\partial^2\psi}{\partial z\,\partial\bar z} = \frac{\partial^2\psi}{\partial w\,\partial\overline{w}}\,w'\overline{w}' = \frac{\partial^2\psi}{\partial w\,\partial\overline{w}}\,Q \quad \left(Q = w'\overline{w}' = \left|\frac{\mathrm{d}w}{\mathrm{d}z}\right|^2\right)$$

$$\frac{\partial\left(\frac{\partial^2\psi}{\partial z\,\partial\overline{z}},\psi\right)}{\partial(z,\overline{z})} = \frac{\partial\left(\frac{\partial^2\psi}{\partial z\,\partial\overline{z}},\psi\right)}{\partial(w,\overline{w})}\frac{\partial(w,\overline{w})}{\partial(z,\overline{z})} = \frac{\partial\left(\frac{\partial^2\psi}{\partial w\,\partial\overline{w}}Q,\psi\right)}{\partial(w,\overline{w})}Q =$$

$$= \left(\frac{\partial^3\psi}{\partial w^2\,\partial\overline{w}}\frac{\partial\psi}{\partial\overline{w}} - \frac{\partial^3\psi}{\partial w\,\partial\overline{w}^2}\frac{\partial\psi}{\partial w}\right)Q^2 + \frac{\partial^2\psi}{\partial w\,\partial\overline{w}}\left(\frac{\partial Q}{\partial w}\frac{\partial\psi}{\partial\overline{w}} - \frac{\partial Q}{\partial\overline{w}}\frac{\partial\psi}{\partial w}\right)Q\,.$$

Endlich ist

$$\frac{\partial^4\psi}{\partial z^2\,\partial\overline{z}^2} = \frac{\partial^4\psi}{\partial w^2\,\partial\overline{w}^2}Q^2 + \frac{\partial^3\psi}{\partial w^2\,\partial\overline{w}}\frac{\partial Q}{\partial\overline{w}}Q + \frac{\partial^3\psi}{\partial w\,\partial\overline{w}^2}\frac{\partial Q}{\partial w}Q + \frac{\partial^2\psi}{\partial w\,\partial\overline{w}}\frac{\partial^2 Q}{\partial w\,\partial\overline{w}}Q\,.$$

Also lautet die transformierte Gleichung

$$(10,5)\quad\begin{cases}\dfrac{1}{4}\dfrac{\partial}{\partial t}\left(\dfrac{\partial^2\psi}{\partial w\,\partial\overline{w}}Q\right) + \dfrac{1}{2\mathrm{i}}\left(\dfrac{\partial^3\psi}{\partial w^2\,\partial\overline{w}}\dfrac{\partial\psi}{\partial\overline{w}} - \dfrac{\partial^3\psi}{\partial w\,\partial\overline{w}^2}\dfrac{\partial\psi}{\partial w}\right)Q^2 \\[2ex]
\qquad + \dfrac{1}{2\mathrm{i}}\dfrac{\partial^2\psi}{\partial w\,\partial\overline{w}}\left(\dfrac{\partial Q}{\partial w}\dfrac{\partial\psi}{\partial\overline{w}} - \dfrac{\partial Q}{\partial\overline{w}}\dfrac{\partial\psi}{\partial w}\right)Q = \\[2ex]
= \nu\left(\dfrac{\partial^4\psi}{\partial w^2\,\partial\overline{w}^2}Q^2 + \dfrac{\partial^3\psi}{\partial w^2\,\partial\overline{w}}\dfrac{\partial Q}{\partial\overline{w}}Q + \dfrac{\partial^3\psi}{\partial w\,\partial\overline{w}^2}\dfrac{\partial Q}{\partial w}Q + \dfrac{\partial^2\psi}{\partial w\,\partial\overline{w}}\dfrac{\partial^2 Q}{\partial w\,\partial\overline{w}}Q\right).\end{cases}$$

Dabei ist $Q = w'\,\overline{w}'$, $\quad\dfrac{\partial Q}{\partial w} = \dfrac{\partial Q}{\partial z}\dfrac{\mathrm{d}z}{\mathrm{d}w} = \dfrac{w''}{w'}\overline{w}'$, $\quad\dfrac{\partial Q}{\partial\overline{w}} = w'\dfrac{\overline{w}''}{\overline{w}'}$, $\quad\dfrac{\partial^2 Q}{\partial w\,\partial\overline{w}} = \dfrac{w''\,\overline{w}''}{w'\,\overline{w}'}\,.$

Transformiert man zunächst auf φ und χ, so erhält man mit $\Delta' = \dfrac{\partial^2}{\partial\varphi^2} + \dfrac{\partial^2}{\partial\chi^2} = 4\dfrac{\partial^4}{\partial w^2\,\partial\overline{w}^2}$

$$(10,6)\quad\begin{cases}\dfrac{\partial}{\partial t}(Q\,\Delta'\psi) + \left(\dfrac{\partial\Delta'\psi}{\partial\varphi}\dfrac{\partial\psi}{\partial\chi} - \dfrac{\partial\Delta'\psi}{\partial\chi}\dfrac{\partial\psi}{\partial\varphi}\right)Q^2 + \Delta'\psi\left(\dfrac{\partial Q}{\partial\varphi}\dfrac{\partial\psi}{\partial\chi} - \dfrac{\partial Q}{\partial\chi}\dfrac{\partial\psi}{\partial\varphi}\right)Q \\[2ex]
\qquad = \nu\left[Q^2\,\Delta'\Delta'\psi + 2Q\left(\dfrac{\partial\Delta'\psi}{\partial\varphi}\dfrac{\partial Q}{\partial\varphi} - \dfrac{\partial\Delta'\psi}{\partial\chi}\dfrac{\partial Q}{\partial\chi}\right) + Q\Delta'\psi\,\Delta'Q\right]\end{cases}$$

oder

$$(10,6\,\mathrm{a})\quad\begin{cases}\dfrac{1}{Q^2}\dfrac{\partial}{\partial t}(Q\,\Delta'\psi) + \dfrac{\partial\Delta'\psi}{\partial\varphi}\dfrac{\partial\psi}{\partial\chi} - \dfrac{\partial\Delta'\psi}{\partial\chi}\dfrac{\partial\psi}{\partial\varphi} + \Delta'\psi\left(a\dfrac{\partial\psi}{\partial\chi} + b\dfrac{\partial\psi}{\partial\varphi}\right) \\[2ex]
\qquad = \nu\left[\Delta'\Delta'\psi + \Delta'\psi(a^2 + b^2) + 2\left(\dfrac{\partial\Delta'\psi}{\partial\varphi}a - \dfrac{\partial\Delta'\psi}{\partial\chi}b\right)\right],\end{cases}$$

wenn man noch die analytische Funktion

$$(10,7)\qquad a + \mathrm{i}b = \frac{1}{Q}\left(\frac{\partial}{\partial\varphi} - \mathrm{i}\frac{\partial}{\partial\chi}\right)Q = 2\frac{1}{Q}\frac{\partial}{\partial w}Q = 2\frac{w''}{(w')^2}$$

einführt. Damit ist nämlich

$$\frac{1}{Q}\Delta'Q = \frac{4}{Q}\frac{\partial^2 Q}{\partial w\,\partial\overline{w}} = \frac{4}{w'\,\overline{w}'}\frac{w''\,\overline{w}''}{w'\,\overline{w}'} = \frac{2w''}{(w')^2}\frac{2\overline{w}''}{(\overline{w}')^2} = a^2 + b^2\,.$$

84. Eine Sonderlösung. So wie man in der z-Ebene die Hagen-Poiseuillesche Lösung dadurch bekommt, daß man ψ nur von y abhängen läßt, so kann man jetzt fragen, ob es Lösungen gibt, die nur von φ abhängen. Setzt man dementsprechend

$$\frac{\partial\psi}{\partial\chi} = 0\,,\quad \Delta'\psi = \frac{\partial^2\psi}{\partial\varphi^2}\,,\quad \frac{\partial\psi}{\partial t} = 0\,,$$

so erhält man

$$b\,\frac{\mathrm{d}^2\psi}{\mathrm{d}\varphi^2}\,\frac{\mathrm{d}\psi}{\mathrm{d}\varphi} = v\left[\frac{\mathrm{d}^4\psi}{\mathrm{d}\varphi^4} + \frac{\mathrm{d}^2\psi}{\mathrm{d}\varphi^2}\,(a^2 + b^2) + 2a\,\frac{\mathrm{d}^3\psi}{\mathrm{d}\varphi^3}\right],$$

was sicher möglich ist, wenn a und b konstant sind, d. h. $a + \mathrm{i}\,b = \mathrm{const}$, woraus wegen (10, 7) $w = -\dfrac{2}{a + \mathrm{i}\,b}\log(z - z_0) + w_0$ folgt, oder nach Einführung der Polarkoordinaten $z - z_0 = r\,\mathrm{e}^{\mathrm{i}\vartheta}$

$$\varphi = -\frac{2}{a^2 + b^2}\,(a\log r + b\,\vartheta) + \varphi_0 .$$

Nun ist längs der Stromlinien $\psi = \mathrm{const}$, also auch $\varphi = \mathrm{const}$, da ψ nur von φ abhängt. *Mithin sind die Stromlinien identisch mit den logarithmischen Spiralen* $a\log r + b\,\vartheta = \mathrm{const}$. $a = 0$ bedeutet reine Radialströmung, $b = 0$ Strömung in konzentrischen Kreisen. Die Couette-Strömung gehört also als Grenzfall hierher. Man kann beweisen, daß die Konstanz von a und b die einzige Möglichkeit darstellt[1]).

Setzt man $\psi = f(\varphi)$, so ist die radiale Geschwindigkeitskomponente

$$\frac{1}{r}\,\frac{\partial\psi}{\partial\vartheta} = f'\,\frac{1}{r}\,\frac{\partial\varphi}{\partial\vartheta} = -\frac{2b}{a^2 + b^2}\,\frac{1}{r}\,f'$$

und die zirkulare

$$-\frac{\partial\psi}{\partial r} = -f'\,\frac{\partial\varphi}{\partial r} = \frac{2a}{a^2 + b^2}\,\frac{1}{r}\,f' .$$

Für den Betrag der Geschwindigkeit ergibt sich

$$|\mathfrak{v}|^2 = \frac{4}{a^2 + b^2}\cdot\frac{1}{r^2}\,f'^2 .$$

An festen Wänden muß also f' verschwinden.

Ohne Beschränkung der Allgemeinheit kann man $a \geq 0$, $b \leq 0$ voraussetzen, das ergibt linksgewundene Spiralen. Weiterhin bedeutet dann $f' > 0$ Ausströmen, $f' < 0$ Einströmen. Die Differentialgleichung lautet

$$(10, 8) \qquad b f' f'' = v\left[f^{\mathrm{IV}} + f''(a^2 + b^2) + 2a f'''\right].$$

Sie kann einmal elementar integriert werden; führen wir zur Abkürzung $u = \dfrac{2}{\sqrt{a^2 + b^2}}\,f'$ ein — offenbar ist u die Geschwindigkeit für $r = 1$ —, so ergibt das

$$(10, 9) \qquad u'' + 2a u' + (a^2 + b^2)u - \frac{b}{4v}\sqrt{a^2 + b^2}\,u^2 + C = 0 .$$

Diese Gleichung ist identisch mit der Differentialgleichung einer gedämpften Schwingung unter Einwirkung des Potentials

$$-\frac{b}{12v}\sqrt{a^2 + b^2}\,u^3 + \tfrac{1}{2}(a^2 + b^2)u^2 + C u .$$

---

[1]) S. Hamel, G.: Spiralförmige Bewegungen zäher Flüssigkeiten. Jahresber. d. DMV **25** (1917), insbes. § 3, S. 38.

85. Die reine Radialströmung $a = 0$**.** Die Schwingung ist ungedämpft; vollständige elementare Integration ist möglich. Ohne Einschränkung der Allgemeinheit können wir $\varphi = \vartheta$, d. h. $b = -2$ annehmen. Aus

$$(10, 9\,\text{a}) \qquad u'' + 4u + \frac{1}{\nu}\,u^2 + C = 0$$

folgt

$$(10, 10) \qquad u' = \sqrt{\frac{2}{3\nu}}\,\sqrt{-u^3 - 6\nu u^2 + C_2 u + C_3} = \sqrt{\frac{2}{3\nu}}\,\sqrt{(l_1 - u)(l_2 - u)(l_3 - u)}\,,$$

wobei die drei l nur an die eine Bedingung

$$l_1 + l_2 + l_3 = -6\nu$$

gebunden sind, da C_2, C_3 willkürliche Integrationskonstanten sind. Somit wird

$$(10, 11) \qquad \vartheta = \sqrt{\frac{3\nu}{2}}\,\int \frac{\mathrm{d}u}{\sqrt{(l_1 - u)(l_2 - u)(l_3 - u)}}$$

oder

$$(10, 11\,\text{a}) \qquad u = -2\nu + \wp\left(\frac{i}{\sqrt{6\nu}}\,(\vartheta - \vartheta_0);\ g_2;\ g_3\right),$$

wobei ϑ_0, g_2, g_3 Integrationskonstanten sind und $\wp$ die **Weierstra**ßsche elliptische Funktion bedeutet.

Wir wollen die Bewegungsgleichungen auch noch ohne Elimination des Druckes schreiben, im Gegenteil, diesen hervorheben. Bei Inkompressibilität $(\operatorname{div}\mathfrak{v} = 0)$ lassen sich die Bewegungsgleichungen (8, 14 b) in der Ebene nach Einführung der Stromfunktion, d. h. (8, 15), auch in der Form

$$(10, 12) \qquad \begin{cases} \dfrac{\partial}{\partial x}\left(\dfrac{p}{\varrho} + \tfrac{1}{2}\mathfrak{v}^2\right) = \dfrac{\partial\psi}{\partial x}\,\varDelta\psi + \dfrac{\partial}{\partial y}\left(\nu\varDelta\psi - \dfrac{\partial\psi}{\partial t}\right) \\[2ex] \dfrac{\partial}{\partial y}\left(\dfrac{p}{\varrho} + \tfrac{1}{2}\mathfrak{v}^2\right) = \dfrac{\partial\psi}{\partial y}\,\varDelta\psi - \dfrac{\partial}{\partial x}\left(\nu\varDelta\psi - \dfrac{\partial\psi}{\partial t}\right) \end{cases}$$

oder

$$(10, 12\,\text{a}) \qquad \mathrm{d}\left(\frac{p}{\varrho} + \frac{1}{2}\mathfrak{v}^2\right) = \varDelta\psi\,\mathrm{d}\psi + \frac{\partial}{\partial y}\left(\nu\varDelta\psi - \frac{\partial\psi}{\partial t}\right)\mathrm{d}x - \frac{\partial}{\partial x}\left(\nu\varDelta\psi - \frac{\partial\psi}{\partial t}\right)\mathrm{d}y$$

schreiben. Das lautet in Polarkoordinaten (s. S. 149)

$$(10, 12\,\text{b}) \qquad \varDelta\psi\,\mathrm{d}\psi + \frac{\partial\left(\nu\varDelta - \frac{\partial}{\partial t}\right)\psi}{r\,\partial\vartheta}\,\mathrm{d}r - \frac{\partial\left(\nu\varDelta - \frac{\partial}{\partial t}\right)\psi}{\partial r}\,r\,\mathrm{d}\vartheta.$$

Ist nun insbesondere $\dfrac{\partial\psi}{\partial t} = 0$, $\dfrac{\partial\psi}{\partial r} = 0$, $\varDelta\psi = \dfrac{1}{r^2}\,f''(\vartheta)$, $\mathrm{d}\psi = f'\,\mathrm{d}\vartheta$, so folgt

$$\mathrm{d}\left(\frac{p}{\varrho} + \tfrac{1}{2}\mathfrak{v}^2\right) = \frac{1}{r^2}\,f''f'\,\mathrm{d}\vartheta + \nu\left(\frac{1}{r^3}\,f'''\,\mathrm{d}r + \frac{2}{r^2}\,f''\,\mathrm{d}\vartheta\right),$$

also

$$\frac{\partial}{\partial\vartheta}\left(\frac{p}{\varrho} + \tfrac{1}{2}\mathfrak{v}^2\right) = \frac{1}{r^2}\,(f'f'' + 2\nu f'') = \frac{\partial}{\partial\vartheta}\left[\frac{1}{r^2}\,(\tfrac{1}{2}f'^2 + 2\nu f')\right]$$

und

$$\frac{\partial}{\partial r}\left(\frac{p}{\varrho} + \tfrac{1}{2}\mathfrak{v}^2\right) = \frac{\nu}{r^3}\,f''',$$

woraus

$$\frac{p}{\varrho} + \tfrac{1}{2}\,\mathfrak{v}^2 = \frac{1}{r^2}\,(\tfrac{1}{2}\,f'^2 + 2\,\nu f') + \mathrm{const}$$

folgt. (10, 8) gibt, wenn man $a = 0$, $b = -2$ einsetzt, gerade die Verträglichkeitsbedingung der beiden Differentialgleichungen. Da $\mathfrak{v}^2 = \dfrac{1}{r^2}\,u^2 = \dfrac{1}{r^2}\,f'^2$ ist, hebt sich dieses Glied weg, und es bleibt

$$(10,\,13)\qquad\qquad \frac{p}{\varrho} = \frac{2\nu}{r^2}\,f' + \mathrm{const}.$$

86. Diskussion der Radialströmung, freie Strömung. Wir knüpfen am besten an das elliptische Integral (10, 11) an und sprechen zunächst von der freien Strömung in der ganzen Ebene. Da dann, Endlichkeit vorausgesetzt, u zwischen einem Maximum und einem Minimum schwanken muß, an dem $u' = 0$ ist, muß es wegen (10, 10) zwei reelle l geben, und wegen $l_1 + l_2 + l_3 = -6\nu$ sind dann alle drei reell, eines sicher negativ; also sei

$$-\infty < l_1 < l_2 < l_3.$$

Da die Wurzel in (10, 10) reell sein muß, ist dann $-\infty < u \le l_1$ oder $l_2 \le u \le l_3$. Wenn u endlich bleiben soll, kommt nur das zweite in Frage. Durch (10, 11) bzw. (10, 11 a) ist u als periodische Funktion von ϑ erklärt. Für die kleinste Periode ϑ^* gilt

$$(10,\,14)\qquad\qquad \vartheta^* = 2\,\sqrt{\frac{3\nu}{2}}\,\int\limits_{l_2}^{l_3} \frac{\mathrm{d}u}{\sqrt{(l_1 - u)\,(l_2 - u)\,(l_3 - u)}}\,.$$

Da andererseits auch $2\,\pi$ eine Periode ist, liefert $2\,\pi = n\,\vartheta^*$ eine weitere Bedingung für die l. Von dem trivialen Fall gleichförmiger Strömung, d. h. $l_2 = u = l_3$, $u' = 0$ sehen wir hinfort ab.

Transformiert man in bekannter Weise

$$(10,\,15)\qquad u = \frac{l_2 + l_3}{2} + \frac{l_3 - l_2}{2}\,\sin\psi = u_m + \frac{\delta}{2}\,\sin\psi \quad \left(-\frac{\pi}{2} \le \psi \le \frac{\pi}{2}\right),$$

so daß u_m ein mittlerer Wert von u, δ die Schwankung von u ist, so wird

$$l_3 - u = \frac{l_3 - l_2}{2}\,(1 - \sin\psi),\qquad u - l_2 = \frac{l_3 - l_2}{2}\,(1 + \sin\psi)$$

$$u - l_1 = \tfrac{3}{2}\,(l_2 + l_3) + 6\,\nu + \frac{\delta}{2}\,\sin\psi = \alpha^2 + \frac{\delta}{2}\,\sin\psi,$$

und die Beziehung $2\,\pi = n\,\vartheta^*$ liefert als Bedingung für α^2 und δ

$$(10,\,16)\qquad\qquad \int\limits_{-\frac{\pi}{2}}^{+\frac{\pi}{2}} \frac{\mathrm{d}\psi}{\sqrt{\alpha^2 + \dfrac{\delta}{2}\,\sin\psi}} = \sqrt{\frac{2}{3\nu}}\,\frac{\pi}{n}\,.$$

In der Tat ist $\alpha^2 > 0$; denn es ist $\alpha^2 = \dfrac{l_2 + l_3 - 2\,l_1}{2}$ und es ist $l_3 > l_2 > l_1$. $\alpha = 0$ käme nur bei $l_1 = l_2 = l_3$ in Frage, was wir ausgeschlossen haben. Auch ist

$$\alpha^2 > \frac{\delta}{2}\,,$$

denn

$$\alpha^2 - \frac{\delta}{2} = \tfrac{1}{2}(l_3 + l_2 - 2l_1) - \tfrac{1}{2}(l_3 - l_2) = l_2 - l_1 \geq 0 \,.$$

Wir wollen aber das Gleichheitszeichen ausschließen, da sonst das Integral unendlich würde. Durch Reihenentwicklung erhält man

$$\int\limits_{-\frac{\pi}{2}}^{+\frac{\pi}{2}} \frac{d\psi}{\sqrt{\alpha^2 + \frac{\delta}{2}\sin\psi}} = \int\limits_{-\frac{\pi}{2}}^{+\frac{\pi}{2}} \frac{d\psi}{|\alpha|}\left(1 - \tfrac{1}{2}\frac{\delta}{2\alpha^2}\sin\psi + \tfrac{3}{8}\left(\frac{\delta}{2\alpha^2}\right)^2\sin^2\psi - \cdots\right)$$

$$= \frac{\pi}{|\alpha|}\left(1 + \tfrac{3}{8}\tfrac{1}{2}\left(\frac{\delta}{2\alpha^2}\right)^2 + \frac{1\cdot3\cdot5\cdot7}{2^4\cdot4!}\frac{3\cdot1}{4\cdot2}\left(\frac{\delta}{2\alpha^2}\right)^4 + \cdots\right).$$

Das soll nun $\sqrt{\dfrac{2}{3\nu}}\,\dfrac{\pi}{n}$ sein, also

$$\frac{|\alpha|}{n}\sqrt{\frac{2}{3\nu}} = 1 + \tfrac{3}{8}\tfrac{1}{2}\left(\frac{\delta}{2\alpha^2}\right)^2 + \frac{1\cdot3\cdot5\cdot7}{2^4\cdot4!}\frac{3\cdot1}{4\cdot2}\left(\frac{\delta}{2\alpha^2}\right)^4 + \cdots.$$

Die rechts stehende Summe kann jeden Wert zwischen 1 und ∞ annehmen, also muß $\alpha^2 > \dfrac{3\nu}{2}\,n^2$ sein, d. h.

$$u_m + 2\nu > \frac{\nu}{2}\,n^2\,.$$

Für $n = 1$ verlangt dies $u_m > -\tfrac{3}{2}\nu$; je kleiner die Periode, desto größer muß u_m sein. Ist aber die vorstehende Ungleichheit erfüllt, so kann $\delta = l_3 - l_2$ passend gewählt werden. Mit der Periodenzahl n wächst u_m ins Unendliche.

87. Radialströmung zwischen festen Wänden. Ausströmen. Es sei $0 \leq \vartheta \leq \vartheta_1 \leq 2\pi$. Es muß dann $u = 0$ sein für $\vartheta = 0$ und $\vartheta = \vartheta_1$. Wie in Nr. 86 ist

$$\vartheta = \sqrt{\frac{3\nu}{2}}\int\limits_0^u \frac{du}{\sqrt{(l_1 - u)(l_2 - u)(l_3 - u)}}\,.$$

Da u wieder Null wird für $\vartheta = \vartheta_1$, muß mindestens einmal $u' = 0$, u gleich einem der drei l werden. Wir können uns darauf beschränken, einmal $u' = 0$ anzunehmen.

Behandeln wir zuerst den Fall des Ausströmens. Das Maximum von u sei l, es ist positiv. Wir haben dann der Symmetrie wegen

$$(10, 17) \qquad \vartheta_1 = 2\sqrt{\frac{3\nu}{2}}\int\limits_0^l \frac{du}{\sqrt{(l - u)(u^2 + 2\alpha u + \beta)}}\,,$$

indem wir die beiden andern Linearfaktoren zu einem quadratischen zusammenfassen.

Wegen $l_1 + l_2 + l_3 = -6\nu$ ist dann $l - 2\alpha = -6\nu$, also $2\alpha = l + 6\nu > 6\nu$ und wegen der Realität bei $u = 0$ $\beta \geq 0$, sonst beliebig. Da die Ableitung von $u^2 + 2\alpha u + \beta$

gleich $2(u + \alpha) \geq 2\alpha > 6\nu$ ist, nimmt $u^2 + 2\alpha u + \beta$ von β bis $l^2 + 2\alpha l + \beta = 2l^2 + 6\nu l + \beta$ jeden Wert an, kann also durch Wahl von β ständig beliebig groß gemacht werden, so daß ϑ_1 nach unten gar nicht, nach oben durch $\beta = 0$ eingeschränkt ist. Der maximale Wert von ϑ_1 ist also

$$\vartheta_{1\,\mathrm{max}} = 2 \sqrt{\frac{3\nu}{2}} \int\limits_0^l \frac{du}{\sqrt{(l - u)(u + l + 6\nu)\,u}},$$

und das ist mit $\int\limits_0^l \dfrac{du}{\sqrt{u(l - u)}} = \pi$ nach Anwendung des Mittelwertsatzes der Integralrechnung gleich

$$(10,\,18) \qquad \vartheta_{1\,\mathrm{max}} = 2\pi \sqrt{\frac{3\nu}{2}} \frac{1}{\sqrt{l(1 + \varepsilon) + 6\nu}} < 2\pi \sqrt{\frac{3\nu}{2l + 12\nu}},$$

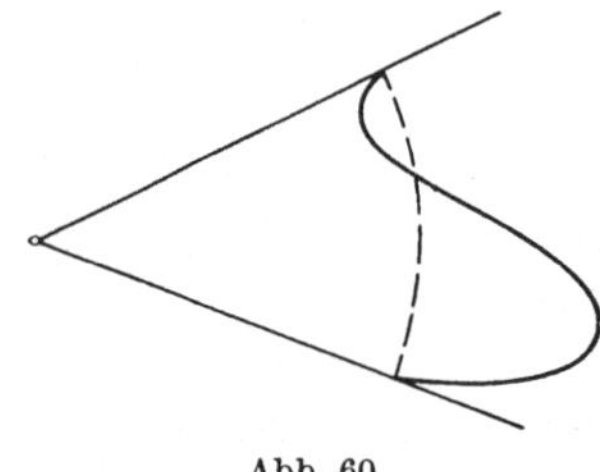

Abb. 60

wo ε ein echter Bruch ist.

Die Weite der Öffnung ist also beim Ausströmen durch die Größe von $l = u_{\mathrm{max}}$ beschränkt, sie geht sogar mit $l \to \infty$ gegen Null. Für $l \to 0$ geht die Schranke gegen π. Ist l fest gegeben, so geht die Schranke mit $\nu \to 0$ gegen Null.

Ist ein größerer Wert von ϑ_1 vorgeschrieben, als dieser Schranke entspricht, so kann die Voraussetzung $0 \leq u \leq l$ nicht erfüllt werden; es müssen auch negative Werte von u eintreten (Abb. 60); wahrscheinlich wird statt dessen ein Ablösen des Strahles von den Wänden stattfinden, wenigstens an einer Wand.

88. Einströmen zwischen festen Wänden. Das Minimum l_2 von u muß negativ sein. Da aber die Wurzel in (10, 10) für $u = 0$ reell sein muß, muß $l_1 l_2 l_3 > 0$ sein. Es ist dann die Winkelöffnung

$$\vartheta_1 = 2 \sqrt{\frac{3\nu}{2}} \int\limits_{l_2}^0 \frac{du}{\sqrt{(u - l_2)(-u^2 + 2\alpha u - \beta)}}$$

mit $\beta = l_1 l_3 > 0$, $-2\alpha = -l_1 - l_3 = 6\nu + l_2$, wobei l_2 gegeben ist. $l_3 > 0$ verlangt also $l_1 + l_2 \leq -6\nu$. Man kann also dann l_1 beliebig nahe an l_2 heranbringen, wenn $l_2 < -3\nu$ ist. Dann wird $\vartheta_1 \to \infty$ gehen. Es ist also ϑ_1 nicht nach oben beschränkt, wenn $l_2 < -3\nu$ ist. Ist aber $l_2 \geq -3\nu$, also $l_2 = -3\varepsilon\nu$, mit ε als echtem positiven Bruch, so ist

$$l_1 = -6\nu - l_2 - l_3 = -6\nu + 3\varepsilon\nu - l_3$$

und

$$\vartheta_1 = \sqrt{6\nu} \int\limits_{l_2}^0 \frac{du}{\sqrt{(u - l_2)(l_3 - u)(u + (6 - 3\varepsilon)\nu + l_3)}},$$

und das hat seinen größten Wert für $l_3 = 0$. Daher

$$\vartheta_{1\,\mathrm{max}} = \sqrt{6\,\nu}\int\limits_{l_2}^{0}\frac{\mathrm{d}u}{\sqrt{-u\,(u-l_2)\,(u+(6-3\varepsilon)\,\nu)}}$$

$$= \frac{\pi\,\sqrt{6\nu}}{\sqrt{(6-3\varepsilon)\,\nu+\eta\,l_2}} = \frac{\pi\,\sqrt{6\nu}}{\sqrt{(6-3\varepsilon)\,\nu-3\nu\eta\,\varepsilon}}$$

$$= \frac{\pi}{\sqrt{1-\dfrac{\varepsilon}{2}\,(1+\eta)}} > \pi \quad (0<\eta<1)\,.$$

Also auch wenn $l_2 \geqq -3\nu$ ist, ist jeder Wert von ϑ_1 bis zu π möglich. Denn nach unten besteht überhaupt keine Schranke, da l_3 beliebig groß genommen werden kann. Wie man leicht erkennt, ist es das quadratische Glied in (10, 9 a), das eine elliptische Funktion statt einer trigonometrischen hervorbringt und damit die verschiedene Art des Ein- und Ausströmens bedingt.

89. Bemerkung über die Bewegung in logarithmischen Spiralen. Wenn $a \neq 0$ ist, haben wir die Gleichung (vgl. Nr. 84)

$$(10, 9) \qquad \nu\,[u'' + (a^2+b^2)\,u + 2a\,u'] = \frac{b}{4}\sqrt{a^2+b^2}\,u^2 + C\,.$$

Wegen des Dämpfungsgliedes $2a\,u'$ ist eine periodische Lösung und daher auch freie Strömung ausgeschlossen. Wohl aber gibt es eine Strömung zwischen festen Wänden (Spiralen), an denen $u = 0$ sein muß. Es gilt nun auch hier der Satz, daß Ausströmen einer gewissen Bedingung unterliegt: Eine begrenzte Öffnung der Spirale erlaubt nur eine begrenzte Ausströmgeschwindigkeit ohne Ablösung. Wenn die maximale Ausströmgeschwindigkeit gegen Unendlich strebt, geht die Weite der Schnecke gegen Null.

Für diesen etwas tiefer liegenden Satz gibt es zwei Beweise: einen in der auf Seite 160, Fußnote 1 genannten Abhandlung und einen zweiten im Bd. **43** (1933) der gleichen Zeitschrift. Wir verweisen den Leser auf diese Stellen.

90. Weitere Bewegungen in Spiralen. Wir benutzen jetzt die in Nr. 82 hervorgehobene Eigenschaft, daß die Bewegungsgleichung gewisse affine Transformationen gestattet. Die Homogenität in x und y legt die Transformation in Polarkoordinaten nahe.

Bei Elimination des Druckes lautet die Gleichung (8, 16) in $\psi,\, r,\, \vartheta,\, t$

$$\frac{\partial\varDelta\psi}{\partial t} + \frac{1}{r}\left[\frac{\partial\varDelta\psi}{\partial r}\,\frac{\partial\psi}{\partial\vartheta} - \frac{\partial\varDelta\psi}{\partial\vartheta}\,\frac{\partial\psi}{\partial r}\right] = \nu\,\varDelta\,\varDelta\psi$$

mit

$$\varDelta\psi = \frac{1}{r^2}\left(r\,\frac{\partial}{\partial r}\,r\,\frac{\partial}{\partial r} + \frac{\partial^2}{\partial\vartheta^2}\right)\psi$$

oder ohne Elimination des Druckes (s. Nr. 85)

$$(10, 12\,\mathrm{b}) \quad \mathrm{d}\left(\frac{p}{\varrho} + \frac{1}{2}\mathfrak{v}^2\right) = \varDelta\psi\,\mathrm{d}\psi + \frac{1}{r}\,\frac{\partial}{\partial\vartheta}\left(\nu\varDelta - \frac{\partial}{\partial t}\right)\psi\,\mathrm{d}r - r\,\frac{\partial}{\partial r}\left(\nu\varDelta - \frac{\partial}{\partial t}\right)\psi\,\mathrm{d}\vartheta\,.$$

Da ϑ explizit nicht vorkommt, eine Folge der erwähnten Invarianz, muß es Lösungen geben, die in ϑ linear sind:

$$(10, 19) \qquad \psi = f(r, t) + K\vartheta .$$

Dabei sei K konstant.

Es ist dann

$$v_r = \frac{1}{r} \frac{\partial}{\partial \vartheta} \psi = \frac{K}{r} , \qquad v_\vartheta = -\frac{\partial \psi}{\partial r} = -f' ,$$

$$\Delta \psi = \Delta f = \frac{1}{r^2} \left(r \frac{d}{dr} r \frac{d}{dr} \right) f = f'' + \frac{1}{r} f' .$$

Damit bekommt man

$$\frac{\partial}{\partial t} \Delta f + \frac{K}{r} \frac{\partial}{\partial r} \Delta f = \nu \Delta \Delta f .$$

Die Druckgleichung verlangt

$$d \left(\frac{p}{\varrho} + \tfrac{1}{2} \mathfrak{v}^2 \right) = \Delta f (f' dr + K d\vartheta) - r \frac{\partial}{\partial r} \left(\nu \Delta f - \frac{\partial f}{\partial t} \right) d\vartheta ,$$

also

$$\frac{\partial}{\partial \vartheta} \left(\frac{p}{\varrho} + \tfrac{1}{2} \mathfrak{v}^2 \right) = K \Delta f - r \frac{\partial}{\partial r} \left(\nu \Delta f - \frac{\partial f}{\partial t} \right) .$$

Nun läßt sich die Gleichung ohne p nach Multiplikation mit r einmal nach r integrieren; man erhält

$$r \frac{\partial^2 f}{\partial r \partial t} + K \Delta f = \nu r \frac{\partial}{\partial r} \Delta f + C .$$

Das ergibt für p

$$\frac{\partial}{\partial \vartheta} \left(\frac{p}{\varrho} + \tfrac{1}{2} \mathfrak{v}^2 \right) = -C .$$

Wenn also $\frac{p}{\varrho} + \tfrac{1}{2} \mathfrak{v}^2$ bei freier Strömung eindeutig sein soll, muß $C = 0$ sein und

$$(10, 20) \qquad r \frac{\partial^2 f}{\partial r \partial t} + K \Delta f = \nu r \frac{\partial}{\partial r} \Delta f$$

gelten.

91. Stationäre Bewegungen. Die zugehörige Differentialgleichung

$$K \Delta f - \nu r \frac{\partial}{\partial r} \Delta f = K \left(f'' + \frac{1}{r} f' \right) - \nu r \left(f''' - \frac{f'}{r^2} + \frac{f''}{r} \right) = 0$$

oder

$$(10, 21) \qquad \nu r f''' + (\nu - K) f'' - \frac{\nu + K}{r} f' = 0$$

ist homogen in r sowie in f. Es muß daher im allgemeinen Lösungen der Form r^m geben. Einsetzen führt auf

$$\nu m^2 \left(m - 2 - \frac{K}{\nu} \right) = 0 .$$

Diese Gleichung hat zweimal die Wurzel $m = 0$ und einmal die Wurzel $m = 2 + \dfrac{K}{\nu}$.
Für den Fall $\dfrac{K}{\nu} + 2 \neq 0$ gibt das die allgemeine Lösung

$$(10,22) \qquad f = C_1 r^{\frac{K}{\nu}+2} + C_2 \log r + C_3 \, .$$

Wenn aber $\dfrac{K}{\nu} = -2$ ist, ist die allgemeine Lösung

$$(10,22\,\mathrm{a}) \qquad f = C_1 (\log r)^2 + C_2 \log r + C_3 \, .$$

Die Bahnkurven sind durch die Spiralen $\psi = \text{const}$, d. h.

$$(10,23) \qquad f + K\vartheta = \text{const}$$

gegeben. Im allgemeinen Fall $\dfrac{K}{\nu} + 2 \neq 0$ ist

$$(10,24) \qquad v_r = \frac{1}{r}\frac{\partial \psi}{\partial \vartheta} = \frac{K}{r} \, , \qquad v_\vartheta = -\frac{\partial \psi}{\partial r} = -f' = -C_1\left(\frac{K}{\nu}+2\right) r^{\frac{K}{\nu}+1} - \frac{C_2}{r} \, .$$

Soll die Geschwindigkeit im Unendlichen gegen Null gehen, so muß

$$\frac{K}{\nu} < -1$$

sein. Der Druck berechnet sich im Regelfall aus

$$\frac{\partial}{\partial r}\left(\frac{p}{\varrho} + \tfrac{1}{2}\mathfrak{v}^2\right) = f' \Delta f = f' f'' + \frac{1}{r} f'^2$$

$$= C_1^2\left(\frac{K}{\nu}+2\right)^3 r^{\frac{2K}{\nu}+1} + C_1 C_2\left(\frac{K}{\nu}+2\right)^2 r^{\frac{K}{\nu}-1}$$

zu

$$\frac{p}{\varrho} = \text{const} - \tfrac{1}{2}\left[\frac{K^2}{r^2} + \left(C_1\left(\frac{K}{\nu}+2\right)r^{\frac{K}{\nu}+1} + \frac{C_2}{r}\right)^2\right]$$

$$+ C_1^2 \frac{\left(\dfrac{K}{\nu}+2\right)^3}{2\left(\dfrac{K}{\nu}+1\right)} r^{2\frac{K}{\nu}+2} + C_1 C_2 \frac{\left(\dfrac{K}{\nu}+2\right)^2}{\dfrac{K}{\nu}} r^{\frac{K}{\nu}}$$

$$= \text{const} - \frac{K^2 + C_2^2}{2r^2} + \frac{C_1^2}{2}\frac{\left(\dfrac{K}{\nu}+2\right)^2}{\dfrac{K}{\nu}+1} r^{2\frac{K}{\nu}+2} + 2 C_1 C_2 \frac{\dfrac{K}{\nu}+2}{\dfrac{K}{\nu}} r^{\frac{K}{\nu}} \, .$$

Auch das wird im Unendlichen konstant, wenn $\dfrac{K}{\nu} < -1$ ist.

92. Nichtstationäre Strömungen. Aus $(10,20)$ erhalten wir durch die Substitution
$r\,\dfrac{\partial f}{\partial r} = \omega$ die Gleichung

$$(10,25) \qquad \frac{\partial \omega}{\partial t} + K\frac{1}{r}\frac{\partial \omega}{\partial r} = \nu r\frac{\partial}{\partial r}\left(\frac{1}{r}\frac{\partial \omega}{\partial r}\right)$$

oder

(10, 25a)
$$\frac{\partial^2 \omega}{\partial r^2} - \left(1 + \frac{K}{\nu}\right)\frac{1}{r}\frac{\partial \omega}{\partial r} - \frac{1}{\nu}\frac{\partial \omega}{\partial t} = 0 \,.$$

Der Ansatz $\omega = e^{\alpha t}\chi(r)$ ergibt dann für χ die Gleichung

(10, 26)
$$\frac{d^2 \chi}{d r^2} - \left(1 + \frac{K}{\nu}\right)\frac{1}{r}\frac{d \chi}{d r} - \frac{\alpha}{\nu}\chi = 0 \,.$$

Setzen wir $1 + \frac{K}{2\nu} = \lambda$, $\chi = r^\lambda z$ und $\sqrt{-\frac{\alpha}{\nu}}\,r = x$, so erhalten wir die Besselsche Differentialgleichung

(10, 27)
$$\frac{d^2 z}{d x^2} + \frac{1}{x}\frac{d z}{d x} + \left(1 - \frac{\lambda^2}{x^2}\right)z = 0 \,,$$

die in der Regel die Lösungen

$$z = J_\lambda = \text{const} \cdot r^\lambda \left[1 - \frac{1}{1+\lambda}\left(\frac{x}{2}\right)^2 + \frac{1}{1 \cdot 2(1+\lambda)(2+\lambda)}\left(\frac{x}{2}\right)^4 + \cdots\right]$$

und

$$z = J_{-\lambda} = \text{const} \cdot r^{-\lambda}\left[1 - \frac{1}{1-\lambda}\left(\frac{x}{2}\right)^2 + \cdots\right]$$

hat, so daß ω eine ganze transzendente Funktion von r als Lösung hat und eine mit dem Faktor $r^{2\lambda}$, deren Verhalten also wesentlich von $\lambda = 1 + \frac{K}{2\nu}$ abhängt. In Ausnahmefällen ganzer λ tritt ein Logarithmus auf.

Da die Differentialgleichung hier linear und homogen ist, kann man superponieren. Auch sonst ist das Verhalten ähnlich wie bei der Wärmeleitung. $\alpha > 0$ gibt Aufschaukelung der Bewegung bei Strömen von $\Delta \psi$ aus dem Unendlichen, $\alpha < 0$ Abklingen bei Verschwinden von $\mathfrak{v}$ im Unendlichen.

93. Integrale mit Stellen der Bestimmtheit. Da die Differentialgleichung (10, 25a) für $\omega = r\frac{\partial}{\partial r}f$ ungeändert bleibt, wenn man f (bzw. ω) mit irgendeinem Faktor, r mit R, t mit R^2 multipliziert, muß es Lösungen der Form

(10, 28)
$$\omega = r^\alpha t^\beta w\left(\frac{r^2}{4\nu t}\right) = r^\alpha t^\beta w(z)$$

geben.

Setzt man (10, 28) in die Differentialgleichung ein, so erhält man nach einfacher Rechnung für w die lineare, homogene Differentialgleichung zweiter Ordnung[1])

(10, 29)
$$w'' + \left(\frac{\alpha + 1 - \lambda}{z} + 1\right)w' + \left(\frac{\alpha^2 - 2\lambda\alpha}{4z^2} - \frac{\beta}{z}\right)w = 0 \,,$$

wo wieder $\lambda = 1 + \frac{K}{2\nu}$ ist.

Ehe wir sie weiter diskutieren, fragen wir weiter, ob sie Lösungen der Form

$$w = e^{\mu z}$$

---

[1]) Die in der auf S. 160 Fußnote 1 zitierten Arbeit statt dessen angegebene Formel VI ist falsch; die auf diese folgenden Überlegungen behalten jedoch ihre Gültigkeit.

hat. Wieder gibt eine einfache Rechnung $\mu = -1$ und dann entweder $\alpha = 0$, $\beta = \lambda - 1$ oder $\alpha = 2\lambda$, $\beta = -\lambda - 1$, so daß es also zwei einfache Integrale der gesuchten Art gibt, nämlich

$$\omega_1 = t^{\lambda-1}\, e^{-\frac{r^2}{4\nu t}} \quad \text{und} \quad \omega_2 = r^{2\lambda} t^{-1-\lambda}\, e^{-\frac{r^2}{4\nu t}}.$$

Allgemein läßt sich die Differentialgleichung (10, 29) auf die konfluente hypergeometrische Differentialgleichung[1]) zurückführen.

In dem Ansatz (10, 28) kann man ohne Beschränkung der Allgemeinheit $\beta = 0$ annehmen. Durch die Transformation

$$w = z^{-\frac{\alpha}{2}}\, W$$

erhält man dann aus (10, 29)

$$zW'' + (1 - \lambda + z)W' - \frac{\alpha}{2}\, W = 0 .$$

Für nicht ganzzahlige λ ergibt sich somit als Fundamentalsystem von (10, 29)

$$W_1 = z^{-\frac{\alpha}{2}}\, {}_1F_1\!\left(-\frac{\alpha}{2},\; 1-\lambda;\; -z\right),$$

$$W_2 = z^{\lambda-\frac{\alpha}{2}}\, {}_1F_1\!\left(\lambda-\frac{\alpha}{2},\; 1+\lambda;\; -z\right),$$

wo ${}_1F_1$ die konfluente hypergeometrische Funktion ist. Für $\omega = r\,\dfrac{\partial}{\partial r}\,f$ erhält man so die beiden Lösungen

$$(10, 30) \qquad
\begin{cases}
\omega_1 = t^{\frac{\alpha}{2}}\, {}_1F_1\!\left(-\dfrac{\alpha}{2},\; 1-\lambda;\; -\dfrac{r^2}{4\nu t}\right), \\[2ex]
\omega_2 = r^{2\lambda}\, t^{\frac{\alpha}{2}-\lambda}\, {}_1F_1\!\left(\lambda-\dfrac{\alpha}{2},\; 1+\lambda;\; -\dfrac{r^2}{4\nu t}\right).
\end{cases}$$

94. Ausdehnung der Betrachtung auf Relativbewegung. Dreht sich die x, y-Ebene mit der konstanten Winkelgeschwindigkeit $\vec{\omega}$ um die zu ihr senkrechte Achse, so hat man nach den Lehren der Relativbewegung auf der Kraftseite die Coriolis-kraft $-2\,\vec{\omega} \times \mathfrak{v}_r$ und die Zentrifugalkraft $\omega^2 r$ hinzuzufügen, d. h. in den Koordinaten x, y

$$2\,\omega v_y + \omega^2 x \quad \text{bzw.} \quad -2\,\omega v_x + \omega^2 y .$$

Beide aber haben hier ein Potential. Es ist

$$2\,\omega v_y + \omega^2 x = -\frac{\partial}{\partial x}\left(-2\,\omega\psi - \omega^2\,\frac{x^2+y^2}{2}\right),$$

$$-2\,\omega v_x + \omega^2 y = -\frac{\partial}{\partial y}\left(-2\,\omega\psi - \omega^2\,\frac{x^2+y^2}{2}\right).$$

Es ist also so, als ob zu $\dfrac{p}{\varrho}$ noch $-2\,\omega\psi - \dfrac{\omega^2 r^2}{2}$ hinzuträte.

---

[1]) S. etwa Rothe-Szabó: Höhere Mathematik. Teil VI. Stuttgart 1953. § 9.

Eliminiert man den Druck, so fallen auch diese Glieder heraus, und es bleibt daher für den Ansatz

$$(10, 19) \qquad \psi = f(r, t) + K \vartheta$$

bei der Gleichung (10, 20), während ohne Elimination des Druckes

$$\frac{\partial}{\partial \vartheta} \left(\frac{p}{\varrho} + \tfrac{1}{2} \mathfrak{v}^2 - \frac{\omega^2 r^2}{2} - 2 \omega \psi \right) = - C$$

oder

$$(10, 31) \qquad \frac{\partial}{\partial \vartheta} \left(\frac{p}{\varrho} + \tfrac{1}{2} \mathfrak{v}^2 \right) - 2 \omega K = - C$$

gelten muß, also wegen der Eindeutigkeit von $\frac{p}{\varrho} + \tfrac{1}{2} \mathfrak{v}^2$ jetzt (vgl. Nr. 90)

$$(10, 32) \qquad C = 2 \omega K \neq 0 \,.$$

Bei stationärer Bewegung haben wir somit für $f(r)$ die nichthomogene Differentialgleichung

$$(10, 33) \qquad \nu r f''' + (\nu - K) f'' - \frac{\nu + K}{r} f' = 2 \omega K$$

(vgl. (10, 21)). Sie hat die Partikularlösung

$$f' = - \omega r \,, \quad f = - \frac{\omega}{2} r^2$$

und daher die allgemeine Lösung

$$(10, 34) \qquad f = - \frac{\omega}{2} r^2 + C_1 r^{\frac{K}{\nu} + 2} + C_2 \log r + C_3 \,,$$

falls $\frac{K}{\nu} + 2 \neq 0$ ist. (Vgl. (10, 22).) Die Bahnkurven sind die Spiralen $f + K \vartheta = $ const.

95. Anschließende Untersuchungen. M. H. Rosenblatt hat den vorstehenden Untersuchungen zwei Monographien gewidmet: Sur certains mouvements des liquides visqueuses incompressibles, Paris 1933. Einen wesentlichen Fortschritt brachten Untersuchungen von Oseen[1], indem er die beiden hier aufgeführten Ideen kombinierte und den Ansatz machte

$$\psi = f(\varphi) + C \chi \,,$$

wo $\varphi + i \chi$ eine analytische Funktion von $x + i y$ ist. Es gelang ihm so, Bewegungen zu finden, die einen „fast turbulenten Charakter" haben.

v. Kármán und Rosenblatt konnten ein räumliches Problem lösen: die Strömung gegen eine unendlich ausgedehnte rotierende Scheibe. In Zylinderkoordinaten r, ϑ, z gelingt die Lösung mit dem Ansatz

$$v_r = r F(z) \,, \quad v_\vartheta = r G(z) \,, \quad v_z = H(z) \,, \quad p = p(z) \,.$$

Man erhält dann vier gewöhnliche Differentialgleichungen für die Funktionen F, G, H, p mit den Randbedingungen

$$F(0) = 0 \,, \quad G(0) = \omega \,, \quad H(0) = 0 \,, \quad F(\infty) = 0 \,, \quad G(\infty) = 0 \,.$$

Man vergleiche die Darstellung bei Müller, W.: Einführung in die Theorie der zähen Flüssigkeiten. Leipzig 1932. § 61.

Eine Erweiterung der Theorie wurde von G. Garcia versucht[2]. Zu erwähnen ist auch eine hergehörende Arbeit von Rosenhead[3].

---

[1] Arkiv för Matematik, Astronomi och Fysik **20** (1927/28) H. 14, S. 1.

[2] Mehrere Abhandlungen in den Actas de la Akademia National de Ciencias Exactas Fisicas y Naturales de Lima 1946 ff.

[3] Rosenhead: The steady twodimensional radial flow of viscous fluids between two inclined plane walls. Proc. Royal Soc. London A **125** (1940), S. 436 bis 467.

§ 11. Prandtls Grenzschichttheorie

96. Der Ansatz. Prandtl gab 1904[1]) seine Grenzschichttheorie bekannt, die zu vielen Untersuchungen Anlaß gegeben hat.

Wesentlich ist für die Theorie, daß das kleine ν der kinematischen Zähigkeit bei den höchsten Ableitungen steht, nämlich bei $\Delta\mathfrak{v}$. Infolgedessen wird es nur da wirksam werden, wo große Werte von $\Delta\mathfrak{v}$ zu erwarten sind. Das wird vor allem am Rand einer Strömung in der Nähe einer ruhenden Wand der Fall sein, wo in einer dünnen Grenzschicht die Geschwindigkeit von normalen Werten auf Null abfallen muß. Zur näheren Erläuterung nehmen wir den Fall, daß eine dünne Platte in eine Parallelströmung gleichgerichtet hineingestellt sei. Wir haben diesen Fall schon (in Nr. 26) betrachtet und mußten damals vom Standpunkt der idealen Flüssigkeit aus sagen, daß die als unendlich dünn aufgefaßte Platte überhaupt nicht stören könne. Jetzt, wo die Flüssigkeit zäh ist und also an der Platte haften muß, kann das nicht mehr richtig sein, es muß eine Grenzschicht entstehen, in der die Geschwindigkeit schnell von Null auf den Wert der ungestörten Strömung ansteigt.

Die Platte erstrecke sich bei $y = 0$ von $x = 0$ bis $x = l$, die Bewegung sei eben (Abb. 61). Wir sehen uns nun die Grenzschicht gewissermaßen durch eine Lupe an, indem wir für sie

$$(11, 1) \qquad\qquad y = \varepsilon\,\eta$$

mit einem konstanten, kleinen, noch näher zu bestimmenden ε setzen.

Damit nun die Kontinuitätsgleichung der inkompressiblen Flüssigkeit

$$\frac{\partial v_x}{\partial x} + \frac{\partial v_y}{\partial y} = 0$$

die alte Gestalt beibehält, setzen wir auch

$$(11, 1a) \qquad\qquad v_y = \varepsilon\,v_\eta,$$

womit wir nun auch das kleine v_y der Grenzschicht durch die Lupe ansehen und die Kontinuitätsgleichung die Form

$$(11, 2) \qquad \frac{\partial v_x}{\partial x} + \frac{\partial v_\eta}{\partial \eta} = 0$$

annimmt. Wir können nun auch eine **Strom-funktion** ψ mit

$$(11, 3) \qquad v_x = \frac{\partial \psi}{\partial \eta}, \quad v_\eta = -\frac{\partial \psi}{\partial x}$$

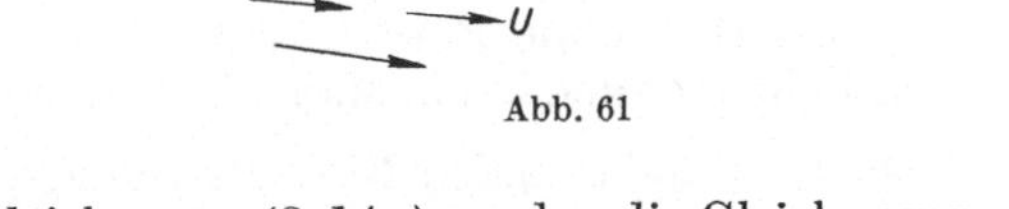

Abb. 61

einführen. Aus den beiden Bewegungsgleichungen (8, 14c) werden die Gleichungen (ohne Beschränkung der Allgemeinheit kann $h = 0$ angenommen werden)

$$(11, 4) \qquad \begin{cases} \dfrac{\partial v_x}{\partial t} + \dfrac{\partial v_x}{\partial x}\,v_x + \dfrac{\partial v_x}{\partial \eta}\,v_\eta = -\dfrac{\partial}{\partial x}\dfrac{p}{\varrho} + \nu\left(\dfrac{\partial^2 v_x}{\partial x^2} + \dfrac{1}{\varepsilon^2}\dfrac{\partial^2 v_x}{\partial \eta^2}\right), \\[2ex] \dfrac{\partial v_\eta}{\partial t} + \dfrac{\partial v_\eta}{\partial x}\,v_x + \dfrac{\partial v_\eta}{\partial \eta}\,v_\eta = -\dfrac{1}{\varepsilon^2}\dfrac{\partial}{\partial \eta}\dfrac{p}{\varrho} + \nu\left(\dfrac{\partial^2 v_\eta}{\partial x^2} + \dfrac{1}{\varepsilon^2}\dfrac{\partial^2 v_\eta}{\partial \eta^2}\right). \end{cases}$$

---

[1]) III. Int. Mathematikerkongreß in Heidelberg 1904. Leipzig 1905; s. auch: Vier Abhandlungen zur Hydrodynamik. Göttingen 1927.

In beiden Gleichungen kommt das Verhältnis der kleinen Größen $\dfrac{\nu}{\varepsilon^2}$ vor. ε sei eine reine Zahl, deshalb ersetzen wir auch ν durch eine reine Zahl, und zwar durch die Reynoldssche Zahl $\Re_e = \dfrac{Ul}{\nu}$, wobei l die Länge der Platte sei. Nun setzen wir $\varepsilon^2 = \dfrac{1}{\Re_e} = \dfrac{\nu}{Ul}$ oder

$$(11,5) \qquad\qquad \frac{\nu}{\varepsilon^2} = Ul\,.$$

Mit $\Re_e \to \infty$ (also $\nu \to 0$) erhalten wir dann aus (11, 4)

$$(11,6) \qquad
\begin{cases}
\dfrac{\partial v_x}{\partial t} + \dfrac{\partial v_x}{\partial x}\, v_x + \dfrac{\partial v_x}{\partial \eta}\, v_\eta = - \dfrac{\partial}{\partial x}\, \dfrac{p}{\varrho} + Ul\, \dfrac{\partial^2 v_x}{\partial \eta^2} \\[2mm]
\qquad\qquad 0 = \dfrac{\partial}{\partial \eta}\, \dfrac{p}{\varrho}\,.
\end{cases}$$

Nach der zweiten Gleichung ist $\dfrac{p}{\varrho}$ von η unabhängig, d. h. $-\dfrac{\partial}{\partial x}\, \dfrac{p}{\varrho}$ hat denselben Wert wie in der ungestörten Potentialströmung und ist somit als bekannt anzusehen. Wir setzen für das Druckgefälle zur Abkürzung

$$(11,7) \qquad\qquad -\frac{\partial}{\partial x}\, \frac{p}{\varrho} = i(x)$$

und erhalten so

$$(11,8) \qquad
\begin{cases}
\dfrac{\partial v_x}{\partial t} + \dfrac{\partial v_x}{\partial x}\, v_x + \dfrac{\partial v_x}{\partial \eta}\, v_\eta = i(x) + Ul\dfrac{\partial^2 v_x}{\partial \eta^2}\,, \\[2mm]
\qquad\quad \dfrac{\partial v_x}{\partial x} + \dfrac{\partial v_\eta}{\partial \eta} = 0\,.
\end{cases}$$

Besonders zu bemerken ist, daß sich infolge des Grenzüberganges der Charakter der ersten Gleichung geändert hat, aus einer Gleichung von elliptischem Typ mit $\varDelta v_x$ ist eine solche von parabolischem Typ mit $\dfrac{\partial^2 v_x}{\partial \eta^2}$ geworden.

Führt man ψ ein, so erhält man dementsprechend eine Gleichung dritter Ordnung an Stelle einer von der vierten Ordnung, nämlich

$$(11,8a) \qquad \frac{\partial^2 \psi}{\partial \eta\, \partial t} + \frac{\partial^2 \psi}{\partial x\, \partial \eta}\, \frac{\partial \psi}{\partial \eta} - \frac{\partial^2 \psi}{\partial \eta^2}\, \frac{\partial \psi}{\partial x} = i(x) + Ul\frac{\partial^3 \psi}{\partial \eta^3}\,.$$

Wir bemerken ohne Beweis, daß die vorstehende Methode auf allgemeine Fälle ausgedehnt werden kann. Man erhält dieselben Gleichungen, wo dann x die Bogenlänge des Randes, η den Normalabstand von der Wand bedeutet und $U\dfrac{\partial U}{\partial x}$ statt $i(x)$ steht, falls die Bewegung stationär und U die Geschwindigkeit am Rand der Grenzschicht ist[1]).

97. Durchführung für die ebene Platte. Wir bleiben bei dem einfachen Beispiel der ebenen Platte in gleichförmiger Parallelströmung und setzen dementsprechend

$$U = \text{const},\quad i(x) = 0,\quad \frac{\partial v_x}{\partial t} = 0 \quad\text{bzw.}\quad \frac{\partial \psi}{\partial t} = 0\,.$$

---

[1]) Vgl. v. Mises: Bemerkungen zur Hydrodynamik. ZAMM 7 (1927), S. 425 und 8 (1928), S. 251.

Wir erhalten so die Differentialgleichung

$$(11, 8\,\mathrm{b}) \qquad \frac{\partial^2 \psi}{\partial x \, \partial \eta} \frac{\partial \psi}{\partial \eta} - \frac{\partial^2 \psi}{\partial \eta^2} \frac{\partial \psi}{\partial x} = U l \frac{\partial^3 \psi}{\partial \eta^3} .$$

Mit $x = l\xi$, $\eta = l\zeta$, $\psi = U l \chi(\xi, \zeta)$, also

$$v_x = \frac{\partial \psi}{\partial \eta} = U \frac{\partial \chi}{\partial \zeta}, \quad v_y = - \frac{\partial \psi}{\partial x} = - U \frac{\partial \chi}{\partial \xi}$$

lautet sie dann dimensionslos

$$(11, 9) \qquad \frac{\partial^2 \chi}{\partial \xi \, \partial \zeta} \frac{\partial \chi}{\partial \zeta} - \frac{\partial^2 \chi}{\partial \zeta^2} \frac{\partial \chi}{\partial \xi} = \frac{\partial^3 \chi}{\partial \zeta^3} .$$

Wie lauten die Randbedingungen ?

a) An der Platte soll die Flüssigkeit haften, d. h. v_x und v_η Null sein, oder

$$\frac{\partial \chi}{\partial \zeta} = 0, \quad \frac{\partial \chi}{\partial \xi} = 0 \quad \text{für} \quad \zeta = 0, \quad 0 < \xi \leq 1 .$$

b) Am Rand der Grenzschicht soll $v_x = U$, also $\dfrac{\partial \chi}{\partial \zeta} = 1$ sein für normale y, d. h. große η bzw. ζ. Im Sinne unseres Grenzüberganges $\dfrac{Ul}{\nu} \to \infty$ werden wir das für $\zeta \to \infty$ verlangen, also

$$\frac{\partial \chi}{\partial \zeta} \to 1 \quad \text{für} \quad \zeta \to \infty .$$

Da eine additive Konstante zu ψ bzw. χ belanglos ist, können wir aus $\dfrac{\partial \chi}{\partial \xi} = 0$ für $\xi = 0$ auf $\chi = 0$ für $\xi = 0$ schließen.

c) Für $x = 0$ muß noch im allgemeinen eine sogenannte Einlaufbedingung vorgeschrieben sein. In unserem einfachen Fall scheint es angebracht zu sein, für $x = 0$ $u = U$ überall außer für $y = 0$ anzunehmen, wodurch in $x = 0$ die Grenzschicht auf $\eta = 0$ zusammenschrumpft. Der Nullpunkt $x = 0$, $\eta = 0$ wird durch diese Annahme ein singulärer Punkt der Grenzschicht.

Nun können wir mit H. Blasius[1]) das Problem lösen. Zunächst führen wir die Differentialgleichung auf eine gewöhnliche zurück.

Das Problem gestattet nämlich eine Transformationsgruppe. Es bleibt ungeändert, wenn man χ, ξ, ζ mit den konstanten Faktoren $\varkappa$, λ, μ multipliziert, wenn nur 1) $\varkappa = \dfrac{\lambda}{\mu}$ angenommen wird, wobei sich dann die Differentialgleichung nicht ändert, und 2) $\varkappa = \mu$, damit sich die zweite Randbedingung nicht ändert. Die anderen Randbedingungen ändern sich sowieso nicht. Die Transformation $\chi_1 = \varkappa \chi$, $\xi_1 = \lambda \xi = \varkappa^2 \xi$, $\zeta_1 = \mu \zeta = \varkappa \zeta$, die also das Problem ungeändert läßt, hat die Invarianten

$$(11, 10) \qquad z = \frac{\zeta}{\sqrt{\xi}} \quad \text{und} \quad 2h = \frac{\chi}{\sqrt{\xi}} .$$

Wir führen diese Invarianten mit dem Ansatz $h = f(z)$ ein, d. h.

$$(11, 10\,\mathrm{a}) \qquad \chi = 2\sqrt{\xi}\, f\!\left(\frac{\zeta}{\sqrt{\xi}}\right) .$$

---

[1]) Diss. Göttingen 1907; auch Z. Math. u. Phys. **56** (1908), S. 1.

Daraus folgen

$$\frac{\partial \chi}{\partial \zeta} = 2f'(z), \quad \frac{\partial^2 \chi}{\partial \zeta^2} = \frac{2}{\sqrt{\xi}} f''(z), \quad \frac{\partial^3 \chi}{\partial \zeta^3} = \frac{2}{\xi} f'''(z)$$

$$\frac{\partial \chi}{\partial \xi} = \frac{f(z)}{\sqrt{\xi}} - \frac{\zeta}{\xi} f'(z), \quad \frac{\partial^2 \chi}{\partial \xi \partial \zeta} = -\frac{\zeta}{\sqrt{\xi^3}} f''(z).$$

Einsetzen in die Differentialgleichung ergibt

$$(11, 11) \qquad\qquad ff'' + f''' = 0,$$

eine gewöhnliche Differentialgleichung dritter Ordnung für f.

Die Randbedingungen verlangen
1) $f = 0$ und $f' = 0$ für $z = 0$,
2) $2f' \to 1$ für $z \to \infty$.
3) Der Nullpunkt $\zeta = 0$, $\xi = 0$ ist ersichtlich singulär, eine Stelle der Unbestimmtheit. Die Stromfunktion ψ bzw. $\chi = $ const gibt ja für die Stromlinien

$$\sqrt{\xi}\, f\!\left(\frac{\zeta}{\sqrt{\xi}}\right) = \text{const}, \quad \text{d. h.} \quad \zeta = \sqrt{\xi}\, F\!\left(\sqrt{\xi}\right).$$

Nun wird f als Lösung der Differentialgleichung infolge der ersten Randbedingungen durch eine mit $C_2 z^2$ beginnende Potenzreihe integriert werden:

$$f = C_2 z^2 + \cdots,$$

weshalb die Stromlinien in der Nähe des Nullpunktes durch

$$\sqrt{\xi}\, C_2 \frac{\zeta^2}{\xi} + \cdots = \text{const},$$

d. h.

$$\zeta = \text{const} \cdot \sqrt[4]{\xi}$$

dargestellt werden können.

98. Rechnerische Durchführung der Integration der Differentialgleichung (11, 11).
Wie schon gesagt, muß (11, 11) eine mit einem Glied $c_0 z^2$ beginnende Potenzreihe als Integral haben. Dann beginnt auch die Reihe für $f'' f$ mit einem Glied der Potenz z^2 und wegen (11, 11) trifft das auch für f''' zu. Das zweite Glied der Reihe für f hat also die Potenz z^5. Ähnlich findet man als nächstes Glied eines mit der Potenz z^8. Vermutlich hat also f das Aussehen

$$(11, 12) \qquad f = c_0 z^2 + c_1 z^5 + c_2 z^8 + \cdots = \sum_{n=0}^{\infty} c_n z^{3n+2}.$$

Angenommen, die n ersten Glieder der Reihe für $f(z)$ haben wirklich diese Gestalt, dann beginnt die Reihe für $f''(z)$ mit

$$2c_0 + 5 \cdot 4 c_1 z^3 + \cdots + (3n + 2)(3n + 1) c_n z^{3n}.$$

Dann nehmen offenbar in ff'' und damit auch in f''' die Exponenten der Potenzen von z mindestens bis zum Glied mit z^{3n+2} stets um drei zu. Als nächstes Glied muß also in f eines mit $z^{3n+5} = z^{3(n+1)+2}$ folgen. Da die Annahme für $n = 0$ richtig war, ist sie also für alle n bewiesen, d. h. f hat wirklich die Form (11, 12).

Man kann dann aus c_0 die folgenden Koeffizienten durch Koeffizientenvergleich errechnen und erhält

$$c_1 = -\tfrac{1}{30}\,c_0^2\,, \quad c_2 = -\tfrac{11}{168}\,c_1 = \tfrac{11}{5040}\,c_0^2 \quad \text{usw.}$$

Weitere Koeffizienten hat Blasius berechnet.

Es ist nun noch c_0 aus der zweiten Randbedingung zu bestimmen. Dazu ist zunächst zu bemerken, daß durch die Substitution

$$z_1 = c_0^{\frac{1}{3}}\, z$$

die Reihe für $f(z)$ übergeht in

$$f = c_0^{\frac{1}{3}}\, f_1(z_1)\,,$$

wobei die Koeffizienten der Reihe für f_1 aus denen der Reihe für f hervorgehen, wenn man $c_0 = 1$ setzt (es genügt also auch $f_1(z_1)$ der Gleichung (11, 11)). Es ist dann

$$\frac{df}{dz} = c_0^{\frac{2}{3}}\, \frac{df_1}{dz_1}\,.$$

Nach der zweiten Randbedingung ist also

$$c_0^{\frac{2}{3}} = \frac{1}{2 \lim\limits_{z_1 \to \infty} \dfrac{df_1}{dz_1}} = \frac{1}{2\,\mathrm{tg}\,\alpha}\,,$$

wobei $\mathrm{tg}\,\alpha$ die asymptotische Richtung von $f_1(z_1)$ ist.

Man muß also diese asymptotische Richtung bestimmen (Abb. 62). Blasius hat dazu eine asymptotische Entwicklung zu Hilfe genommen. Doch kommt man einfacher zum Ziel, wenn man die Kurve $f_1 = f_1(z_1)$ mit Hilfe der Reihe so weit berechnet, als diese gut konvergiert. Dann setzt man am besten die Bestimmung von f_1 schrittweise mit Methoden der Näherungsrechnung fort, bis man die Richtung der Asymptote genau genug erkennen kann. Es ergibt sich so

$$\mathrm{tg}\,\alpha = 4{,}171 \quad \text{und} \quad c_0 = 0{,}0415\,.$$

Ist so alles berechnet, so interessiert vor allem die resultierende Schubkraft an der Platte.

Akb. 62

Ist μ der Zähigkeitskoeffizient (in § 8 mit η bezeichnet), so ist wegen $y = \varepsilon\,\eta = \varepsilon l\zeta$, $\psi = U l\chi$, $\varepsilon^2 = \dfrac{v}{Ul}$ und $\mu = v\varrho$ die Schubspannung

$$S = \mu\,\frac{\partial v_x}{\partial y} = \mu\,\frac{\partial^2 \psi}{\partial \eta\,\partial y} = \mu U l\,\frac{\partial^2 \chi}{\partial \zeta^2}\,\frac{1}{l^2\varepsilon}$$

$$= \mu\,\sqrt{\frac{U^3}{vl}}\,\frac{2}{\sqrt{\xi}}\,f''(0) = 2\varrho\,\sqrt{\frac{vU^3}{x}}\,f''(0) = 4\varrho c_0\,\sqrt{\frac{vU^3}{x}}\,.$$

Der gesamte Widerstand W ist das mit 2 und der Breite b multiplizierte Integral über x von 0 bis l, also

$$W = 16\varrho c_0 b\sqrt{vU^3 l}\,.$$

Mit dem Staudruck $\frac{1}{2}\varrho U^2$ kann man

$$W = c_w F \tfrac{1}{2}\varrho U^2$$

schreiben, wobei

$$F = lb \quad \text{und} \quad c_w = 32 c_0 \sqrt{\frac{\nu}{Ul}} = \frac{1{,}328}{\sqrt{\Re_e}}. \qquad ^1)$$

Hervorzuheben ist besonders, daß W der Potenz $U^{\frac{3}{2}}$ proportional ist.

Zu bemerken ist noch, daß es sich auch hier um eine Strömung handelt, die als laminar zu bezeichnen ist, da die Stromlinien mathematische Linien von regelmäßigem Charakter sind[2]). Man hat aber auch auf turbulente Vorgänge die Theorie der Grenzschicht ausgedehnt, wo man dann nur mit Mittelwerten, insbesondere mit dem Impulssatz, arbeiten kann[3]). Eine umfangreiche Literatur hat sich angeschlossen, auf die wir hier nicht eingehen können. Teils betrifft sie Nutzanwendungen der Theorie, teils die Durchrechnung komplizierterer Aufgaben, auch unter Anwendung von Differenzenrechnung[4]). Eine strenge, kritische Betrachtung mit 43 Literaturangaben bei Harry Schmidt und Kurt Schröder[5]).

99. Konvergenzbetrachtung. Man kann den Konvergenzradius der Blasiusschen Reihe leicht in Schranken einschließen.

Integriert man unter den Anfangsbedingungen $f(0) = 0$, $f'(0) = 0$, $f''(0) = 2$ die Differentialgleichung

$$f''' = -ff''$$

so gibt der Ansatz

$$\text{a)} \qquad f = \sum_{2}^{\infty} c_\nu z^\nu (-1)^\nu$$

die Rekursionsformeln

$$\nu(\nu-1)(\nu-2)c_\nu = \sum_{\sigma=2}^{\nu-3} \sigma(\sigma-1)c_\sigma c_{\nu-\sigma-1} \quad (\nu = 3, 4, \cdots),$$

daher sind alle $c_\nu \geq 0$. Da nur positive Glieder vorkommen, verschlechtert Vergrößerung der Koeffizienten die Konvergenz. Stellt man daneben die Gleichungen

$$\text{b)} \quad f''' = f'f'' \quad \text{und} \quad \text{c)} \quad f''' = ff',$$

so erhält man mit demselben Ansatz

bei b)

$$\nu(\nu-1)(\nu-2)c_\nu = \sum_{\sigma=2}^{\nu-2} \sigma(\sigma-1)(\nu-\sigma)c_\sigma c_{\nu-\sigma} \quad (\nu = 3, 4, \cdots),$$

bei c)

$$\nu(\nu-1)(\nu-2)c_\nu = \sum_{\sigma=2}^{\nu-4} \sigma c_\sigma c_{\nu-\sigma-2} \quad (\nu = 3, 4, \cdots).$$

---

[1]) Zahlenangabe nach Prandtl, L.: Führer durch die Strömungslehre. 4. Aufl. Braunschweig 1956. S. 104 u. 182 und Durand: Aerodynamic Theory III, Section 14. Berlin 1935. S. 88 u. 89; Blasius gab 1,327; der Wert 1,328 stammt von C. Töpfer, Z. Math. u. Phys. **60** (1912), S. 397.

[2]) Eine genaue Definition des Begriffs „laminar" fehlt wohl noch; vgl. Oseen, C. W.: Das Turbulenzproblem. Verh. 9. Internat. techn. Mech. Bd. I. Stockholm 1930. S. 3.

[3]) Th. v. Kármán, ZAMM **1** (1921), S. 233 und K. Pohlhausen, ebenda, S. 252.

[4]) Neuerdings eine Arbeit von H. Witting im Archiv d. Math. **IV** (1953) H. 3, S. 247.

[5]) Laminare Grenzschichten, Bericht der D. V. L. Berlin-Adlershof (Luftfahrtforschung Bd. 19), sowie: Die Prandtlsche Grenzschichtgleichung.... Deutsche Math. **6** (1941), S. 307.

Setzt man bei b) $v = v' - 1$, bei c) $v = v'' + 1$, so erhält man

bei b)

$$(v' - 1)(v' - 2)(v' - 3)c_{v'-1} = \sum_{\sigma=2}^{v'-3} \sigma(\sigma - 1)(v' - \sigma - 1)c_\sigma c_{v'-\sigma-1} \quad (v' = 4, 5, \cdots),$$

bei c)

$$(v'' + 1)v''(v'' - 1)c_{v''+1} = \sum_{\sigma=2}^{v''-3} \sigma c_\sigma c_{v''-\sigma-1} \quad (v'' = 2, 3, \cdots).$$

Man erkennt durch Berechnung der ersten Glieder, daß tatsächlich a) mit $v = 5$; b) mit $v' = 5$ und c) mit $v'' = 5$ anfängt. Man kann somit unmittelbar vergleichen und feststellen, daß

$$(c_{v''} + 1)_c \leq (c_v)_a \leq (c_{v'} - 1)_b \, .$$

Da es für die Konvergenzfrage auf einen Faktor z nicht ankommt, kann man für die Konvergenzradien die umgekehrten Ungleichungen feststellen, also

$$r_c \geq r_a \geq r_b \, .$$

r_b und r_c können aber berechnet werden, da die Differentialgleichungen b) und c) elementar integriert werden können.

Für b) folgt zunächst durch einmalige Integration

$$f'' = \tfrac{1}{2} f'^2 + 2 \, ,$$

also mit $f' = u$

$$z = \int_0^u \frac{du}{\tfrac{1}{2} u^2 + 2} = \operatorname{arc\,tg} \frac{u}{2}$$

und somit $f' = u = 2 \operatorname{tg} z$. Daher ist $r_b = \dfrac{\pi}{2}$.

Für c) folgt zunächst

$$f'' = \tfrac{1}{2} f^2 + 2 \, ,$$

also

$$f'f'' = \tfrac{1}{2} f^2 f' + 2f'$$

und durch abermalige Integration

$$\tfrac{1}{2} f'^2 = \tfrac{1}{6} f^3 + 2f \, ,$$

somit

$$z = \sqrt{12} \int_0^f \frac{df}{\sqrt{4f(12 + f^2)}}$$

oder

$$\frac{z}{\sqrt{12}} = \int_0^\infty \frac{df}{\sqrt{4f(12 + f^2)}} - \int_f^\infty \frac{df}{\sqrt{4f(12 + f^2)}} \, .$$

Es handelt sich also um elliptische Integrale in der Weierstraßschen Normalform.

Wählt man $l_1 = \sqrt{12}\,i$, $l_2 = 0$, $l_3 = -\sqrt{12}\,i$ und somit die Halbperioden

$$\omega' = \int_{l_1}^{l_2} \frac{df}{\sqrt{4f(12 + f^2)}}, \quad \omega = \int_{l_3}^{l_2} \frac{df}{\sqrt{4f(12 + f^2)}},$$

die Integrale so erstreckt, wie Abb. 63 angibt — die punktierten Linien sollen die Schlitze darstellen —, so erkennt man leicht durch Deformation des Integrationsweges, daß

$$2\omega = -\int\limits_{\infty}^{0} + \int\limits_{0}^{-\infty}, \quad 2\omega' = \int\limits_{0}^{\infty} + \int\limits_{-\infty}^{0},$$

die Integrale über die reelle Achse erstreckt, und somit

$$\int\limits_{0}^{\infty} = \omega + \omega'.$$

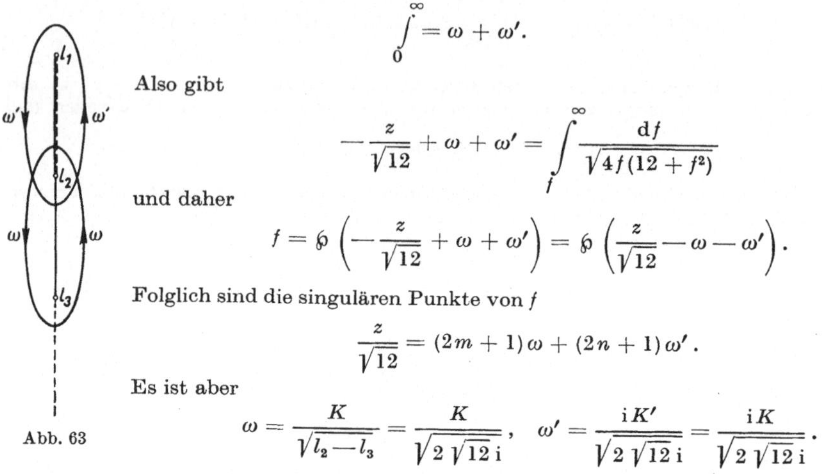

Also gibt

$$-\frac{z}{\sqrt{12}} + \omega + \omega' = \int\limits_{f}^{\infty} \frac{df}{\sqrt{4f(12 + f^2)}}$$

und daher

$$f = \wp\left(-\frac{z}{\sqrt{12}} + \omega + \omega'\right) = \wp\left(\frac{z}{\sqrt{12}} - \omega - \omega'\right).$$

Folglich sind die singulären Punkte von f

$$\frac{z}{\sqrt{12}} = (2m + 1)\,\omega + (2n + 1)\,\omega'.$$

Es ist aber

$$\omega = \frac{K}{\sqrt{l_2 - l_3}} = \frac{K}{\sqrt{2\sqrt{12}\,\mathrm{i}}}, \quad \omega' = \frac{\mathrm{i}K'}{\sqrt{2\sqrt{12}\,\mathrm{i}}} = \frac{\mathrm{i}K}{\sqrt{2\sqrt{12}\,\mathrm{i}}}.$$

Daher hat der nächste singuläre Punkt die Entfernung

$$|z| = \frac{\sqrt{12}\,K}{\sqrt{2\sqrt{12}}} \cdot \sqrt{2} = \sqrt{12}\,K.$$

Es ist aber der Jacobische Modul k

$$k = \sqrt{\frac{e_2 - e_3}{e_1 - e_3}} = \sqrt{\frac{\sqrt{12}\,\mathrm{i}}{2\sqrt{12}\,\mathrm{i}}} = \frac{1}{\sqrt{2}}$$

und daher $K = K' \approx 1{,}85407$, somit

$$r_c = \sqrt[4]{12} \cdot 1{,}85407 \approx 3{,}4508.$$

Also liegt der Wert des Konvergenzradius der Blasiusschen Reihe zwischen $\frac{\pi}{2} = 1{,}5708$ und $3{,}4508$[1]).

100. Strahlablösung. Eine ruhende Wand, an der die Flüssigkeit haftet, muß eine Verzögerung der Strömung hervorrufen. Kommt noch ein Druckanstieg hinzu, so kann eine Ablösung der Strömung von der Wand stattfinden[2]).

Wir setzen in der Nähe der als eben angenommenen Wand für die Stromfunktion die Reihe an

$$\psi = a(x)\,y^2 + b(x)\,y^3 + \cdots$$

---

[1]) Über elliptische Funktionen vgl. Oberhettinger-Magnus: Anwendung der ellipt. Funktionen in Physik und Technik. Berlin 1949 oder Tricomi-Krafft: Elliptische Funktionen. Leipzig 1948. Hier besonders Kap. I, § 10 und Kap. II, § 6.

[2]) Ausführungen darüber finden sich in Prandtl, L.: Führer durch die Strömungslehre. 4. Aufl. Braunschweig 1956. S. 128 u. f.; ferner in Durand: Aerodynamic Theory III, Section 15. Berlin 1935. S. 90.

und also

$$v_x = \frac{\partial \psi}{\partial y} = 2\,a\,y + 3\,b\,y^2 + \cdots, \qquad v_y = -\frac{\partial \psi}{\partial x} = -a'(x)\,y^2 - b'(x)\,y^3 .$$

Wenn nun in $x = 0$ Ablösung stattfinden soll (Abb. 64), so muß dort a sein Zeichen wechseln, also Null sein. Für $x < 0$ sei $a > 0$, für $x > 0$ sei $a < 0$.

Die erste Bewegungsgleichung (8, 14 a) lautet dann mit $i(x) = -\dfrac{\partial}{\partial x}\dfrac{p}{\varrho}$

$$2\frac{\partial a}{\partial t}\,y + 3\frac{\partial b}{\partial t}\,y^2 + \cdots + (2a'y + 3b'y^2 + \cdots)(2a\,y + 3b\,y^2 + \cdots)$$

$$-(2a + 6b\,y + \cdots)(a'y^2 + b'y^3 + \cdots) = i(x) + \nu(2a''y + 3b''y^2 + \cdots + 6b + \cdots),$$

und daraus folgt durch Vergleich der Potenzen von y

$$i + 6\nu b = 0 .$$

Nun wird die Stromlinie durch den Nullpunkt durch $\psi = 0$ beschrieben; daher lautet ihr von $y = 0$ verschiedener Zweig näherungsweise

$$y \approx -\frac{a(x)}{b(0)}$$

oder, wenn $a(x) \approx -\alpha x$ mit $\alpha > 0$,

$$\frac{y}{x} \approx \frac{\alpha}{b(0)} .$$

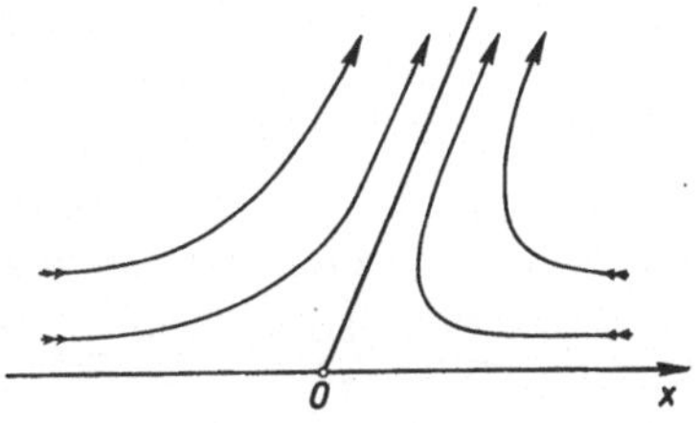

Da dies bei Ablösung positiv sein muß, folgt $b(0) > 0$, also

$$i(x) \approx -6\nu b(0) < 0,$$

Abb. 64

d. h. es muß ein Druckanstieg vorhanden sein. In Verbindung mit der Grenzschicht haben zuerst Blasius[1]) und Hiemenz[2]), dann Görtler[3]) die Ablösung an einem Kreiszylinder, E. Boltze[4]) für die Kugel bestimmt.

Praktisch besonders wichtig sind die Maßnahmen zur Verhütung der Ablösung, die unerwünscht sein kann. Es bestehen natürlich auch Beziehungen zu unserem Ergebnis über die Unmöglichkeit beständigen Ausströmens aus einem zu weiten Trichter (vgl. Nr. 87). Ablösungen werden auch Turbulenz in einer bis dahin laminaren Strömung hervorrufen müssen.

§ 12. Turbulenz

101. Der Ansatz von Osborne Reynolds. Das Charakteristische der Turbulenz besteht darin, daß sich über die mit den üblichen Methoden der Technik (Woltmannscher Flügel, Pitotrohr) feststellbare Durchschnittsbewegung eine unregelmäßige Bewegung kleiner Oszillationen lagert, die ihre Energie aus der Durchschnittsbewegung schöpft und sie schnell durch die innere Reibung in Wärme verwandelt.

---

[1]) S. Fußnote 1 auf S. 173.
[2]) Diss., Göttingen 1911.
[3]) ZAMM **19** (1939), S. 129.
[4]) Diss., Göttingen 1908.

Dementsprechend machte O. Reynolds, der Entdecker der Turbulenz, den Ansatz[1])

$$(12,1) \qquad v_x = u + u', \quad v_y = v + v', \quad v_z = w + w', \quad p = p_0 + p',$$

wo nun bei einer Mittelbildung M über kleine Intervalle der vier unabhängigen Veränderlichen x, y, z, t, d. h.

$$M = \frac{1}{8\,\xi\eta\zeta\tau} \int\limits_{x-\xi}^{x+\xi} \int\limits_{y-\eta}^{y+\eta} \int\limits_{z-\zeta}^{z+\zeta} \int\limits_{t-\tau}^{t+\tau} \cdots \mathrm{d}x\,\mathrm{d}y\,\mathrm{d}z\,\mathrm{d}t,$$

$$(12,2) \qquad \begin{cases} M(u') = M(v') = M(w') = M(p') = 0, \\ M(u) = u, \quad M(v) = v, \quad M(w) = w, \quad M(p_0) = p_0, \end{cases}$$

also

$$(12, 2a) \qquad\qquad M(v_x) = u \ \text{usw.}$$

sein möge. Das Analoge gelte auch für alle Ableitungen, aber nicht für Produkte $v_x v_y$ bzw. $u'v'$ usw. Denn daß $M(u') = 0$ ist, liegt daran, daß sich im großen und ganzen positive und negative Werte von u' aufheben, was bei den Quadraten und Produkten nicht der Fall ist. $M(u) = u$ usw. ist Definition.

Daher wird aus den Bewegungsgleichungen (8, 14a) (von der Schwerkraft werde abgesehen) durch Mittelbildung

$$(12, 3) \quad \frac{\partial u}{\partial t} + \frac{\partial u}{\partial x} u + \frac{\partial u}{\partial y} v + \frac{\partial u}{\partial z} w = -\frac{\partial}{\partial x}\frac{p}{\varrho} + \nu \Delta u$$
$$-M\left(\frac{\partial u'}{\partial x} u' + \frac{\partial u'}{\partial y} v' + \frac{\partial u'}{\partial z} w' \right)$$

usw. Die anderen Glieder fallen nach der Grundannahme fort. Es ist aber bei Annahme der Inkompressibilität

$$\operatorname{div}\mathfrak{v} = \frac{\partial u}{\partial x} + \frac{\partial v}{\partial y} + \frac{\partial w}{\partial z} + \frac{\partial u'}{\partial x} + \frac{\partial v'}{\partial y} + \frac{\partial w'}{\partial z} = 0$$

und daher

$$\frac{\partial u'}{\partial x} + \frac{\partial v'}{\partial y} + \frac{\partial w'}{\partial z} = 0,$$

wenn auch die Grundströmung (u, v, w) als inkompressibel angesehen werden darf. Dann aber wird

$$\frac{\partial u'}{\partial x} u' + \frac{\partial u'}{\partial y} v' + \frac{\partial u'}{\partial z} w' = \frac{\partial}{\partial x} u'^2 + \frac{\partial}{\partial y}(u'v') + \frac{\partial}{\partial z}(u'w').$$

Folglich erscheint die Wirkung der überlagerten Turbulenz als zusätzliche Spannung:

$$X'_x = -\varrho M(u'^2), \quad X'_y = Y'_x = -\varrho M(u'v'),$$
$$X'_z = Z'_x = -\varrho M(u'w'),$$

denn rechts steht in der Bewegungsgleichung (12, 3) offenbar

$$\frac{1}{\varrho}\left(\frac{\partial X'_x}{\partial x} + \frac{\partial X'_y}{\partial y} + \frac{\partial X'_z}{\partial z} \right).$$

---

[1]) Philosoph. Trans. 1883, 1886.

Für die ebene stationäre Strömung zwischen parallelen Wänden bekommen wir so

$$(12, 4) \qquad \varrho \frac{\partial}{\partial y} \mathsf{M}(u'v') = i + v \frac{\mathrm{d}^2 u}{\mathrm{d} y^2}$$

mit $i = -\dfrac{\partial}{\partial x} \dfrac{p_0}{\varrho}$ als Druckgefälle.

102. Bestimmung der Zusatzspannungen. Schon Boussinesq hatte in seiner Théorie de l'écoulement tourbillonnant (Paris 1897) für die ebene Parallelströmung in der x-Richtung den formalen Ansatz

$$(12, 5) \qquad \mathsf{M}(u'v') = - \varepsilon \frac{\mathrm{d} u}{\mathrm{d} y}$$

gemacht, also denselben wie bei zähen Flüssigkeiten für $\dfrac{1}{\varrho} X_y$; doch ist dann ε keine Materialkonstante wie v, sondern

$$(12, 6) \qquad \varepsilon = l^2 \left| \frac{\mathrm{d} u}{\mathrm{d} y} \right| ,$$

wo l aus Dimensionsgründen eine Länge sein muß. Prandtl fand dann[1]) für dieses l eine tiefere Bedeutung, indem er den Austausch von Wirbeln zwischen den Stromfäden der Grundströmung betrachtete. Ähnlich wie in der Molekularphysik eine freie Weglänge eingeführt werden kann, kann man hier den „Mischungsweg" l einführen, der für den Austausch von Wirbeln maßgebend ist. Das Nähere möge der Leser in der Originalliteratur nachsehen.

Leider ist dieses l nicht konstant und kann auch noch nicht rationell aus den hydrodynamischen Gleichungen gewonnen werden; es muß $l(y)$ experimentell bestimmt werden.

Nehmen wir aber einmal beispielsweise l konstant, so wird

$$(12, 7) \qquad i = - v \frac{\mathrm{d}^2 u}{\mathrm{d} y^2} - l^2 \frac{\mathrm{d}}{\mathrm{d} y} \left(\frac{\mathrm{d} u}{\mathrm{d} y} \right)^2 \quad \text{für} \quad -h \leq y \leq 0$$

wo $\left| \dfrac{\mathrm{d} u}{\mathrm{d} y} \right| = \dfrac{\mathrm{d} u}{\mathrm{d} y}$ ist, da u wächst. Für $0 \leq y \leq h$ muß das andere Zeichen gewählt werden. Einmalige Integration gibt

$$i y = - v \frac{\mathrm{d} u}{\mathrm{d} y} - l^2 \left(\frac{\mathrm{d} u}{\mathrm{d} y} \right)^2 ,$$

da $\dfrac{\mathrm{d} u}{\mathrm{d} y} = 0$ für $y = 0$. Daraus folgt

$$\frac{\mathrm{d} u}{\mathrm{d} y} = - \frac{v}{2 l^2} + \sqrt{ \frac{v^2}{4 l^4} - \frac{i y}{l^2} } .$$

Das $+$ Zeichen muß wegen $\dfrac{\mathrm{d} u}{\mathrm{d} y} = 0$ für $y = 0$ gewählt werden. Man könnte dies weiter elementar integrieren. Wenn aber v sehr klein ist (die Reynoldssche Zahl also sehr groß ist), kann das Glied $v \dfrac{\mathrm{d} u}{\mathrm{d} y}$ gegen $l^2 \left(\dfrac{\mathrm{d} u}{\mathrm{d} y} \right)^2$ vernachlässigt werden, so daß

$$\frac{\mathrm{d} u}{\mathrm{d} y} = \frac{\sqrt{i}}{l} \sqrt{-y} \quad \text{für} \quad -h \leq y \leq 0$$

---

[1]) ZAMM 5 (1925), S. 136; s. auch Verh. d. 2. Internat. Kongr. für technische Mechanik 1926 in Zürich. Zürich 1927.

und somit

$$u = \tfrac{2}{3}\frac{\sqrt{i}}{l}\left(\sqrt{h^3} - \sqrt{-y^3}\right)$$

wird.

Die Durchflußmenge beträgt dann je Einheit der Tiefe im rechteckigen Kanal

$$Q = 2\int\limits_{-h}^{0} u\,\mathrm{d}y = \tfrac{4}{5}\frac{\sqrt{i}}{l}\sqrt{h}^{\,5} = u_m\cdot 2\,h\,,$$

so daß die mittlere Geschwindigkeit

$$u_m = \tfrac{2}{5}\frac{\sqrt{i}}{l}\sqrt{h}^{\,3}$$

oder $i = \tfrac{25}{4}\dfrac{l^2 u_m^2}{h^3}$ ist.

Das ist das in der Technik (Hydraulik) übliche Gesetz für das nötige Druckgefälle, wenn man noch l dem h proportional annimmt.

103. Weitere Ansätze für den Mischungsweg. l ist, wie gesagt, nicht konstant. Auch hat der Ansatz von Boussinesq-Prandtl den Nachteil, daß in der Mitte $\dfrac{\mathrm{d}u}{\mathrm{d}y}=0$ ist, die Reibung X_y also verschwinden müßte, was unwahrscheinlich ist. Prandtl machte deshalb[1]) den verbesserten Ansatz

$$l^2\left(\frac{\mathrm{d}u}{\mathrm{d}y}\right)^2 + l'^4\left(\frac{\mathrm{d}^2u}{\mathrm{d}y^2}\right)^2,$$

wo auch l' eine Länge ist. Setzt man vorübergehend $\dfrac{\mathrm{d}u}{\mathrm{d}y}=z$ und vernachlässigt wieder die Zähigkeit, so erhält man die Differentialgleichung

$$(12,8) \qquad\qquad l'^4\left(\frac{\mathrm{d}z}{\mathrm{d}y}\right)^2 + l^2 z^2 + i\,y = 0\,.$$

Setzt man darin $z = a z_1$ und $y = b y_1$, so erhält man bei konstantem a, b nach Division mit $\dfrac{l'^4 a^2}{b^2}$

$$\left(\frac{\mathrm{d}z_1}{\mathrm{d}y_1}\right)^2 + \frac{l^2 b^2}{l'^4}z_1^2 + \frac{i b^3}{l'^4 a^2}y_1 = 0\,,$$

daher mit $b = \dfrac{l'^2}{l}$ und $a = \dfrac{\sqrt{i}\,\sqrt{b}^{\,3}}{l'^2} = \dfrac{\sqrt{i}\,l'}{\sqrt{l}^{\,3}}$

$$\left(\frac{\mathrm{d}z_1}{\mathrm{d}y_1}\right)^2 + z_1^2 + y_1 = 0\,.$$

Da für $y = 0$ auch $z = 0$, also für $y_1 = 0$ auch $z_1 = 0$ sein muß, muß dort auch $\dfrac{\mathrm{d}z_1}{\mathrm{d}y_1}=0$ sein, aber schwächer als z_1. Daher in erster Näherung

$$\frac{\mathrm{d}z_1}{\mathrm{d}y_1} = \sqrt{-y_1}\,, \quad\text{also}\quad z_1 = -\tfrac{2}{3}\sqrt{-y_1}^{\,3}\,.$$

---

[1]) ZAMM **22** (1942), S. 241.

Genauer ist dann

$$\left(\frac{\mathrm{d}z_1}{\mathrm{d}y_1}\right)^2 = -\,y_1 + \tfrac{4}{9}\,y_1^3\,,$$

$$z_1 = \int\limits_0^{y_1} \sqrt{-\,y_1 + \tfrac{4}{9}\,y_1^3}\,\mathrm{d}y_1 \approx -\,\tfrac{2}{3}\sqrt{-\,y_1}^{\,3} + \tfrac{4}{63}\sqrt{-\,y_1}^{\,7}\,.$$

Ist $z_1 = Z\left(\sqrt{-\,y_1}\right)$ bestimmt, so ist

$$z = \frac{1}{a}\,Z\left(\sqrt{-\,\frac{y}{b}}\right) = \frac{\sqrt{l}^{\,3}}{l'\sqrt{i}}\,Z\left(\sqrt{-\,\frac{yl}{l'^2}}\right)$$

und weiter

$$u = \frac{\sqrt{l}^{\,3}}{l'\sqrt{i}}\int\limits_0^y Z\left(\sqrt{-\,\frac{yl}{l'^2}}\right)\mathrm{d}y + u_0\,,$$

wo u_0 die Geschwindigkeit für $y = 0$ ist, oder

$$u = l'\sqrt{\frac{l}{i}}\int\limits_0^{y_2} Z\left(\sqrt{-\,y_2}\right)\mathrm{d}y_2 + u_0 \quad \text{mit} \quad y_2 = \frac{yl}{l'^2}\,.$$

u_0 bestimmt sich daraus, daß $u = 0$ für $y = -\,h$ sein muß. Übrigens wird auch bei diesem Ansatz noch immer in der Mitte $X_y = 0$, da für $y = 0$ z und $\frac{\mathrm{d}z}{\mathrm{d}y}$ verschwinden.

v. Kármán[1]) hat den folgenden Ansatz begründet und durchgeführt:

$$l = \frac{\varkappa\left|\dfrac{\mathrm{d}u}{\mathrm{d}y}\right|}{\left|\dfrac{\mathrm{d}^2u}{\mathrm{d}y^2}\right|}\,,$$

wo jetzt $\varkappa$ eine dimensionslose Zahl ist. Man erhält so für $-\,h \leq y \leq 0$

$$\frac{\varkappa^2\left(\dfrac{\mathrm{d}u}{\mathrm{d}y}\right)^4}{\left(\dfrac{\mathrm{d}^2u}{\mathrm{d}y^2}\right)^2} + \nu\,\frac{\mathrm{d}u}{\mathrm{d}y} + i\,y = 0\,,$$

was zu

$$u = \frac{\sqrt{i}}{\varkappa}\left[-\sqrt{-\,y} + \sqrt{a}\,\log\left(1 - \sqrt{-\,\frac{y}{a}}\right)\right] + C$$

integriert werden kann, mit a und C als Integrationskonstanten, wenn man wieder das Zähigkeitsglied vernachlässigt.

104. Die Streifenmethode. Merkwürdigerweise führt auf dieselbe Differentialgleichung wie die Kármánsche Ähnlichkeitsbetrachtung, wenigstens für das offene Intervall $-\,h < y < 0$, die Streifenmethode[2]), die wir wenigstens an einem

---

[1]) v. Kármán, Th.: Mechanische Ähnlichkeit und Turbulenz. Göttinger Nachr. 1930, S. 58.
[2]) S. Hamel, Abhdlg. d. Preuß. Akad. d. Wiss. 1943, Math.-naturwiss. Kl. Nr. 8.

Beispiel erläutern wollen. Es liege in einem Intervall der Variablen x bei gegebenem $U(x)$ mit beschränktem U' und U'' die Differentialgleichung

$$\nu y' + U'(x)\, y^2 = 0$$

vor mit dem sehr kleinen, konstanten Parameter ν. Man kann sie exakt integrieren zu

$$y = \frac{\nu}{U(x) - C}$$

mit C als Integrationskonstanten. In der Regel wird wegen der Voraussetzungen y sehr klein sein, ausgenommen diejenigen Stellen, an denen $U(x) \approx C$ ist.

Ist $U(c) = C$ und liegt c in dem zulässigen Intervall von x, so darf man mit genügender Genauigkeit in der Nähe von c

$$y = \frac{\nu}{U'(c)\,(x - c)}$$

setzen.

Die Streifenmethode geht nun so vor. Ist y' groß, was im allgemeinen bei der Kleinheit von ν erwartet werden kann, so teilen wir das x-Intervall in der Nähe solcher Stellen in schmale Streifen, in denen wir dann U' als konstant betrachten dürfen. Die Substitution

$$y = \frac{1}{U'}\,\eta$$

macht dann aus der Differentialgleichung für y die neue

$$\nu\eta' + \eta^2 = 0\,,$$

die für alle Streifen dieselbe ist, da sie von x explizit unabhängig ist. Ihre Lösung ist

$$\eta = \frac{\nu}{x - c}$$

mit c als Integrationskonstante. Somit ergibt sich

$$y = \frac{1}{U'(x)}\,\frac{\nu}{x - c}\,,$$

was aber für den Streifen um $x = c$ mit dem obigen übereinstimmt. Liegt x außerhalb dieses Streifens, so wird y sehr klein.

Diese Methode kann auf die Navier-Stokesschen Gleichungen in der Ebene für den Bereich $-h < y < 0$ und $0 < y < h$ angewandt werden, wobei man noch statt der immerhin anfechtbaren Reynoldsschen Mittelbildung die exakte

$$\lim_{a \to \infty} \frac{1}{2a} \int_{-a}^{a} \cdots \mathrm{d}x$$

verwenden kann. Man stößt so, was hier nicht ausgeführt werden soll, auf die Kármánsche Differentialgleichung der vorigen Nummer.

Die Theorie benutzt noch wesentlich die Kleinheit von $\dfrac{1}{\Re_e}$; sie gilt in dem offenen Intervall $-h < y < 0$ bzw. $0 < y < h$ und muß also an den Rändern ergänzt werden. Für $y \approx \pm\, h$ hat dies schon v. Kármán getan, wobei Überlegungen von

Prandtl[1]) benutzt werden, die etwas über das Verhalten am Rande aussagen. Sie beruhen im wesentlichen auf Ähnlichkeitsbetrachtungen, wie wir sie in Nr. 72 anstellten. Es wird angenommen, daß der andere Rand nicht wesentlich einwirkt.

Nun muß aber auch in der Umgebung von $y = 0$ die Theorie abgeändert werden. In diesem Streifen überwiegen Glieder, die anderswo klein von höherer Ordnung sind. Man bekommt so die Differentialgleichung[2])

$$- \varkappa'^2 \, v^{\frac{4}{3}} \left(\frac{\mathrm{d}^2 U}{\mathrm{d} y^2} \right)^{\frac{2}{3}} = i \, y + v \, \frac{\mathrm{d} U}{\mathrm{d} y}$$

(für kleine negative y); $\varkappa'$ ist eine neue Konstante. Setzt man mit v. Kármán

$$\psi = \frac{2 \, i h}{U_{\max}^2} \, ,$$

wo $U_{\max}$ der maximale Wert von U ist,

$$\Re_m = \frac{U_{\max} h}{v} \quad \text{(eine Reynoldssche Zahl)}$$

und trägt

$$Y = \frac{1}{\sqrt{\psi}} \, , \quad \log \left(\Re_m \sqrt{\psi} \right) = X$$

als Koordinaten auf, so bekommt man nach Berechnung der Konstanten $\varkappa$ und $\varkappa'$ aus Versuchen die Beziehung $Y = 3{,}55 \, X + 5{,}75 - 80 \cdot 10^{-0{,}8 X}$.

Das letzte Glied findet sich allerdings bei v. Kármán nicht. Nach Berechnungen von J. Nikuradse liegen die Maßpunkte für das Intervall $2 < X < 5$ recht gut auf dieser Kurve. $\psi^{-\frac{1}{2}}$ läuft dabei von etwa 12,5 bis etwas mehr als 22,5. Für $\varkappa$ und $\varkappa'$ ergeben sich die Beziehungen

$$\frac{\log 10}{\varkappa \sqrt{2}} = 3{,}55 \, , \quad \frac{3}{14} \sqrt[5]{\frac{25 \varkappa'^6}{4 \varkappa^2}} = \frac{80}{\varkappa \sqrt{2}} \, .$$

105. Stabilitätsfragen. Natürlich erhebt sich die Frage, wie und wann sich der Übergang von der Laminarbewegung zur turbulenten Strömung vollzieht.

Der von Reynolds festgestellte kritische Wert 2000 der nach ihm benannten Zahl $\Re_e$ schien auf Instabilität der Laminarbewegung an dem kritischen Punkt hinzuweisen. Eine solche hat sich aber nicht nachweisen lassen. Auch ist die Zahl 2000 nicht wirklich fest. Sie kann durch Störungen an der Einlaufstelle ebenso heruntergesetzt, wie durch besonders sorgfältige Einleitung der Bewegung heraufgesetzt werden. Es scheint sich um eine erweiterte Stabilitätsformulierung zu handeln: Eine Bewegung heißt stabil, wenn die gestörte dauernd in beliebiger Nähe bleibt, falls die Störung nun nicht hinreichend klein, sondern von einer gewissen Kleinheit ist. Darauf weisen auch Berechnungen hin, die schon von Lord Rayleigh 1880 und 1887 für ideale Flüssigkeiten, dann von Reynolds 1895 für zähe Flüssigkeiten, neuerdings von Prandtl[3]), Tietjens[4]), Schlichting[5])

---

[1]) ZAMM 5 (1925), S. 136.
[2]) S. Fußnote 2 auf S. 183.
[3]) ZAMM 1 (1921), S. 431.
[4]) Diss., Göttingen 1922; auch ZAMM 5 (1925), S. 200.
[5]) Göttinger Nachr. 1932, S. 160 und ZAMM 15 (1935), S. 313.

und von Tollmien[1]) ausgeführt wurden, wonach eine Laminarbewegung instabil wird, wenn sie zunächst an einer flachen Stelle des Geschwindigkeitsprofils eine kleine Einbuchtung mit Wechsel des Zeichens der Krümmung erleidet. Auch Energiebetrachtungen wurden herbeigezogen (H. A. Lorentz 1907, v. Kármán 1924, Orr 1907, Hamel 1911, letzterer unter Benutzung der Variationsrechnung). Genauere Angaben bei Durand[2]) und bei Prandtl[3]).

106. Weitere Untersuchungen zur Turbulenz. Die große Bedeutung der Prandtlschen Entdeckungen für die Weitergestaltung der Theorien über turbulente Strömungen führte zur Ausbildung eines besonderen Zweiges der Hydrodynamik, der Turbulenzforschung. Dabei kann man mehrere, etwa vier Richtungen unterscheiden.

a) Die Prandtlsche Methode, die man als phänomenologisch-empirisch bezeichnen kann, fand ihren vorläufigen Höhepunkt in einer Arbeit von Prandtl und Wieghardt[4]).

Ist E die Energie der turbulenten Zusatzgeschwindigkeit, so setzt sich $\dfrac{\mathrm{d}E}{\mathrm{d}t}$ aus drei Teilen zusammen: einem Teil, der ein Abklingen bedeutet und $\sqrt{E^3}$ proportional ist, einem, der die Anfachung durch $\dfrac{\mathrm{d}U}{\mathrm{d}y}$ $(U = \mathsf{M}(u))$ angibt und endlich einem Teil, der die Weiterleitung der Turbulenz darstellt.

b) Statistische Methoden unter besonderer Beachtung der Korrelationen. Fruchtbar erwies sich der von G. J. Taylor 1935 eingeführte Begriff der „isotropen Turbulenz", die dadurch definiert ist, daß die Mittelwerte der Quadrate der Ableitungen der Geschwindigkeit vom Koordinatensystem unabhängig sind. Diese Größen, also $\left(\dfrac{\partial u}{\partial x}\right)^2$, $\left(\dfrac{\partial u}{\partial y}\right)^2$, $\dfrac{\partial u}{\partial x}\dfrac{\partial u}{\partial y}$ usw. sind deshalb wichtig, weil ja die Dissipationsfunktion (vgl. Nr. 69)

$$W = \eta\left[\left(\frac{\partial u}{\partial x}\right)^2 + \left(\frac{\partial v}{\partial y}\right)^2 + \left(\frac{\partial w}{\partial z}\right)^2 + \tfrac{1}{2}\left(\frac{\partial v}{\partial x} + \frac{\partial u}{\partial y}\right)^2 + \tfrac{1}{2}\left(\frac{\partial w}{\partial y} + \frac{\partial v}{\partial z}\right)^2 + \tfrac{1}{2}\left(\frac{\partial u}{\partial z} + \frac{\partial w}{\partial x}\right)^2\right]$$

durch sie bestimmt ist. Die Annahme der Isotropie hat nur zur Folge, daß von den $9 + \tfrac{1}{2} \cdot 9 \cdot 8 = 45$ Größen zweiten Grades nur noch eine unabhängig ist, wenn man $\operatorname{div}\mathfrak{v} = 0$ beachtet. Setzt man $\mathsf{M}\left(\dfrac{\partial u}{\partial x}\right)^2 = a_1$, so wird natürlich auch $\mathsf{M}\left(\dfrac{\partial v}{\partial y}\right)^2 = \mathsf{M}\left(\dfrac{\partial w}{\partial z}\right)^2 = a_1$, ferner $\mathsf{M}\left(\dfrac{\partial u}{\partial y}\right)^2 = 2a_1$, $\mathsf{M}\left(\dfrac{\partial u}{\partial x}\dfrac{\partial v}{\partial y}\right) = -\tfrac{1}{2}a_1$, $\mathsf{M}\left(\dfrac{\partial u}{\partial x}\dfrac{\partial u}{\partial y}\right) = 0$ usw.

Nun greift die Wahrscheinlichkeitsrechnung ein, indem man die Korrelationen betrachtet, die zwischen Geschwindigkeiten zur selben Zeit an benachbarten Stellen bzw. den Geschwindigkeiten desselben Teiles zu verschiedenen Zeiten bestehen. Heißt die erstere R_y (falls die beiden Punkte sich nur in der y-Koordinate unterscheiden), die zweite R_ξ, ist also

$$R_y = \frac{\mathsf{M}(u_0 u_y)}{\mathsf{M}(u^2)},$$

falls u_0 und u_y die Geschwindigkeiten an den Stellen 0 und y sind, $\mathsf{M}(u^2)$ ein mittlerer Wert, etwa $\sqrt{\mathsf{M}(u_0^2)\mathsf{M}(u_y^2)}$ (R_ξ entsprechend), wobei natürlich $R_y = 1$, falls $u_0 = u_y$ ist, $R_y \to 0$ falls $y \to \infty$ (entsprechend bei R_ξ), so kann man die „Mischungswege" durch

$$l_1 = \sqrt{\mathsf{M}(\mathfrak{v}^2)}\int\limits_0^T R_\xi\,\mathrm{d}\xi \quad \text{bzw.} \quad l_2 = \int\limits_0^\infty R_y\,\mathrm{d}y$$

---

[1]) Göttinger Nachr. 1929, S. 21; ZAMM **25/27** (1947), S. 33 u. S. 70.
[2]) Durand: Aerodynamic Theory III, Section 26. Berlin 1935. S. 178ff.
[3]) Prandtl, L.: Führer durch die Strömungslehre. 4. Aufl. Braunschweig 1956. S. 105ff.
[4]) Prandtl-Wieghardt: Über ein neues Formelsystem für die ausgebildete Turbulenz. Göttinger Nachr. 1945, S. 6.

definieren. Die Größen R_ξ und R_y können durch ein Hitzdrahtverfahren nach Prandtl und Reichardt gemessen werden[1].

Nun bewies schon 1921 Taylor[2], daß

$$R_y = 1 - \frac{1}{2!}\,\frac{y^2}{\mathsf{M}(u^2)}\,\mathsf{M}\left(\frac{\partial u}{\partial y}\right)^2 + \frac{1}{4!}\,\frac{y^4}{\mathsf{M}(u^2)}\,\mathsf{M}\left(\frac{\partial^2 u}{\partial y^2}\right)^2 - + \cdots$$

ist. Daraus folgt

$$\mathsf{M}\left(\frac{\partial u}{\partial y}\right)^2 = 2\,\mathsf{M}(u^2)\lim_{y\to 0}\frac{1-R_y}{y^2}$$

und daher

$$\mathsf{M}(W) = 15\,\eta\,\mathsf{M}(u^2)\lim_{y\to 0}\frac{1-R_y}{y^2}.$$

Damit sind die Mittel zu einer Theorie der isotropen Turbulenz geschaffen.

Ein wenig vor Taylors grundlegender Arbeit hat Gebelein[3] den Versuch gemacht, die statistischen Methoden der Hydrodynamik dienstbar zu machen. Nach ihm sind die Randbedingungen ein Kollektiv im Sinne der Wahrscheinlichkeitsrechnung. Von ihnen aus erfolgt eine deterministische Einwirkung auf die Wirbelverteilung im Innern der Strömung. Diese Theorie ist angefochten worden, doch dürfte das letzte Wort noch nicht gesprochen sein. Da an einer rauhen Wand die Strömungen sicher nicht isotrop sind, kann auch im Innern die Turbulenz nicht isotrop sein, wenn die Gebeleinsche Auffassung richtig ist. Untersuchungen über die Gültigkeit der Isotropie stammen von Fage und Townsend (1934) und von Taylor (1927). Weiter haben Untersuchungen von Th. v. Kármán zur Vervollkommnung der Theorie wesentlich beigetragen[4]. Auf die umfangreiche Literatur, die sich angeschlossen hat, können wir hier nicht eingehen.

c) Da es sich bei der Turbulenz um einen Schwingungsvorgang handelt, muß ein Studium des Spektrums dieser Schwingungen weiterführen. Erwähnt seien die Arbeiten von C. F. v. Weizsäcker[5] und von Heisenberg[6], welche die eben gestreiften statistischen Methoden mit der Frage nach dem Spektrum der Turbulenz verknüpfen.

Eine wesentlich andere Forschungsmethode versucht, die rationelle Betrachtungsweise, d. h. streng mathematische Folgerungen aus den Navier-Stokesschen Gleichungen weiter zu treiben. Man denkt daran, daß möglicherweise die in der Theorie vorausgesetzten Differentialquotienten nicht existieren, oder daß eine turbulente Strömung vielleicht sogar stellenweise unstetig sein könnte. Daher der Versuch mit Integralen auszukommen, die auch unter solchen erschwerenden Bedingungen noch ihren Sinn behalten. Vor allem sind hier die umfangreichen Arbeiten von L. J. Leray zu nennen[7].

Weitergeführt und vereinfacht wurden die Untersuchungen von E. Hopf[8]. Derselbe Autor hat auch die statistischen Methoden gefördert[9]. Interessant sind auch die Arbeiten von

---

[1] Einfluß von Wärmeschichtung auf die Eigenschaften einer turbulenten Strömung. Deutsche Forschung 1934; weiter Reichardt, ZAMM 18 (1938), S. 358 und Naturwiss. 26 (1938), S. 404.

[2] Proc. Lond. Math. Soc. 20 (1921), S. 196ff., insb. S. 205.

[3] Gebelein: Turbulenz, Phys. Statistik u. Hydrodynamik. Berlin 1935.

[4] Journ. Aero. Sci. 4 (1937), S. 131 und Proc. Roy. Soc. A 164, gemeinsam mit L. Howarth (Proc. Roy. Soc. A 151); ebenso Arbeiten von Kolmogoroff.

[5] Z. Phys. 124 (1948), S. 614.

[6] Ebenda, S. 628; auch Proc. Roy Soc. A 195 (1948/49), S. 402.

[7] Etude de diverses équations intégrales non linéaires... J. Math. pur appl. IX, 12 (1933), S. 1. Essai sur les mouvements plans d'un liquide visqueux... J. Math. pur appl. IX, 13 (1934), S. 331. Sur le mouvement d'un liquide visqueux... Acta Math. Uppsala 63 (1934), S. 193.

[8] Hopf, E.: Über die Anfangsaufgabe der hydrodynamischen Grundgleichungen. Math. Nachr. 4 (1950/51), S. 213.

[9] Hopf, E.: Statistical Hydromechanics and functional Calcules. J. Rat. Mech. and Analysis 1 (1952), S. 87; neuerdings ebenda 2 (1953), S. 587.

J. M. Burgers[1]), wo einfache Beispiele gegeben werden, die die doppelte Lösung einer laminaren und einer turbulenten Strömung illustrieren. Auch hieran hat E. Hopf[2]) fördernd angeknüpft.

Das sind nur einige Stücke aus der umfangreichen Literatur über turbulente Strömungen, die ein besonderes Studium erfordern. Zur ersten Orientierung sei auf den Aufsatz von K. Schröder[3]) hingewiesen, wo man z. B. S. 79 die Indifferenzkurve nach Schlichtung und Tollmien findet, die das Gebiet mit Anfachung von dem trennt, wo keine Anfachung der Turbulenz beobachtet wird.

Bei der großen Bedeutung, die der Wirbelvektor rot $\mathfrak{v}$ für die Turbulenz und die Hydrodynamik überhaupt in immer steigendem Maße gewinnt, ist es natürlich, daß das Studium dieses Vektors die Aufmerksamkeit der Forscher gefunden hat. Zu nennen sind Arbeiten von Hamel, Synge, van den Dungen, Ertel und ganz besonders von C. Truesdell, von dessen zahlreichen Arbeiten vor allem drei genannt seien: a) „Verallgemeinerung und Vereinheitlichung der Wirbelsätze ebener und rotationssymmetrischer Flüssigkeitsbewegungen"[4]), b) die umfangreiche Arbeit „Two Measures of Vorticity"[5]). Diese beiden Maße sind

$$W_K = \frac{|\operatorname{rot} \mathfrak{v}|}{(2\,I^2 - 4\,\Pi)^{\frac{1}{2}}},$$

wo $I = \operatorname{div} \mathfrak{v}$ und Π die zweite Invariante des Deformationstensors der Geschwindigkeit ist, und

$$W_D = \frac{|\operatorname{rot} \mathfrak{v} \times \mathfrak{v}|}{\left|\dfrac{\partial \mathfrak{v}}{\partial t} + \operatorname{grad} \tfrac{1}{2}\,\mathfrak{v}^2\right|}.$$

Durch die besonderen Werte dieser beiden Invarianten können besondere Bewegungen charakterisiert werden. c) "Vorticity and the thermodynamic state in a gas flow"[6]), eine Arbeit, die besonders klar das Eingreifen der Thermodynamik in die Mechanik der kompressiblen Flüssigkeiten darstellt.

III. Über allgemeinere deformierbare Systeme[7])

§ 13. Elastische Schwingungen

107. Allgemeines. Bekanntlich gilt für die Statik der vollkommen elastischen Systeme bei Zugrundelegung der klassischen Theorie die Gleichung

$$(13, 1) \qquad \mathfrak{p} + (\lambda + \mu)\,\frac{\mathrm{d} J_1}{\mathrm{d} \mathfrak{r}} + \mu\,\Delta\mathfrak{u} = 0,$$

wobei $J_1 = \operatorname{div} \mathfrak{u}$ die erste Invariante des Dehnungstensors und $\mathfrak{p}$ der Vektor der eingeprägten räumlich verteilten Kraft ist. Die linke Seite ist die gesamte Kraft je Volumeneinheit; $\mathfrak{r}$ gibt die Lage des Punktes im Ausgangszustand, $\mathfrak{u}$ seine

---

[1]) Burgers, J. M.: Math. examples illustrating relations occuring in the theory of turbulent fluid motion. Akademie van Wetenschappen, Amsterdam. 1. Sect., Decl. XVII, 2 (1939).
[2]) Hopf, E.: A Mathematical Example Displaying Features of Turbulence. A. J. issued quarterly by the Institute for Math. and Mech. New York University 1 (1948).
[3]) Schröder, K.: Moderne Probleme der Strömungslehre. Wiss. Ann. 2 (1953) H. 2.
[4]) ZAMM 31 (1951), S. 65.
[5]) J. Rat. Mech. and Analysis 2 (1953), S. 173.
[6]) Mémorial des sciences mathématiques, fasc. CXIX.
[7]) Eine übersichtliche Darstellung und Zusammenfassung findet man in: Noll, W.: On the Continuity of the Solid and Fluid State. J. Rat. Mech. and Analysis 4 (1955), S. 3.

Verschiebung. Nun wollen wir Bewegung voraussetzen und annehmen, daß auch bei dieser die klassische Theorie der durch $\mathfrak{u}$ hervorgerufenen Spannungen $\mathfrak{S}$ noch gilt, was keineswegs selbstverständlich, sondern eine idealisierende Annahme ist. Dann bleibt die linke Seite obiger Gleichung die wirkende Kraft je Volumeneinheit, und nach dem Newtonschen Grundgesetz der Mechanik bekommen wir die Bewegungsgleichung

$$(13, 2) \qquad \varrho \left(\frac{\mathrm{d}^2\mathfrak{r}}{\mathrm{d}t^2} + \frac{\mathrm{d}^2\mathfrak{u}}{\mathrm{d}t^2} \right) = \mathfrak{p} + (\lambda + \mu) \frac{\mathrm{d}J_1}{\mathrm{d}\mathfrak{r}} + \mu \Delta \mathfrak{u} \,.$$

Nun wollen wir uns noch darauf beschränken, daß die Ausgangslage $\mathfrak{r}$ in Ruhe oder gleichförmig bewegt sei. Dann ist

$$\frac{\mathrm{d}^2\mathfrak{r}}{\mathrm{d}t^2} = 0 \,.$$

Ferner wird man, da $\mathfrak{u}$ nebst seinen Ableitungen als klein anzusehen ist, auch in $\dfrac{\mathrm{d}^2\mathfrak{u}}{\mathrm{d}t^2}$ die quadratischen Glieder vernachlässigen. Eigentlich ist ja

$$\frac{\mathrm{d}^2\mathfrak{u}}{\mathrm{d}t^2} = \frac{\mathrm{d}}{\mathrm{d}t} \left(\frac{\partial \mathfrak{u}}{\partial t} + \frac{\partial \mathfrak{u}}{\partial x} v_x + \frac{\partial \mathfrak{u}}{\partial y} v_y + \frac{\partial \mathfrak{u}}{\partial z} v_z \right),$$

worin $\dfrac{\mathrm{d}}{\mathrm{d}t}$ noch einmal entsprechend umzurechnen ist. Demnach wird man

$$\frac{\mathrm{d}^2\mathfrak{u}}{\mathrm{d}t^2} \approx \frac{\partial^2\mathfrak{u}}{\partial t^2}$$

setzen müssen. Und auch ϱ wird als das konstante ϱ der Ausgangslage angesehen werden müssen. Somit bekommen wir

$$(13, 2\,\mathrm{a}) \qquad \varrho \frac{\partial^2\mathfrak{u}}{\partial t^2} = \mathfrak{p} + (\lambda + \mu) \frac{\mathrm{d}J_1}{\mathrm{d}\mathfrak{r}} + \mu \Delta \mathfrak{u} \,.$$

108. Kompressionswellen. Wir nehmen $\mathfrak{p} = 0$ an und bilden die Divergenz. Wegen der Vertauschbarkeit der Operationen $\dfrac{\partial}{\partial t}$ und $\dfrac{\mathrm{d}}{\mathrm{d}\mathfrak{r}}$ erhält man, da ja $\operatorname{div} \dfrac{\mathrm{d}}{\mathrm{d}\mathfrak{r}} = \dfrac{\mathrm{d}^2}{\mathrm{d}\mathfrak{r}^2} = \Delta$ ist,

$$(13, 3) \qquad \varrho \frac{\partial^2 J_1}{\partial t^2} = (\lambda + \mu)\, \Delta J_1 + \mu \Delta J_1 = (\lambda + 2\mu)\, \Delta J_1 \,,$$

also die Schwingungsgleichung

$$(13, 3\,\mathrm{a}) \qquad \frac{\partial^2 J_1}{\partial t^2} = a^2\, \Delta J_1$$

mit $a^2 = \dfrac{2\mu + \lambda}{\varrho} = \dfrac{E}{\varrho}\, \dfrac{1 - \sigma}{(1 + \sigma)(1 - 2\sigma)} \,.$

Im ebenen Fall ist $J_1 = A \cos \alpha (x - at)$ bei konstantem a und α eine Lösung (vgl. Nr. 13 ff). Im Fall der Kugelwellen, bei denen J_1 außer von t nur von r abhängt, ist

$$\Delta = \frac{\partial^2}{\partial r^2} + \frac{2}{r} \frac{\partial}{\partial r} \,.$$

Wenn $r = 0$ eine reguläre Stelle sein soll, ist

$$J_1 = \frac{1}{r} \sin (\beta r) (A \cos \omega t + B \sin \omega t)$$

mit $\beta = \omega a$ eine Lösung.

Wegen der Linearität können Lösungen mit verschiedenem β überlagert werden.

109. Wirbelwellen. Wir bilden den Rotor und erhalten mit $\operatorname{rot}\mathfrak{u} = \dfrac{\partial}{\partial \mathfrak{r}} \times \mathfrak{u} = 2\vec{\omega}$

$$\varrho\,\frac{\partial^2 \vec{\omega}}{\partial t^2} = \mu\,\Delta\vec{\omega} \quad\text{oder}\quad \frac{\partial^2 \vec{\omega}}{\partial t^2} = b^2\,\Delta\vec{\omega}\,,$$

also wieder die Wellengleichung, aber mit der Fortpflanzungsgeschwindigkeit b, wo

$$b^2 = \frac{\mu}{\varrho} = \frac{E}{\varrho}\,\frac{1}{2\,(1+\sigma)}$$

ist.

Das Verhältnis $\dfrac{a^2}{b^2}$ ist gleich $2\,\dfrac{1-\sigma}{1-2\sigma}$. Für $\sigma = 0{,}3$ ist $\dfrac{a}{b} = \sqrt{\tfrac{7}{2}} \approx 1{,}87$. Bei Eisen ist mit $\varrho = 7{,}8$ g cm^{-3}, $b = 3100$ ms^{-1}. Die beiden hier besprochenen Arten sind Raumwellen, also wohl zu unterscheiden von Oberflächenwellen, auf die wir hier nicht eingehen wollen.

Da man jeden Vektor aus einem Rotor und einem Gradienten zusammensetzen kann, darf man auf jeden Fall

$$\mathfrak{u} = \operatorname{rot}\mathfrak{U} + \operatorname{grad}\varphi \quad\text{mit}\quad \operatorname{div}\mathfrak{U} = 0$$

setzen, so daß

$$J_1 = \operatorname{div}\mathfrak{u} = \operatorname{div}\operatorname{grad}\varphi = \Delta\varphi\,, \quad 2\vec{\omega} = \operatorname{rot}\mathfrak{u} = \operatorname{rot}\operatorname{rot}\mathfrak{U} = -\Delta\mathfrak{U}$$

wird.

Sind J_1 und $\vec{\omega}$ gefunden, so muß man, um φ und $\mathfrak{U}$ zu finden, noch je eine Poissonsche Gleichung lösen.

Über elastische Oberflächenwellen ziehe man etwa Sommerfeld, A.: Vorlesungen über theoretische Physik. Bd. II. Wiesbaden 1949. § 45 zu Rate. Aus dem Werk von Love-Timpe: Lehrb. d. Elastizität. Leipzig 1907, kommen die Kap. 12, 13 und 20 in Frage. Über elastische Schwingungen von Seiten, Balken und Platten s. auch Henry-Favre: Cours de Mécanique. Bd. III. Paris u. Zürich 1949. Kap. 31, 32, 33. Selbstverständlich sind die Spezialwerke über Schwingungen zu nennen: Klotter, K.: Technische Schwingungslehre. Bd. I. 2. Aufl. Berlin 1951; ferner das italienische von Krall für Sonderprobleme der Maschinenlehre; auch Biezeno-Grammel: Technische Dynamik. 2. Aufl. Berlin 1953.

110. Plastische Vorgänge[1]**.** Die Wirklichkeit weicht von der Theorie vollkommener Elastizität besonders in zwei Richtungen ab. Dehnt man einen festen Körper durch einen Zug $X_x = \sigma$, so gilt Proportionalität zwischen σ und der Dehnung ε nur bis zu einem gewissen Punkt befriedigend genau; dann wächst ε stärker. Es kann dann bei spröden Materialien Bruch eintreten oder aber die Dehnung geht weiter, ohne daß noch eine wesentliche Änderung der Spannung σ nötig wäre. Das Material wird plastisch, es „fließt“. Oft tritt dann weiterhin eine Verfestigung ein, σ muß bei weiterer Dehnung wieder anwachsen.

Den plastischen Zustand kann man nun mit guter Näherung durch konstantes σ beschreiben oder genauer, da es sich um einen dreidimensionalen Vorgang handelt, durch die Konstanz einer gewissen Funktion aller sechs Spannungsgrößen, die wir hier in der meist üblichen Bezeichnung

$$\sigma_x = X_x\,, \quad \tau_z = X_y = Y_x \quad\text{usw.}$$

schreiben wollen.

---

[1] Eine auf technische Bedürfnisse abgestimmte Darstellung mit Anwendungen findet man in Szabó, I.: Höhere Technische Mechanik. Berlin 1956. §§ 16, 17.

Natürlich muß diese Funktion eine Invariante des Spannungstensors sein. Da erfahrungsgemäß die erste Invariante $\sigma_x + \sigma_y + \sigma_z$ keinen Einfluß auf den Vorgang des plastischen Fließens zeigt, ersetzt man den Spannungstensor durch den Tensor

$$(13, 4) \qquad \mathfrak{P}' = \mathfrak{P} - \tfrac{1}{3}(\sigma_x + \sigma_y + \sigma_z)\,\mathfrak{E}\,,$$

dessen erste Invariante Null ist, und wählt nach dem Vorschlag von v. Mises[1]) zur Schilderung des plastischen Vorgangs die Gleichung

$$(13, 5) \qquad \left\{ \begin{aligned} &(\sigma_x - \sigma_y)^2 + (\sigma_y - \sigma_z)^2 + (\sigma_z - \sigma_x)^2 + 6(\tau_x^2 + \tau_y^2 + \tau_z^2) \\ &\equiv (\sigma_1 - \sigma_2)^2 + (\sigma_2 - \sigma_3)^2 + (\sigma_3 - \sigma_1)^2 = 8K^2\,. \end{aligned} \right.$$

σ_1, σ_2, σ_3 sind die drei Hauptspannungen. Durch die Invarianten

$$J_1 = \sigma_x + \sigma_y + \sigma_z\,, \quad J_2 = \sigma_x^2 + \sigma_y^2 + \sigma_z^2 + 2(\tau_x^2 + \tau_y^2 + \tau_z^2)$$

läßt sich (13, 5)

$$(13, 5a) \qquad 3J_2 - J_1^2 = 8K^2$$

schreiben. Da nur die Differenzen der σ vorkommen, ändert die Einführung von $\mathfrak{P}'$ statt $\mathfrak{P}$ nichts[2]).

Da das plastische Fließen sehr langsam vor sich geht, kann man die Beschleunigungen vernachlässigen. Wenn man nun auch von räumlich verteilten Kräften absieht, hat man für die sechs Spannungen σ und τ noch die drei statischen Gleichungen

$$(13, 6) \qquad \left\{ \begin{aligned} &\frac{\partial \sigma_x}{\partial x} + \frac{\partial \tau_z}{\partial y} + \frac{\partial \tau_y}{\partial z} = 0\,, \quad \frac{\partial \tau_z}{\partial x} + \frac{\partial \sigma_y}{\partial y} + \frac{\partial \tau_x}{\partial z} = 0\,, \\ &\frac{\partial \tau_y}{\partial x} + \frac{\partial \tau_x}{\partial y} + \frac{\partial \sigma_z}{\partial z} = 0\,, \end{aligned} \right.$$

somit im ganzen vier Gleichungen für sechs Abhängige. Soweit das rein Dynamische.

Was nun die kinematische Seite betrifft, so wird man wieder wie bei zähen Flüssigkeiten den Tensor $\mathfrak{P}$ mit dem Deformationstensor der Geschwindigkeit $\mathfrak{v}$ in Verbindung setzen, und zwar wie dort einen linearen Ansatz versuchen. Dabei werden wir von vornherein von der Vereinfachung Gebrauch machen, die Bewegung als volumenbeständig anzusehen, was die Erfahrung zuläßt. Also setzen wir

$$\operatorname{div} \mathfrak{v} = \frac{\partial v_x}{\partial x} + \frac{\partial v_y}{\partial y} + \frac{\partial v_z}{\partial z} = 0\,.$$

Ist noch die Annahme der Isotropie zulässig, so muß man wie bei den zähen Flüssigkeiten

$$(13, 7) \qquad \left\{ \begin{aligned} &\sigma_x' = k\frac{\partial v_x}{\partial x}\,, \quad \sigma_y' = k\frac{\partial v_y}{\partial y}\,, \quad \sigma_z' = k\frac{\partial v_z}{\partial z}\,, \\ &\tau_x = \frac{k}{2}\left(\frac{\partial v_y}{\partial z} + \frac{\partial v_z}{\partial y}\right)\,, \quad \tau_y = \frac{k}{2}\left(\frac{\partial v_z}{\partial x} + \frac{\partial v_x}{\partial z}\right)\,, \quad \tau_z = \frac{k}{2}\left(\frac{\partial v_x}{\partial y} + \frac{\partial v_y}{\partial x}\right) \end{aligned} \right.$$

---

[1]) Göttinger Nachr. 1913.
[2]) Man kann leicht beweisen, daß die Forderungen, die linke Seite sei eine Invariante zweiten Grades und von $\sigma_x + \sigma_y + \sigma_z$ unabhängig, notwendig auf den v. Misesschen Ansatz führen.

ansetzen. Die gestrichenen Größen gehören zu $\mathfrak{P}'$. Doch nun kommt ein wesentlicher Unterschied: k ist keine Konstante, sondern eine unbekannte Größe. Im ganzen hat man somit zehn Unbekannte, nämlich die sechs Spannungen, die drei Geschwindigkeiten und k. Zur Verfügung stehen aber auch zehn Gleichungen, die vier für die Spannungen und die sechs für die v. Die 11., nämlich $\operatorname{div}\mathfrak{v}=0$, ist eine Folge von $\sigma'_x + \sigma'_y + \sigma'_z = 0$.

In den statischen Gleichungen bleibt es bei den ungestrichenen σ. Es sind also in der Tat sechs Spannungen vorhanden, nicht nur fünf.

111. Der erste ebene Fall, ebene Deformation, nimmt an, daß $v_z = 0$ ist; auch die Ableitungen nach z sollen verschwinden. Dann folgen $\sigma'_z = \tau_x = \tau_y = 0$, und es bleiben die Gleichungen

$$(13,8\,\mathrm{a}) \qquad \frac{\partial \sigma_x}{\partial x} + \frac{\partial \tau_z}{\partial y} = 0, \quad \frac{\partial \tau_z}{\partial x} + \frac{\partial \sigma_y}{\partial y} = 0;$$

$$(13,8\,\mathrm{b}) \qquad (\sigma_x - \sigma_y)^2 + \sigma_x^2 + \sigma_y^2 + 6\,\tau_z^2 = 8\,K^2;$$

$$(13,8\,\mathrm{c}) \qquad \frac{\partial v_x}{\partial x} + \frac{\partial v_y}{\partial y} = 0;$$

$$(13,8\,\mathrm{d}) \qquad \sigma'_x = k\,\frac{\partial v_x}{\partial x}, \quad \tau_z = \frac{k}{2}\left(\frac{\partial v_x}{\partial y} + \frac{\partial v_y}{\partial x}\right), \quad \sigma'_y = k\,\frac{\partial v_y}{\partial y}.$$

Nun ist aber $\sigma'_x + \sigma'_y = 0$, und mit dieser Relation rechnet sich die Misessche Bedingung in

$$(13,8\,\mathrm{b}') \qquad (\sigma_x - \sigma_y)^2 + 4\,\tau_z^2 = \tfrac{16}{3}\,K^2 = \mathrm{const}$$

um. Für die Hauptachsen heißt sie einfach

$$(\sigma_1 - \sigma_2)^2 = \mathrm{const}.$$

Historisch ist zu bemerken, daß diese Annahme schon 1868 von H. Tresca aufgestellt wurde. $|\sigma_1 - \sigma_2|$ ist der Maximalwert der Schubspannung.

Dieser Fall ist nun deshalb besonders einfach, weil sich die Bestimmung der Spannungen σ_x, σ_y, $\tau_z = \tau$ von der Berechnung von $\mathfrak{v}$ abtrennt. Man hat ja drei Gleichungen nur für diese drei Abhängigen. Löst man die statischen Gleichungen durch

$$\sigma_x = \frac{\partial^2 \varphi}{\partial y^2}, \quad \tau = -\frac{\partial^2 \varphi}{\partial x\,\partial y}, \quad \sigma_y = \frac{\partial^2 \varphi}{\partial x^2},$$

so genügt vermöge $(13,8\,\mathrm{b}')$ φ der partiellen Differentialgleichung

$$(13,9) \qquad \left(\frac{\partial^2 \varphi}{\partial x^2} - \frac{\partial^2 \varphi}{\partial y^2}\right)^2 + 4\left(\frac{\partial^2 \varphi}{\partial x\,\partial y}\right)^2 = \mathrm{const} = \tfrac{16}{3}\,K^2 = K'^2.$$

Aus σ_x und σ_y bestimmen sich dann

$$\sigma'_x = \sigma_x + p, \quad \sigma'_y = \sigma_y + p \quad \text{nebst} \quad \sigma'_x + \sigma'_y = 0$$

oder $0 = \sigma_x + \sigma_y + 2p$ zu

$$p = -\tfrac{1}{2}\left(\frac{\partial^2 \varphi}{\partial x^2} + \frac{\partial^2 \varphi}{\partial y^2}\right)$$

und

$$\sigma'_x = \tfrac{1}{2}\left(\frac{\partial^2 \varphi}{\partial y^2} - \frac{\partial^2 \varphi}{\partial x^2}\right) = -\sigma'_y.$$

Für v_x, v_y und k hat man dann

$$\frac{\partial v_x}{\partial x} + \frac{\partial v_y}{\partial y} = 0, \quad \tfrac{1}{2}\left(\frac{\partial^2 \varphi}{\partial y^2} - \frac{\partial^2 \varphi}{\partial x^2}\right) = k\,\frac{\partial v_x}{\partial x} = - k\,\frac{\partial v_y}{\partial y},$$

$$\frac{\partial^2 \varphi}{\partial x\,\partial y} = -\frac{k}{2}\left(\frac{\partial v_x}{\partial y} + \frac{\partial v_y}{\partial x}\right).$$

Führt man die Stromfunktion ψ ein, setzt also

$$v_x = \frac{\partial \psi}{\partial y}, \quad v_y = -\frac{\partial \psi}{\partial x},$$

so entstehen

$$(13,10) \qquad \frac{\partial^2 \varphi}{\partial y^2} - \frac{\partial^2 \varphi}{\partial x^2} = 2k\,\frac{\partial^2 \psi}{\partial x\,\partial y} \quad \text{und} \quad \frac{\partial^2 \psi}{\partial y^2} - \frac{\partial^2 \psi}{\partial x^2} = -\frac{2}{k}\,\frac{\partial^2 \varphi}{\partial x\,\partial y},$$

eine merkwürdige Symmetrie zwischen φ und ψ, k und $-\dfrac{1}{k}$. Man kann unter Benutzung von (13, 9) φ eliminieren und erhält für ψ die Differentialgleichung

$$(13,11) \qquad 4k^2\left(\frac{\partial^2 \psi}{\partial x\,\partial y}\right)^2 + k^2\left(\frac{\partial^2 \psi}{\partial y^2} - \frac{\partial^2 \psi}{\partial x^2}\right)^2 = K'^2 = \text{const},$$

die noch k enthält.

Man kann auch k eliminieren und erhält die Gleichung zwischen φ und ψ

$$(13,12) \qquad 4\,\frac{\partial^2 \psi}{\partial x\,\partial y}\,\frac{\partial^2 \varphi}{\partial x\,\partial y} + \left(\frac{\partial^2 \varphi}{\partial y^2} - \frac{\partial^2 \varphi}{\partial x^2}\right)\left(\frac{\partial^2 \psi}{\partial y^2} - \frac{\partial^2 \psi}{\partial x^2}\right) = 0.$$

Als Gleichung für ψ bei bekanntem φ, das (13, 9) genügt, ist sie hyperbolisch mit den Charakteristiken

$$-4\,\frac{\partial^2 \varphi}{\partial x\,\partial y}\,\mathrm{d}x\,\mathrm{d}y + \left(\frac{\partial^2 \varphi}{\partial y^2} - \frac{\partial^2 \varphi}{\partial x^2}\right)(\mathrm{d}x^2 - \mathrm{d}y^2) = 0,$$

d. h. mit Benutzung von (13, 9)

$$\frac{\mathrm{d}y}{\mathrm{d}x} = \frac{1}{\dfrac{\partial^2 \varphi}{\partial x^2} - \dfrac{\partial^2 \varphi}{\partial y^2}}\left(2\,\frac{\partial^2 \varphi}{\partial x\,\partial y} \pm \frac{4K}{\sqrt{3}}\right) = \frac{1}{\sigma_y - \sigma_x}\left(-2\,\tau \pm \frac{4K}{\sqrt{3}}\right).$$

Da für die Hauptachsenrichtungen $\tau = 0$, $(\sigma_y - \sigma_x)^2 = \dfrac{16\,K^2}{3}$ ist, ist für sie

$$\frac{\mathrm{d}y}{\mathrm{d}x} = \pm 1,$$

d. h. *die Charakteristiken schneiden die Hauptachsenrichtungen unter 45^0.*

112. Linearisierung. Man kann die zugrunde liegende Grenzbedingung (Gleichung (13, 8 b′))

$$(\sigma_x - \sigma_y)^2 + 4\tau^2 = 4K'^2, \quad K' = \frac{2}{\sqrt{3}}\,K$$

mit Hilfe eines Parameters α durch

$$\sigma_x - \sigma_y = 2K'\cos 2\alpha, \quad \tau = K'\sin 2\alpha$$

lösen. Führt man noch $p = -\tfrac{1}{2}(\sigma_x + \sigma_y)$ als zweite Hilfsvariable ein, so bekommt man

$$(13, 13) \quad \begin{cases} \dfrac{\partial^2 \varphi}{\partial x^2} = \sigma_y = -p - K' \cos 2\alpha\,, \quad \dfrac{\partial^2 \varphi}{\partial y^2} = \sigma_x = -p + K' \cos 2\alpha\,, \\[2mm] \dfrac{\partial^2 \varphi}{\partial x\, \partial y} = -\tau = -K' \sin 2\alpha\,. \end{cases}$$

Vergleichen wir diesen Ansatz mit der Darstellung der Spannungen durch die Hauptspannungen σ_1 und σ_2 und dem Richtungswinkel β der ersten Hauptachse gegen die x-Achse, nämlich mit

$$\sigma_x = \sigma_1 \cos^2\beta + \sigma_2 \sin^2\beta\,, \quad \sigma_y = \sigma_1 \sin^2\beta + \sigma_2 \cos^2\beta\,, \quad \tau = (\sigma_1 - \sigma_2) \cos\beta \sin\beta$$

oder

$$\sigma_x + \sigma_y = \sigma_1 + \sigma_2\,, \quad \sigma_x - \sigma_y = (\sigma_1 - \sigma_2) \cos 2\beta\,, \quad 2\tau = (\sigma_1 - \sigma_2) \sin 2\beta\,,$$

so sieht man, daß $\alpha = \beta$, $\sigma_1 - \sigma_2 = 2 K'$ ist. Damit die Gleichungen (13, 13) miteinander verträglich sind, muß

$$(13, 14) \quad \begin{aligned} -\frac{\partial p}{\partial y} + 2 K' \sin 2\alpha \frac{\partial \alpha}{\partial y} &= -2 K' \cos 2\alpha \frac{\partial \alpha}{\partial x}\,, \\[2mm] -\frac{\partial p}{\partial x} - 2 K' \sin 2\alpha \frac{\partial \alpha}{\partial x} &= -2 K' \cos 2\alpha \frac{\partial \alpha}{\partial y} \end{aligned}$$

erfüllt sein. Das sind zwei Differentialgleichungen für α und p; sie sind in den Ableitungen linear und homogen und lassen sich daher durch Umkehrungen in rein lineare verwandeln, wenn nicht die Funktionaldeterminante $\dfrac{\partial (p, \alpha)}{\partial (x, y)}$ Null ist, worauf wir nachher eingehen wollen.

Wir erhalten so

$$\frac{\partial x}{\partial \alpha} + 2K' \sin 2\alpha \frac{\partial x}{\partial p} = 2K' \cos 2\alpha \frac{\partial y}{\partial p}$$

$$-\frac{\partial y}{\partial \alpha} + 2K' \sin 2\alpha \frac{\partial y}{\partial p} = -2K' \cos 2\alpha \frac{\partial x}{\partial p}\,,$$

was auch

$$(13, 15) \quad \begin{cases} \dfrac{\partial x}{\partial \alpha} = 2K' \dfrac{\partial}{\partial p} (y \cos 2\alpha - x \sin 2\alpha)\,, \\[2mm] \dfrac{\partial y}{\partial \alpha} = 2K' \dfrac{\partial}{\partial p} (y \sin 2\alpha + x \cos 2\alpha) \end{cases}$$

geschrieben werden kann.

Setzt man nun

$$x = 2K' \frac{\partial W}{\partial p}\,, \quad y \cos 2\alpha - x \sin 2\alpha = \frac{\partial W}{\partial \alpha}\,,$$

also

$$y = 2 K' \operatorname{tg} 2\alpha \frac{\partial W}{\partial p} + \frac{1}{\cos 2\alpha} \frac{\partial W}{\partial \alpha}\,,$$

so ist die erste Gleichung identisch erfüllt, während die zweite

$$(13, 16) \quad 4K'^2 \frac{\partial^2 W}{\partial p^2} - \frac{\partial^2 W}{\partial \alpha^2} - 4K' \frac{1}{\cos 2\alpha} \frac{\partial W}{\partial p} - 2 \operatorname{tg} 2\alpha \frac{\partial W}{\partial \alpha} = 0$$

ergibt.

Das ·ist eine lineare hyperbolische Differentialgleichung. Um sie auf die Normalform zu bringen, setzen wir unter Einführung der Charakteristiken

$$-2K'\alpha + p = 4K's, \quad 2K'\alpha + p = 4K'r$$

oder

$$p = 2K'(r+s), \quad \alpha = r - s,$$

also

$$4K'\frac{\partial}{\partial p} = \frac{\partial}{\partial r} + \frac{\partial}{\partial s}, \quad \frac{\partial}{\partial \alpha} = \tfrac{1}{2}\left(\frac{\partial}{\partial r} - \frac{\partial}{\partial s}\right),$$

weshalb aus der Differentialgleichung (13, 16)

(13, 16a)
$$\frac{\partial^2 W}{\partial r\, \partial s} = \operatorname{tg}\left(\frac{\pi}{4} + \alpha\right)\frac{\partial W}{\partial r} + \operatorname{tg}\left(\frac{\pi}{4} - \alpha\right)\frac{\partial W}{\partial s}$$

wird. Auf diese Differentialgleichung kann nun z. B. die bekannte Riemannsche Theorie angewendet werden. Wir können das nicht weiter verfolgen und verweisen etwa auf Sommerfeld[1]), Sauer[2]).

113. Partikularlösungen. Da die Differentialgleichung (13, 16) für W in p und α Koeffizienten hat, die nur von α abhängen, und außerdem linear und homogen ist, muß sie Lösungen der Form

(13, 17)
$$W_\lambda = w_\lambda(\alpha)\exp\left(\frac{\lambda}{2K'}\, p\right)$$

geben, wo λ ein konstanter Parameter ist.

Einsetzen gibt die gewöhnliche Differentialgleichung

(13, 18)
$$w'' + 2\operatorname{tg}2\alpha\, w' + \frac{2\lambda}{\cos 2\alpha}\, w - \lambda^2 w = 0,$$

die mit $\sin 2\alpha = t$ auf die Normalform

(13, 18a)
$$\frac{d^2 w}{dt^2} + \mathsf{M}(t)\, w = 0$$

gebracht werden kann, wobei

$$\mathsf{M}(t) = \frac{\lambda}{2\sqrt{1-t^2}^{\,3}} - \frac{\lambda^2}{4(1-t^2)}$$

ist. Man bekommt rationale Koeffizienten, wenn man

$$\cos 2\alpha = q$$

als unabhängige Veränderliche einführt. Eine einfache Rechnung ergibt die Differentialgleichung

(13, 18b)
$$\frac{d^2 w}{dq^2} - \frac{1}{q(1-q^2)}\frac{dw}{dq} + \frac{2\lambda - \lambda^2 q}{4q(1-q^2)} = 0.$$

Sie hat die singulären Punkte $q = 0$, $q = 1$, $q = -1$ und $q = \infty$ und ist von der Fuchsschen Klasse.

---

[1]) Sommerfeld, A.: Vorlesungen über theoretische Physik. Bd. VI. Partielle Differentialgleichungen der Physik. Wiesbaden 1948.
[2]) Sauer, R.: Anfangswertprobleme bei partiellen Differentialgleichungen. Berlin 1952. Kap. III.

$$W = \int W_\lambda \, \mathrm{d} f(\lambda)$$

ist dann eine allgemeinere Lösung. Es erheben sich nun natürlich die weiteren Fragen nach einer Bestimmung der Funktion $f(\lambda)$ und dem zulässigen Bereich des Parameters λ, die wir der Mathematik überlassen müssen.

114. Der Ausnahmefall $\dfrac{\partial(p,\alpha)}{\partial(x,y)} = 0$. Kann es Lösungen mit $p = 2K'f(\alpha)$ geben? Einsetzen in die Gleichungen (13, 14) ergibt

$$-f' \frac{\partial\alpha}{\partial y} + \sin 2\alpha \frac{\partial\alpha}{\partial y} + \cos 2\alpha \frac{\partial\alpha}{\partial x} = 0 ,$$

$$-f' \frac{\partial\alpha}{\partial x} - \sin 2\alpha \frac{\partial\alpha}{\partial x} + \cos 2\alpha \frac{\partial\alpha}{\partial y} = 0 ,$$

weshalb die Determinante

$$\begin{vmatrix} -f' + \sin 2\alpha , & \cos 2\alpha \\ \cos 2\alpha , & -f' - \sin 2\alpha \end{vmatrix} = 0$$

sein muß oder

$$f' = \pm 1 , \quad \text{also} \quad p = \pm 2K'a + p_0 .$$

Es bleibt dann noch eine der Differentialgleichungen zu erfüllen, etwa

$$\mp \frac{\partial\alpha}{\partial x} - \sin 2\alpha \frac{\partial\alpha}{\partial x} + \cos 2\alpha \frac{\partial\alpha}{\partial y} = 0$$

oder

$$[\mp (\sin^2\alpha + \cos^2\alpha) - 2\sin\alpha\cos\alpha] \frac{\partial\alpha}{\partial x} + (\cos^2\alpha - \sin^2\alpha) \frac{\partial\alpha}{\partial y} = 0 ,$$

d. h. entweder a) $\quad -(\cos\alpha + \sin\alpha) \dfrac{\partial\alpha}{\partial x} + (\cos\alpha - \sin\alpha) \dfrac{\partial\alpha}{\partial y} = 0$

oder b) $\quad (\cos\alpha - \sin\alpha) \dfrac{\partial\alpha}{\partial x} + (\cos\alpha + \sin\alpha) \dfrac{\partial\alpha}{\partial y} = 0 .$

Beide sind von der Form

$$u(\alpha) \frac{\partial\alpha}{\partial x} + v(\alpha) \frac{\partial\alpha}{\partial y} = 0 ,$$

die durch

$$x v(\alpha) - y u(\alpha) = h(\alpha)$$

mit willkürlichem $h(\alpha)$ allgemein gelöst wird. Also haben wir die beiden Lösungsscharen

a) $\qquad x(\cos\alpha - \sin\alpha) + y(\cos\alpha + \sin\alpha) = h_1(\alpha)$

b) $\qquad x(\cos\alpha + \sin\alpha) - y(\cos\alpha - \sin\alpha) = h_2(\alpha) .$

$\alpha = $ const *sind Geraden* mit

$$\frac{\mathrm{d}y}{\mathrm{d}x} = -\frac{\cos\alpha - \sin\alpha}{\cos\alpha + \sin\alpha} = \operatorname{tg}\left(\alpha - \frac{\pi}{4}\right)$$

bzw.

$$\frac{\mathrm{d}y}{\mathrm{d}x} = \frac{\cos\alpha + \sin\alpha}{\cos\alpha - \sin\alpha} = \operatorname{tg}\left(\alpha + \frac{\pi}{4}\right) .$$

Beide stehen senkrecht aufeinander, und auf ihnen ist $p = \pm 2K'\alpha + p_0$, also auch konstant. Sie weichen von der α-Richtung, also von den Hauptachsenrichtungen, um $\pm 45^0$ ab.

115. Die Charakteristiken oder Gleitlinien. a) Die Linien $-2K'\alpha + p = 4K's = $ const und $2K'\alpha + p = 4K'r = $ const sind bekanntlich[1]) die Charakteristiken von (13, 16) bzw. (13, 16a) in der p, α-Ebene, d. h. in der durch

$$(\sigma_x - \sigma_y)^2 + 4\tau^2 = K'^2$$

eingeschränkten Mannigfaltigkeit der Spannungen σ_x, σ_y, τ [2]).

Da aus den Gleichungen (13, 13) für die Spannungen

$$\mathrm{d}\sigma_y = 2K'\sin 2\alpha\,\mathrm{d}\alpha - \mathrm{d}p\,,$$
$$\mathrm{d}\sigma_x = -2K'\sin 2\alpha\,\mathrm{d}\alpha - \mathrm{d}p\,,$$
$$\mathrm{d}\tau = 2K'\cos 2\alpha\,\mathrm{d}\alpha$$

folgt, ist

$$\mathrm{d}\sigma_x\,\mathrm{d}\sigma_y - \mathrm{d}\tau^2 = \mathrm{d}p^2 - 4K'^2\,\mathrm{d}\alpha^2 = 16K'^2\,\mathrm{d}r\,\mathrm{d}s\,.$$

Daher gilt für die Charakteristiken die Beziehung

$$\mathrm{d}\sigma_x\,\mathrm{d}\sigma_y - \mathrm{d}\tau^2 = 0$$

(Neuber, ZAMM **28** (1948)).

b) Die quadratische Differentialgleichung zweiter Ordnung für φ

$$(13, 9) \qquad \left(\frac{\partial^2\varphi}{\partial x^2} - \frac{\partial^2\varphi}{\partial y^2}\right)^2 + 4\left(\frac{\partial^2\varphi}{\partial x\,\partial y}\right)^2 = K'^2,$$

die mit $(\sigma_y - \sigma_x)^2 + 4\tau^2 = K'^2$ übereinstimmt, hat[1]) als Charakteristiken in der x, y-Ebene

$$(\sigma_y - \sigma_x)\,\mathrm{d}y^2 + 4\tau\,\mathrm{d}x\,\mathrm{d}y - (\sigma_y - \sigma_x)\,\mathrm{d}x^2 = 0$$

oder

$$\cos 2\alpha\,\mathrm{d}y^2 - 2\sin 2\alpha\,\mathrm{d}x\,\mathrm{d}y - \cos 2\alpha\,\mathrm{d}x^2 = 0\,,$$

d. h.

$$\frac{\mathrm{d}y}{\mathrm{d}x} = \frac{\sin 2\alpha \pm 1}{\cos 2\alpha} = \pm\frac{(\cos\alpha \pm \sin\alpha)^2}{\cos^2\alpha - \sin^2\alpha}\,.$$

Ihre Richtungen sind also

$$\frac{\mathrm{d}y}{\mathrm{d}x} = \mathrm{tg}\left(\alpha + \frac{\pi}{4}\right) \quad \text{bzw.} \quad \frac{\mathrm{d}y}{\mathrm{d}x} = \mathrm{tg}\left(\alpha - \frac{\pi}{4}\right).$$

Sie weichen also von der α-Richtung um $\pm 45^0$ ab. Die α-Richtung gibt aber eine Hauptachsenrichtung an, entsprechend $\tau = 0$, während $|\alpha| = \frac{\pi}{4}$ das Maximum von τ angibt. Daß $|\tau|$ ein konstantes Maximum habe, ist die Grundannahme von Tresca. Diese 45^0-Linien, wie sie genannt werden, heißen auch die Gleitlinien.

c) Die Differentialgleichung (13, 12) für die Stromfunktion ψ kann als Variation von (13, 9) aufgefaßt werden. Man braucht nur $\psi = \delta\varphi$ zu setzen. Daher hat sie dieselben Charakteristiken wie (13, 9). Dies ergibt sich auch sofort, wenn man sie

$$(\sigma_x - \sigma_y)\left(\frac{\partial^2\psi}{\partial x^2} - \frac{\partial^2\psi}{\partial y^2}\right) + 4\tau\,\frac{\partial^2\psi}{\partial x\,\partial y} = 0$$

---

[1]) Vgl. etwa Bieberbach, L.: Theorie der gewöhnlichen Differentialgleichungen. Berlin 1953.
[2]) Dazu s. Prandtl, ZAMM **1** (1921), S. 15; Hencky, ZAMM **3** (1923), S. 241 und v. Mises, ZAMM **5** (1925), S. 147.

schreibt, deren Charakteristiken durch

$$(\sigma_x - \sigma_y)\,(\mathrm{d}\,y^2 - \mathrm{d}\,x^2) - 4\,\tau\,\mathrm{d}\,x\,\mathrm{d}\,y = 0$$

oder

$$\cos 2\,\alpha\,(\mathrm{d}\,y^2 - \mathrm{d}\,x^2) - 2\sin 2\,\alpha\,\mathrm{d}\,x\,\mathrm{d}\,y = 0$$

gegeben sind. Das ist aber dieselbe Gleichung wie in b). Aber wir hatten dieselben Richtungen auch für die Sonderlösungen aus Nr. 114, die also den Charakteristiken entsprechen. Man vergleiche hiermit die Überlegungen aus Nr. 16 und 17 über die exakten Lösungen der Schallgleichungen bei endlichen Geschwindigkeiten. Die Ergebnisse entsprechen allgemeinen Sätzen aus der Theorie der hyperbolischen Differentialgleichungen. Wir werden sofort sehen, daß auch die Charakteristiken aus Nr. 115a) mit den vorstehenden identisch sind.

116. Die allgemeine Lösung. Es liegt nahe, die in Nr. 115 betrachteten Charakteristiken (Gleitlinien) der ganzen Betrachtung zugrunde zu legen. Sind sie durch $u = \mathrm{const}$, $v = \mathrm{const}$ gegeben, so gilt, da sie zueinander orthogonal sind,

$$\mathrm{d}\,x^2 + \mathrm{d}\,y^2 = U^2\,\mathrm{d}\,u^2 + V^2\,\mathrm{d}\,v^2.$$

Da sie die Richtungen $\alpha + \dfrac{\pi}{4}$ bzw. $\alpha - \dfrac{\pi}{4}$ gegen die x-Achse haben, gilt

$$\mathrm{d}\,x = U\cos\left(\alpha - \frac{\pi}{4}\right)\mathrm{d}\,u + V\cos\left(\alpha + \frac{\pi}{4}\right)\mathrm{d}\,v,$$

$$\mathrm{d}\,y = U\sin\left(\alpha - \frac{\pi}{4}\right)\mathrm{d}\,u + V\sin\left(\alpha + \frac{\pi}{4}\right)\mathrm{d}\,v$$

oder

$$U\,\mathrm{d}\,u = \mathrm{d}\,x\cos\left(\alpha - \frac{\pi}{4}\right) + \mathrm{d}\,y\sin\left(\alpha - \frac{\pi}{4}\right),$$

$$V\,\mathrm{d}\,v = \mathrm{d}\,x\cos\left(\alpha + \frac{\pi}{4}\right) + \mathrm{d}\,y\sin\left(\alpha + \frac{\pi}{4}\right).$$

Die Integrabilitätsbedingungen lauten

$$\frac{\partial\left(U\cos\left(\alpha - \frac{\pi}{4}\right)\right)}{\partial v} = \frac{\partial\left(V\cos\left(\alpha + \frac{\pi}{4}\right)\right)}{\partial u},$$

$$\frac{\partial\left(U\sin\left(\alpha - \frac{\pi}{4}\right)\right)}{\partial v} = \frac{\partial\left(V\sin\left(\alpha + \frac{\pi}{4}\right)\right)}{\partial u},$$

was $\dfrac{\partial U}{\partial v} = -\,V\dfrac{\partial \alpha}{\partial u}$ und $\dfrac{\partial V}{\partial u} = U\dfrac{\partial \alpha}{\partial v}$ ergibt[1]).

Wenn man jetzt (13, 8a) mit (13, 13) in p, α; u, v umrechnet, wozu die notwendigen Formeln gegeben sind, so erhält man zunächst

$$
1)\qquad -\frac{\partial p}{\partial u}\,\frac{\cos\left(\alpha - \frac{\pi}{4}\right)}{U} - \frac{\partial p}{\partial v}\,\frac{\cos\left(\alpha + \frac{\pi}{4}\right)}{V} - 2K'\frac{\partial \alpha}{\partial u}\,\frac{\sin\left(\alpha + \frac{\pi}{4}\right)}{U}
$$

$$
- 2K'\frac{\partial \alpha}{\partial v}\,\frac{\sin\left(\alpha - \frac{\pi}{4}\right)}{V} = 0,
$$

---

[1]) Hierzu und zu dem folgenden s. Carathéodory und Schmidt, ZAMM **3** (1923), S. 468.

2)
$$-\frac{\partial p}{\partial u}\,\frac{\sin\left(\alpha-\dfrac{\pi}{4}\right)}{U}-\frac{\partial p}{\partial v}\,\frac{\sin\left(\alpha+\dfrac{\pi}{4}\right)}{V}+2K'\,\frac{\partial\alpha}{\partial u}\,\frac{\cos\left(\alpha+\dfrac{\pi}{4}\right)}{U}$$
$$+2K'\,\frac{\partial\alpha}{\partial v}\,\frac{\cos\left(\alpha-\dfrac{\pi}{4}\right)}{V}=0$$

und daraus durch elementare Rechnung

$$\frac{\partial p}{\partial u}+2K'\frac{\partial\alpha}{\partial u}=0 \quad\text{und}\quad -\frac{\partial p}{\partial v}+2K'\frac{\partial\alpha}{\partial v}=0\,.$$

Das gibt integriert sofort

$$p+2K'\alpha=f(v) \quad\text{und}\quad p-2K'\alpha=g(u)\,.$$

Nun sind zwei Fälle möglich:

a) $f(v)$ oder $g(u)$ oder beide konstant. Dann hat man die Sonderlösungen aus Nr. 114.

b) Weder $f(v)$ noch $g(u)$ ist konstant. Dann kann man $f(v)$ als neues v und $g(u)$ als neues u nehmen, da eine entsprechende Transformation an der Sache nichts ändert. Wir wenden uns zu diesem „allgemeinen" Fall und setzen $f(v)=4K'v$, $g(u)=4K'u$ also $p=2K'(u+v)$, $\alpha=v-u$ (vgl. Nr. 112, mit $r=v$, $s=u$), somit

$$\sigma_x=-2K'(u+v)+K'\cos 2(u-v)\,,$$
$$\sigma_y=-2K'(u+v)-K'\cos 2(u-v)\,,$$
$$\tau=-K'\sin 2(u-v)\,.$$

Die beiden Differentialgleichungen für U und V vereinfachen sich jetzt zu

$$\frac{\partial U}{\partial v}=V,\quad \frac{\partial V}{\partial u}=U,$$

was durch Elimination von V für U die sogenannte Telegrafengleichung

$$\frac{\partial^2 U}{\partial u\,\partial v}=U$$

ergibt. Ihre allgemeine Lösung[1]) lautet

$$U=\int_a^u j_0((u-\xi)(v-b))\,\varphi'(\xi)\,\mathrm{d}\xi+\int_b^v j_0((u-a)(v-\eta))\,\psi'(\eta)\,\mathrm{d}\eta\,,$$

wenn die Anfangswerte $U(u,b)=\varphi(u)-\varphi(a)$, $U(a,v)=\psi(v)-\psi(b)$ vorgeschrieben sind. $j_0(x)$ hängt mit der Besselschen Funktion nullter Ordnung zusammen:

$$j_0(x)=J_0\big(2\,\mathrm{i}\,\sqrt{x}\big)=1+\frac{x}{(1!)^2}+\frac{x^2}{(2!)^2}+\cdots\,.$$

$u=$ const, $v=$ const sind die Gleitlinien (Charakteristiken) aus Nr. 115b), sie sind aber auch identisch mit

$$p+2K'\alpha=4K'r \quad\text{und}\quad p-2K'\alpha=4K's$$

aus Nr. 115a), womit das Zusammenfallen dieser beiden Scharen bewiesen ist.

---

[1]) Vgl. Rothe, R.: Höhere Mathematik. Teil II. 9. Aufl. Stuttgart 1953. § 18. 3, sowie Teil VI. Stuttgart 1953. S. 229ff.; auch Sauer, R.: Anfangswertprobleme bei partiellen Differentialgleichungen. Berlin 1952. § 28. 7.

$U(u, b) = \varphi(u) - \varphi(a)$ heißt, daß man die Kurve $v = b$ beliebig vorschreiben kann gemäß

$$d\,x = [\varphi(u) - \varphi(a)] \cos\left(b - u - \frac{\pi}{4}\right) d\,u\,,$$

$$d\,y = [\varphi(u) - \varphi(a)] \sin\left(b - u - \frac{\pi}{4}\right) d\,u\,.$$

$U(a, v) = \psi(v) - \psi(b)$ hat $V = \dfrac{\partial U}{\partial v} = \psi'(v)$ zur Folge, womit die Kurve $u = b$ gegeben wird.

Man kann also je eine Charakteristik der beiden Scharen beliebig vorschreiben, dann ist das Problem eindeutig bestimmt.

Denn ist etwa für $v = b$ $y = f(x)$ vorgeschrieben, also $d\,y = f'(x)\,d\,x$, so berechnet sich u aus

$$\mathrm{tg}\left(b - u - \frac{\pi}{4}\right) = f'(x)$$

und $\varphi'(u)$ aus

$$d\,u(\varphi(u) - \varphi(a)) = \sqrt{d\,x^2 + d\,y^2} = \sqrt{1 + f'^2}\,d\,x\,,$$

also

$$u = b - \frac{\pi}{4} - \mathrm{arc\ tg}\,f'(x) + n\,\pi\,, \quad d\,u = -\frac{f''}{1 + f'^2}\,d\,x\,,$$

$$\varphi(u) - \varphi(a) = \frac{\pm\,\sqrt{1 + f'^2}\,(1 + f'^2)}{f''} = \frac{1}{f''\cos^3\left(b - u - \dfrac{\pi}{4}\right)}\,.$$

Die Formel $d\,x = U\,d\,u\,\cos\left(b - u - \dfrac{\pi}{4}\right)$ verlangt das positive Zeichen der Wurzel, wie man durch Einsetzen sofort feststellt. $f''(x)$ muß noch mittels $f'(x) = \mathrm{tg}\left(b - u + \dfrac{\pi}{4}\right)$ in u umgerechnet werden.

Rechnen wir ein Beispiel durch. Sei als Kurve $v = b$ $y = x^2$ gegeben, so ist $y' = 2\,x$, $y'' = 2$, folglich

$$u = b - \frac{\pi}{4} - \mathrm{arc\ tg}\,2\,x + n\,\pi\,, \quad \varphi(u) - \varphi(a) = \frac{1}{2\cos^3\left(b - u - \dfrac{\pi}{4}\right)}\,.$$

Orthogonal zu der Schar ist $y = -\tfrac{1}{2}\log x + c$ mit $y' = -\dfrac{1}{2\,x}$.
Sollen sich beide im Punkt x_0, y_0 treffen, so muß

$$x_0^2 = -\tfrac{1}{2}\log x_0 + c$$

sein. Aus

$$d\,x = V\,d\,v\,\cos\left(v - a + \frac{\pi}{4}\right)\,, \quad d\,y = V\,d\,v\,\sin\left(v - a + \frac{\pi}{4}\right)$$

folgt

$$\frac{d\,y}{d\,x} = \mathrm{tg}\left(v - a + \frac{\pi}{4}\right) = -\frac{1}{2\,x}\,,$$

also

$$v = a - \frac{\pi}{4} - \text{arc tg}\,\frac{1}{2x} + m\,\pi$$

oder

$$\mathrm{d}v = \frac{\dfrac{1}{2x^2}}{1 + \dfrac{1}{4x^2}}\,\mathrm{d}x$$

und mit $V = \psi'(v)$

$$\psi'(v)\,\mathrm{d}v = \pm\,\sqrt{1 + \left(\frac{\mathrm{d}y}{\mathrm{d}x}\right)^2}\,\mathrm{d}x = \pm\,\sqrt{1 + \frac{1}{4x^2}}\,\mathrm{d}x$$

$$= \pm\,\sqrt{1 + \frac{1}{4x^2}}^{\,3}\,2x^2\,\mathrm{d}v,$$

also

$$\psi'(v) = \pm\,\sqrt{1 + \frac{1}{4x^2}}^{\,3}\,2x^2 = \pm\,\sqrt{1 + \text{tg}^2\left(v - a + \frac{\pi}{4}\right)}^{\,3}\,\frac{1}{2\,\text{tg}^2\left(v - a + \frac{\pi}{4}\right)}$$

$$= \pm\tfrac{1}{2}\,\frac{1}{\cos\left(v - a + \frac{\pi}{4}\right)\sin^2\left(v - a + \frac{\pi}{4}\right)}\,.$$

Die Formel $\mathrm{d}x = V\,\mathrm{d}v\,\cos\left(v - a + \frac{\pi}{4}\right)$ verlangt das $+$ Zeichen. Da $x = x_0$, $y = y_0$ dem $u = a$, $v = b$ entsprechen soll, muß noch

$$a - b + \frac{\pi}{4} + \text{arc tg}\,2x_0 - n\,\pi = 0$$

und

$$a - b - \frac{\pi}{4} - \text{arc tg}\,\frac{1}{2x_0} + m\,\pi = 0$$

sein, was wegen

$$\text{arc tg}\,\frac{1}{2x_0} = -\frac{\pi}{2} - \text{arc tg}\,2x_0$$

für $m = -n$ übereinstimmt.
Da

$$\varphi'(u) = -\tfrac{3}{2}\,\frac{\sin\left(b - u - \frac{\pi}{4}\right)}{\cos^4\left(b - u - \frac{\pi}{4}\right)}$$

ist, ergibt sich

$$U = -\int_a^u j_0((u - \xi)(v - b))\,\tfrac{3}{2}\,\frac{\sin\left(b - \xi - \frac{\pi}{4}\right)}{\cos^4\left(b - \xi - \frac{\pi}{4}\right)}\,\mathrm{d}\xi$$

$$+ \int_b^v j_0((u - a)(v - \eta))\,\tfrac{1}{2}\,\frac{1}{\cos\left(\eta - a + \frac{\pi}{4}\right)\sin^2\left(\eta - a + \frac{\pi}{4}\right)}\,\mathrm{d}\eta\,.$$

117. Beispiele. a) Eine besonders einfache Lösung der Telegraphengleichung ist

$$U = e^{\lambda u + \mu v} \quad \text{mit} \quad \lambda \mu = 1 \,.$$

Für sie ist

$$V = \frac{\partial U}{\partial v} = \mu \, e^{\lambda u + \mu v}$$

und folglich

$$\mathrm{d}x = e^{\lambda u + \mu v}\left[\cos\left(v - u - \frac{\pi}{4}\right)\mathrm{d}u + \mu \cos\left(v - u + \frac{\pi}{4}\right)\mathrm{d}v\right],$$

$$\mathrm{d}y = e^{\lambda u + \mu v}\left[\sin\left(v - u - \frac{\pi}{4}\right)\mathrm{d}u + \mu \sin\left(v - u + \frac{\pi}{4}\right)\mathrm{d}v\right].$$

Integration ergibt

$$x = \frac{e^{\lambda u + \mu v}}{1 + \lambda^2}\left[\lambda \cos\left(v - u - \frac{\pi}{4}\right) - \sin\left(v - u - \frac{\pi}{4}\right)\right],$$

$$y = \frac{e^{\lambda u + \mu v}}{1 + \lambda^2}\left[\lambda \sin\left(v - u - \frac{\pi}{4}\right) + \cos\left(v - u - \frac{\pi}{4}\right)\right].$$

Mithin ist

$$x^2 + y^2 = \frac{1}{1 + \lambda^2}\, e^{2(\lambda u + \mu v)}\,.$$

Setzt man noch $\mu = \operatorname{tg} \varkappa$, $\lambda = \operatorname{cotg} \varkappa$, so ergibt sich

$$\frac{y}{x} = \operatorname{tg}\left(v - u - \frac{\pi}{4} + \varkappa\right).$$

Man kann also u und v durch x und y elementar ausdrücken und findet so, da noch ein gemeinsamer Faktor bei x und y zulässig ist,

$$\lambda u + \frac{1}{\lambda}\, v = \log C \sqrt{x^2 + y^2}\,,$$

$$\alpha = v - u = \frac{\pi}{4} - \varkappa + \operatorname{arc\,tg} \frac{y}{x}\,.$$

Daraus

$$p = 2K'(u + v) = 2K'\left[\sin 2\varkappa \cdot \log \sqrt{x^2 + y^2} - \cos 2\varkappa \cdot \left(\frac{\pi}{4} - \varkappa + \operatorname{arc\,tg} \frac{y}{x}\right)\right],$$

womit auch die Spannungen als Funktionen von x und y gefunden sind. Dabei ist

$$\cos 2\alpha = \cos\left(\frac{\pi}{2} - 2\varkappa + 2\operatorname{arc\,tg} \frac{y}{x}\right) = \sin 2\varkappa \frac{x^2 - y^2}{x^2 + y^2} - \cos 2\varkappa \frac{2xy}{x^2 + y^2}\,,$$

$$\sin 2\alpha = \cos 2\varkappa \frac{x^2 - y^2}{x^2 + y^2} + \sin 2\varkappa \frac{2xy}{x^2 + y^2}\,.$$

b) Ähnlich einfach ist die Lösung

$$U = \cos(\lambda u - \mu v), \quad V = \mu \sin(\lambda u - \mu v)$$

mit $\mu = \operatorname{tg} \varkappa$, $\lambda = \operatorname{cotg} \varkappa$,

$$\mathrm{d}x = \cos(\lambda u - \mu v)\cos\left(v - u - \frac{\pi}{4}\right)\mathrm{d}u + \mu \sin(\lambda u - \mu v)\cos\left(v - u + \frac{\pi}{4}\right)\mathrm{d}v,$$

$$\mathrm{d}y = \cos(\lambda u - \mu v)\sin\left(v - u - \frac{\pi}{4}\right)\mathrm{d}u + \mu \sin(\lambda u - \mu v)\sin\left(v - u + \frac{\pi}{4}\right)\mathrm{d}v.$$

Die Ausrechnung möge dem Leser als Aufgabe überlassen bleiben.

c) Sucht man Lösungen der Form

$$U = F(uv) = F(w)\,,$$

so muß $wF'' + F' = F$ sein, was mit Besselschen Funktionen integriert werden kann: $F = J_0\left(2\,\mathrm{i}\,\sqrt{w}\right) = j_0(w)$, falls F im Nullpunkt regulär sein soll[1]). Mit einer Lösung U sind alle Ableitungen Integrale, da

$$\left(\frac{\partial^2}{\partial u\,\partial v} - 1\right)\frac{\partial U}{\partial u} = \frac{\partial}{\partial u}\left(\frac{\partial^2 U}{\partial u\,\partial v} - U\right) = 0$$

ist. Dieses Beispiel stammt von Carathéodory und Schmidt[2]), die beiden ersten stammen von Prandtl.

118. Zusammenhang der Funktionen U, V, W. Es war einerseits nach Nr. 112

$$(13,\,19)\qquad
\begin{cases}
x = 2\,K'\dfrac{\partial W}{\partial p} = \tfrac{1}{2}\left(\dfrac{\partial W}{\partial r} + \dfrac{\partial W}{\partial s}\right)\\[2ex]
y = 2\,K'\operatorname{tg}2\alpha\,\dfrac{\partial W}{\partial p} + \dfrac{1}{\cos 2\alpha}\dfrac{\partial W}{\partial \alpha}\\[2ex]
\quad = \tfrac{1}{2}\operatorname{tg}\left(\dfrac{\pi}{4} + \alpha\right)\dfrac{\partial W}{\partial r} - \tfrac{1}{2}\operatorname{tg}\left(\dfrac{\pi}{4} - \alpha\right)\dfrac{\partial W}{\partial s}\,;
\end{cases}$$

mit $p = 2\,K'(r + s)$ und $\alpha = r - s$ ist die zweite Darstellung von y leicht aus der ersten auszurechnen. Andererseits ist (mit $r = v$, $s = u$)

$$(13,\,20)\qquad
\begin{cases}
\mathrm{d}x = U\cos\left(\dfrac{\pi}{4} - \alpha\right)\mathrm{d}u + V\cos\left(\dfrac{\pi}{4} + \alpha\right)\mathrm{d}v\,,\\[2ex]
\mathrm{d}y = -\,U\sin\left(\dfrac{\pi}{4} - \alpha\right)\mathrm{d}u + V\sin\left(\dfrac{\pi}{4} + \alpha\right)\mathrm{d}v\,.
\end{cases}$$

Dabei ist

$$\frac{\partial U}{\partial v} = V\,,\qquad \frac{\partial V}{\partial u} = U\,.$$

Sind aus bestimmten U, V nach (13, 20) x und y berechnet, so kann man aus (13, 19) die Ableitungen von W entnehmen, das somit bis auf eine belanglose Konstante bestimmt ist. Ist umgekehrt W der Differentialgleichung

$$(13,\,21)\qquad \frac{\partial^2 W}{\partial r\,\partial s} = \operatorname{tg}\left(\frac{\pi}{4} + \alpha\right)\frac{\partial W}{\partial r} + \operatorname{tg}\left(\frac{\pi}{4} - \alpha\right)\frac{\partial W}{\partial s}$$

entsprechend bestimmt, so kann man aus (13, 19) x und y und dann aus (13, 20) U und V berechnen.

Man findet ja aus (13, 19)

$$\frac{\partial x}{\partial u} = \frac{\partial x}{\partial s} = \tfrac{1}{2}\left(\frac{\partial^2 W}{\partial r\,\partial s} + \frac{\partial^2 W}{\partial s^2}\right)$$

und

$$\frac{\partial x}{\partial v} = \frac{\partial x}{\partial r} = \tfrac{1}{2}\left(\frac{\partial^2 W}{\partial r\,\partial s} + \frac{\partial^2 W}{\partial r^2}\right),$$

was andererseits nach (13, 20) gleich $U\cos\left(\dfrac{\pi}{4} - \alpha\right)$ bzw. $V\cos\left(\dfrac{\pi}{4} + \alpha\right)$ sein soll, womit U, V aus W gefunden sind. Man verifiziert leicht durch Benutzung von

---

[1]) S. Fußnote 1 auf S. 199.
[2]) S. Fußnote 1 auf S. 198.

(13, 21), daß die Formeln (13, 19) und (13, 20) für y dasselbe ergeben. Das sei dem Leser als Aufgabe gestellt. Ist z. B.

$$W = w(\alpha) \exp\left(\frac{\lambda p}{2 K'}\right) = w(r-s) \exp\left(\lambda(r+s)\right)$$

mit

$$w'' + \operatorname{tg} 2\alpha\, w' + \frac{2\lambda w}{\cos 2\alpha} - \lambda^2 w = 0,$$

so ist

$$U \cos\left(\frac{\pi}{4} - \alpha\right) = (\lambda^2 w - \lambda w') \exp\left(\lambda(r+s)\right),$$

$$V \cos\left(\frac{\pi}{4} + \alpha\right) = (\lambda^2 w + \lambda w') \exp\left(\lambda(r+s)\right).$$

Ist aber

$$U = a(r-s) \exp\left(\lambda(r+s)\right),$$

$$V = b(r-s) \exp\left(\lambda(r+s)\right),$$

so verlangen

$$\frac{\partial U}{\partial r} = V, \quad \frac{\partial V}{\partial s} = U$$

die Beziehungen $\lambda a + a' = b$ und $\lambda b - b' = a$, also $a'' + (1 - \lambda^2)a = 0$, somit

$$a = A \cos\left(\sqrt{1-\lambda^2}\,(r-s)\right) + B \sin\left(\sqrt{1-\lambda^2}\,(r-s)\right),$$

$$b = \left(\lambda A + \sqrt{1-\lambda^2}\,B\right) \cos\left(\sqrt{1-\lambda^2}\,(r-s)\right) + \left(\lambda B - \sqrt{1-\lambda^2}\,A\right) \sin\left(\sqrt{1-\lambda^2}\,(r-s)\right).$$

Also ist

$$\lambda^2 w - \lambda w' = \cos\left(\frac{\pi}{4} - \alpha\right)\, \left[A \cos\sqrt{1-\lambda^2}\,\alpha + B \sin\sqrt{1-\lambda^2}\,\alpha\right],$$

$$\lambda^2 w + \lambda w' =$$

$$= \cos\left(\frac{\pi}{4} + \alpha\right) \left[\left(\lambda A + \sqrt{1-\lambda^2}\,B\right) \cos\sqrt{1-\lambda^2}\,\alpha + \left(\lambda B - \sqrt{1-\lambda^2}\,A\right) \sin\sqrt{1-\lambda^2}\,\alpha\right],$$

so daß auch die obige Differentialgleichung für w integriert werden kann. Die Ausrechnung sei dem Leser überlassen.

119. Erweiterungen der Theorie. Da die vorgebrachte Theorie stark idealisiert ist, ist es wichtig, sie zu erweitern, um der Wirklichkeit genauer zu entsprechen.

Verlangt man beim ebenen Problem statt

$$(\sigma_x - \sigma_y)^2 + 4\tau^2 = 4 K'^2$$

irgendeine Beziehung $f(\sigma_x, \sigma_y, \tau) = 0$ und bleibt man bei der Annahme der Isotropie, so muß die Gleichung die Form

$$F(\sigma_1, \sigma_2) = 0$$

oder

$$(\sigma_1 - \sigma_2)^2 = \varphi(\sigma_1 + \sigma_2),$$

also

$$(\sigma_x - \sigma_y)^2 + 4\tau^2 = \varphi(\sigma_x + \sigma_y)$$

annehmen. Nimmt man weiter noch Unabhängigkeit von $\sigma_x + \sigma_y$ an, so folgt für die Ebene zwangsläufig unsere Annahme, ohne zu verlangen, daß die Invariante die vom zweiten Grad sein müßte.

Doch gelang eine Ausdehnung der Linearisierung auch für den ganz allgemeinen Fall

$$f(\sigma_x, \sigma_y, \tau) = 0.$$

Neuber: Allgemeine Lösung des ebenen Plastizitätsproblems für beliebiges isotropes oder anisotropes Fließgesetz. ZAMM **28** (1948), S. 253 und Sauer, R.: Über die Gleitkurvennetze der ebenen plastischen Spannungsverteilungen bei beliebigem Fließgesetz. ZAMM **29** (1949), S. 274. v. Mises hatte schon 1928 seine Theorie auf Kristalle ausgedehnt: Mechanik der plastischen Formänderung von Kristallen. ZAMM **8** (1928), S. 161. Von den zahlreichen neueren Arbeiten sollen noch die folgenden von H. Geiringer hervorgehoben werden: Das allgemeine ebene Problem des ideal-plastischen, isotropen Körpers. Österr. Ing. Archiv **VI** (1952) H. 4; Über die Charakteristiken des vollständigen, ebenen Plastizitätsproblems. ZAMM **32** (1952), S. 379.

Bei beliebigem

$$f(\sigma_1, \ \sigma_2) = 0$$

wird der Tensor

$$\begin{pmatrix} \dfrac{\partial v_x}{\partial x}, & \tfrac{1}{2}\left(\dfrac{\partial v_x}{\partial y} + \dfrac{\partial v_y}{\partial x}\right) \\[2ex] \tfrac{1}{2}\left(\dfrac{\partial v_x}{\partial y} + \dfrac{\partial v_y}{\partial x}\right), & \dfrac{\partial v_y}{\partial y} \end{pmatrix}$$

einem Tensor

$$\begin{pmatrix} \dfrac{\partial h}{\partial \sigma_x} & \tfrac{1}{2}\dfrac{\partial h}{\partial \tau} \\[2ex] \tfrac{1}{2}\dfrac{\partial h}{\partial \tau} & \dfrac{\partial h}{\partial \sigma_y} \end{pmatrix}$$

bei irgendeinem $h(\sigma_x, \sigma_y, \tau)$ proportional gesetzt. Damit wird der Deformationstensor auch bei ebenen Problemen gleichwertig mitbehandelt. Außerdem wird beachtet, daß es noch ein zweites ebenes Problem gibt: $\sigma_3 = 0$ statt $v_z = 0$.

Zwei allgemein orientierende Berichte sind: Geiringer, H.: Fondements math. de la théorie des corps plastiques isotropes. Mém. Sci. Math., Nr. **86**, 1937 und Prager, ebenda, **87**, 1937. Endlich noch: Geiringer-Prager: Mechanik isotroper Körper im plastischen Zustand. Ergebnisse der exakten Naturwissenschaften **13** (1934). Über neuere Bücher in englischer Sprache s. das Referat von H. Geiringer im Bulletin of the American Math. Soc. **58** (1952) H. 4, S. 507.

120. Rheologie[1]). Die Betrachtung plastischer Vorgänge ist nur eine von den vielen Abweichungen vom Hookeschen Gesetz, die wir erfahrungsgemäß feststellen müssen. Die Annahme, daß sich an einem Zustand vollkommener Elastizität eine Zone ideal plastischen Verhaltens anschließe, bedeutet eine weitgehende Abstraktion. Auch wenn man nicht das Hookesche Gesetz linearer Abhängigkeit gelten lassen will, sondern die Beziehung zwischen Spannungs- und Dehnungstensor unter Beibehaltung der Eindeutigkeit allgemeiner annimmt, wird man im allgemeinen noch nicht der Wirklichkeit gerecht. Eine wesentliche Abweichung bedeutet die sogenannte „Hysterese" oder elastische Nachwirkung. Dehnt man einen Stab über eine gewisse Grenze hinaus und entspannt ihn dann, so kehrt der Prozeß nicht auf derselben Kurve OA (Abb. 65) zurück, auf der die Dehnung vor

---

[1]) Als Einführung in die Rheologie s. etwa: Reiner, M.: Twelve Lectures on Theoretical Rheology. Amsterdam 1949. Dort findet sich auch ein ausführliches Literaturverzeichnis.

sich ging, sondern die Dehnung nimmt langsamer ab. Ist der Körper ganz entspannt, so ist ε nicht Null geworden; es ist vielmehr eine Dehnung als Nachwirkung übrig geblieben. (Punkt B der Abb. 65.) Will man die Dehnung ganz rückgängig machen, so bedarf es eines Druckes (Bogen BC) und erst bei weiterem Druck komprimiert der Körper sich, etwa bis D. Durch Nachlassen des Druckes im geeigneten Punkt D kann man u. U. nach O zurückkommen. Man hat dann im Bild die sogenannte Hysteresisschleife $OABCDO$. Allgemeiner kann man mit Maxwell den Vorgang der Hysterese bei Annahme linear homogener Beziehung zwischen Spannung und Dehnung durch ein Integral in dieser Weise darstellen:

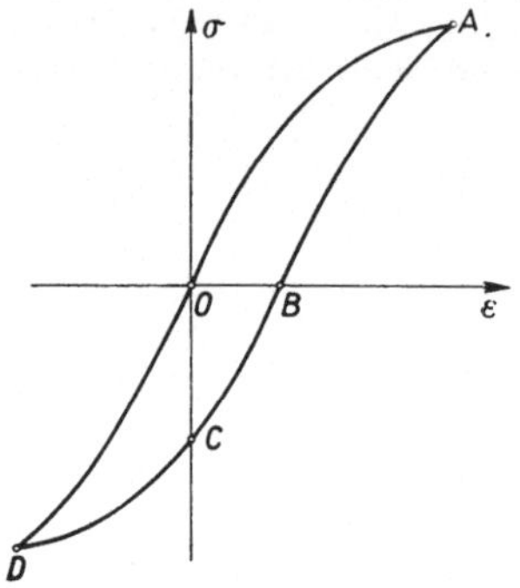

$$\sigma(t) = \int\limits_{-\infty}^{t} K(t-\tau)\,\varepsilon(\tau)\,\mathrm{d}\tau \,.$$

Es wirkt also auf das augenblickliche $\sigma(t)$ die ganze vergangene Geschichte $\varepsilon(\tau)$ ein; die Nähe um so stärker, je mehr $K(0)$ gegen die anderen Werte von K, dem sogenannten „Kern", groß ist. Durch einen geeigneten Grenzübergang kann man zur vollkommenen Elastizität zurückfinden. Natürlich werden im allgemeinen ε und σ Tensoren werden und K ein Tensor höherer Ordnung.

Abb. 65

Dabei aber bleibt es nicht, und die heutige Rheologie zieht noch weit allgemeinere Beziehungen zwischen ε, σ, $\dot{\varepsilon}$ und $\dot{\sigma}$ in Betracht, auch nichtlineare. Wir können darauf nicht näher eingehen.